硬质相增强型金属耐磨材料

魏世忠　张浩强　种晓宇　周玉成　符寒光　徐流杰　著

科学出版社

北　京

内 容 简 介

本书对多种硬质相增强型金属耐磨材料进行系统介绍。第1章和第2章介绍磨损的基本概念和硬质相的本征性质与界面特征,帮助读者理解硬质相如何增强金属材料的硬度和耐磨性;第3章介绍硬质相增强型耐磨材料的制备技术;第4~7章详细介绍四类硬质相增强型耐磨材料,包括其组织、制备工艺以及性能特点,并通过实际案例展示其应用价值。

本书适合从事摩擦磨损和耐磨材料研究的高等院校师生、科研人员参考,也适合矿山机械行业和相关企业的工程技术人员和经营管理人员使用。

图书在版编目(CIP)数据

硬质相增强型金属耐磨材料 / 魏世忠等著. -- 北京:科学出版社,
2024. 12. -- ISBN 978-7-03-079943-2

Ⅰ. TG14

中国国家版本馆 CIP 数据核字第 2024E9S085 号

责任编辑:吴凡洁 罗 娟/责任校对:王萌萌
责任印制:师艳茹/封面设计:无极书装

科 学 出 版 社 出版

北京东黄城根北街 16 号
邮政编码:100717
http://www.sciencep.com

北京中科印刷有限公司印刷
科学出版社发行 各地新华书店经销

*

2024 年 12 月第 一 版 开本:787×1092 1/16
2024 年 12 月第一次印刷 印张:20
字数:468 000

定价:160.00 元
(如有印装质量问题,我社负责调换)

前　　言

　　硬质相增强型金属耐磨材料在工业生产和机械制造中扮演着至关重要的角色。它们需要具备高强度、高韧性、高耐磨性及某些功能特性，以满足各种复杂工况下的需求。本书由河南科技大学主导，联合昆明理工大学和北京工业大学共同撰写。从磨损的基本概念和硬质相的本征计算出发，详细介绍高硼、高钒、高铬和外加颗粒增强耐磨合金材料的制备技术、磨损性能和应用案例，旨在帮助读者深入了解硬质相增强型金属耐磨材料的特性和应用。

　　相信通过阅读本书，读者将深入了解金属耐磨材料领域的前沿知识和实践经验，为解决耐磨材料方面的工程实际问题提供思路和灵感。我们期待本书能够成为相关领域研究人员和技术人员学习和研究的有力助手，为金属耐磨材料方向的发展做出一定的贡献。

　　最后，特别感谢所有为本书撰写和审核提供支持的专家和同仁，以及出版社的编辑团队。

　　由于本书的内容是近年来的最新科研成果，理论与技术上都有需要完善之处，加之作者水平有限，如有不当之处，敬请读者批评指正。

作　者

2024 年 2 月

目　　录

第1章
磨损基本概念与表征方法

1.1 摩擦的基本理论

1.1.1 摩擦学原理

1. 摩擦的概念

摩擦是自然界存在的一种普遍现象，与我们的生活息息相关。了解和掌握摩擦的基本规律，使其能够更好地为人类服务，对社会经济的发展具有重要意义。

两个相互接触的物体在外力作用下发生相对运动（或具有相对运动趋势）时，就会发生摩擦，在接触面间产生的切向运动阻力或阻力矩称为摩擦力或摩擦力矩。抵抗两物体接触表面发生切向相对移动的现象称为摩擦，其公共界面上产生的切向阻力称为摩擦力。

恩格斯在《自然辩证法》中指出："摩擦可以看作一个跟着一个和一个靠着一个发生的一连串小的碰撞；碰撞可以看作集中于一个地方或一个瞬间的摩擦""现在我们知道，摩擦与碰撞是动能转换为分子能和热能的两种形式。因此，每当发生摩擦时，动能的消失，并不是作为动力学意义上的位能，而是作为分子运动，及一定形态的热而重新出现。"就是说，摩擦的实质是机械运动转化为分子运动，机械能转化为热能，并遵守能量守恒定律。

人类利用摩擦，早在史前就已经开始，原始人类就懂得了摩擦生热的道理，以钻木取火。火的运用是人类文明的重要标志。我国劳动人民早在公元前 2000 多年前就使用辘轳绞水、滑车运输，使用木质滑动轴承，并使用动物油作为润滑剂。古埃及人在建造金字塔时，就采用液体润滑和滚动来运输巨大的石料。在美索不达米亚，大约在 5000 年前就已经知道以滚动代替滑动来减少摩擦 [1]。《诗经·邶风·泉水》中有"载脂载辇，还车言迈"的诗句，表明我国在春秋时期已应用动物脂肪来润滑车轴。应用矿物油作为润滑剂的记载最早见于西晋张华所著《博物志》，书中提到酒泉延寿（现玉门市）和高奴（现延安市延长县）有石油，并且用于"膏车及水碓缸甚佳"。

现代人们生产生活的许多活动都运用了摩擦原理，如摩擦轮传动、带轮传动、各种车辆和飞机的制动器等都利用了摩擦，甚至连人们的日常行走也离不开摩擦。这些摩擦现象，对人类都是有益的。但是，在大多数情况下，摩擦又是有害的，它造成大量的能源损耗和材料磨损。据统计，世界上的能源有 1/3～1/2 以各种形式消耗于摩擦 [2]。如果能够尽力减少无用的摩擦消耗，便可大量节省能源。另外，机械产品的易损零件大部分是由于磨损超过限度而报废和更换的，如果能控制和减少磨损，则既能减少设备维修次数和费用，又能节省制造零件及其所需材料的费用。

2. 摩擦学的研究

摩擦学是研究相对运动作用表面间的摩擦、润滑和磨损，以及三者间相互关系的理论与应用的一门边缘学科。

"摩擦学（tribology）"是英国科学家约斯特（H.P. Jost）主持的润滑工程工作组受英国科学教育研究部的委托于 1966 年在一篇报告中正式提出来的 [3,4]。这门学科的主要内容由摩擦、磨损和润滑三部分构成。

英文 tribology 是一个新词，是由希腊文 tribos 派生出来的，其含义是摩擦。

摩擦学研究的对象很广泛，在机械工程中主要包括：动摩擦和静摩擦，如滑动轴承、齿轮传动、螺纹连接、电气触头和磁带录音头等；零件表面受工作介质摩擦或碰撞、冲击，如犁铧和水轮机转轮等；机械制造工艺的摩擦学问题，如金属成形加工、切削加工和超精加工等；弹性体摩擦，如汽车轮胎与路面的摩擦、弹性密封的动力渗漏等；特殊工况条件下的摩擦学问题，如宇宙探索中遇到的高真空、低温和离子辐射等，深海作业的高压、腐蚀、润滑剂稀释和防漏密封等。

此外，还有生物中的摩擦学问题，如研究海豚皮肤结构以改进舰只设计，研究人体关节润滑机理以诊治风湿性关节炎，研究人造心脏瓣膜的耐磨寿命以谋求最佳的人工心脏设计方案等。地质学方面的摩擦学问题有地壳移动、火山爆发和地震，以及山、海、断层形成等。在音乐和体育以及人们日常生活中也存在大量的摩擦学问题。

摩擦学涉及许多学科，如完全流体润滑状态的滑动轴承的承载油膜，基本上可以运用流体力学的理论来解释。但是齿轮传动和滚动轴承这类点、线接触的摩擦，还需要考虑接触变形和高压下润滑油黏度变化的影响；在计算摩擦阻力时则需要认真考虑油的流变性质，甚至要考虑瞬时变化过程的效应，而不能把它简化成牛顿流体。

如果油膜厚度接近接触表面的粗糙度，还需要考虑表面纹理对润滑油的阻遏和疏导作用，以及油温所引起的热效应。油膜再薄，两摩擦表面粗糙峰点也会发生接触或碰撞，接触峰将分担一部分载荷，接触峰点区域处于边界润滑状态。在使用油性添加剂时，表面形成吸附膜，而在使用挤压添加剂时，表面形成反应膜。

为了了解磨损的发生发展机理，寻找各种磨损类型的相互转化以及复合的错综关系，需要对表面的磨损全过程进行微观研究。仅就油润滑金属摩擦来说，就需要研究润滑力学、弹性和塑性接触、润滑剂的流变性质、表面形貌、传热学和热力学、摩擦化学和金属物理等问题，涉及物理、化学、材料、机械工程和润滑工程等学科。

随着科学技术的发展，摩擦学的理论和应用必将由宏观进入微观、由静态进入动态、由定性进入定量，成为系统综合研究的领域。

3. 摩擦的分类

摩擦可分为两大类，即内摩擦和外摩擦。

内摩擦是指由于某种原因而使物质内部的分子产生运动，从而引起内部能量消耗的阻抗现象。对固体来说，其内摩擦表现为一种迟滞现象。而对流体来说，其内摩擦是以黏度的形式表现的，基本上是一种流体内部的摩擦，是由流体分子互相流过而引起的。

外摩擦是指两个相接触物体的表面做相对运动时，在实际接触区域内界面上的切向阻抗现象。

外摩擦和内摩擦的共同特征是：一个物体或一部分物质将自身的运动传递给与它接触的另一个物体或另一部分物质，并试图使两者的运动速度趋于一致，而在摩擦过程中发生能量的转换。

外摩擦和内摩擦的特征区别在于其内部的运动状态。内摩擦时流体相邻质点的运动速度是连续变化的，具有一定的速度梯度；而外摩擦是在滑动面上发生速度突变。内摩擦力与相对滑动速度成正比，当滑动速度为零时，内摩擦力也就消失了；而外摩擦力与滑动速度的关系随工况条件的变化而变化，当滑动速度消失后，仍有摩擦力存在。

机械工程上研究的摩擦，都是外摩擦。没有特别注明，本书所说的摩擦，也是外摩擦。

外摩擦可以按不同的方式来分类。

1）按摩擦副表面的润滑状况分类

干摩擦：通常指名义上无润滑的摩擦。无润滑的摩擦不等于干摩擦，只有既无润滑又无湿气的摩擦，才能称为干摩擦。名义上无润滑，并非绝对干燥的摩擦，应称为无润滑摩擦。

边界摩擦：两接触表面间存在一层极薄的润滑膜，其摩擦和磨损不是取决于润滑剂的黏度，而是取决于两表面的特性和润滑剂特性。

流体摩擦：具有体积特性的流体层隔开的两固体相对运动时的摩擦，即由流体黏性引起的摩擦。

另外还有两种混合摩擦，即半干摩擦（此时部分接触点是干摩擦，而另一部分是边界摩擦）和半流体摩擦（此时部分接触点处于边界摩擦，另一部分处于流体摩擦）。

2）按摩擦副的运动形式分类

滑动摩擦：接触表面相对滑动（或具有相对滑动趋势）时的摩擦，称为滑动摩擦。

滚动摩擦：物体在力矩的作用下沿接触表面滚动时的摩擦，称为滚动摩擦。

3）按摩擦副的材质分类

金属材料的摩擦：摩擦副由金属材料（钢、铸铁及有色金属等）组成的摩擦。

非金属材料的摩擦：摩擦副由高分子聚合物、无机物等组成或非金属材料与金属配对时的摩擦。

4）按摩擦副的工况条件分类

一般工况下的摩擦：常见工况（速度、压力、温度）下的摩擦。

特殊工况下的摩擦：指在高速、高温、高压、低温、真空等特殊环境下的摩擦。

此外，还有静摩擦（两物体趋于产生位移，但仍未产生相对运动之摩擦）和动摩擦（相对运动两表面之间的摩擦）。

1.1.2　摩擦定律

1. 古典摩擦定律

对摩擦现象进行科学研究，最早开始于 15 世纪意大利的文艺复兴时期。1508 年，意大利科学家达·芬奇（Leonado da Vinic）首先研究了固体的摩擦。他第一个提出：一切物体，刚要开始滑动，便产生称为摩擦力的阻力；并且指出，摩擦力与重量成正比，而与法向接触面积无关[5]。

1699 年，法国科学家阿蒙顿（Amontons）进行了摩擦试验，并建立了摩擦的基本公式。1785 年，法国科学家库仑（Coulomb）在同样的试验基础上，用机械啮合概念解释干摩擦，提出摩擦理论，形成了今天的阿蒙顿-库仑摩擦定律，现在称为"古典摩擦定律"[6]。它的一般形式是

$$F=fw \qquad (1\text{-}1)$$

式中，F 为摩擦力；f 为摩擦系数；w 为表面正压力。

古典摩擦定律的内容如下。

（1）摩擦力的大小与接触面积间的法向载荷成正比，而与接触物体间名义接触面积的大小无关。

（2）摩擦力的方向总是与接触表面相对运动速度的方向相反。

（3）摩擦力的大小与接触面间的相对滑动速度无关。

（4）最大静摩擦力大于动摩擦力。

实践证明，古典摩擦定律适合于一般的工程实际，但又存在一定的局限性和不确切性。例如，在古典摩擦定律中，摩擦系数是一个常数。但通过更多的试验指出，仅在一定的周围环境下，对一定材质的摩擦来说，摩擦系数才是一个常数，不同材质的金属摩擦副其摩擦系数是不同的，周围环境不同摩擦系数亦不同。例如，在正常的大气环境内，硬质钢的摩擦副表面，其摩擦系数为 0.6，但在真空下，其摩擦系数可达到 2.0；又如，在正常的大气环境中，石墨摩擦副的摩擦系数为 0.1，但在非常干燥的环境下，摩擦系数超过 0.5；在大气中铜对镍的摩擦系数为 1.00，而在氢气中其摩擦系数为 5.25。

因此，摩擦系数不是材料的固有特性，而是与材料和环境条件有关的综合特性。

2. 摩擦理论

1785 年，法国库仑在前人研究的基础上，用机械啮合概念解释干摩擦，提出摩擦理论。后来又有人提出分子吸引理论和静电力学理论。1935 年，英国的鲍登（F. P. Bowden）等开始用材料黏着概念研究干摩擦，1950 年，鲍登提出了黏着理论。关于润滑的研究，英国的雷诺（O. Reynolds）于 1886 年根据前人观察到的流体动压现象，总结出流体动压润滑理论。20 世纪 50 年代普遍应用电子计算机之后，线接触弹性流体动压润滑的理论开始有所突破。对磨损的研究开展较晚，20 世纪 50 年代提出黏着理论后，60 年代在相继研制出各种表面分析仪器的基础上，磨损研究才得以迅速开展。

1）简单黏着摩擦理论

从 1938 年开始，鲍登和泰伯（D. Tabor）对固体摩擦进行了深入的研究，于 1950 年提出了著名的摩擦黏着理论：当两表面相接触时，在载荷作用下，某些接触点的单位压力很大，并产生塑性变形，这些点将牢固地黏着，使两表面形成一体，即称为黏着或冷焊（焊接桥）。当一表面相对另一表面滑动时，黏着点则被剪断，而剪断这些连接点的力就是摩擦力[7]。

此外，如果一表面比另一表面硬一些，则硬表面的粗糙微凸体顶端将会在较软表面上产生犁沟，这种形成犁沟的力也是摩擦力。因此，摩擦力是剪切阻力和犁沟阻力两者之

和，即

$$F=F_a+F_p \tag{1-2}$$

式中，F 为摩擦力；F_a 为摩擦力中的剪切阻力；F_p 为摩擦力中的犁沟阻力。

黏着理论是目前人们广泛接受的一种摩擦理论，对一些试验现象做出了比较合理的解释。这一理论认为摩擦以黏着为主，犁沟作用是次要的。但在一些情况下，试验结果常常与理论预测有一定差距。因此，对黏着理论还要做一些修正。

2）简单黏着摩擦理论的修正

在静摩擦时，实际接触面积与载荷成正比。而在摩擦副滑动时，就要考虑切向载荷的存在，这时，实际接触面积的增大是法向载荷与切向载荷联合作用的结果。也可以说，接触点发生屈服，与由法向载荷所造成的压应力和由切向载荷所造成的切应力的合成应力有关。

两物体纯净表面发生摩擦时，由于压应力和切应力的作用，实际接触面积可能增大很多，因而摩擦系数变大，这也可以解释在真空中所测得的摩擦系数会增加的原因。

但是当摩擦副在空气中摩擦时，由于表面有自然污染膜，它的摩擦现象要用有自然污染膜存在时金属表面的黏着理论来解释。实际上，大多数金属表面总是被薄氧化膜覆盖着，因而这样的金属摩擦副的摩擦，实质上是氧化膜对氧化膜的摩擦，只有在氧化膜破坏后才可能直接形成金属对金属的摩擦。

因此，当摩擦副表面被污染，且污染膜的抗剪强度较低时，黏着接点的增长不明显。当污染膜的切应力达到污染膜的抗剪强度时，表面膜被剪断，摩擦副开始滑动。此时，黏着摩擦系数可表示为

$$f=k/v \tag{1-3}$$

式中，k 为表面污染膜的抗剪强度；v 为金属本体的屈服点。

这个结论和简单黏着摩擦理论（当软金属膜镀覆在硬基体上时）的摩擦系数表达式一致。这是因为若界面的抗剪强度较低，当摩擦力与实际接触面积之比等于表面污染膜的抗剪强度时，黏着接点的面积增大就会停止，实际接触面积只与法向载荷有关。但在某些情况下，由于表面污染膜被破坏，金属与金属发生直接接触，这时界面的有效抗剪强度介于较软金属表面的抗剪强度与表面污染膜的抗剪强度之间。因此，摩擦系数取决于金属对金属和金属对污染膜摩擦时实际接触面积所占的比例。

上述有关黏着摩擦的分析，是在下列假设条件下进行的。

（1）实际接触面积由塑性变形确定。

（2）两个摩擦表面由一个抗剪强度较低的膜隔开。

（3）摩擦力是剪切分离膜所需的力，膜的强度高时，摩擦力取决于基体材料的抗剪强度。

金属置于大气中，表面常覆盖有氧化膜、吸附气体膜及其他形式的污染膜。这些表面膜的存在将会对材料摩擦特性产生影响，并使摩擦系数发生变化。

表 1-1 为常用材料的摩擦系数，可见有润滑时的摩擦系数均小于无润滑时的摩擦系数。

表 1-2 为几种材料带膜表面的摩擦系数与纯净表面的摩擦系数。可以看到，表面存在各种薄膜时，摩擦系数降低。

表 1-1　常用材料的摩擦系数 [8]

材料 A	材料 B	摩擦系数			
		干摩擦条件		润滑摩擦条件	
		静摩擦	滑动摩擦	静摩擦	滑动摩擦
铝	铝	1.05~1.35	1.4	0.3	
铝	低碳钢	0.61	0.47		
制动材料	铸铁	0.4			
制动材料	铸铁（湿）	0.2			
黄铜	铸铁		0.3		
砌块	木头	0.6			
青铜	铸铁		0.22		
青铜	钢			0.16	
镉	镉	0.5		0.05	
镉	低碳钢		0.46		
铸铁	铸铁	1.1	0.15		0.07
铸铁	橡胶		0.49		0.075
铬	铬	0.41		0.34	
铜	铸铁	1.05	0.29		
铜	铜	1.0		0.08	
铜	低碳钢	0.53	0.36		0.18
铅铜合金	钢	0.22			
金刚石	金刚石	0.1		0.05~0.1	
金刚石	金属	0.1~0.15		0.1	
玻璃	玻璃	0.9~1.0	0.4	0.1~0.6	0.09~0.12
玻璃	金属	0.5~0.7		0.2~0.3	
玻璃	镍	0.78	0.56		
石墨	石墨	0.1		0.1	
石墨	钢	0.1		0.1	
石墨（真空）	石墨（真空）	0.5~0.8			
高硬碳	高硬碳	0.16		0.12~0.14	
高硬碳	钢	0.14		0.11~0.14	
铁	铁	1.0		0.15~0.2	
铅	铸铁		0.43		
皮革	木材	0.3~0.4			
皮革	金属（洁净）	0.6		0.2	
皮革	金属（潮湿）	0.4			
皮革	橡胶（平行纹理）	0.61	0.52		
镁	镁	0.6		0.08	

续表

材料 A	材料 B	摩擦系数			
		干摩擦条件		润滑摩擦条件	
		静摩擦	滑动摩擦	静摩擦	滑动摩擦
镍	镍	0.7～1.1	0.53	0.28	0.12
镍	低碳钢		0.64		0.178
尼龙	尼龙	0.15～0.25			
橡胶	橡胶（平行纹理）	0.62	0.48		
橡胶	橡胶（交叉纹理）	0.54	0.32		0.072
铂	铂	1.2		0.25	
有机玻璃	有机玻璃	0.8		0.8	
有机玻璃	钢	0.4～0.5		0.4～0.5	
聚苯乙烯	聚苯乙烯	0.5		0.5	
聚苯乙烯	钢	0.3～0.35		0.3～0.35	
聚乙烯	钢	0.2		0.2	
合成橡胶	沥青（干）		0.5～0.8		
合成橡胶	沥青（湿）		0.25～0.75		
合成橡胶	混凝土（干）		0.6～0.85		
合成橡胶	混凝土（湿）		0.45～0.75		
蓝宝石	蓝宝石	0.2		0.2	
银	银	1.4		0.55	
烧结青铜	钢			0.13	
固体粒子	合成橡胶	1.0～4.0			
钢	铝族元素	0.45			
钢	黄铜	0.35		0.19	
低碳钢	黄铜	0.51	0.44		
低碳钢	铸铁		0.23	0.183	0.133
钢	铸铁	0.4		0.21	
钢	铅铜合金	0.22		0.16	0.145
硬质合金	石墨	0.21		0.09	
钢	石墨	0.1		0.1	
低碳钢	铅	0.95	0.95	0.5	0.3
低碳钢	磷族元素化合物		0.34		0.173
钢	磷族元素化合物	0.35			
硬质合金	聚乙烯	0.2		0.2	
硬质合金	聚苯乙烯	0.3～0.35		0.3～0.35	
低碳钢	低碳钢	0.74	0.57		0.09～0.19
硬质合金	硬质合金	0.78	0.42	0.05～0.11	0.029～0.12

材料A	材料B	摩擦系数			
		干摩擦条件		润滑摩擦条件	
		静摩擦	滑动摩擦	静摩擦	滑动摩擦
钢	镀锌钢	0.5	0.45		
聚四氟乙烯	钢	0.04		0.04	0.04
聚四氟乙烯	聚四氟乙烯	0.04		0.04	0.04
锡	铸铁		0.32		
碳化钨	碳化钨	0.2～0.25		0.12	
碳化钨	钢	0.4～0.6		0.08～0.2	
碳化钨	铜	0.35			
碳化钨	铁	0.8			
木头	木头（洁净）	0.25～0.5			
木头	木头（湿）	0.2			
木头	金属（洁净）	0.2～0.6			
木头	金属（湿）	0.2			
木头	砌块	0.6			
木头	混凝土	0.62			
锌	锌	0.6		0.04	
锌	铸铁	0.85	0.21		

注：表中摩擦系数是试验值，只能近似参考。

表 1-2　带膜表面的摩擦系数与纯净表面的摩擦系数 [9]

摩擦副	膜的类型	摩擦系数	
		纯净表面	带膜表面
钢-钢	氧化膜	0.78	0.27
钢-钢	硫化膜	0.78	0.39
黄铜-黄铜	硫化膜	0.80	0.57
铜-铜	氧化膜	1.21	0.76
钢-钢	油酸	0.78	0.11
钢-钢	润滑油	0.78	0.32
钢-钢	硫化膜＋润滑油	0.78	0.19
钢-钢	氧化膜＋润滑油	0.78	0.16

　　另外，一般氧化膜的塑性和强度要比金属材料低，在摩擦过程中，膜先被破坏，所以摩擦系数较小。因此，人们往往在摩擦表面涂覆一层软金属（铟、镉、铅等），以取得降低摩擦系数的效果。

3）犁沟的作用

　　犁沟是总摩擦力中的一部分，也是机械作用的另一种形式。它是硬金属上的微凸体凸峰压入较软的金属而引起的，并且由于较软金属的塑性流动而犁出一个沟槽。它是磨料磨损中摩擦的主要部分，且在黏着作用小的情况下，其影响将更为显著。例如，良好润滑的表面间，在分界面膜的抗剪强度低的情况下，犁沟的影响就显著。设一个硬的材料表面由许多类同半角的圆锥体形微凸体构成，它与较软材料的平坦表面接触，如图 1-1 所示[10]。

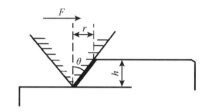

图 1-1　一个圆锥体形微凸体在较软材料表面上的犁沟模型

在摩擦过程中，每个圆锥体形微凸体的前表面与较软的材料相接触，接触表面在水平面上的投影面积为该平面上总投影面积的 1/2。

对于不同形状的微凸体（如球形、圆柱形等）可以获得，摩擦系数总是等于微凸体的 1/2 垂直投影面积除以微凸体的水平投影面积。上述理论的建立，在假设屈服应力在水平方向和垂直方向相同的基础上，忽略了在滑块前的材料堆积，而材料堆积在实际中是存在的。

1.1.3　金属材料的摩擦

1. 金属材料摩擦的分类

金属是制造机器的主要材料，所以机器中存在大量的金属表面间的相互作用，即摩擦。实际上，大多数金属表面的滑动接触是在润滑材料如油、脂和固体润滑剂之间进行的。金属工件表面大多是经过车、铣、刨等切削加工后再进行磨削、抛光等精加工而成的。用肉眼来看，表面是很光滑的，但在显微镜下看仍然是凹凸不平的，用粗糙度来表示金属表面的这一特征。粗糙度又可分为微观粗糙度和宏观粗糙度两种。

微观粗糙度简称为粗糙度，用表面上不同幅度与间距的峰与谷来表示，这种峰谷要比分子大得多，以微米为单位来测定。峰谷的峰部是两物体真实接触的地方，在摩擦学上称为微凸体。

宏观粗糙度也称为表面波纹度，通常以微米为单位来测定。

除贵金属，如金、铂等，不形成氧化物之外，其他金属一般都是活性物质，在大气中往往受到氧化，在表面形成一层氧化膜，而且在不同的环境条件下，还会形成氮化膜、硫化膜、氯化膜等其他的表面膜。这些化学膜对金属表面相互作用的性能有很大的影响。软膜和内聚力比较大的膜相当于在两金属物质的表面加入了一层润滑膜，使金属表面不直接接触。硬而脆的表面膜受载时即破裂，对防止表面接触的作用不大，甚至会引起更大的摩擦。

金属表面在空气或在活性环境中，还会产生油膜、脂膜、吸附膜等。在空气中的吸附膜主要为水汽，其厚度仅为一个分子的厚度，约 $3\times10^{-10}\mu m$。这些吸附膜可以减少金属表面的相互作用。

2. 在空气中表面未沾染的洁净金属的摩擦性能

未沾染的洁净金属表面是指无任何覆盖膜的表面。这种金属表面可以用抛光、研磨、切削等机械加工的方法或化学溶剂溶解的方法得到。

洁净的金属表面互相滑动时发生的摩擦，按摩擦程度的不同，可分为严重摩擦和轻微摩擦两种。摩擦程度与接触金属的特性有很大关系，同时与载荷、表面积、表面粗糙度及滑动速度也有一定的关系。

拉宾洛维奇（Rabinowicz）及其合作者测试了二十多种纯金属的二百多对组合之间在干摩擦时的摩擦系数（表 1-3）[11]。他们发现，这二百多对纯金属组合之间的摩擦系数 f 与摩擦副之间的黏着能 W_{ab} 及较软金属的压入硬度 H 之间存在下述关系：

$$\mu \approx 0.3 + c_1 \left(\frac{W_{ab}}{H} \right) \tag{1-4}$$

式中，c_1 为与表面几何特性有关的常数；W_{ab} 可表示为

$$W_{ab} = \gamma_a + \gamma_b - \gamma_{ab} \tag{1-5}$$

其中，γ_a、γ_b 分别为组成摩擦副的纯金属 a 与 b 的表面能；γ_{ab} 为金属 a 与 b 接触时的界面能。

表 1-3　一些纯金属间的干摩擦系数

	W	Mo	Cr	Co	Ni	Fe	Nb	Pt	Zr	Ti	Cu	Au	Ag	Al	Zn	Mg	Cd	Sn	Pb	In
In	1.06	0.73	0.70	0.68	0.59	0.64	0.67	0.79	0.70	0.60	0.67	0.67	0.82	0.90	1.17	1.52	0.74	0.81	0.93	1.46
Pb	0.41	0.65	0.53	0.55	0.60	0.54	0.51	0.58	0.76	0.88	0.64	0.61	0.73	0.68	0.70	0.53	0.66	0.84	0.90	
Sn	0.43	0.61	0.52	0.51	0.55	0.55	0.55	0.72	0.55	0.56	0.53	0.54	0.62	0.60	0.63	0.52	0.67	0.74		
Cd	0.44	0.58	0.58	0.52	0.47	0.52	0.56	0.59	0.50	0.55	0.49	0.49	0.59	0.48	0.58	0.55	0.79			
Mg	0.58	0.51	0.52	0.54	0.52	0.51	0.49	0.51	0.57	0.55	0.55	0.53	0.55	0.55	0.49	0.60				
Zn	0.51	0.53	0.55	0.47	0.56	0.55	0.58	0.64	0.44	0.56	0.56	0.47	0.58	0.58	0.75					
Al	0.56	0.50	0.55	0.43	0.52	0.54	0.50	0.62	0.52	0.54	0.53	0.54	0.57	0.57						
Ag	0.47	0.46	0.45	0.40	0.46	0.49	0.52	0.58	0.45	0.54	0.48	0.53	0.50							
Au	0.46	0.42	0.50	0.42	0.54	0.47	0.50	0.50	0.46	0.52	0.54	0.49								
Cu	0.41	0.50	0.46	0.44	0.49	0.50	0.59	0.51	0.47	0.55										
Ti	0.56	0.44	0.54	0.41	0.51	0.49	0.51	0.66	0.57	0.55										
Zr	0.47	0.44	0.43	0.40	0.44	0.52	0.56	0.52	0.63											
Pt	0.57	0.59	0.53	0.54	0.64	0.51	0.57	0.55												
Nb	0.46	0.47	0.54	0.42	0.47	0.46	0.46													
Fe	0.47	0.46	0.48	0.41	0.47	0.51														
Ni	0.45	0.50	0.59	0.43	0.56															
Co	0.48	0.40	0.41	0.56																
Cr	0.49	0.44	0.46																	
Mo	0.51	0.44																		
W	0.51																			

摩擦过程是一个物体施载于另一个相对运动物体的过程。在摩擦过程中，受力的物体必然发生变形。而摩擦产生的热量又使摩擦表面温度急剧升高。在力和热的共同作用下，将使金属摩擦表面发生一系列复杂变化。这些变化主要有如下几个。

（1）表面几何形状的变化。

（2）亚表层晶体缺陷及组织结构的变化。

（3）表面化学成分的变化。

这些变化也将对摩擦系数产生影响。

1）严重摩擦

严重摩擦的特征是：摩擦系数大，通常为 0.9～2.0。两个金属表面滑动后，可以看到一个表面的凸点对另一个表面犁沟的少量痕迹。这些痕迹比较宽大，边缘形状并不规则，在显微镜下可以看到从一个表面到另一个表面上的磨屑。

严重摩擦出现在两金属表面互溶性好的材料组合上。这些组合包括相同金属或非常类似的金属的滑动副、两种容易形成固溶合金的金属副，一种金属的原子在另一种金属的晶格内有相当大的溶解度的组合。例如，铜与铜之间，滑动摩擦系数高达 1.0 以上；铝在低碳钢表面上滑动，摩擦系数高达 0.8。这是因为两种金属强烈地相互作用，形成了金属键，造成了金属表面的严重损坏。

2）轻微摩擦

轻微摩擦的特征是摩擦系数小，通常为 0.3～0.7。摩擦非常稳定，呈现有规则的黏-滑状态。观察金属表面时，可以发现很多轻微的细线条，还可以看到从一个金属表面依附到另一个表面上的小磨屑。

轻微摩擦出现在组织结构不相似的两种金属之间。它们之间的亲和力小，互不相溶，例如，银对铁或低碳钢的摩擦系数仅为 0.3。

载荷对某些金属组合之间摩擦的影响也是相当大的。每种金属组合都有一个最小载荷。在滑动过程中，只要法向载荷低于最小载荷，就是轻微摩擦，不会发生严重摩擦。最小载荷的极限是使氧化物层碎裂的载荷。当载荷达到或超过最小载荷时，轻微摩擦就变成了严重摩擦。

3. 真空中金属表面的摩擦性能

如果金属在高度真空中工作，并且事先用切削方法加工、在高温中蒸发或用化学方法除去原表层，都会产生无表面膜的金属表面。这种洁净的金属表面在太空或高真空的环境中互相滑动时，摩擦系数很大，一般为 5～100，基本上黏合在一起。如果继续滑动，金属表面损坏很快，以致全部被毁。洁净金属在真空中的摩擦系数不服从正常的摩擦规律，因为其摩擦力几乎与法向载荷无关，只与接触面积成正比。因此，在太空中的宇航设备必须采用特殊的润滑剂，如固体润滑剂、低熔点金属润滑剂等。

1.1.4　非金属材料的摩擦

非金属材料的范围非常广泛，而且品种和数量还在不断增加。非金属材料具有许多金属材料无法比拟的优越性能，在很多领域已经代替了传统的金属材料。因此，在国民经济中，非金属材料已占据越来越重要的地位，并得到越来越广泛的应用。

1.脆性固体的摩擦

脆性材料（如岩盐、石英、玻璃和陶瓷等）的性质与金属明显不同。脆性材料被认为是非可延性的，在很小的拉应力下它们就可能断裂和破碎。试验表明，脆性材料的摩擦大致符合古典摩擦定律。

1）脆性固体的摩擦机理

以典型的脆性固体岩盐（NaCl）为例观察其摩擦情况。当硬金属球在岩盐上滑过时，岩盐表面的损伤表现出两个主要特征：首先是表面有微观碎裂和若干可见裂纹；其次是宏观的摩擦痕迹与一般的金属或其他延性材料的磨痕相似，表现出明显的塑性变形特征。进而对岩盐的压缩试验表明[7]，在特定条件下，岩盐可以承受极大的变形量。因此，岩盐在摩擦时表现出的塑性行为就不足为奇了。在对摩擦痕迹进行分析后，可以得出：在滑动区域内岩盐的变形，主要受塑性过程而不是脆性过程的支配。因此，脆性材料的摩擦结果类似于金属材料。

鲍登等在对岩盐的摩擦机理进行详细研究时发现[7]，金属的黏着摩擦理论基本能解释岩盐的摩擦，即岩盐在摩擦过程中也存在黏着现象。但在真空中的试验得到，对洁净的岩盐来说，摩擦的增加是很小的，这说明岩盐没有像金属那样产生大规模的接点长大现象。

脆性材料在摩擦过程中，尽管表面有微小的破碎和裂纹，但总的摩擦机理与金属相似，即产生黏着和塑性变形，然而作为洁净金属特征的大规模的接点生长，在脆性材料中不会发生。因此，脆性材料洁净表面的摩擦系数一般不会超过1.0。

2）玻璃与陶瓷的摩擦机理

玻璃和陶瓷是常用的脆性材料。陶瓷与各种材料的摩擦在工程应用中是非常重要的，如在陶瓷轴承、轴瓦和密封面、滑道、汽车及航天器推进系统中的陶瓷元件等的设计上都要考虑摩擦的影响。

陶瓷与合金一样，相同的基本组分可以形成很多种类的陶瓷。陶瓷中经常还会包含一些附加相（如晶界间的玻璃相），这些相会对摩擦性能产生明显影响。周围环境以及介质情况等也会影响陶瓷的摩擦特性。显然，在小载荷和低磨损情况下，陶瓷的摩擦性能主要由氧化硅层的情况来决定。

与金属和结构陶瓷相比，玻璃的摩擦数据显得很少，表1-4[12]是玻璃的典型摩擦系数。当玻璃与金属或聚合物对磨时，玻璃的摩擦系数在0.1～0.7范围内，而清洁玻璃的摩擦系数会更高一些。

表1-4　玻璃与几种材料的静态摩擦系数

玻璃	对摩材料	摩擦系数 μ
回火玻璃	6061 合金铝	0.17
	1032 钢	0.13
	聚四氟乙烯	0.10
清洁玻璃	清洁玻璃	0.9～1.0
	金属	0.5～0.7

与金属及合金不同，陶瓷主要是由离子键和共价键形成的，它们的相容性很低，自配对摩擦副的摩擦系数比较小。表 1-5[12] 是一些陶瓷材料的摩擦系数，不过这些数据只能给出一个粗略的估计，因为环境因素的影响是非常大的。

表 1-5　在室温及大气中几种陶瓷材料的摩擦系数

陶瓷材料	对摩材料	摩擦系数 μ
Al_2O_3	Al_2O_3	0.33～0.50
$\alpha\text{-}Al_2O_3$	$\alpha\text{-}Al_2O_3$	0.38～0.42
Al_2O_3-SiC 复合材料	Al_2O_3-SiC 复合材料	0.64～0.84
Al_2O_3	Al_2O_3-SiC 复合材料	0.53
B_4C	B_4C	0.53
SiC	SiC	0.52
SiC	Si_3C_4	0.53～0.71
Si_3C_4	Si_3C_4	0.42～0.82
WC	WC	0.34

陶瓷的摩擦有两种基本状态：一种是发生严重磨损和表面断裂的情况，另一种是只有轻微磨损的情况。对于前者，滑动摩擦系数可达 0.5～0.8，而后者只有 0.1～0.3。严重磨损时，摩擦由于断裂的不断发生和硬磨屑的产生而增加。很多陶瓷在干燥情况下都会促进磨损的发生，因此会使摩擦提高。在空气中，随着滑动温度的提高，表面的水蒸气将脱附，这会使摩擦增大。但随着温度的进一步提高，由于具有润滑作用的氧化膜达到足够的厚度，这样又会使摩擦下降。许多陶瓷在摩擦时发生摩擦化学反应，能获得非晶态表面层，它不同于晶体结构的基体，在适当的条件下可以减摩、耐磨。

在摩擦副中，如果只有其中一个对磨件是陶瓷，那么摩擦系数经常由另外一个对磨件决定。例如，在金属-陶瓷组成的摩擦副中，金属可能会逐渐在陶瓷表面形成转移膜，从而形成自配对摩擦，导致摩擦力增大。因此，在这样的系统中研究摩擦性能，必须考虑摩擦副之间物质的相互转移情况。

2. 聚合物的摩擦

聚合物在国民经济的各个领域都有广泛应用，但很多应用场合又由其摩擦学性能决定，如塑料的导轨、轴承、齿轮以及轮胎等。聚合物的种类繁多，结构和性能也千差万别，不同材料的摩擦特性有很大差异。因此，有必要对不同聚合物的形态特点和摩擦规律进行分析。

1）高分子聚合物的物理状态

聚合物从组织结构上一般可分为无定形聚合物和结晶聚合物。当温度发生变化时，这两类聚合物性能的变化有相似的规律。以线型无定形（非结晶型）高聚物为例，在不同温度范围内，由于大分子热运动程度不同，呈现三种不同的力学状态：玻璃态、高弹态及黏流态，如图 1-2 所示。

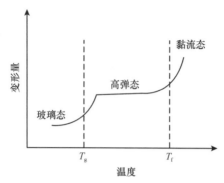

图1-2　线型无定形聚合物变形量与温度的关系曲线

2）聚合物的摩擦机理

从上面的分析可知，聚合物一般处在玻璃态、高弹态或黏流态。聚合物的摩擦可分为三种类型：①玻璃态或晶态的摩擦；②橡胶态的摩擦；③黏流态的摩擦。研究表明，聚合物的基本摩擦机理与金属材料有类似的方面，即微凸体的黏着及犁沟变形是影响聚合物材料摩擦的主要因素。但是，金属的摩擦特性是不同于聚合物的，原因是金属的摩擦特性属于弹塑性范畴，而弹性模量和熔点较低的聚合物的摩擦特性属于黏弹性范畴。因此，聚合物的摩擦特性对外加载荷、温度和滑动速度更为敏感。另外，当聚合物处于高弹态时，在摩擦力中还增加了一项迟滞分量。

由于与金属在微观结构上的根本不同，聚合物产生黏着的原因与金属是不同的。一般来说，聚合物黏着的根源在于表面有三种力存在：一种是静电力；一种是范德瓦耳斯力；如果聚合物中有某种极性原子存在，那就还有偶极的相互作用（色散力）和氢键的作用力。另外，聚合物一般都是热的不良导体，在滑动过程中，摩擦表层的温度可升至较高的温度，因此聚合物表层由于摩擦热而熔融的情况很普遍。在这种状态下，熔融层的物质很容易发生黏着和转移，这时的摩擦特性与聚合物的黏流特性有很大关系，而且摩擦明显取决于速度和温度情况。通过研究还发现，在聚合物干摩擦时，黏着点的增长程度不是很明显，因而简单的黏着理论看来比金属更适合于聚合物。

在聚合物的滑动摩擦中，犁沟分量有可能占相当大的部分。但聚合物的犁沟作用方式一般不是采取塑性变形或弹性变形的方式，而是采取黏弹性变形的方式。

聚合物的摩擦与温度、载荷及速度等有很大关系，甚至加载时间都会对摩擦产生很大影响。在弹性聚氨酯与钢的摩擦试验中得知[12]，随着加载时间的延长，聚氨酯的摩擦系数明显提高。表1-6[13]是几种聚合物与钢对磨时摩擦系数随温度的变化情况。可以看到，除聚四氟乙烯外，其他的聚合物都随着温度的上升而提高。

表1-6　几种聚合物与钢对磨时摩擦系数随温度的变化

聚合物	不同温度下的摩擦系数			
	20℃	40℃	60℃	80℃
聚己酰胺	0.46	0.50	0.74	
聚乙烯	0.23	0.26	0.29	0.31
聚四氟乙烯	0.22	0.21	0.19	0.16

3）聚合物的摩擦系数

表 1-7[10] 是一些聚合物的摩擦系数。需要说明的是，同一种材料的摩擦系数在各种资料上列出的往往不同，有时差别极大，甚至相差到一个数量级的程度，使人无所适从。这方面的紊乱情况与金属摩擦系数的情况一样。造成这种情况的根本原因在于影响摩擦系数的因素太多，而某一种材料的摩擦系数都是在特定条件下取得的。因此，在此特别强调，各种来源的摩擦系数没有可比性。从表 1-7 中可看到，聚合物与金属对磨时的摩擦系数小于同种聚合物对磨时的摩擦系数。

表 1-7　一些聚合物的摩擦系数[10]

下部		上部													
		钢	酚醛	三聚氰酰胺	尿素	聚碳酸酯	尼龙	聚缩醛	丙烯酸酯	氯化乙烯	ABS树脂	聚丙烯	苯乙烯	聚乙烯	聚四氟乙烯
钢		0.468	0.524	0.686	0.711	0.362	0.104	0.180	0.385	0.216	0.376	0.316	0.517	0.109	0.100
热固性树脂	酚醛	0.488	0.373	0.033	0.495	0.418	0.154	0.112	0.309	0.200	0.195	0.271	0.503	0.074	0.100
	三聚氰酰胺	0.567	0.397	0.071	0.076	0.028	0.054	0.067	0.260	0.101	0.158	0.065	0.273	0.025	0.082
	尿素	0.453	0.067	0.089	0.153	0.058	0.087	0.071	0.070	0.071	0.282	0.352	0.127	0.075	0.092
热塑性树脂	聚碳酸酯	0.302	0.429	0.236	0.468	0.429	0.100	0.195	0.549	0.044	0.477	0.478	0.479	0.088	0.092
	尼龙	0.192	0.152	0.073	0.101	0.129	0.070	0.074	0.008	0.076	0.191	0.075	0.099	0.066	0.099
	聚缩醛	0.129	0.190	0.090	0.136	0.142	0.092	0.177	0.091	0.124	0.190	0.180	0.161	0.092	0.095
	丙烯酸酯	0.568	0.464	0.470	0.396	0.418	0.168	0.109	0.551	0.386	0.177	0.472	0.452	0.123	0.099
	氯化乙烯	0.219	0.256	0.087	0.110	0.222	0.112	0.143	0.313	0.250	0.216	0.317	0.391	0.088	0.128
	ABS树脂	0.366	0.229	0.087	0.125	0.269	0.126	0.167	0.185	0.176	0.180	0.213	0.138	0.096	0.100
	聚丙烯	0.258	0.314	0.139	0.308	0.326	0.124	0.188	0.079	0.249	0.316	0.350	0.292	0.133	0.112
	苯乙烯	0.368	0.392	0.310	0.438	0.375	0.171	0.153	0.345	0.333	0.263	0.246	0.467	0.156	0.108
	聚乙烯	0.139	0.147	0.130	0.092	0.090	0.079	0.086	0.068	0.102	0.127	0.122	0.160	0.141	0.106
	聚四氟乙烯	0.117		0.075	0.101	0.105	0.094	0.104	0.108	0.097	0.093	0.111	0.106	0.095	0.083

1.2　金属的磨损

断裂、腐蚀和磨损是机械设备及零部件的三大失效形式。两个不绝对光滑的物体相互接触，并且界面存在压力，就会产生摩擦。相接触的物体相互移动时产生阻力的现象称为摩擦。摩擦是不可避免的自然现象，与我们的生活息息相关，衣、食、住、行都离不开摩擦。摩擦与磨损相伴产生，有摩擦就会有磨损，磨损是摩擦的必然结果，相对运动的零件摩擦表面发生尺寸、形状和表面质量变化的现象称为磨损。除少数情况外，如打磨、抛光，绝大多数情况下，磨损都是有害的，都是不希望得到的。当机械零件配合面产生的磨损超过一定限度时，会引起配合性质的改变，使间隙加大、润滑条件变差，产生冲击，磨损就会变得越来越严重，在这种情况下极易发生事故。摩擦和磨损涉及的科学技术领域甚广，特别是磨损，它是一种微观和动态的过程，在这一过程中，机械零件不仅会发生外形和尺寸的变化，还会出现其他各种物理、化学和机械现象。以摩擦副为主要零件的机械设备，在正常运转时，机械零件的磨损过程一般可分为磨合（跑合）阶段、稳定磨损阶段和剧烈磨损阶段。零件的工作条件是影响磨损的基本因素。这些条件主要包括运动速度、相对压力、润滑与防护情况、温度、材料、表面质量和配合间隙等。据有关部门统计，损失是磨损导致的。一般机械设备中约有 80% 的零件因磨损而失效报废，占国内生产总值的 3%～5%。据估计，世界上的能源消耗有 30%～50% 是摩擦和磨损造成的。

1.2.1　磨损的分类

摩擦几乎无处不在，理论上有摩擦就会有磨损。磨损比摩擦更复杂、更敏感，是一个十分复杂、微观、动态的过程，影响因素也十分多，因此分类方法也较多（图 1-3）。最常用的是按照表面破坏机理特征进行分类，磨损可以分为磨料磨损、黏着磨损、接触疲劳磨损、腐蚀磨损、微动磨损、冲蚀（击）磨损等，前三种是磨损的基本类型，后面几种只在某些特定条件下才会发生。

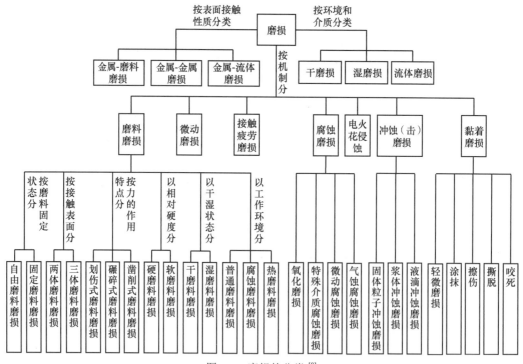

图 1-3　磨损的分类 [8]

1.2.2　主要磨损类型

磨损分类的方法有很多，目前比较通用的磨损分类方法是 Burwell 和 Strang 提出的按照磨损机理的分类方法，即将磨损分为磨料磨损、黏着磨损、冲蚀磨损、微动磨损、腐蚀磨损等。英国的 Eyre 曾对工业领域中发生的各种磨损类型所占的比例进行过大致的估计，如表 1-8 所示[14]。由表可以看出，磨料磨损占据了 1/2，其次是黏着磨损。由这两种磨损所造成的损失最多，因而特别受到重视。

表 1-8　各种磨损类型所占的比例

磨损类型	百分比 /%
磨料磨损	50
黏着磨损	15
冲蚀磨损	8
微动磨损	8
腐蚀磨损	5
其他	14

1. 磨料磨损

磨料磨损是由于摩擦时一个表面硬的凸起部分和另一表面接触，或两摩擦面间存在硬的质点，在发生相对运动时，两个表面中的一个表面或两个表面的材料发生转移的磨损现象。磨料磨损在工业中是最常见、最严重的一种形式，如矿山机械、农业机械、工程机械、运输机械等，其执行机构的磨损主要是磨料磨损。由表 1-9 可知，磨料磨损涉及的范围非常广，影响因素十分复杂，分类方法有很多。

表 1-9　磨料磨损类型（按使用条件分类）[14]

分类依据	磨料磨损类型
应力高低	低应力磨料磨损 高应力磨料磨损 冲击磨料磨损 冲蚀磨料磨损
接触条件	两体磨料磨损 三体磨料磨损
磨料的作用方式	滑动磨料磨损 滚动磨料磨损 滚-滑动磨料磨损 开式磨料磨损 闭式磨料磨损 固定颗粒磨料磨损 半固定颗粒磨料磨损 松散磨料磨损
磨料与材料的硬度匹配	软磨料磨损（$H_m/H_a \geqslant 0.8$） 硬磨料磨损（$H_m/H_a < 0.8$）
表面失效方式	擦伤型磨料磨损 刮伤型磨料磨损 研磨型磨料磨损 凿削型磨料磨损 犁皱型磨料磨损 微观裂纹型磨料磨损

续表

分类依据	磨料磨损类型
磨料磨损机理	塑性变形磨料磨损 疲劳磨料磨损
介质类型	干式磨料磨损 湿式磨料磨损 腐蚀磨料磨损
环境温度	低温磨料磨损 常温磨料磨损 高温磨料磨损

注：H_a 为磨料硬度；H_m 为材料硬度。

磨料磨损的机理是磨粒的犁沟作用，使磨损表面产生划痕、犁皱、擦伤或微切削的形貌。

磨料磨损可以分为二体磨料磨损和三体磨料磨损两种形式。磨粒沿一个固体表面相对运动产生的磨损称为二体磨料磨损。当磨粒运动方向与固体表面接近平行时，磨粒与表面接触处的应力较低，固体表面产生擦伤或微小的犁沟痕迹；当磨粒运动方向与固体表面接近垂直时会产生高应力碰撞，表面上常被磨出较深的沟槽，并有大颗粒材料从表面脱落。外界磨粒移动于两摩擦表面之间，类似于研磨作用，称为三体磨料磨损。通常三体磨料磨损的磨粒与金属表面产生极高的接触应力，往往超过磨粒的压溃强度。这种压应力使韧性金属的摩擦表面产生塑性变形或疲劳，使脆性金属表面发生脆裂或剥落，而且金属表面的疲劳和剥落都会产生磨粒，使磨粒数量显著增加。影响这种磨损的主要因素有：在多数情况下材料的硬度越高，耐磨性越好；磨损量随磨损磨粒平均尺寸的增加而增大；磨损量随着磨粒硬度的提高而增大等。

材料的磨料磨损性能不是材料的固有特性，而是与材料服役时磨损系统中各因素有关系，实际的磨料磨损过程是一个非常复杂的多种因素综合作用的系统，这些因素大体可分为两类：一类是内部因素，即材料的成分、微观组织和力学性能；另一类是外部因素，即磨料的特性（大小、形态、硬度、韧性等）、磨料与材料之间的接触应力、与材料接触的磨料数量、相对运动速度、介质、温度等。常见磨料的维氏硬度如表 1-10[14] 所示。

表 1-10　常见磨料的维氏硬度 [14]

磨料	维氏硬度 (HV)
碳化硅	2100～3000
刚玉	1900～2100
黄玉	1200
石英（石遂石）	750～1100
石榴石	600～970
橄榄石	600～750
斜长石	470～600
黄铁矿	470～600
正长石	470

磨料	维氏硬度 (HV)
磁铁矿	370～600
赤铁矿	370～600
辉石	300～470
闪石	300～470
白榴石	370～470
钛铁矿	300～470
褐铁矿	300～370
磷灰石	300
沸石	180
萤石	180
陨铁、菱铁矿	145～180
白云石	145～180
蛇纹石	90～180
方解石	175
云母	70～115
绿泥石	70～90
高岭土、陶土	70～90
石膏	70
滑石	45～56

2. 黏着磨损

黏着磨损又称咬合磨损，它是指滑动摩擦时摩擦副接触面局部发生金属黏着，在随后相对滑动中黏着处被破坏，有金属屑粒从零件表面被拉拽下来或零件表面被擦伤的一种磨损形式。

当两金属零件表面受法向载荷接触时，开始只有极少数较高的微凸体进行接触，其比压较大，此时，即使施加较小的载荷，在真实接触面上的局部应力就足以引起塑性变形，使这部分表面上的氧化膜等被挤破，两个物体的金属面直接接触，两接触面的原子就会因原子的键合作用而产生黏着（冷焊）。在随后的继续滑动中，黏着点被剪断并转移到一方金属表面，脱落下来便形成磨屑，造成零件表面材料的损失，这就是黏着磨损。摩擦表面的黏着现象主要是界面上的原子、分子结合力作用的结果。黏着磨损的共同特征是出现材料迁移，以及沿滑动方向形成程度不同的划痕[15,16]。

1）黏着磨损的分类

根据黏着点的强度和破坏位置不同，黏着磨损常分为以下几类。

（1）轻微磨损。

当接点的强度低于两摩擦副材料的强度时，剪切发生在结合面上，表面的材料发生轻微的转移，磨损量很小。这在机器零件中往往是允许的磨损。通常在金属表面具有氧化膜、硫化膜或其他涂层时会发生这种黏着磨损。内燃机缸套-活塞环正常稳定磨损阶段就属于这种轻微磨损。

（2）涂抹。

黏着点的结合强度大于较软金属的抗剪强度，但小于硬金属的抗剪强度，剪切破坏发生在离黏着点不远的较软金属的浅表层内，软金属涂抹在硬金属表面，形成了软金属之间的摩擦磨损，如重载蜗轮副的蜗杆上常见这种磨损。

（3）擦伤。

黏着点结合强度比两基体金属都高，剪切破坏主要发生在软金属的浅表层内，有时硬金属的浅表层也被划伤，转移到硬表面上的黏着物对软金属有犁削作用，可擦伤较软金属表面，如内燃机的铝活塞壁与缸体摩擦常见此现象。

（4）撕脱。

黏着点结合强度大于任一基体金属的抗剪强度，外加剪应力较高，剪切破坏发生在摩擦副一方或两方金属较深处，是比擦伤更为严重的黏着磨损，如主轴-轴瓦摩擦副的轴承表面经常可见撕脱。

（5）咬死。

黏着点结合强度比任一摩擦副基体强度都高，而且黏着区域大，剪应力低于黏着力，摩擦副之间的相对运动将被迫停止。摩擦副一旦出现咬死便不能继续工作，需要大修或更换新的摩擦副。

2）影响黏着磨损的主要因素

影响黏着磨损的因素很多，也非常复杂，但总体可分为两大类：①摩擦副材料的性质，如摩擦副材料的成分、组织、性能、晶体结构以及两摩擦副材料的相容性等；②摩擦副的工作条件，如载荷、速度、润滑、温度等。

一般来讲，脆性材料抗黏着能力比塑性材料强。脆性材料发生损伤的主要形式是剥落，并且发生在较浅的位置，剥落的碎屑容易脱落而排出，不堆积在磨损面，避免了对磨损面的二次损伤。塑性材料黏着点的破坏以塑性流动为主，发生的深度也较脆性材料深，磨屑颗粒也较大，并且易粘在磨损表面，对磨损面造成更重的犁削作用，加速磨损的发生。

相同的金属或互溶性较大的金属组成的摩擦副更易发生黏着磨损。不同的金属、金属与非金属或互溶性较小的金属组成摩擦副抗黏着的能力较强。单相金属比多相金属更易发生黏着磨损，不连续组织的黏着倾向比连续组织小。

载荷是黏着磨损的决定性因素，只有当载荷达到某一临界值，并且作用一段时间后，黏着磨损才会急剧增加，在小于这一临界值时只会发生轻微磨损。

在压力一定的情况下，黏着磨损先是随着速度的增加而增加，达到某一临界值后，又开始降低，这与摩擦副表面的变形、组织变化以及氧化有关。

表面温度与载荷和速度有关，在摩擦过程中，摩擦副表面局部微凸区会产生更多的热量，使该区瞬时温度达到很高，局部黏着加剧。摩擦副表面温度的升高，会导致表面氧化、相变、硬化或软化，甚至微区熔化，加剧黏着磨损。

润滑剂吸附在摩擦副的表面形成边界润滑膜，防止摩擦副直接接触，保持界面的良好润滑，能成倍地提高抗黏着磨损能力。

3. 冲蚀磨损

冲蚀磨损是指流体或固体粒子，以一定的速度和角度冲击材料表面出现破坏的一类磨损现象。冲蚀磨损是现代工业生产中常见的一种磨损形式，是机器设备及其零部件损坏报废的重要原因之一。根据流动介质的不同，可将冲蚀磨损分为两大类：气流喷砂型冲蚀和液流型冲蚀。

在自然界和工业生产中，存在大量的冲蚀磨损现象，如物料输送管道中物料对管道的冲蚀、锅炉管道被燃烧的粉尘冲蚀、喷砂机或抛丸机喷嘴受砂粒或钢（铁）丸的冲蚀、料浆泵中料浆对泵体和叶轮的冲蚀、直升机螺旋桨受空气中灰尘和雨滴的冲蚀、火箭发动机喷管喉衬受高温高速燃气的冲蚀等。

影响冲蚀磨损的因素主要有以下四方面。

（1）材料本身的性质，如材料的力学性能（硬度、韧性）、组织（马氏体、贝氏体、奥氏体、珠光体、碳化物等硬质相等）、物理性能等。

（2）磨粒的性质，如磨粒的硬度、粒度、形状、韧脆性等。

（3）流动介质的性质，如介质的腐蚀性、温度、黏度等。

（4）工艺参数及环境因素，如冲蚀速度、角度、作用时间、环境温度、磨粒的流量及作用面积等。

1.3　金属磨损测试技术及表征方法

1.3.1　金属磨损测试技术

磨损测试是测定材料抵抗磨损能力的一种材料试验。通过这种试验可以比较材料的耐磨性优劣。磨损试验比常规的材料试验要复杂。首先需要考虑零部件的具体工作条件并确定磨损形式，然后选定合适的试验方法，以便使试验结果与实际结果较为吻合。

磨损形式有磨料磨损、黏着磨损、接触疲劳磨损、微动磨损、腐蚀磨损等。然而，在实际运转条件下往往不止出现一种磨损形式，例如，大功率柴油机轴瓦可能同时出现黏着磨损和气蚀。与其他试验相比，磨损试验受载荷、速度、温度、周围介质、表面粗糙度、润滑和耦合材料等因素的影响更大。试验条件应尽可能与实际条件一致，才能保证试验结果的可靠性。

磨损试验方法可分为现场实物试验与实验室试验两类。现场实物试验具有与实际情况一致或接近一致的特点。如将活塞环装机并使汽车行驶一定行程后，拆机测量活塞环的开口间隙即可得到磨损量。因此，实物试验结果可靠性高，但这种试验所需时间长，且外界影响因素难以掌握和分析。而实验室磨损试验是在实验室中的磨损试验机上进行的，它又分为试样磨损试验和台架磨损试验。①试样磨损试验：用加工成一定形状和尺寸的试样进行试验。②台架磨损试验：用零件或近似零件的试样在模拟实际运转条件的台架上进行试验。实验室试验虽然具有试验时间短、成本低且易于控制各种影响因素等优点，但试验结果往往不能直接表明试验情况。因此，研究重要机件的耐磨性时往往两种方法都要使用。

实验室磨损试验按运动方式可分为滑动、滚动和冲击三类。按介质不同可分为干磨、湿磨、有润滑、有磨料四类。按试验温度可分为高温、室温和低温三类。按试样接触形式可分为五类：①平面与平面；②平面与圆柱；③圆柱与圆柱；④平面与球；⑤球与球等。磨损试验机还按相对运动方向分为单方向运动和往复运动两类，也可按摩擦轨迹分为新生面摩擦和重复摩擦两种不同的形式[17]。

1.3.2 金属磨损量的测量方法

磨损量可用试验前后的试样长度、体积、质量等的变化来表示。磨损量测量的方法有测长法、称重法、人工测量基准法（刻痕法、压痕法、磨痕法）、化学分析法和放射性同位素法等。磨损试验时，经常指定某材料作为对比材料，然后在同样条件下将被测材料与它进行对比试验。试验结果用相对耐磨性系数或磨损系数表示。磨损系数则为相对耐磨性系数的倒数。

磨损试验后，要确定其磨损量就一定要有适宜的磨损量测量方法，下面就目前常用和特殊的几种方法进行介绍[18]。

1. 称重法

测量磨损试验前后试样质量变化，其差数即为磨损量。最常用的测量器具是感量为万分之一克的分析天平。对于一些磨损量较大或本身质量太大的试样，分析天平称量的总质量不够时，可由感量千分之一克的天平或百分之一克的工业天平代替。试样在称重前应进行充分的清洗和干燥，避免表面的污物和湿气影响质量的变化。使用称重法时要注意以下几种情况：①称重法不适用于磨损量极微的磨损样品的测量；②称重法不适合太薄的表面涂层材料，如果磨损量太小，测量误差大，磨损量大，则会磨到基体材料，将可能得出错误的结果；③多孔材料易进入污物而且不易清洗，称重法产生的误差较大；④对于磨损表面产生较大塑性变形的材料，其形状改变较大，但质量损失不大，称重法不能准确地反映表面磨损的真实情况；⑤对于具有腐蚀或处于氧化环境的磨损试样，需要评估非磨损表面的腐蚀或氧化对磨损称重结果的影响。

2. 测长法

用适当精度的长度测量器对磨损试验前后的摩擦表面法向尺寸进行测量，其差数即为磨损量。测量器具可以是千分尺、指示百分表、指示千分尺、测长仪、比较仪读数显微镜、电子量仪或气动量仪等。选用器具要根据磨损试样的大小、形状及磨损量大小进行。对于磨损量在微米级的极小样品，测量时应在恒定条件下进行。测长法可以测量磨损的分布情况，但是这种方法可能会存在较大误差，如测量磨损表面产生塑性变形的试样、接触式测量仪器的测量值受接触情况和环境温度变化等的影响。

3. 微观轮廓法

试验前后在摩擦表面上同一部位记录其微观轮廓起伏曲线，即测定同一部位轮廓线的试验前后变化量，根据其变化量来确定磨损量。它主要用于测量磨损量极微小的样品。测量器具是表面粗糙轮廓仪。轮廓仪分接触式轮廓仪和光学轮廓仪两类，其中光学轮廓仪又可分为白光干涉型轮廓仪和激光共聚焦轮廓仪。一般来讲，光学轮廓仪测量精度更高，功能也更强。

4. 人工测量基准法

这种方法是在磨损试样表面上人为地做一个测量基准——凹痕,用试验前后测量凹痕的变化来确定磨损量。这种人工测量基准法适用于磨损量较小的磨损试样的磨损量测量,按人工基准形成方法不同又可分为三种:①压痕法,通常是采用维氏硬度计的压头在摩擦表面上压出凹痕,测量压痕尺寸试验前后的变化来测定磨损量;②台阶法,在摩擦表面加工出特定的台阶作为测量基准;③切槽磨槽法,在摩擦表面加工出特定的凹槽作为测量基准。

5. 化学分析法

此法是利用化学分析来测定磨损试验摩擦偶件落在润滑剂中磨损产物的含量,从而间接测定磨损速度。因为磨损试验时,金属磨屑不断掉入润滑剂中,润滑剂中的金属含量就不断增加,只需知道润滑剂的总量,便可每隔一定时间从油箱中取油样分析出单位体积润滑剂的金属含量,得出每段时间的磨损速度。但是,这种方法是测量整个表面的总磨损量,无法确定整个表面的磨损分布。此外,润滑剂的合理取样是确保测量精度的关键。

6. 放射性同位素法

此方法的基本原理是首先使磨损试样带有放射性,或嵌入放射性物质,这样,在磨损过程中落入润滑剂油中的磨损产物具有放射性,因此可利用计数器(概率计数器或闪烁计数器等)确定润滑油中的放射性强度。通过标定,可换算成相应的磨损量。这种方法灵敏、迅速,可测微量磨损,但需特殊的防护措施及测量仪器。这种方法的最大优点是测量磨损的灵敏度高,可达 $10^{-8} \sim 10^{-7} \mathrm{g}$,同时还可以分别测量几个摩擦表面和部位的磨损量。

7. 运转特性改变法

根据试样或零部件运转性的改变来确定磨损程度。它是一种间接而综合地判定磨损的方法,如利用密封件泄漏量的改变等。

1.3.3　磨损量的表示法

磨损试验结果的表示方法有很多,一般可分为两类:一类是绝对表示方法,是带单位的数值,如质量磨损量、线磨损量、体积磨损量以及基于这三个磨损量计算出来的磨损率;另一类是相对表示方法,一般是无量纲的数值,如耐磨性和相对耐磨性。

(1)质量磨损量的物理意义为磨损试验前后试样质量的变化。其表示形式为:质量磨损量 = 试样原始质量 − 磨损后质量。实验室的磨损试验大多使用质量磨损量表示,称重相对方便。生产中也常用质量磨损量来表示,如水泥球磨,常用生产 1t 水泥消耗多少磨球来表示磨球的耐磨性。

(2)线磨损量的物理意义为磨损试样摩擦表面试验前后法向尺寸的变化。线磨损量 = 试样原始尺寸 − 磨损后尺寸。对于称重不方便、测量尺寸方便的工件常采用这种表示方法,如汽车轮胎(花纹深度)、刹车片(厚度)、线切割钼丝(直径)等。

(3)体积磨损量的物理意义为磨损试验前后试样的体积变化。有些磨损难以使用质量和尺寸来进行测量,可以通过测量体积来评估磨损量。例如,对于磨损量不大的滚动磨损表面磨损量评估，可以使用三维形貌仪进行体积磨损量的测试。

（4）磨损率的物理意义为磨损试验单位时间试样的质量磨损量或单位摩擦距离的质量磨损量。

（5）磨损系数的物理意义为磨损试验后试验材料与对比材料质量磨损量之比。数值越小，耐磨性越好。

（6）相对耐磨性物理意义为磨损试验后对比材料与试验材料磨损量之比。对比材料的相对耐磨性为1，可以比较直观地看出试验材料相对于对比材料的耐磨性高低，数值越大耐磨性越高。试验材料的相对耐磨性数值大于1，说明试验材料的耐磨性比对比材料高；数值约等于1，说明试验材料的耐磨性与对比材料相当；数值小于1，说明试验材料的耐磨性低于对比材料。相对耐磨性等于磨损系数的倒数。

磨损量、磨损率、磨损系数和相对耐磨性都是在相同试验条件下的相对指标，在不同试验条件下所得到的值不具有可比性。

1.3.4 磨损失效分析

磨损失效分析旨在确定磨损的类型、机制以及可能导致磨损的原因。对磨损表面、断口、亚表层、磨屑等进行观察、分析，可以揭示磨损失效机制和原因。按照磨损失效的特点，磨损失效分析着重分析以下几个方面[19,20]。

1. 磨损表面分析

磨损表面分析分两大类：一类是表面形貌分析，另一类是表面成分、结构、硬度等分析。这些分析结果反映了磨损工件在一定工况下磨损的发生发展过程。因此，磨损表面要严格保护，及时观察和分析，防止生锈和人为破坏。

表面形貌分析主要通过放大成像来观察表面形貌，所用仪器主要为各种显微镜。按光源或激发源不同可分为光学显微镜、电子显微镜、离子显微镜、场（隧道）显微镜等几类。其中，三维形貌仪是最为专业的表面形貌分析工具，三维激光共聚焦显微镜是以白光或激光为光源的非接触式三维形貌仪，用于磨损体积和表面轮廓分析及测量，可以重建磨损表面的高分辨率图像和三维结构。另外常用的设备是扫描电子显微镜（scanning electron microscope，SEM），与三维形貌仪相比，SEM 可以获得更高的观察倍数，可以观察到纳米级的细节。

磨损表面的成分分析可使用能量色散 X 射线谱（X-ray energy dispersive spectrum，EDS）和电子探针微区分析（electron probe microanalysis，EPMA），结构分析可采用背散射电子衍射（electron back scattering diffraction，EBSD）和 X 射线衍射（X-ray diffraction，XRD），表面硬度分析可采用显微硬度仪或纳米压痕仪进行。

2. 磨损亚表层分析

磨损表面以下相当厚的一层材料在磨损过程中会发生较大变化，这一层称为亚表层。亚表层通常存在冷作硬化、磨损热效应、疲劳、腐蚀、机械作用而引发的相变、裂纹的形成与扩展、元素的迁移、内应力的变化等，这些为判断磨损过程和失效机制提供了重要依据。与磨损表面分析不同，亚表层分析通常取其剖面（垂直剖面或斜剖面）为分析面，并根据需要进行打磨、抛光甚至腐蚀，制得金相试样，进行金相观察。亚表层的成分、结构、硬度等分析与表面分析所用方法相同。

3. 磨屑分析

磨屑是磨损过程中的产物。在磨损过程中，有一些磨损信息会随着磨损的进行而改变或消失，而磨屑最能代表摩擦副相互作用过程中失效的瞬时状态。可分析磨屑形态、内部组织结构形态、成分变化等来帮助分析磨损机理。另一方面，磨损测量方法中的化学分析法和放射性同位素法两种方法就是通过分析磨屑量的变化来间接测定磨损量和磨损程度的。

参 考 文 献

[1] 孙家枢 . 金属的磨损 [M]. 北京 : 冶金工业出版社 , 1992.

[2] 霍林 J. 摩擦学原理 [M]. 上海交通大学摩擦学研究室译 . 北京 : 机械工业出版社 , 1981.

[3] Jost H P. Lubrication (tribology) education and research—A report on the present position and industries needs[R]. London：Department of Education and Science, 1966.

[4] 邵荷生 , 张清 . 金属的磨料磨损与耐磨材料 [M]. 北京 : 机械工业出版社 , 1988.

[5] 鲍登 F P, 泰伯 D. 摩擦学入门 [M]. 沈继飞译 . 北京 : 机械工业出版社 , 1982.

[6] 张剑锋 , 周志芳 . 摩擦磨损与抗磨技术 [M]. 天津 : 天津科技翻译出版公司 , 1993.

[7] 鲍登 F P, 泰伯 D. 固体的摩擦与润滑 [M]. 陈绍澧译 . 北京 : 机械工业出版社 , 1982.

[8] 赵会友 , 李国华 . 材料摩擦磨损 [M]. 北京 : 机械工业出版社 , 2005.

[9] 戴雄杰 . 摩擦学基础 [M]. 上海 : 上海科学技术出版社 , 1984.

[10] 陈华辉 , 刑建东 , 李卫 , 等 . 耐磨材料应用手册 [M]. 2 版 . 北京 : 机械工业出版社 , 2012.

[11] Rabinowicz E. Wear Control Handbook[M]. New York: ASME, 1980.

[12] 张东胜 . 新型摩擦衬垫材料的研究 [D]. 北京 : 中国矿业大学 (北京), 1996.

[13] Blau P J. Friction Science and Technology[M]. New York: Marcel Dekker Inc, 1996.

[14] 刘家浚 . 材料磨损原理及其耐磨性 [M]. 北京 : 清华大学出版社 , 1993.

[15] 温诗铸 , 黄平 , 田煜 , 等 . 摩擦学原理 [M]. 5 版 . 北京 : 清华大学出版社 , 2018.

[16] 刘正林 . 摩擦学原理 [M]. 北京 : 高等教育出版社 , 2009.

[17] 刘恩 , 郭纯 . 摩擦磨损试验机研究综述 [J]. 现代制造技术与装备 , 2020, 56(12): 35,36.

[18] 范秋涛 , 翁榕 , 陈晓慧 . 金属磨损试验及测量方法 [J]. 环境技术 , 2015, 1: 48-51.

[19] 胡昭锋 . 耐磨钢球开裂失效分析 [J]. 南方金属 , 2022, (2): 32, 33, 36.

[20] 蔡泽高 . 金属磨损与断裂 [M]. 上海 : 上海交通大学出版社 , 1990.

第2章
硬质相本征性质与界面特征计算

第二相强化作为材料的强化机制之一，广泛应用在新材料的开发和生产过程中。耐磨材料中第二相通常具有硬度高、熔点高、化学稳定性好和一定的断裂韧性等特点，被视为耐磨材料的硬质相，其作为耐磨材料中重要的抗磨骨架，对耐磨材料的磨损性能起到至关重要的作用。众所周知，材料的强化主要是材料中各种显微缺陷与位错相互作用的结果，其强化方式如图 2-1 所示 [1]。目前，人们对钢铁 [2]、镁合金 [3]、铝合金 [4]、钛合金 [5] 以及高熵合金 [6] 等材料中第二相的作用已经有了比较全面的认识，这主要归功于现代试验制备技术和试验表征手段的不断发展。但是第二相颗粒强韧化的研究目前仍面临诸多问题与挑战，主要表现在以下三个方面 [2]：①纳米尺度的第二相颗粒的相应物性参数通过试验方法难以表征；②第二相与基体之间的协同配合作用机理；③针对不同的服役环境增强相失效机制。

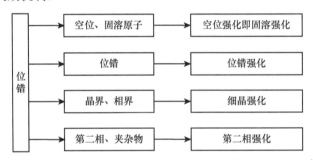

图 2-1　材料中显微缺陷与位错的相互作用及相应的强化方式 [1]

为了获得优异的综合性能，通常在耐磨钢铁材料中加入其他的合金元素。这些元素通常以两种形式存在于耐磨钢铁中：①固溶于钢铁基体相中，形成固溶体相，起到固溶强化的作用；②与其他元素形成化合物相，主要分为碳化物、硼化物和相应的金属间化合物，起到第二相强化的作用。合金元素和碳元素的结合能力与 3d 层的电子数有关 [1]。根据合金元素形成碳化物的能力，可将其分为三类。

（1）强碳化物形成元素，如钒、钛、铌等。这类元素只要碳足够时，在适当的条件下，就会形成各自的碳化物，如 VC、TiC 和 NbC 等。

（2）碳化物形成元素，如锰、铬、钨、钼和铁等。这类元素一部分以原子状态进入固溶体中，另一部分形成置换式合金渗碳体，如 $(Fe, Mn)_3C$ 和 $(Fe, Cr)_3C$ 等，如果元素含量超过一定限度（除锰以外），又将形成各自的碳化物，如 Cr_7C_3 和 WC 等。

（3）非碳化物形成元素，如硅、铝、铜、镍、钴、磷和硫等。这类元素一般以原子状态存在于奥氏体、铁素体等固溶体中。还有少量可形成金属夹杂物和金属间化合物，如 Al_2O_3、SiO_2、$FeSi$、$FeAl$、Ni_3Al、MnS 和 $(Fe, Mn)_3P$ 等。有的合金元素，如铜、铅等，若含量超过它在钢中的溶解度，则以较纯的金属相存在。

根据碳与合金元素的原子半径比值，可以将耐磨钢铁中的碳化物分为两类：当

$r_{碳}/r_{合金} < 0.59$ 时，形成晶格简单的化合物，称为间隙相；当 $r_{碳}/r_{合金} > 0.59$ 时，形成晶格复杂的化合物，称为间隙化合物。由于碳化物的硬度和强度普遍比基体高，对于目前大部分的抗磨钢铁材料，碳化物作为硬质相，主要起到抗磨骨架的作用；基体起到支撑硬质相的作用，使之不易从基体中脱落。

硼化物具有高熔点、高硬度和高的电导率，对不同类型的水溶液或气体有很好的耐腐蚀性。硼化物的硬度很高，是理想的耐磨材料，在高硼耐磨合金中最主要的硬质相为 Fe_2B。

2.1　硬质相本征性质的计算方法

根据密度泛函理论，能量泛函 $E(\rho)$ 在粒子数不变的条件下对正确的粒子数密度函数 $\rho(r)$ 取极小值，就得到基态能量，则能量泛函 $E(\rho)$ 的表达式为

$$E(\rho) \equiv \int dr v(r) \rho(r) + F[\rho] \tag{2-1}$$

式中，$v(r)$ 为外势场；$F[\rho]$ 为与外场无关的电子动能和电子间相互作用能。

首先选取不同碳化物，系统地测试不同泛函（LDA、GGA、HF）及其他计算参数（如截断能、k 点采样密度等参数）对晶体结构、电子结构（电子能带结构、态密度和电荷分布）及体系内聚能描述的准确性，确定满足计算精度的计算参数，以保证第一性原理计算的准确性。

结构优化及电子结构计算则需从国际晶体学数据库中获取所有已知体系。采用前述确定的计算参数，系统地对全部体系的晶体结构（包括晶格参数和原子位置）进行优化，获得稳定的材料晶体结构，并据此计算化合物的总能。进一步，提高 k 点采样密度，对所有材料进行电子结构计算，获得材料的电子态密度和能带结构。

2.1.1　力学性能

根据材料的对称性对平衡晶体结构施加变形矩阵计算弹性常数。弹性常数的计算需考虑：①对称性不同所要求施加的变形矩阵不同；②为了保证材料在弹性变形限度内，对称施加正/负方向的变形量且最大变形量不超过 0.5%。然后，对变形后的体积进行晶胞固定条件下的原子位置弛豫，获得每个变形体积的平衡受力，然后根据应力 (σ_i)-应变 (ε_i) 关系 $\sigma_i = C_{ij}\varepsilon_i$ 计算得到所有弹性常数，计算公式为

$$\boldsymbol{\sigma} = \boldsymbol{c}\boldsymbol{\varepsilon} \tag{2-2}$$

$$\boldsymbol{\sigma} = [\sigma_{11} \quad \sigma_{22} \quad \sigma_{33} \quad \tau_{23} \quad \tau_{31} \quad \tau_{12}]^{\mathrm{T}} \tag{2-3}$$

$$\boldsymbol{\varepsilon} = [\varepsilon_{11} \quad \varepsilon_{22} \quad \varepsilon_{33} \quad \varepsilon_{23} \quad \varepsilon_{31} \quad \varepsilon_{12}]^{\mathrm{T}} \tag{2-4}$$

$$\boldsymbol{c} = \begin{bmatrix} C_{11} & C_{12} & C_{13} & C_{14} & C_{15} & C_{16} \\ C_{21} & C_{22} & C_{23} & C_{24} & C_{25} & C_{26} \\ C_{31} & C_{32} & C_{33} & C_{34} & C_{35} & C_{36} \\ C_{41} & C_{42} & C_{43} & C_{44} & C_{45} & C_{46} \\ C_{51} & C_{52} & C_{53} & C_{54} & C_{55} & C_{56} \\ C_{61} & C_{62} & C_{63} & C_{64} & C_{65} & C_{66} \end{bmatrix} \tag{2-5}$$

式中，C_{ij} 为二阶弹性常数；ε 为应变张量；σ 为应力张量。

最后，根据通过 Voigt-Reuss-Hill 公式，计算所有材料的多晶体模量（B）、剪切模量（G）、杨氏模量（E）和泊松比（ν）：

$$B_V = \frac{1}{9}\left(C_{11} + C_{22} + C_{33}\right) + \frac{2}{9}\left(C_{12} + C_{13} + C_{23}\right) \tag{2-6}$$

$$G_V = \frac{1}{15}\left(C_{11} + C_{22} + C_{33} - C_{12} - C_{13} - C_{23}\right) + \frac{1}{5}\left(C_{44} + C_{55} + C_{66}\right) \tag{2-7}$$

$$B_R = \frac{1}{\left(S_{11} + S_{22} + S_{33}\right) + 2\left(S_{12} + S_{13} + S_{23}\right)} \tag{2-8}$$

$$G_R = \frac{15}{4\left(S_{11} + S_{22} + S_{33}\right) - 4\left(S_{12} + S_{13} + S_{23}\right) + 3\left(S_{44} + S_{55} + S_{66}\right)} \tag{2-9}$$

$$B_H = \frac{1}{2}\left(B_V + B_R\right) \tag{2-10}$$

$$G_H = \frac{1}{2}\left(G_V + G_R\right) \tag{2-11}$$

$$E = \frac{9BG}{3B + G} \tag{2-12}$$

$$\nu = \frac{3B - 2G}{6B + 2G} \tag{2-13}$$

式中，下标 V、R、H 分别表示 Voigt、Reuss 和 Hill 方法。

2.1.2　热学性能

计算热学性能，考查不同元素、配比对材料热力学性能的影响。热学性能的研究将基于声子计算方法。

首先，使用第一性原理结合有限位移方法（Phonopy 和 Phono3py 软件包）精确计算其二阶力常数，获得精确的声子色散关系谱。基于获得的声子色散谱，计算热容 C_V，所用公式为

$$C_V = k_B \left(\frac{\hbar\omega_\lambda}{k_B T}\right)^2 \frac{e^{\frac{\hbar\omega_\lambda}{k_B T}}}{\left(e^{\frac{\hbar\omega_\lambda}{k_B T}} - 1\right)^2} \tag{2-14}$$

式中，k_B 为玻尔兹曼常数；$\hbar$ 为约化普朗克常数；T 为热力学温度；ω_λ 为声子频率。

然后，基于修正的 Debye-Callaway 模型来计算晶格热导率：

$$\kappa = \sum_j \kappa_j = \sum_j \frac{1}{3} \frac{k_B^{\,4} T^3}{2\pi^2 \hbar^3 v_j} \int_0^{\theta_j/T} \frac{\tau_c^j(x) x^4 e^x}{\left(e^x - 1\right)^2} \, dx \tag{2-15}$$

式中，$x = \hbar\omega_\lambda / k_B T$ 是一个和声子频率及温度相关的无量纲量；其他所有物理量（如声子

群速度 v_j 和声子弛豫时间 τ_c^j）都可以通过声子谱精确获得。

最后，将采用准简谐近似的方法计算材料的状态方程，结合第一性原理计算所得总能和声子谱所得晶格振动自由能，可以获得一定温度下自由能 F 随体积的变化关系：

$$F(T,V) = U(V) + k_B T \sum_\lambda \left[\frac{1}{2} \frac{\hbar \omega_\lambda}{k_B T} + \ln\left(1 - e^{-\frac{\hbar \omega_\lambda}{k_B T}} \right) \right] \tag{2-16}$$

然后，通过拟合晶体的体积（V_0）-温度（T）关系获得材料的体膨胀系数：

$$\alpha_V = \frac{1}{V_0} \frac{\partial V_0(T)}{\partial T} \tag{2-17}$$

2.1.3　弹性稳定性判据

对于立方晶系：

$$C_{11} > 0; \quad C_{44} > 0; \quad C_{11} > C_{22}; \quad C_{11} + 2C_{12} > 0 \tag{2-18}$$

对于四方晶系：

$$C_{11} > 0; \quad C_{33} > 0; \quad C_{44} > 0; \quad C_{66} > 0; \quad C_{11} - C_{12} > 0$$
$$C_{11} + C_{33} - 2C_{13} > 0; \quad 2C_{11} + C_{33} + 2C_{12} + 4C_{13} > 0 \tag{2-19}$$

对于正交晶系：

$$C_{11} > 0; \quad C_{22} > 0; \quad C_{33} > 0; \quad C_{44} > 0; \quad C_{55} > 0; \quad C_{66} > 0; \quad C_{11} + C_{22} - 2C_{12} > 0; \quad C_{11} + C_{33} - 2C_{13} > 0;$$
$$C_{22} + C_{33} - 2C_{23} > 0; \quad C_{11} + C_{22} + C_{33} + 2C_{12} + 2C_{13} + 2C_{23} > 0 \tag{2-20}$$

对于六方晶系：

$$C_{11} > 0; \quad C_{44} > 0; \quad C_{11} > |C_{22}|; \quad (C_{11} + 2C_{12})C_{33} > 2C_{13}^2 \tag{2-21}$$

对于单斜晶系：

$$C_{11} > 0; \quad C_{22} > 0; \quad C_{33} > 0; \quad C_{44} > 0; \quad C_{55} > 0; \quad C_{66} > 0;$$
$$\left[C_{11} + C_{22} + C_{33} + 2(C_{12} + C_{13} + C_{23}) \right] > 0; \quad (C_{33}C_{55} - C_{35}^2) > 0; \quad (C_{44}C_{66} - C_{46}^2) > 0;$$
$$(C_{22} + C_{33} - 2C_{23}) > 0; \quad \left[C_{22}(C_{33}C_{55} - C_{35}^2) + 2C_{23}C_{25}C_{35} - C_{23}^2 C_{55} - C_{25}^2 C_{33} \right] > 0;$$

$$\left\{ \begin{array}{l} 2\left[C_{15}C_{25}(C_{33}C_{12} - C_{13}C_{23}) + C_{15}C_{35}(C_{22}C_{13} - C_{12}C_{23}) + C_{25}C_{35}(C_{11}C_{23} - C_{12}C_{13}) \right] \\ - \left[C_{15}^2(C_{22}C_{33} - C_{23}^2) + C_{25}^2(C_{11}C_{33} - C_{13}^2) + C_{35}^2(C_{11}C_{22} - C_{12}^2) \right] + C_{55}g \end{array} \right\} > 0 \tag{2-22}$$

式中，$g = C_{11}C_{22}C_{33} - C_{11}C_{23}^2 - C_{22}C_{13}^2 - C_{33}C_{12}^2 + 2C_{12}C_{13}C_{21}$。

2.1.4　各向异性

弹性模量在各个方向上的大小不尽相同，这种各个方向上物理性能不同的现象称为各向异性（anisotropy）。晶体的各向异性与它的对称性密切相关。单晶的力学各向异性对材料的应用至关重要，因为微裂纹的产生和扩展与各向异性密切相关。但同时，也可以利用各向异性，通过晶体定向生长技术在某个方向获得某种性能的期望值，因此研究晶体的各向异性是力学性能中重要的研究内容之一。

目前，用于表示晶体各向异性的方法通常为模量三维曲面图和各向异性因子方法，单晶的弹性模量各向异性可以通过其弹性常数 C_{ij} 和柔度系数 S_{ij} 表示。在球坐标系下，可以通过三维曲面图及其在不同晶面上的投影直观地反映弹性模量各向异性，不同晶系的弹性模量对方向的函数关系如下。

对于立方晶系：

$$\frac{1}{E} = l_1^4 S_{44} + l_2^4 S_{22} + l_3^4 S_{33} + 2l_1^2 l_2^2 S_{12} + 2l_1^2 l_3^2 S_{13} + 2l_2^2 l_3^2 S_{23} + l_1^2 l_2^2 S_{66} + l_1^2 l_3^2 S_{55} + l_2^2 l_3^2 S_{44} \qquad (2\text{-}23)$$

对于四方晶系：

$$\frac{1}{E} = S_{11}(1-l_3^2)^2 + S_{33} l_3^4 + (2S_{13} + S_{44}) l_3^2 (1 - l_3^2) \qquad (2\text{-}24)$$

对于正交晶系：

$$\frac{1}{E} = S_{11} l_1^4 + S_{22} l_2^4 + S_{33} l_3^4 + (2S_{12} + S_{66}) l_1^2 l_2^2 + (2S_{13} + S_{55}) l_1^2 l_3^2 + (2S_{23} + S_{44}) l_2^2 l_3^2 \qquad (2\text{-}25)$$

式中，l_i 为方向余弦 ($l_1 = \sin\theta\cos\varphi$, $l_2 = \sin\theta\sin\varphi$, $l_3 = \cos\varphi$)。

弹性各向异性除了通过三维曲面图直观表示外，还可采用各向异性因子表示，包括通用各向异性指数（universal elastic anisotropic index）A^{U}、分各向异性指数 A_{B} 和剪切各向异性因子（shear anisotropic factor）A_{G}，计算公式如下：

$$A^{U} = 5\frac{G_V}{G_R} + \frac{B_V}{B_R} - 6 \geqslant 0 \qquad (2\text{-}26)$$

$$A_{B} = \frac{B_V - B_R}{B_V + B_R}$$

$$A_{G} = \frac{G_V - G_R}{G_V + G_R} \qquad (2\text{-}27)$$

$$\begin{cases} A_1 = 4c_{44} / (c_{11} + c_{33} - 2c_{13}) \\ A_2 = 4c_{55} / (c_{22} + c_{33} - 2c_{23}) \\ A_3 = 4c_{66} / (c_{11} + c_{22} - 2c_{12}) \end{cases} \qquad (2\text{-}28)$$

$A^{U} = 0$ 表明晶体是各向同性的，其值越大，说明晶体各向异性程度越高。A_{B} 和 A_{G} 的值越大，表明晶体各向异性程度越高。A_1、A_2 和 A_3 分别表示 (100)、(010) 和 (001) 晶面上的剪切模量各向异性，三个值差异越大，说明剪切模量各向异性越强。

2.1.5　成键分析

布居数分析是对原子轨道上电子占据态的分析，可得到体系成键、价态方面的信息，定量获得成键状态。固体材料中 A 原子和 B 原子之间共用电子数 n_{m} 计算如下：

$$n_{m}(AB) = \sum_{k} W(\boldsymbol{k}) \sum_{\mu}^{\text{onA}} \sum_{\nu}^{\text{onB}} \boldsymbol{P}_{\mu\nu}(\boldsymbol{k}) \boldsymbol{S}_{\mu\nu}(\boldsymbol{k}) \qquad (2\text{-}29)$$

式中，$W(k)$ 为权重；k 为波矢；μ 和 v 为电子轨道；$P_{\mu v}(k)$ 为对应电子轨道的密度矩阵；$S_{\mu v}(k)$ 为重叠矩阵。

通过统计晶体结构中所有化学键的键长和布居数，可以得到化学键的平均键长和平均键布居数计算如下：

$$\bar{L}(\text{AB}) = \frac{\sum_i L_i N_i}{\sum_i N_i} \tag{2-30}$$

$$\bar{n}(\text{AB}) = \frac{\sum_i n_i N_i}{\sum_i N_i} \tag{2-31}$$

式中，$\bar{L}(\text{AB})$ 和 $\bar{n}(\text{AB})$ 分别为 A 原子和 B 原子形成化学键的平均键长和平均键布居数；N_i 为晶胞中不同键的总个数；L_i 为不同键的键长；n_i 为不同键的布居数。

2.1.6　硬度

硬度是材料重要的力学性能之一，在宏观上定义为材料局部抵抗硬物压入其表面的能力。尽管材料学家在硬度的表征和度量方面提出了许多方法，但是耐磨材料中不同尺度的硬质相的硬度测试仍然面临巨大的挑战。因此，研究者期望找到一种简单的方法来计算硬度。目前对于单晶的本征硬度，材料学家提出了多种不同的硬度计算模型，Chen 等[7] 通过发掘材料硬度和弹性模量之间的关系，提出了一种简单的硬度计算数学模型，其表达式为式（2-32）；Tian 等[8] 在上述模型的基础上提出了一种改进模型，其表达式为式（2-33）。

$$H_v = 2(k^2 G)^{0.585} - 3 \tag{2-32}$$

$$H_v = 0.92 k^{1.137} G^{0.708} \tag{2-33}$$

式中，H_v 为硬度，GPa；k 为 Pugh 比，$k = G/B$。

2.1.7　断裂韧性

断裂是工程构件最危险的一种失效方式，尤其是脆性断裂，它是突然发生的破坏，断裂前没有明显的征兆，这就常常引起灾难性的破坏事故。耐磨材料的服役环境通常比较恶劣，对一种优良的耐磨材料来说，不仅要具有高硬度，还须兼具高韧性和强度，这样不仅保证了耐磨构件的使用性能，同时也具有较高的服役安全性。硬质相作为耐磨材料的抗磨骨架，其断裂韧性至关重要。通常裂纹扩展有三种不同的模式[9,10]，不同模式下的断裂韧性计算公式如式（2-34）所示[11]：

$$\begin{cases} K_{\text{Ic}} = \sqrt{\gamma_s G/(1-v)} \\ K_{\text{IIc}} = 2\sqrt{\gamma_{\text{us}} G/(1-v)} \\ K_{\text{IIIc}} = \sqrt{2\gamma_{\text{us}} G} \end{cases} \tag{2-34}$$

式中，γ_s 为表面能；γ_{us} 为不稳定层错能。

Niu 等[12]通过研究断裂韧性与材料弹性性能之间的关系，建立了计算共价晶体和离子晶体的断裂韧性模型：

$$K_{Ic} = V_0^{1/6} G \left(B / G \right)^{1/2}$$ （2-35）

式中，V_0 为每个原子的体积。

2.2 硬质相与基体界面的计算方法

2.2.1 黏附功

界面的强度与很多因素有关，其中就包括黏附功。界面黏附功通常用来表征一个界面的黏附特征和结合强度，它表示生成两个自由表面时，所需要的单位面积上的可逆功。黏附功越大说明劈开界面所需要的能量就越大。黏附功小表示这个界面越容易被分离，也就是界面的稳定性越差[13]。以 Fe/碳化物（MC）界面为例，其黏附功计算公式如式（2-36）所示[14]：

$$W_{ad} = (E_{Fe} + E_{MC} - E_{Fe/MC})/A$$ （2-36）

式中，W_{ad} 为界面的黏附功；E_{Fe} 为 Fe 表面模型的总能量；E_{MC} 为 MC 表面模型的总能量；$E_{Fe/MC}$ 为 Fe/MC 界面的总能量。

2.2.2 界面能

界面能通常用于评估界面的热力学稳定性，界面能越小界面越稳定。界面能可以看作由于形成界面而导致的系统单位面积增加的能量[15]。以 Fe/MC 界面为例，界面能计算如式（2-37）所示：

$$\gamma_{int} = \sigma_{Fe} + \sigma_{MC} - W_{ad}$$ （2-37）

式中，σ_{Fe} 和 σ_{MC} 分别为 Fe 和 MC 的表面能；γ_{int} 为 Fe/MC 界面的界面能。

2.2.3 极限抗拉强度

在第一性原理计算方法模拟拉伸过程中，法向应变直接施加在完全弛豫的界面超胞模型的 z 方向，这样可以得到理想的界面抗拉强度，法向应变如式（2-38）所示：

$$\varepsilon_{tensile} = (l - l_0) / l_0$$ （2-38）

式中，l_0 和 l 分别为初始晶胞和变形晶胞的长度。由于界面的变形过程涉及多个相，其断裂机制与纯体相材料的断裂机制不同，根据 Nielsen-Martin 方法，极限抗拉强度的计算公式如式（2-39）所示[16]：

$$\sigma_{tensile} = \frac{1}{V} \left(\frac{\partial E_{total}}{\partial \varepsilon_{tensile}} \right)$$ （2-39）

式中，V 为界面模型的体积；E_{total} 为界面模型的总能；$\varepsilon_{tensile}$ 为界面的应变。

2.2.4　界面断裂韧性

界面断裂韧性是材料的本征特性，可以看作临界应力强度因子，其计算公式如式（2-40）所示：

$$K_{1c}^{Int} = \sqrt{4\gamma_d E} \tag{2-40}$$

式中，γ_d 为界面分离能。

2.3　硬质相本征性质

2.3.1　MC 型

MC 型碳化物通常包括 TiC、VC、NbC、TaC、ZrC、WC、HfC 等，其晶体结构为 NaCl 型面心立方点阵结构，具有较高的熔点和硬度，广泛应用于耐磨材料领域。这类碳化物中碳原子常会形成空缺，使得碳原子和金属元素的原子比小于 1，形成具有碳空位的 $MC_{1-x}(0<x<1)$。图 2-2 为 VC_{1-x} 的晶体结构，表 2-1 和表 2-2 列出了这类碳化物的晶格常数、形成焓和力学性能等，其形成焓均为负值，表明这些碳化物具有热力学稳定结构。耐磨钢铁中碳化物的组成元素种类多，而且尺度较小，通常弥散分布于铁基体中。

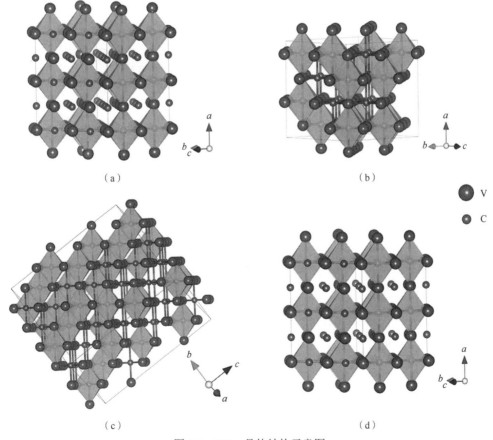

（a）　　　　　　　　　　　　　　（b）

● V

○ C

（c）　　　　　　　　　　　　　　（d）

图 2-2　VC_{1-x} 晶体结构示意图

（a）VC；（b）$VC_{0.875}$；（c）$VC_{0.833}$；（d）$VC_{0.750}$

这些原因导致了很难通过试验测量研究其力学性能和热学性质，无法对其性能进行选择性调控。采用第一性原理计算可以方便地预测这类碳化物的力学性能和热物理性能，并能解释试验现象背后的物理本质。图 2-3 和图 2-4 为不同 MC 型碳化物的弹性模量和硬度随碳化物中的阳离子半径的变化关系。当阳离子半径超过 0.66Å 时，随着阳离子半径的增大，杨氏模量呈下降趋势。从图中可以看出，WC 具有最高的弹性模量和硬度。Liu 等 [17] 系统研究了 MC (M =Ti, V, Zr, Nb, Hf 和 Ta) 化合物的稳定性和力学性能。结果表明，MC 型碳化物中包含金属键和共价键。Yang 等 [18] 采用第一性原理计算方法系统地研究了溶质原子 (Si/Al) 对 MC (M = Ti, Zr, Hf) 型碳化物变形机制和理想强度的影响，发现当掺杂的 Si/Al 溶质原子浓度大于 75% 时，MC 型碳化物的变形机制由 1/2(110)⟨110⟩ 全位错的滑移变为 1/6(111)⟨112⟩ 肖克莱（Shockley）分位错滑移。Chen 等 [19] 研究了 TiC 和 ZrC 的力学性能及碳空位形成能，发现 TiC 具有比 ZrC 更高的理想强度，随着温度升高，TiC 的碳空位形成能降低，而温度升高对 ZrC 的碳空位形成能的影响几乎可以忽略。Kong 等 [20] 利用第一性原理计算研究了 WC 中点缺陷及其配合物的稳定性。结果表明，碳的缺陷形成能远低于钨的缺陷形成能，表明碳空位是 WC 的主要缺陷。Escamilla 等 [21] 基于密度泛函理论研究了 NbC 在高压下的晶体结构、相变和力学性能。结果表明，压力为零时的晶格常数与现有的试验和理论数据吻合较好。焓计算表明，在 345GPa 压力下发生 B1 相（NaCl）到 B2 相（CsCl）的相变。

表 2-1　不同 MC 型碳化物的晶格常数及形成焓

物相	计算值（Cal.）和试验值（Exp.）	空间群	晶格常数 a/Å	形成焓/(eV/atom)	参考资料
TiC	Cal.	Fm$\bar{3}$m	4.339	−0.91	[19]
	Exp.		4.33		ICSD#00-031-1400
	Cal.		4.337	−0.77	[22]
	Cal.		4.33	−1.88	[17]
VC	Cal.	Fm$\bar{3}$m	4.16	−1.21	[17]
	Cal.		4.091		[23]
	Exp.		4.165		ICSD#01-073-0476
NbC	Cal.	Fm$\bar{3}$m	4.507	−0.47	[22]
	Cal.		4.48		[17]
	Exp.		4.47		ICSD#00-038-1364
HfC	Cal.	Fm$\bar{3}$m	4.648	−0.95	[22]
	Cal.		4.71		[17]
	Exp.		4.641		ICSD#01-073-0475
TaC	Cal.	Fm$\bar{3}$m	4.479	−0.57	[22]
	Cal.		4.58		[17]
	Exp.		4.456		ICSD#00-019-1292
MoC	Cal.	Fm$\bar{3}$m	4.36	−0.06	[24]
	Exp.		4.282		ICSD#04-003-1480

物相	计算值（Cal.）和试验值（Exp.）	空间群	晶格常数 a/Å	形成焓/(eV/atom)	参考资料
ZrC	Cal.	Fm$\bar{3}$m	4.725		[19]
	Exp.		4.76		ICSD#01-074-1221
	Cal.		4.711	−0.85	[22]
	Cal.		4.71		[17]

表 2-2　不同 MC 型碳化物的力学性能　　　　　　　　（单位：GPa）

物相	C_{11}	C_{12}	C_{44}	B	G	E	H_{v}	参考文献
TiC	509.25	119.23	169.54	249.5	179.3	433.96	25.28	[19]
	503.2	127.1	166.9	252.5	175.1	426.6	23.75	[22]
	523.20	115.50	206.9	251.4	205.7	481.4	32.67	[17]
VC	578.20	147.20	176.3	290.9	215.5	518.5	29.63	[17]
	523.60	158.90	175.4	280.5	178.2	449.7	21.39	[23]
NbC	654.2	122.5	168.3	299.7	202.3	495.3	25.21	[22]
	557.30	162.40	146.5	294	164.6	483.9	17.09	[17]
HfC	539	90.7	171.4	240.2	190.9	452.7	30.00	[22]
	536.90	112.20	156.1	253.8	176.6	498	23.99	[17]
TaC	725.5	125	179	325.2	220.6	539.7	26.84	[22]
	562.00	159.20	146.4	293.5	166.4	491.8	17.51	[17]
MoC	625.3	180.6	117.6	328.8	152.2	395.6	12.36	[24]
ZrC	445.6	103.2	139.2	216.5	151.22	368	21.76	[19]
	461.6	104.3	172.3	223.4	163.2	393.7	24.29	[22]
	445.60	103.50	137.8	217.5	150.3	406.6	21.36	[17]

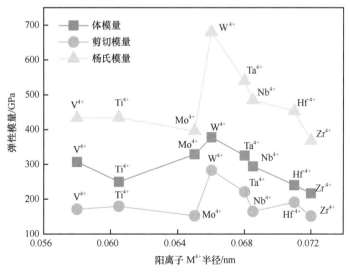

图 2-3　不同 MC 型碳化物的弹性模量随碳化物中阳离子半径的变化关系

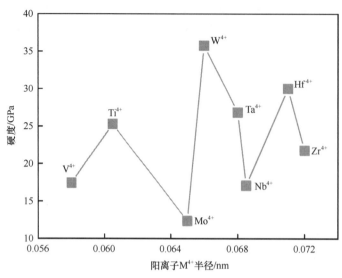

图 2-4 不同 MC 型碳化物的硬度随碳化物中阳离子半径的变化关系

不同 MC_{1-x} 的晶格常数及形成焓见表 2-3，表 2-4 列出了不同 MC_{1-x} 的弹性常数 C_{ij} 和其他力学性能。其中，VC 具有最大的 C_{11}，说明沿 [100] 方向，VC 具有最强的抗压缩性，C_{12} 表示抵抗（110）晶面上沿 $[1\bar{1}0]$ 晶向的剪切应变的能力，C_{44} 表示抵抗（100）晶面上纯剪切应变的能力，VC 具有最大的 C_{12}，V_6C_5 具有最大的 C_{44}。图 2-5 和图 2-6 为 VC_{1-x} 和 NbC_{1-x} 有序相力学性能随有序碳空位浓度的变化。随着有序碳空位浓度的增大，VC_{1-x} 的杨氏模量先增大后减小，而 NbC_{1-x} 的杨氏模量逐渐减小，当有序碳空位浓度超过 16.7% 时有序碳空位的存在能够使 MC_{1-x} 的剪切模量减小，体模量增大。从图 2-6 可以看出，在 VC_{1-x} 中 V_8C_7 具有最大的本征硬度，而在 NbC_{1-x} 中 Nb_6C_5 具有最大的本征硬度。

表 2-3　不同 MC_{1-x} 的晶格常数及形成焓

物相	空间群	晶格常数/Å			形成焓/(eV/atom)	参考文献
		a	b	c		
V_4C_3	$Fm\bar{3}m$	4.114	4.114	4.114	−0.413	[25]
V_8C_7	$P4_132$	8.326	8.326	8.326	−0.607	[25]
V_4C_3	$Fm\bar{3}m$	4.044	4.044	4.044	−0.324	[23]
V_8C_7	$P4_132$	8.181	8.181	8.181	−0.522	[23]
V_6C_5	$P3_112$	5.005	5.005	14.099	−0.541	[23]
V_4C_3	$Fm\bar{3}m$	4.1181	4.1181	4.1181		[26]
V_8C_7	$P4_132$	4.145	4.145	4.145		[26]
V_4C_3	$Fm\bar{3}m$	4.16	4.16	4.16		ICSD #00-001-1159
V_8C_7	$P4_132$	8.335	8.335	8.335		ICSD #04-005-6516
V_6C_5	$P3_112$	5.09	5.09	14.4		ICSD #01-080-2287
V_4C_3	$Fm\bar{3}m$	4.149	4.149	4.149		[27]

续表

物相	空间群	晶格常数/Å			形成焓/(eV/atom)	参考文献
		a	b	c		
Nb_6C_5	C12/m1	5.493	9.566	5.457	−0.7	[28]
Nb_4C_3	$Pm\bar{3}m$	4.4489	4.4489	4.4489	−0.5	[28]
Nb_6C_5	C12/m1	5.461	9.458	5.461		ICSD #01-072-2390
Nb_4C_3	$Pm\bar{3}m$	4.445	4.445	4.445		ICSD #03-065-1800

表 2-4　MC_{1-x} 的力学性能　　　　　　　　（单位：GPa）

物相	C_{11}	C_{12}	C_{13}	C_{33}	C_{44}	B	G	E	H_v	参考文献
V_4C_3	517.5	151.8			105.9	273.7	132	341.1		[25]
V_4C_3	491.6	143.4			106.5	256.8	174.1	426.7	15.8	[27]
V_8C_7	519.2	111.8			166.9	247.6	180.8	436.2		[25]
V_4C_3	603.7	149.5			112.6	301.6	149.7	385.3	18.35	[23]
V_8C_7	650.5	120.2			179.3	297	209.8	509.4	36.37	[23]
V_6C_5	504.9	125.8	154.8	512.1	228.6	265.7	197.8	475.4	28.74	[23]
V_4C_3	515	153			99	274	148			[26]
V_8C_7	619	128			161	292	212			[26]
Nb_4C_3	495.3	146.5			110.3	262.7	132.6	340.5	11.71	[28]
Nb_2C	425.7	129.3	108.2	526.3	78.5	229.3	121.6	310	13.39	[28]

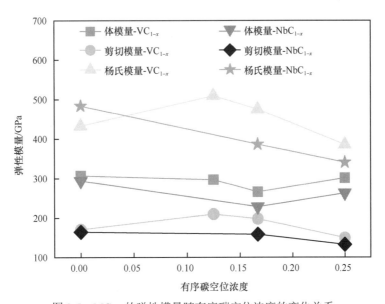

图 2-5　MC_{1-x} 的弹性模量随有序碳空位浓度的变化关系

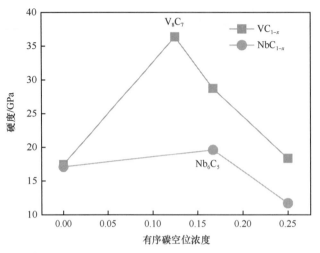

图 2-6　MC_{1-x} 的硬度随有序碳空位浓度的变化关系

2.3.2　M_2C 型

M_2C 型碳化物主要存在于含 Mo 和 W 的高速钢及二次硬化钢中，这类钢具有优异的综合力学性能，例如，在约 2GPa 级的超高强度水平下还具有较高的断裂韧性，这是二次硬化反应的结果，通常是纳米级 M_2C 型碳化物在时效过程中析出引起的[29]。具有六方结构的 M_2C 相一般在高速钢的回火过程中沉淀析出，典型的 M_2C 相包括 Mo_2C 和 W_2C，W_2C 晶体结构如图 2-7 所示。表 2-5 列出了不同 M_2C 型碳化物的晶格常数及形成焓。形成焓均为负值表明其为热力学稳定结构，而且计算优化的晶格常数与试验值基本吻合。M_2C 型碳化物的弹性常数 C_{ij}、弹性模量总结在表 2-6 中；图 2-8 和图 2-9 展示了不同 M_2C 型碳化物的弹性模量和硬度，其中 W_2C 具有最高的杨氏模量和硬度。Zhou 等[30]研究了 M_2C 型碳化物形貌对 AISI M2 钢力学性能的影响。发现棒状 M_2C 型碳化物在铸锭中的形成促进了碳化物在铸锭中的均匀分布和细化，有利于高速钢力学性能的提高。Leitner 等[31]采用密度泛函理论和有限元模拟相结合的方法研究了二次硬化钢中常用的 Mo_2C 性质及其与 Fe 基体的界面，其界面关系如图 2-10 所示。Liu 等[32]利用第一性原理分别研究了正交结构和六方结构的 Mo_2C 电子结构和弹性性质。结果表明，正交结构

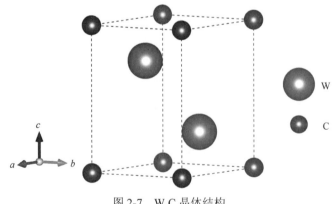

图 2-7　W_2C 晶体结构

Mo₂C 的形成焓低于六方结构的 Mo_2C，Mo_2C 的化学键包括共价键和金属键。Liu 等[33]利用第一性原理计算研究了正交结构 Mo_2C（o-Mo_2C）、六方结构 Mo_2C（h-Mo_2C）和三方结构 Mo_2C（t-Mo_2C）三种重要过渡金属碳化物的相稳定性、力学性能和热力学性能。这些化合物的化学键主要为金属键型和共价键型。用应力-应变法计算了这些化合物的弹性模量，剪切模量为 149.1～153.4GPa，其中六方结构 Mo_2C 具有最大剪切模量。

表 2-5　不同 M₂C 型碳化物的晶格常数及形成焓

物相	计算值（Cal.）和试验值（Exp.）	空间群	晶格常数/Å			形成焓/(eV/atom)	参考文献
			a	b	c		
Mo₂C	Cal.	P6₃/mmc	6.098	6.098	4.663	−0.113	[32]
Mo₂C	Exp.	P6₃/mmc	6.004	6.004	4.724		[34]
Mo₂C	Cal.	P6₃/mmc	6.06	6.06	4.7		[33]
W₂C	Cal.	P6₃/mmc	2.995	2.995	4.792	−0.019	[35]
W₂C	Exp.	P6₃/mmc	3.002	3.002	4.75		[36]
W₂C	Cal.	P6₃/mmc	3.029	3.029	5.195	−0.018	[37]

表 2-6　M₂C 型碳化物的力学性能　　　　　（单位：GPa）

物相	C_{11}	C_{12}	C_{13}	C_{33}	C_{44}	B	G	E	H_v	参考文献
Mo₂C	484.39	126.74	164.09	479.35	135.95	261.58				[32]
Mo₂C	481.6	179.7	212.6	451.9	189.8	294.9	153.4	392.2	14.68	[33]
W₂C	578.9	183.3	223.5	527.1	211.8	330.6	190.6	479.6	20.24	[35]
W₂C	535.8	178.18	243.6	526.4	216.9	327.9	174.7	445.1		[37]
V₂C						231.53	116.71	299.76	12.28	[38]
Mo₂C						336.03	181.6		17.06	[38]

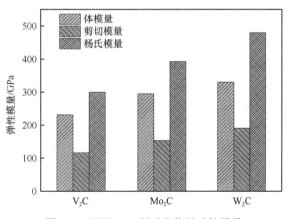

图 2-8　不同 M₂C 型碳化物的弹性模量

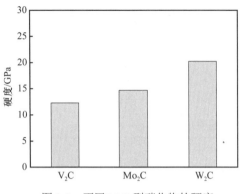

图 2-9　不同 M$_2$C 型碳化物的硬度

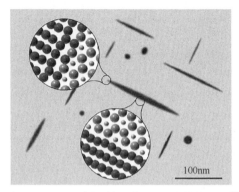

图 2-10　Mo$_2$C 析出物及其与 Fe 基体的界面[31]

2.3.3　M$_6$C 型

M$_6$C 型碳化物通常出现于含钼铌的奥氏体不锈钢和钨钼系高速钢中，并且是在有一种或几种主沉淀相（碳化物或金属间相）处形成的。M$_6$C 型碳化物具有面心立方结构。每个晶胞中含有 96 个金属原子和 16 个非金属原子，金属原子占据三个不同的 Wyckoff 位置（16d、32e 和 48f），非金属原子占据一个 Wyckoff 位置（16c）。通常 M$_6$C 中至少含有两种金属原子，如 Fe$_3$Mo$_3$C、Fe$_3$W$_3$C 等，当 Fe 原子占据 32e 位置时，Mo 或 W 占据 16d 和 48f 位置，形成 Fe$_2$W$_4$C 或 Fe$_2$Mo$_4$C；当 Fe 原子占据 32e 和 16d 位置时，Mo 或 W 占据 48f 位置，形成 Fe$_3$W$_3$C 或 Fe$_3$Mo$_3$C；当 Fe 原子占据 16d 和 48f 位置时，Mo 或 W 占据 32e 位置，形成 Fe$_4$W$_2$C 或 Fe$_4$Mo$_2$C。Fe$_3$M$_3$C 的晶体结构如图 2-11 所示。表 2-7 列出了不同 M$_6$C 型碳化物的晶格常数及形成焓。M$_6$C 型碳化物的弹性常数 C_{ij}、弹性模量及硬度等总结在表 2-8 中。

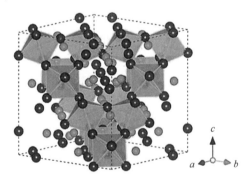

图 2-11　Fe$_3$M$_3$C（M=W/Mo）相的晶体结构

表 2-7　不同 M$_6$C 型碳化物的晶格常数及形成焓

物相	空间群	晶格常数 a/Å	形成焓/(eV/atom)	参考文献
Fe$_6$C	Fd$\bar{3}$m(227)	10.601	0.102	[42]
Fe$_5$MoC	Fd$\bar{3}$m	10.740	0.177	[42]
Fe$_4$Mo$_2$C	Fd$\bar{3}$m	10.827	0.353	[42]
Fe$_3$Mo$_3$C	Fd$\bar{3}$m	11.025	−0.095	[42]

续表

物相	空间群	晶格常数 a/Å	形成焓/(eV/atom)	参考文献
Fe$_2$Mo$_4$C	Fd$\bar{3}$m	11.266	−0.053	[42]
FeMo$_5$C	Fd$\bar{3}$m	11.493	0.056	[42]
Mo$_6$C	Fd$\bar{3}$m	11.749	0.135	[42]
Fe$_5$WC	Fd$\bar{3}$m	10.761	0.170	[43]
Fe$_4$W$_2$C	Fd$\bar{3}$m	10.877	0.358	[43]
Fe$_3$W$_3$C	Fd$\bar{3}$m	11.025	−0.100	[43]
Fe$_2$W$_4$C	Fd$\bar{3}$m	11.294	−0.076	[43]
FeW$_5$C	Fd$\bar{3}$m	11.551	0.094	[43]
W$_6$C	Fd$\bar{3}$m	11.830	0.221	[43]
Fe$_3$W$_3$C	Fd$\bar{3}$m	11.020		[44]
Fe$_3$W$_{2.375}$Cr$_{0.375}$V$_{0.25}$C	Fd$\bar{3}$m	10.980		[44]

表 2-8　M$_6$C 型碳化物的力学性能　　　　　　　　　　　（单位：GPa）

物相	C_{11}	C_{12}	C_{44}	B	G	E	H_v	参考文献
Fe$_6$C	304.7	126.1	86.8	185.6	87.8	227.5	9.34	[42]
Fe$_5$MoC	34.3	−21.0	45.7	−2.5	37.3			[42]
Fe$_4$Mo$_2$C	317.8	239.5	8.9	265.6	16.9	49.6	0.30	[42]
Fe$_3$Mo$_3$C	478.2	177.8	130.2	277.9	137.9	355.0	13.57	[42]
Fe$_2$Mo$_4$C	438.6	189.3	126.2	272.4	125.6	326.6	11.68	[42]
FeMo$_5$C	411.3	194.6	92.2	266.8	98.4	262.9	7.63	[42]
Mo$_6$C	401.5	173.8	92.5	249.7	100.5	265.8	8.55	[42]
Fe$_5$WC	338.5	177.9	79.7	231.4	78.0	210.4	6.01	[43]
Fe$_4$W$_2$C	338.5	232.0	30.1	267.5	37.9	108.6	1.31	[43]
Fe$_3$W$_3$C	538.6	190.5	155.7	306.6	162.8	415	16.49	[43]
Fe$_2$W$_4$C	511.9	214.2	148.4	313.5	148.5	384.8	13.68	[43]
FeW$_5$C	481.4	226.1	109.2	311.2	116.2	310.0	8.73	[43]
W$_6$C	478.1	204.9	102.3	295.5	114.9	305.2	9.02	[43]
Fe$_3$W$_3$C	556.0	260.0	156.0	323.0	163.0	419.0		[44]
Fe$_3$W$_{2.375}$Cr$_{0.375}$V$_{0.25}$C	515.0	208.0	145.0	310.0	148.0	383.0		[44]

　　M$_6$C 型碳化物是一种高温沉淀相。当钢中的镍、钼、铌或氮含量较高时，900~950℃是其最快的沉淀温度，主要分布于晶内，并且是与一种或几种金属间相沉淀同时生成。若是在较低温度下，必须在很长时间时效后才能形成。

　　M$_6$C 型碳化物的形成受钢的化学成分影响很大。氮、镍、钼和铌是促进 M$_6$C 型碳化物形成的元素。Han 等[39]研究了热压缩对 Ni-20Cr-18W-1Mo 高温合金中 M$_6$C 型碳化物晶界偏析和析出行为的影响。结果表明，热压缩后合金中 M$_6$C 型碳化物的含量明显增加。晶界处的二次 M$_6$C 型碳化物为富钨型 M$_6$C。Jiang 等[40]研究发现在铸态和锻态 Ni-

Mo-Cr 基高温合金中，Si 含量的增加抑制了 M_2C 型碳化物的形成，促进了 M_6C 型碳化物的析出。Xu 等 [41] 在高钨高速钢的显微组织中发现双尺度 M_6C 型碳化物，包括微尺度共晶 M_6C 型碳化物 $[(Fe_{0.55}W_{0.30}Cr_{0.08}Mo_{0.07})_6C]$ 和纳米尺度二次 M_6C 型碳化物，微纳米 M_6C 型碳化物可以形成高硬度的块状物，有效地抗划伤，纳米 M_6C 型碳化物可通过防止晶面滑移增强高温高速钢基体，这种双尺度 M_6C 型碳化物能有效减缓高速钢的磨损失效。Lv 等 [42] 利用第一性原理计算，系统分析了 Mo 含量对 M_6C 型碳化物力学性能的影响，如图 2-12 和图 2-13 所示。在这些相中，Fe_3Mo_3C 的杨氏模量和硬度最高。Fe_3Mo_3C（Mo 在 48f 位）和 Fe_2Mo_4C 的形成焓均为负值，说明它们为热力学稳定结构。金属原子的电子性质对晶体中的局域短程有序非常敏感，另外，非金属 C 原子带有负电荷（获得电子），部分金属原子 Fe 和 Mo 在不同 M_6C 型碳化物中也存在负电荷现象。

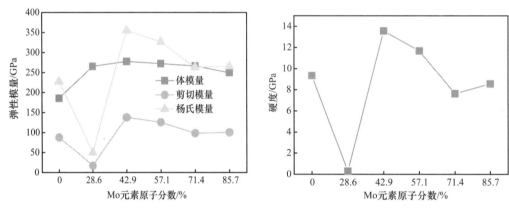

图 2-12　Mo 含量对 M_6C 型碳化物弹性模量的影响　　图 2-13　Mo 含量对 M_6C 型碳化物硬度的影响

Lv 等 [43] 利用第一性原理计算，对 W 含量对 M_6C 型碳化物的相稳定性、电子性能和力学性能的影响进行了全面的理论分析。W 含量对 M_6C 型碳化物力学性能的影响如图 2-14 和图 2-15 所示。其中，Fe_3W_3C 具有最高的杨氏模量和硬度。计算得到的 Fe_3W_3C（W 在 48f 位）和 Fe_2W_4C 的形成焓为负值，说明它们具有热力学稳定性。在 M_6C 型碳化物形成过程中，Fe 原子倾向于在 16d 和 32e 位形成，W 原子倾向于在 48f 位形成。Fe/W 和 C 原子之间沿 M—C 键方向发生电子交换。在 M—M 键中，除金属键特征外，还存在共价键特征。此外，Fe 和 W 原子之间沿 Fe—W 键方向发生电子交换。在不同 M_6C

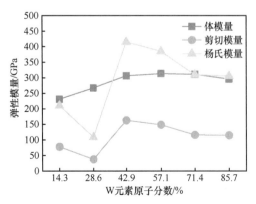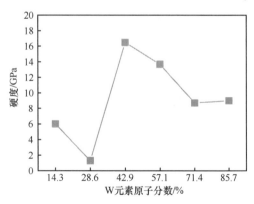

图 2-14　W 含量对 M_6C 型碳化物弹性模量的影响　　图 2-15　W 含量对 M_6C 型碳化物硬度的影响

型碳化物中，除非金属 C 原子带负电荷（获得电子）外，金属原子 Fe 和 W 之间还存在部分负电荷现象。

2.3.4　M₃(C, B) 型

具有正交晶体结构的 Fe₃C，即渗碳体，是钢中最常见的第二相之一。渗碳体在较高的温度下可迅速长大，而渗碳体的正交结构与铁基体的立方结构具有较大的差异，因而在较高的温度下渗碳体与铁基体之间只能以非共格关系配合。图 2-16 为 Fe₃C 晶体结构。表 2-9 列出了不同 M₃C 型碳化物的晶格常数及形成焓。M₃C 型碳化物的弹性常数 C_{ij}、弹性模量及硬度总结在表 2-10 中。图 2-17 和图 2-18 分别展示了不同 M₃C 型碳化物的弹性模量和硬度。其中，Mn₃C 具有最高的杨氏模量和硬度。为了探究 Cr 对 Fe₃C 力学性能的影响，Zhou 等 [45] 采用第一性原理计算了 Cr 掺杂 Fe₃C 的弹性性质和电子结构，计算得到的 Fe₁₁CrC₄ 和 Fe₁₀Cr₂C₄ 的体模量分别为 260GPa 和 270GPa，说明适量的 Cr 掺杂可以提高 Fe₃C 相的硬度，但 Fe₁₁CrC₄ 和 Fe₁₀Cr₂C₄ 的形成焓均为正。另外，电子结构计算表明 Fe₁₁CrC₄ 和 Fe₁₀Cr₂C₄ 的基态是铁磁性的，Milliken 布居分析表明，Fe₁₁CrC₄ 和 Fe₁₀Cr₂C₄ 的稳定性降低主要是由于金属原子间的强排斥键。Garvik 等 [46] 发现渗碳体具有弹性各向异性，弹性常数 C_{44} 较低，拉伸状态下，在 16% 的应变和 22GPa 应力（沿 [100] 方向）下 Fe₃C 发生弹性失稳。当 Fe₃C 沿 [010] 或 [001] 方向拉伸时（理想拉伸应力分别为 20GPa 和 32GPa），可获得较大的伸长率（23%）。Koo 等 [47] 通过试验发现在剪切模式下 Fe₃C 比体心立方 Fe 具有更高的弹性刚度。Lv 等 [48] 通过计算发现正交结构 Fe₃C 的形成能低于六方结构 Fe₃C，态密度结果表明正交 Fe₃C 和六方 Fe₃C 均为强金属碳化物。电子结构表明，Fe₃C 中同时包含金属键、共价键和离子键三种化学键。Nikolussi 等 [49] 采用第一性原理计算了 Fe₃C 的弹性常数 C_{ij}，发现其具有强烈的弹性各向异性，C_{44} 非常小，仅相当于 C_{55} 和 C_{66} 的 1/10。通过同步辐射 X 射线衍射发现在 α-Fe 表面生长的 Fe₃C 层存在残余压应力，为 Fe₃C 的弹性各向异性提供了试验证据。

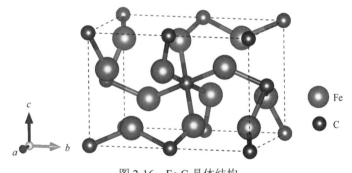

图 2-16　Fe₃C 晶体结构

表 2-9　不同 M₃C 型碳化物的晶格常数及形成焓

物相	空间群	晶格常数						形成焓/(eV/atom)	参考文献
		a/Å	b/Å	c/Å	α/(°)	β/(°)	γ/(°)		
Fe₃C	Pnma	4.9938	6.6962	4.4424	90	90	90	0.4345	[45]

续表

物相	空间群	晶格常数						形成焓/(eV/atom)	参考文献
		a/Å	b/Å	c/Å	α/(°)	β/(°)	γ/(°)		
Cr_3C	Pnma	5.1914	6.6608	4.5165	90	90	90	−0.01	[45]
$Fe_{11}CrC_4$	P1	5.0097	6.7076	4.4565	89.99	90.29	89.99	1.707	[45]
$Fe_{10}Cr_2C_4$	P1	4.8878	6.6768	4.3944	90	91.64	89.9	1.87	[45]
Cr_3C	Pnma	5.19	6.64	4.52				−0.098	[50]
Mn_3C	Pnma	4.99	6.8	4.47				−0.056	[50]
Fe_3C	Pnma	4.89	6.59	4.35				−0.37	[50]
Fe_3C	Pnma	5.038	6.72	4.485					[46]
Fe_3C	Pnma	5.008	6.7254	4.465				−0.456	[48]
Mn_3C	Pnma	4.992	6.739	4.496				−0.042	[51]

表 2-10　M₃C 型碳化物的力学性能　　　　　　　　　（单位：GPa）

物相	C_{11}	C_{12}	C_{13}	C_{22}	C_{23}	C_{33}	C_{44}	C_{55}	C_{66}	B	G	E	H_v	参考文献
Cr_3C	509.8	220.5	201.3	465.6	194.8	415.3	113.7	201.7	203.4	255	127.69	306	12.98	[50]
Mn_3C	555.3	216.6	199.2	443.4	204.8	527.4	84.5	195.5	200.2	298.24	137.7	358	12.49	[50]
Fe_3C	530.3	235.5	232.4	485.7	206.5	521.2	16.3	161.7	178.6	260.55	120.25	312.66	11.34	[50]
Fe_3C	388.4	154.6	145.2	343.8	159.9	322.7	18.1	132.2	134.9	270.72	124.95	324.86	11.65	[46]
Fe_3C	392.6	143.8	141.4	340.1	148.8	318.7	−60.35	145.4	118	289.9	150.6	385.1	15.22	[48]
Fe_3C	385	157	162	341	167	316	13	131	131	306.3	148.6	383.7	13.94	[49]
Mn_3C	529.2	231	214.9	445.4	211.8	508	26.8	178.4	189.9	320.2	93.2	254.9	5.61	[51]

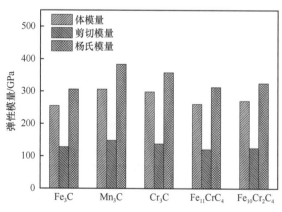

图 2-17　不同 M₃C 型碳化物的弹性模量

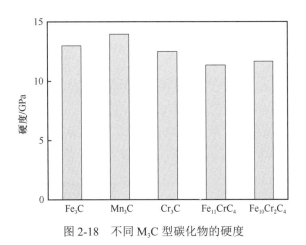

图 2-18　不同 M_3C 型碳化物的硬度

高硼铁基耐磨合金中通常会形成 (Fe,Cr)$_3$(C,B) 型硼碳化合物相，为了实现 (Fe,Cr)$_3$(C,B) 相全成分范围内的成分设计与优化，获得 (Fe,Cr)$_3$(C,B) 相力学性能随 Cr、B 含量的变化，更直观、准确、定量地获得最佳组成，采用第一性原理计算得到各物相的弹性常数 C_{ij} 和弹性模量之后，利用 CALPHAD 方法拟合弹性常数，得出交互作用参数，最终获得 Cr、B 含量对 (Fe,Cr)$_3$(C,B) 力学性能的影响规律。表 2-11 列出不同 Cr、B 含量的 (Fe,Cr)$_3$(C,B) 的弹性常数、弹性模量和硬度。

表 2-11　(Fe,Cr)$_3$(C,B) 的力学性能　　　　（单位：GPa）

成分	C_{11}	C_{22}	C_{33}	C_{44}	C_{55}	C_{66}	C_{12}	C_{13}	C_{23}	B	G	E	H_v
Fe$_3$C	543	553	495	174	69	180	236	179	235	320	139	363	11.6
Fe$_3$B	358	323	302	177	132	131	120	157	120	199	123	306	16.1
Cr$_3$C	383	523	484	205	141	192	167	204	168	275	159	402	18.1
Cr$_3$B	363	478	415	199	167	167	175	190	175	261	145	367	16.0
Fe$_{12}$CB$_3$	522	397	493	183	137	157	242	188	243	299	142	369	13.3
Fe$_{12}$C$_2$B$_2$	345	343	370	175	118	143	141	154	141	208	128	319	16.4
Fe$_{12}$C$_3$B	373	356	345	135	83	130	149	108	149	208	112	286	12.9
Cr$_{12}$CB$_3$	365	507	440	199	156	161	167	198	167	262	152	382	17.2
Cr$_{12}$C$_2$B$_2$	334	494	434	171	124	167	195	196	195	260	136	347	14.2
Cr$_{12}$C$_3$B	385	506	467	204	146	186	173	200	173	272	157	396	17.7
Fe$_8$Cr$_4$C$_4$	573	565	587	223	68	226	288	287	289	375	149	394	11.1
Fe$_6$Cr$_6$C$_4$	483	534	416	188	91	205	196	195	196	290	146	376	14.4
Fe$_4$Cr$_8$C$_4$	517	480	464	186	129	183	209	197	209	302	153	393	15.0
Fe$_8$Cr$_4$B$_4$	394	441	452	199	123	138	210	183	210	275	135	348	13.2
Fe$_6$Cr$_6$B$_4$	489	367	451	206	170	123	223	182	224	279	141	361	14.0
Fe$_4$Cr$_8$B$_4$	418	401	406	237	195	161	212	182	212	266	153	386	17.4

图 2-19 为 (Fe,Cr)$_3$(C,B) 力学性能随 Cr、B 含量变化云图。其中，剪切模量 G 和杨氏模量 E 具有相似的变化趋势，在 Cr 摩尔分数为 0.3%～0.5% 时，随着 B 含量的增加，

总体呈现下降的趋势，但是下降非常缓慢。在 Cr 摩尔分数为 0.7%～0.8% 时，随着 Cr 含量的升高，总体有上升趋势；在 Cr 摩尔分数为 0.8%～0.9% 时总体呈现下降趋势，下降速度非常快。对硬度来说，在 Cr 摩尔分数为 0.001%～0.15% 和 0.45%～0.5% 时，随着 B 含量的升高，硬度逐渐增大。综上所述，在 Cr 元素摩尔分数为 0.7%～0.95%、B 元素摩尔分数为 0%～0.4% 时，硬度、剪切模量 G 和杨氏模量 E 最大，难以被压缩，可加工性比较差。在 B 元素摩尔分数为 0.90%～1%、Cr 元素摩尔分数为 0% 时，剪切模量 G 和硬度都很小，材料抵抗变形的能力差，刚度小，塑性加工变得容易。

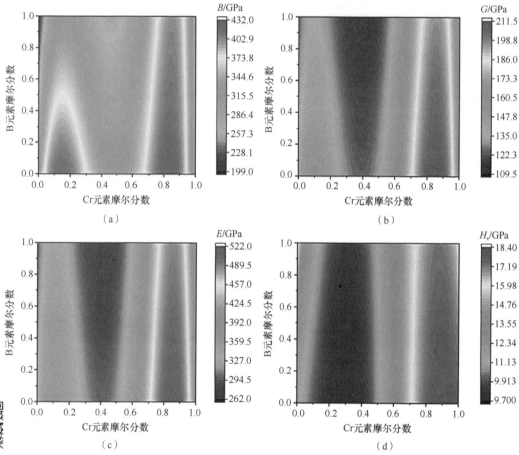

图 2-19 (Fe,Cr)$_3$(C,B) 力学性能随 Cr、B 含量变化云图

（a）体模量；（b）剪切模量；（c）杨氏模量；（d）硬度

2.3.5 M$_{23}$(C, B)$_6$ 型

M$_{23}$C$_6$ 型碳化物为复杂立方结构的第二相，晶体结构如图 2-20 所示[52]。其晶胞中有 92 个金属原子和 24 个非金属原子，金属原子 M 占据四个 Wyckoff 位置 (4a, 8c, 32f, 48h)，碳原子占据一个 Wyckoff 位置 (24e)。M$_{23}$C$_6$ 型碳化物强烈影响马氏体组织的稳定，组织中 M$_{23}$C$_6$ 型碳化物主要在晶界、孪晶端部析出，并与晶界一侧的基体保持共格关系，阻止了晶界的移动[53]。通常，M$_{23}$C$_6$ 型碳化物与奥氏体之间存在的位向关系为：(001)$_{M_{23}C_6}$//(001)$_\gamma$，[010]$_{M_{23}C_6}$//[010]$_\gamma$。

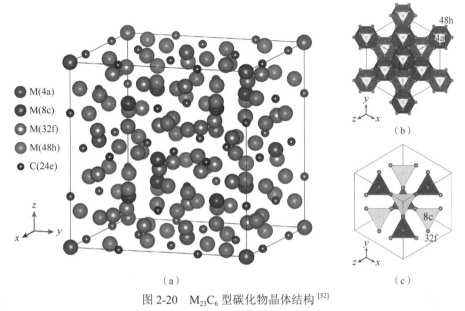

图 2-20　$M_{23}C_6$ 型碳化物晶体结构 [52]

（a）具有 4a（蓝色）、8c（紫色）、32f（橙色）和 48h（绿色）Wyckoff 位点的晶胞结构，C 原子位于 24e 位点；

（b）由最近的 4a 和 48h 原子组成的立方八面体；（c）由最近的 8c 和 32f 原子组成的正四面体

钢的抗蠕变性能很大程度上取决于碳化物的组成、稳定性和分布。$M_{23}C_6$ 型碳化物的非均匀析出对蠕变性能有负面影响，因此防止 $M_{23}C_6$ 型碳化物析出物粗化对提高蠕变强度具有重要意义。同时，合金元素对碳化物的性能影响也会间接影响钢铁材料的力学性能。针对以上问题，国内外学者采用第一性原理计算方法系统研究了 $M_{23}C_6$ 型碳化物的热物理性质及力学性能，为其在钢铁中的应用奠定了理论基础。表 2-12 列出了不同 $M_{23}C_6$ 型碳化物的晶格常数及形成焓。$M_{23}C_6$ 型碳化物的弹性常数 C_{ij}、弹性模量及硬度总结在表 2-13 中。不同 $M_{23}C_6$ 型碳化物的弹性模量和硬度如图 2-21 和图 2-22 所示。其中，$Fe_{21}W_2C_6$ 具有最高的杨氏模量，$Cr_{20}Fe_3C_6$ 的硬度最高。Medvedeva 等 [54] 系统计算了 $M_{23}C_6$(M=V,Cr,Mn,Fe,Co,Ni) 型碳化物的相稳定性以及合金元素 (Fe,Co,Ni,W) 在 $Cr_{23}C_6$ 型碳化物中的固溶度，其中最稳定的化合物是 $V_{23}C_6$、$Cr_{23}C_6$ 和 $Mn_{23}C_6$，证明了 Fe 和 Ni 可以固溶于 $Cr_{23}C_6$ 中，其固溶度分别为 50% 和 30%（原子分数）。Fang 等 [55] 通过计算发现 γ-$Fe_{23}C_6$ 基态具有铁磁结构。自旋电子几乎占据了 Fe 的 3d 轨道。γ-$Fe_{23}C_6$ 晶格与奥氏体晶格匹配良好，表明该碳化物优先在奥氏体中析出。Gong 等 [52] 应用第一性原理方法研究了 $Cr_{23-x}M_xC_6$(M=Fe,Mo; x=0~23)。结果表明，$Cr_{23-x}Fe_xC_6$ 在不同的 Fe 占据浓度 (x=1,3,9,12,13,14,15) 下具有热力学稳定性，Fe 占据 4a、8c 和 48h 位点的 $Cr_8Fe_{15}C_6$ 最为稳定。$Cr_{21}Mo_2C_6$ 是 $Cr_{23-x}Mo_xC_6$ 中唯一稳定的相。$(Cr,M)_{23}C_6$ 的力学性能表现出强烈的成分-位置依赖性。低浓度的合金元素 M 掺杂提高了 $Cr_{23}C_6$ 的弹性模量。该研究为了解含 $M_{23}C_6$ 型碳化物合金的非均质变形过程和疲劳裂纹萌生机制提供了必要的信息。Liu 等 [56] 系统地研究了 $M_{23}C_6$(M=Fe、Cr、Mn) 型多组分碳化物的力学性能和电子性能。结合能和形成焓表明这些碳化物是热力学稳定结构。掺杂 Fe 或 Mo 的 $M_{23}C_6$ 型碳化物的力学性能优于纯相的 $Cr_{23}C_6$、$Mn_{23}C_6$ 和 $Fe_{23}C_6$。此外，$M_{23}C_6$ 型碳化物的态密度表明 $M_{23}C_6$ 型碳化物的成键行为是金属键和共价键的组合。

表 2-12　不同 $M_{23}C_6$ 型碳化物的晶格常数及形成焓

物相	空间群	晶格常数 a/Å	形成焓/(eV/atom)	参考文献
$Cr_{23}C_6$	$Fm\bar{3}m$	10.39	−0.03	[57]
$Mn_{23}C_6$	$Fm\bar{3}m$	10.43	−0.05	[57]
$Fe_{23}C_6$	$Fm\bar{3}m$	10.16	−0.37	[57]
$Cr_2Fe_{21}C_6$	$Fm\bar{3}m$	10.17	−0.41	[57]
$Fe_{21}Mo_2C_6$	$Fm\bar{3}m$	10.26	−0.44	[57]
$Fe_{21}W_2C_6$	$Fm\bar{3}m$	10.26	−0.45	[57]
$Cr_{23}C_6$	$Fm\bar{3}m$	10.527		[58]
$Cr_{22}Fe_1C_6$	$Fm\bar{3}m$	10.516		[58]
$Cr_{21}Fe_2C_6$	$Fm\bar{3}m$	10.507		[58]
$Cr_{15}Fe_8C_6$	$Fm\bar{3}m$	10.402		[58]
$Cr_{11}Fe_{12}C_6$	$Fm\bar{3}m$	10.461		[58]
$Cr_{23}C_6$	$Fm\bar{3}m$	10.542		[52]
$Cr_{21}Mo_2C_6$	$Fm\bar{3}m$	10.628	−0.063	[52]
$Cr_{22}FeC_6$	$Fm\bar{3}m$	10.528	−0.080	[52]
$Cr_{20}Fe_3C_6$	$Fm\bar{3}m$	10.505	−0.058	[52]
$Cr_{14}Fe_9C_6$	$Fm\bar{3}m$	10.41	0.015	[52]
$Cr_{11}Fe_{12}C_6$	$Fm\bar{3}m$	10.466	0.001	[52]
$Cr_{10}Fe_{13}C_6$	$Fm\bar{3}m$	10.445	0.006	[52]
$Cr_9Fe_{14}C_6$	$Fm\bar{3}m$	10.466	−0.007	[52]
$Cr_8Fe_{15}C_6$	$Fm\bar{3}m$	10.458	−0.009	[52]

表 2-13　$M_{23}C_6$ 型碳化物的力学性能　　　　　　　　（单位：GPa）

物相	C_{11}	C_{12}	C_{44}	B	G	E	H_v	参考文献
$Cr_{23}C_6$	471.6	215.7	135.1	301	132.2	336.2	11.46	[57]
$Mn_{23}C_6$	489.3	233.2	130.5	318.6	129.5	338.7	10.35	[57]
$Fe_{23}C_6$	490.7	255.9	133.8	334.2	126.9	315.2	9.44	[57]
$Cr_2Fe_{21}C_6$	550.8	225.9	140	334.3	148.6	419.3	12.62	[57]
$Fe_{21}Mo_2C_6$	560.5	229.2	149.9	339.6	156.1	427.4	13.58	[57]
$Fe_{21}W_2C_6$	563.5	222.5	159.3	336.1	163.7	437.6	15.00	[57]
$Cr_{23}C_6$	485.7	206.55	129.35	299.6	133.35	348.36	11.71	[58]
$Cr_{22}Fe_1C_6$	507.9	192.05	160.1	297.33	159.23	405.33	16.39	[58]
$Cr_{21}Fe_2C_6$	448.55	207.75	140.1	288.02	131.86	343.2	12.00	[58]
$Cr_{15}Fe_8C_6$	479.6	218.15	137.45	305.3	134.72	352.33	11.68	[58]
$Cr_{11}Fe_{12}C_6$	403.25	154.25	132.5	237.25	129.24	328.14	14.41	[58]
$Cr_{23}C_6$	478.2	200.6	145	293.2	142.5	367.9	19.8	[52]

续表

物相	C_{11}	C_{12}	C_{44}	B	G	E	H_v	参考文献
$Cr_{21}Mo_2C_6$	491.3	206.2	145.9	301.2	144.6	373.9	19.9	[52]
$Cr_{22}FeC_6$	520.2	190	170.3	300.1	168.2	425.2	26.4	[52]
$Cr_{20}Fe_3C_6$	474.6	189.1	156.2	284.3	150.7	384.2	22.6	[52]
$Cr_{14}Fe_9C_6$	487.1	207.8	140.2	300.9	140	363.6	18.8	[52]
$Cr_{11}Fe_{12}C_6$	422.5	166.2	138.6	251.7	134.3	342.1	20.2	[52]
$Cr_{10}Fe_{13}C_6$	399.1	165.4	131.1	243.3	125.2	320.6	18.3	[52]
$Cr_9Fe_{14}C_6$	390.4	157.8	133.9	235.3	126.5	321.9	19.2	[52]
$Cr_8Fe_{15}C_6$	359.3	161.9	128.3	227.7	115.5	296.3	16.6	[52]

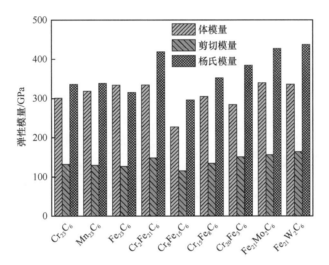

图 2-21　不同 $M_{23}C_6$ 型碳化物的弹性模量

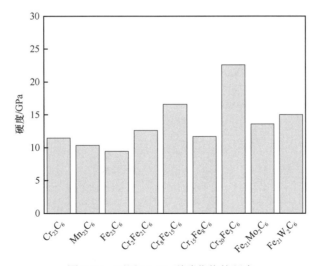

图 2-22　不同 $M_{23}C_6$ 型碳化物的硬度

(Fe,Cr)$_{23}$(C,B)$_6$ 作为 Fe-Cr-B-C 合金中的强化相，具有复杂的立方点阵结构，是高硼耐磨合金中重要的第二相，为了探究全成分范围内的 (Fe,Cr)$_{23}$(C,B)$_6$ 力学性能与化学成分之间的关系，采用第一性原理计算对 Fe-Cr-B-C 合金中不同 M$_{23}$(C,B)$_6$ 化合物的力学性能做出预测。通过 CALPHAD 方法拟合弹性性质中组元间的交互参数，用有限成分点建立模型来描述弹性模量的分布，得到一个提高合金力学性能的合适成分范围，表 2-14 列出了不同 Cr、B 含量的 (Fe,Cr)$_{23}$(C,B)$_6$ 的弹性常数、弹性模量和硬度。

表 2-14　(Fe,Cr)$_{23}$(C,B)$_6$ 的力学性能 （单位：GPa）

物相	$\bar{C}_{11}$	$\bar{C}_{12}$	$\bar{C}_{44}$	B	G	E	H_v
Cr$_{23}$C$_6$	565.87	285.26	270.87	380.17	206.91	525.41	20.09
Cr$_{23}$C$_5$B$_1$	627.40	294.65	272.73	405.57	223.69	566.86	21.55
Cr$_{23}$C$_3$B$_3$	497.37	210.44	216.84	306.08	183.75	459.34	20.65
Cr$_{23}$C$_1$B$_5$	410.77	178.72	197.20	256.03	159.39	396.00	19.46
Cr$_{23}$B$_6$	350.43	71.91	105.22	164.75	117.73	285.25	18.37
Fe$_6$Cr$_{17}$B$_6$	259.54	148.96	148.35	183.15	104.31	263.01	13.03
Fe$_{11}$Cr$_{12}$B$_6$	372.34	148.96	150.65	223.03	137.23	341.61	17.27
Fe$_{17}$Cr$_6$B$_6$	172.71	106.16	123.36	128.14	72.66	183.33	10.03
Fe$_{23}$B$_6$	525.95	286.65	116.56	367.48	116.87	317.01	7.28
Fe$_{23}$C$_1$B$_5$	567.21	302.56	133.08	391.49	131.83	355.59	8.46
Fe$_{23}$C$_3$B$_3$	510.98	269.85	123.25	352.57	117.50	317.26	7.71
Fe$_{23}$C$_5$B$_1$	445.64	269.32	176.54	331.10	133.18	352.31	10.43
Fe$_{23}$C$_6$	465.56	226.59	114.37	307.79	118.57	315.23	9.14
Fe$_{17}$Cr$_6$C$_6$	279.27	117.36	107.26	171.26	95.72	242.05	12.00
Fe$_{11}$Cr$_{12}$C$_6$	375.68	203.66	155.36	259.62	122.32	317.15	11.75
Fe$_6$Cr$_{17}$C$_6$	444.75	155.31	145.46	251.68	145.10	365.12	16.68

图 2-23 为 (Fe,Cr)$_{23}$(C,B)$_6$ 合金力学性能随 Cr、B 含量的变化云图。其中，杨氏模量 E 的变化规律与剪切模量 G 的变化规律几乎一致，G 最小值出现在 Cr 摩尔分数为 0%～0.3% 以及 Cr 摩尔分数为 0.8% 附近的低 B 区域；在 Cr 或 B 接近 1.0%（摩尔分

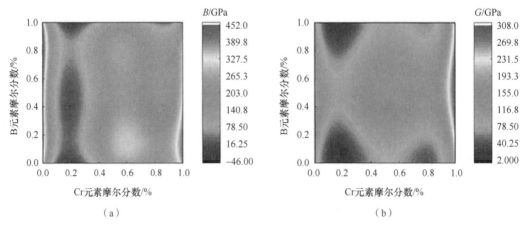

（a） （b）

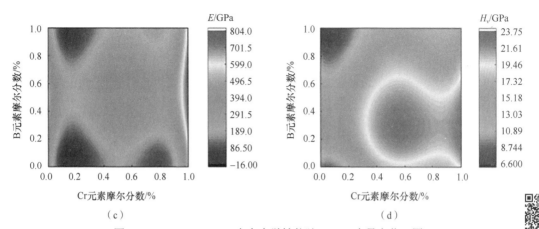

图 2-23 $(Fe,Cr)_{23}(C,B)_6$ 合金力学性能随 Cr、B 含量变化云图
（a）体模量；（b）剪切模量；（c）杨氏模量；（d）硬度

数）的高含量区域，G 达到最大。体模量变化也几乎只与 Cr 含量相关，最低值出现在 Cr 摩尔分数为 0.7%～0.9% 时；Cr 摩尔分数为 0%～0.5% 以及极小部分接近 1.0% 时体模量较大。综上分析，在 Cr 摩尔分数为 0.4%～0.5%、B 摩尔分数 0.5%～0.7% 时，$(Fe,Cr)_{23}(C,B)_6$ 合金的弹性模量较高，刚性好，不易变形，硬度高，综合力学性能较好。

2.3.6 $M_7(C, B)_3$ 型

M_7C_3 型碳化物是高铬铸铁的主要耐磨相，但是高铬铸铁中 $(Cr, Fe)_7C_3$ 的脆性大，目前针对 $(Cr, Fe)_7C_3$ 的研究主要集中于以下两个方面：一是改变其形态分布，细化初生碳化物；二是改变其本征脆性。细化初生碳化物的方法包括孕育和变质处理、半固态成形法、悬浮铸造以及外加电场和磁场等。改变其本征脆性主要通过合金化实现，在铸造过程中加入合金元素，合金元素溶入 $(Cr, Fe)_7C_3$ 中，对其力学性能产生影响。通常高铬铸铁中 M_7C_3 型碳化物为六方晶系（点群 $P_{63}mc$），除 Cr 和 Fe 外，高铬铸铁中常加入的其他合金元素如 W、Mo、B 等也会溶入六方 $(Fe, Cr)_7C_3$ 中形成多元碳化物。图 2-24 为六方 Cr_7C_3 的晶体结构，单胞中含有 20 个原子，分别为 14 个 Cr 原子和 6 个 C 原子。其中，金属原子有三个不同的 Wyckoff 位置（2b、6c 和 12d），非金属原子有一个 Wyckoff 位置（6c）。由于 Fe、Mo 和 W 原子能够固溶进 Cr_7C_3 中置换 Cr 原子的位置，B 原子固溶进 Cr_7C_3 中置换 C 原子的位置，将不同的合金原子取代不同的 Wyckoff 位置，并比较其总能的大小。在考虑所有可能的构型并计算其总能后，选取化学计量比相同的构型中总能量最低的结构进行性质计算。

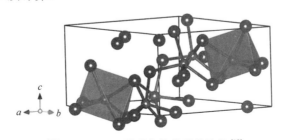

图 2-24 M_7C_3 型碳化物的晶体结构 [12]

Cr_7C_3 型多元碳化物的力学性能对抗磨钢铁材料的耐磨性、塑韧性产生较大影响。合金化会影响 Cr_7C_3 型多元碳化物的力学性能。Chong 等[59]采用第一性原理计算方法研究不同合金元素对 Cr_7C_3 力学性能的影响，结果如图 2-25 所示，$M_7(C, B)_3$ 化合物的弹性常数 C_{ij}、弹性模量的数值总结于表 2-15 中。纯 Cr_7C_3 比 Fe_7C_3 的杨氏模量高很多，而合金元素掺杂后的 Cr_7C_3 型多元碳化物的弹性模量与纯 Cr_7C_3 相比，都有所下降，$Cr_3Fe_3MoC_3$ 下降得最为明显。相对于 Fe_7C_3、$Cr_4Fe_3C_3$、$Cr_3Fe_3MoC_2B$ 和 $Cr_3Fe_3Mo_{0.5}W_{0.5}C_2B$ 的剪切模量和杨氏模量有所提升，而体模量下降。采用 Tian 模型计算得到的 Cr_7C_3 型碳化物硬度如图 2-26 所示，纯 Cr_7C_3 的硬度最高，$Cr_3Fe_3MoC_2B$ 和 $Cr_3Fe_3Mo_{0.5}W_{0.5}C_2B$ 的硬度相对于 Fe_7C_3 和 $Cr_4Fe_3C_3$ 也有较大提升，说明 Mo 和 B 共掺能够提高 h-$(Cr, Fe)C_3$ 的硬度。$Cr_3Fe_3MoC_3$ 和 $Cr_3Fe_3WC_3$ 的硬度相对于 h-Fe_7C_3、纯 Cr_7C_3 和 h-$(Cr, Fe)_7C_3$ 来说下降幅度较大。

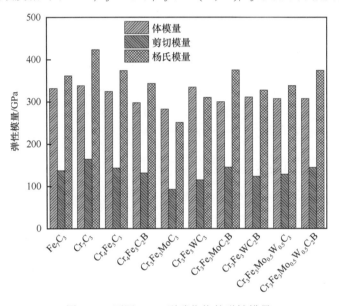

图 2-25　不同 M_7C_3 型碳化物的弹性模量

表 2-15　$M_7(C, B)_3$ 的力学性能[59]　　　　　　（单位：GPa）

化学式	C_{11}	C_{33}	C_{44}	C_{12}	C_{13}	C_{66}	B	G	E	H_v
Cr_7C_3	571.5	484.5	167.8	168.3	269.7	201.6	338.1	164.1	423.7	15
Fe_7C_3	521.8	556.7	119.8	224.9	234	148.5	331.5	137.2	361.8	11
$Cr_4Fe_3C_3$	550.7	532.8	110.6	185.2	229	182.7	324.4	143.2	374.6	12.2
$Cr_4Fe_3C_2B$	553.3	403.3	115.7	194	214	167.3	298	131.4	343.6	11.5
$Cr_3Fe_3MoC_3$	491.3	342.9	61.1	202.4	212.4	144.4	282.6	92.86	251.1	6.4
$Cr_3Fe_3WC_3$	565.5	415.4	87.8	252	249.2	156.8	334.6	115.4	310.4	7.9
$Cr_3Fe_3MoC_2B$	546.4	429.8	135	190.5	204.9	166	300.2	145.3	375.4	13.7
$Cr_3Fe_3WC_2B$	544.9	403.6	104.2	203.9	234.7	145.3	311.3	123.6	327.5	9.8
$Cr_3Fe_3Mo_{0.5}W_{0.5}C_3$	542.2	366.3	122.4	213.8	234.7	163.6	307.1	128.5	338.4	10.6
$Cr_3Fe_3Mo_{0.5}W_{0.5}C_2B$	551.7	406.7	140.2	202.1	234.7	166.4	307.4	144.4	374.5	13.2

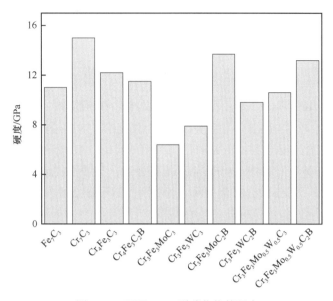

图 2-26　不同 M_7C_3 型碳化物的硬度

2.4　硬质相与基体界面计算

在耐磨钢铁材料中，硬质相不仅显著提高了材料的耐磨性，而且通过阻碍位错的运动，提高了钢铁材料的强度和韧性。此外，硬质相可以通过抑制基体的晶粒长大来控制铁基合金的组织。Chen 等[60]发现，通过 Ti-Mo 微合金化，在合金钢中形成纳米 (Ti,Mo)C 颗粒，使得材料的硬度和强度显著增加，并且这类碳化物具有良好的热稳定性。Xu 等[61]通过比较含不同硬质相的高速钢的磨损行为，发现磨料粒度和载荷对高速钢的磨损量有明显影响，但碳化物类型决定了高速钢的相对耐磨性。对于任何磨粒尺寸和载荷，含 VC 的高速钢比含 M_6C 或 M_2C 型碳化物的高速钢具有更优异的耐磨性。含 VC 高速钢的相对耐磨性是含 M_6C 和 M_2C 型碳化物高速钢的 3 倍。Huang 等[62,63]发现，自生 TiC 颗粒增强低合金耐磨钢具有较好的耐磨性能，其显微组织由马氏体基体、纳米和微米级 TiC 颗粒组成。随着 TiC 颗粒含量的增加，其磨损机制由显微切削转变为塑性变形、断裂和疲劳，这主要是由于马氏体基体中均匀分布的 TiC 颗粒有效地抵抗了微切削。

硬质相增强型耐磨钢铁材料作为一类重要的钢铁耐磨材料，其中分散着各种增强相。在耐磨钢铁材料凝固过程或热处理过程中，硬质相会在铁基体中沉淀析出，产生硬质相与铁基体的界面。因为界面处的原子结构、化学成分、原子键合等不同于界面两侧的硬质相和基体，界面的性质与界面两侧有很大的差别，所以界面对耐磨钢铁材料的力学性能和热性能起着重要的作用。虽然研究界面具有重要的意义，但在试验中很难测量界面的相关性质，利用第一性原理计算方法研究金属/增强相的界面特性具有很大的优势。例如，通常试验上很难定量评估强化相与基体的界面结合强度，利用第一性原理计算可以模拟界面的拉伸测试过程，得到界面分离功，并可以分析界面断裂过程中化学键和电子的变化，揭示界面强度差异的本质原因[14]。研究[64-66]发现，过渡金属碳化物（transition metal carbides，TMCs）的高硬度归因于过渡金属（如 Ti、V、C）之间的强化学键，Fe/TMCs 的界面性质主要取决于界面原子的 Fe d-轨道和 C p-轨道之间的共价键，即 pdσ 杂化。

2.4.1 界面位向关系

金属晶体中的各种界面破坏了金属基体的连续性，由此产生了界面能，使系统能量增大。为了尽可能降低系统能量，一方面可尽量减小界面面积，另一方面则是通过使界面两侧晶体之间形成一定的位向关系从而降低比界面能。对于晶界和相界面，界面两侧的晶体为了相互接合，必然存在一定的位向关系。目前一般把界面处相邻两相之间的相互配合关系分为三类：非共格（non-coherent）关系、半共格（semi-coherent）关系和共格（coherent）关系。对于部分接合界面，相邻两晶体尽量形成界面能较低的共格位向关系或半共格位向关系，但无论位向关系如何，为了尽可能减小界面面积以减小系统能量，界面均将趋于平直。SAED 一般仅能得到一个方向上的相互位向，因而从部分接合界面很难判定其配合关系。而对完全接合的相界面而言，第二相被一个基体晶粒所完全包含，SAED 所得到的双晶衍射花样可通过适当的倾转而得到不同方向上的相互配合关系，且第二相的形状也必须与相界面能量的各向异性相适应，因而较容易由此确定其位向关系。

耐磨钢铁材料中硬质相种类众多，且晶体结构和晶格常数各不相同，因此不同的硬质相和铁基体之间会形成不同的界面位向关系。耐磨钢铁材料中铁基体具有体心立方和面心立方两种不同的晶体结构，因而硬质相与铁素体和奥氏体之间会形成不同的位向关系。近年来，由于高分辨透射电子显微分析技术和设备的不断进步与发展，可以实现从原子尺度直接观测硬质相与基体界面处的原子排列和晶体学位向关系，从而使不同硬质相与铁基体的位向关系的测定更为方便和准确。目前，国内外研究者通过试验发现的多种硬质相与铁基体之间的位向关系总结如下。

（1）MC 型碳化物与奥氏体的半共格位向关系为平行位向关系[64]（cube-on-cube）：

$$(001)_{MC} // (001)_{\gamma\text{-Fe}}；\langle 110 \rangle_{MC} // \langle 110 \rangle_{\gamma\text{-Fe}}$$

（2）MC 型碳化物与铁素体的半共格位向关系符合 Baker-Nutting（cube-on-edge）关系：

$$(100)_{MC} // (100)_{\alpha\text{-Fe}}；\langle 110 \rangle_{MC} // \langle 100 \rangle_{\alpha\text{-Fe}}$$

（3）渗碳体与铁素体之间存在明确的半共格位向关系，即 Pitsch-Schrader 关系：

$$(001)_{Fe_3C} // (211)_{\alpha\text{-Fe}}；[100]_{Fe_3C} // [01\bar{1}]_{\alpha\text{-Fe}}；[010]_{Fe_3C} // [\bar{1}11]_{\alpha\text{-Fe}}$$

（4）高温下渗碳体在残余奥氏体中沉淀析出时，也可观测到渗碳体与残余奥氏体之间的位向关系为

$$(001)_{Fe_3C} // (\bar{2}25)_{\gamma\text{-Fe}}；[100]_{Fe_3C} // [5\bar{5}4]_{\gamma\text{-Fe}}；[010]_{Fe_3C} // [\bar{1}\bar{1}1]_{\gamma\text{-Fe}}$$

（5）具有六方结构的 M_2C 相一般在回火过程中沉淀析出，典型的 M_2C 相包括 Mo_2C 和 W_2C，其与铁素体之间的位向关系为

$$(0001)_{M_2C} // (011)_{\alpha\text{-Fe}}；[2\bar{1}\bar{1}0]_{M_3C} // [100]_{\alpha\text{-Fe}}$$

$$(01\bar{1}1)_{M_2C} // (010)_{\alpha\text{-Fe}}；[2\bar{1}\bar{1}0]_{M_3C} // [100]_{\alpha\text{-Fe}}$$

（6）$M_{23}C_6$ 及 M_6C 相均为复杂立方结构的第二相，其与奥氏体之间存在平行位向关系为

$$(001)_{M_{23}C_6} // (001)_{\gamma\text{-Fe}}；[010]_{M_{23}C_6} // [010]_{\gamma\text{-Fe}}$$

$$(001)_{M_6C} // (001)_{\gamma\text{-Fe}}；[010]_{M_6C} // [010]_{\gamma\text{-Fe}}$$

2.4.2　界面强度与稳定性及电子结构

硬质相与基体的界面性质会直接影响耐磨材料的耐磨性和力学性能。当硬质相与基体的界面结合强度高时，界面处不易形成微裂纹，从而磨损过程中硬质相不易脱落，这样可以更好地保护基体，提高材料的耐磨性。目前，传统试验的方法很难测量界面结合强度和稳定性，而理论计算可以定量描述界面强度和稳定性，并揭示界面的电子结构。界面黏附功通常用来表征一个界面的黏附特征和结合强度，它表示生成两个自由表面时所需的单位面积上的可逆功。硬质相增强型耐磨钢铁材料中的界面通常包含两类：①硬质相与基体的界面；②不同硬质相之间的界面。这两类界面直接影响耐磨钢铁材料的力学性能和耐磨性，采用第一性原理计算方法研究这两类界面为设计新型硬质相增强型耐磨材料提供了重要的理论基础。

在耐磨钢铁的硬质相中，MC 型碳化物（常见的有 TiC，VC，NbC）是一种重要的增强相。目前，基于密度泛函理论的第一性原理计算已广泛应用于 Fe 基体与 MC 型碳化物之间的界面性质研究。图 2-27 所示为不同 γ-Fe/MC 半共格界面的界面能，图 2-28 所示为不同 α-Fe/MC 界面的黏附功和界面能，图 2-29 为 α-Fe/M$_2$C 界面的黏附功和界面能。Chen 等[14] 用第一性原理方法研究了 γ-Fe(100)/MC(100)（M=Ti，V）界面的黏附功、断裂韧性和电子结构。考虑到不同的界面类型、不同的 MC 型碳化物和不同的堆垛顺序，共分析了 12 种界面模型，界面的堆垛模型如图 2-30 所示。计算结果表明，所有 Fe/VC 界面的黏附功（$1.25\sim6.78\text{J/m}^2$）均远高于 Fe/TiC 界面的黏附功（$0.34\sim2.42\text{J/m}^2$），表明 Fe/VC 界面处形成了更强的化学键作用，Fe/VC 界面中的 Fe-on-C 堆垛结构是所有 Fe/MC 界面中最稳定的平衡原子结构。Jung 等[64] 对 γ-Fe/MC（M=Ti，Zr，Hf，V，Nb，Ta）体系的共格界面能和半共格界面能进行理论计算。发现 V 族过渡金属碳化物比 IV 族过渡金属碳化物具有更低的共格界面能和半共格界面能。γ-Fe/MC 体系的共格界面能低于 α-Fe/MC 体系。Fe/TiC、Fe/ZrC、Fe/HfC、Fe/VC、Fe/NbC 和 Fe/TaC 等界面弛豫后的半共格界面能分别为 0.6J/m^2、0.661J/m^2、0.946J/m^2、-0.050J/m^2、0.320J/m^2 和 0.380J/m^2。为了使奥氏体钢的沉淀强化效果最大化，VC 是最有利的析出相。Lee 等[65] 对 Fe/TiC 界面进行了第一性原理计算。发现在平衡状态下，Fe-C 在界面处形成强共价键，使用刚性分离模型计算了界面处 Fe-C 脱黏过程的能量和应力的变化规律，预测分离功为 2.45J/m^2，最大应力为 30.66GPa。Xiong 等[67] 用第一性原理方法研究了合金元素（Zr，V，Cr，Mn，Mo，W，Nb，Y）在 α-Fe(100)/TiC(100) 界面上的偏析行为，发现除 Y 外，添加其他合金元素的界面均具有负偏析能，表明它们有偏析到 α-Fe/TiC 界面的趋势。当 α-Fe/TiC 界面中的 Fe 原子被 Y、Zr、Nb 取代时，由于分离功降低、界面能增大、电子效应减弱，界面结合强度降低。然而，当掺杂 Cr、Mo、W、Mn 和 V 等合金元素时，这些合金元素将与 C 产生强相互作用，从而提高 α-Fe/TiC 界面的稳定性，其中 Cr 掺杂界面是最稳定的结构。图 2-31 为不同合金元素掺杂 α-Fe(100)/TiC(100) 界面的差分电荷密度，与纯 α-Fe(100)/TiC(100) 界面相比，Y 或 Zr 原子周围的电荷损失远小于 Fe 原子，说明界面处 Y 或 Zr 原子与界面处 C 原子的相互作用明显减弱。当界面处 Fe 原子被 Cr 或 Mo 原子取代时，电荷分布发生了很大的变化。在铁素体一侧的 Cr、Mo 原子附近，存在较大范围的电荷耗尽区，证明 Cr、Mo 与 C 原子之间形成了较强的极性共价键。界面处 Cr 原子与其最近邻 C 原子之间的距离甚至小于 TiC 侧的 Ti-C 距离。这些结论解释了 Cr 掺杂 α-Fe(100)/TiC(100) 界面强度较高的原因。因此，界面铁素体侧的 Cr、Mo、W、Mn 和 V 能有效地促进 TiC 表面铁素体非均匀形核，形成细小的铁素体晶粒。Guo 等[38] 计算了 γ-Fe/M$_x$C（M=V，W 或 Mo）界面的稳定性，发现与 γ-Fe/M$_2$C 界面相比，γ-Fe/MC 界面具有更大的黏附功和较低的界面能。γ-Fe/MC 界面的结合强度大于 γ-Fe/M$_2$C 界面，而弹性能小于 γ-Fe/M$_2$C 界面。结果表明，共晶 MC 比共晶 M$_2$C 更稳定，与试验观察结果一致。

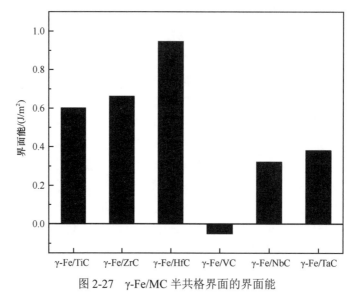

图 2-27　γ-Fe/MC 半共格界面的界面能

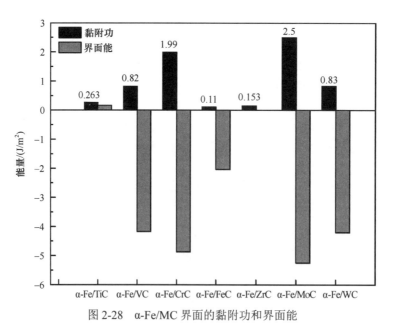

图 2-28　α-Fe/MC 界面的黏附功和界面能

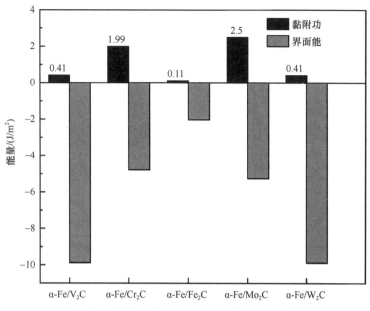

图 2-29　α-Fe/M₂C 界面的黏附功和界面能

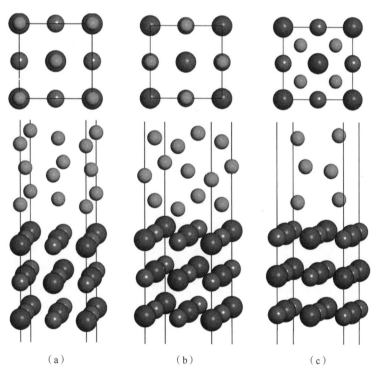

（a）　　　　　　　　　　（b）　　　　　　　　　　（c）

图 2-30　γ-Fe(100)/MC(100) 界面三种堆垛模型[14]

（a）Fe 原子在 M 原子上方堆垛结构；（b）Fe 原子在 C 原子上方堆垛结构；（c）桥位堆垛结构

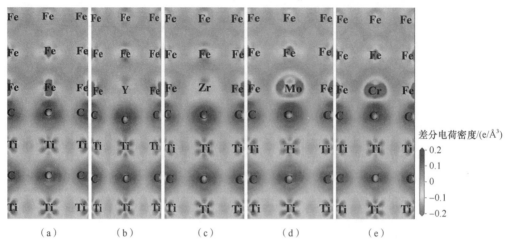

图 2-31　α-Fe(100)/TiC(100) 界面与合金元素（Y，Zr，Mo，Cr）掺杂 α-Fe(100)/TiC(100) 界面
差分电荷密度[67]

（a）未掺杂；（b）Y 掺杂；（c）Zr 掺杂；（d）Mo 掺杂；（e）Cr 掺杂

Kar'kina 等 [68] 对粗片状珠光体中铁素体/渗碳体界面的应变传递机制进行了晶体几何分析。根据铁素体与渗碳体的 Pitsch-Petch 位向关系，研究了 Fe/Fe₃C 界面的位错反应。根据渗碳体密排面层错的原子模拟结果，提出了渗碳体中分位错和全位错的滑移面和伯格斯（Burgers）矢量。结果表明，只有铁素体的 1/2⟨111⟩{110}_F 和 1/2⟨111⟩{112}_F 滑移系才有可能在 Fe/Fe₃C 界面上发生应变转移。铁素体的其他滑移系不穿过界面，参与了珠光体中铁素体相的硬化。An 等 [69] 研究了 Ni 对淬火回火 Cr-Ni-Mo 钢渗碳体演变及力学性能的影响。结果表明，Ni 的分配导致铁素体/渗碳体界面形成富 Ni 层，从而阻碍渗碳体的生长，细化了渗碳体。Kim 等 [70] 研究了铁素体/渗碳体界面的失配位错在不同位向关系下对珠光体钢的力学行为和相变的影响，并分别计算了 Bagaryatsky、Isaichev、Pitsch-Petch、Near Bagaryatsky 和 Near Pitsch-Petch 等五种位向关系界面的界面能。结果表明，Isaichev 位向关系的界面形成能最低。Xu 等 [71] 通过热力学计算和试验发现凝固过程中，TiC 优先在奥氏体枝晶间形成，是 (Fe, Mn)₃C 和 γ-Fe 共晶的异质形核核心。

Yang 等 [72] 用第一性原理方法计算了 M₃C(100)/NbC(110) 界面的黏附功和界面能，该界面的晶格失配率为 3.75%。根据不同的界面堆垛顺序，建立了六种界面模型，如图 2-32 所示。其中，Case I/C 界面黏附功最大（1.35J/m²），Case I/Fe 界面能最小。图 2-33 显示了不同界面的差分电荷密度。局域电子密度主要集中在界面及其附近。在图 2-33（a）中，界面处的 Nb 原子和 Fe 原子之间存在电荷耗尽区。在图 2-33（b）中，界面处的 C 原子和 Fe 原子之间存在电荷耗尽区，这表明界面附近的 C 原子和 Fe 原子的电子在界面键合过程中通过转移离开界面。在图 2-33（c）中，C 原子和 C 原子之间存在电荷共享区域。在图 2-33（d）中，Nb 原子的电子损失发生在界面上，损失的电子转移到界面上，导致界面上有明显的电子积累。因此，在界面上形成了以共价键特征为主的化学键。在图 2-33（e）和（f）中，Fe、Cr 和 Nb 原子存在电荷损失，而 C 原子具有电负性。通过试验发现，M₃C 在 NbC 颗粒旁边生成，并紧密结合，表明 NbC 可以作为 M₃C 的有效异质形核核心。

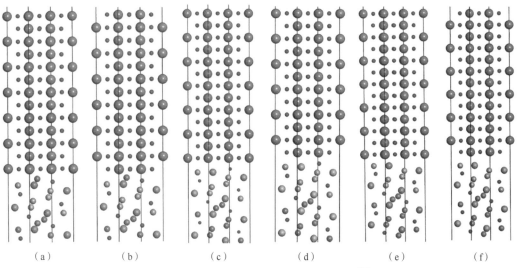

图 2-32　NbC(110)/M₃C(100) 的界面模型 [72]

（a）Case Ⅰ/Fe；（b）Case Ⅱ/Fe；（c）Case Ⅰ/C；（d）Case Ⅱ/C；（e）Case Ⅰ/Fe-Cr；（f）Case Ⅱ/Fe-Cr

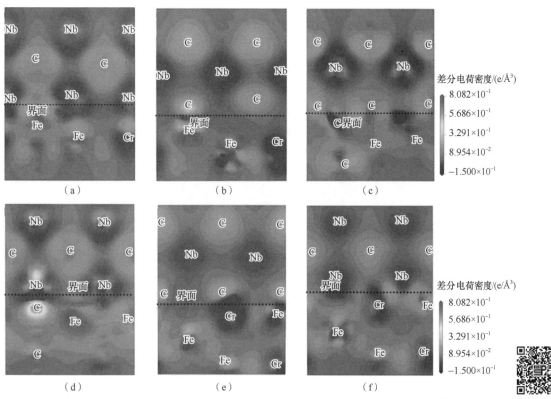

图 2-33　不同界面的差分电荷密度 [72]

（a）Case Ⅰ/Fe；（b）Case Ⅱ/Fe；（c）Case Ⅰ/C；（d）Case Ⅱ/C；（e）Case Ⅰ/Fe-Cr；（f）Case Ⅱ/Fe-Cr

Zhao 等 [73] 利用第一性原理方法计算了 WC/TiC 界面的结合能、界面能、电子结构。WC/TiC 界面的原子模型如图 2-34 所示，在所有的堆积界面中，密排六方（HCP）堆垛模型的黏附功（界面处的 Ti(C) 原子位于 WC 第二层的 C(W) 原子上面）均大于 Hole 堆垛模型（界面处的 Ti(C) 原子位于 WC 的空位顶部）和 OT 堆垛模型（界面处的 Ti(C) 原子位于 WC 表面的 C(W) 原子顶部）。对于三个密排六方堆积界面，W-HCP-C 界面的黏附功最大，为 10.16J/m²。W-HCP-C 界面和 C-HCP-Ti 界面具有较小的界面能，比 W-HCP-Ti 界面稳定。三种密排六方堆垛模型界面的差分电荷密度如图 2-35 所示，界面电荷重新分布呈现很强的局域性。从图 2-35（a）可以看出，对于 W-HCP-C 界面，电荷从 WC 侧界面上的 W 原子转移到 TiC 侧的界面上 C 原子，这证明除共价键之外，还有一定的离子键特征。由图 2-35（b）可知，WC 侧的 C 原子与 TiC 侧的 Ti 原子之间存在明显的电荷积累，表明 C-HCP-Ti 界面存在较强的共价键。对于 W-HCP-Ti 界面，如图 2-35（c）所示，WC 侧的 W 原子和 TiC 侧的 Ti 原子都存在电荷损耗，并转移到界面上形成金属键。

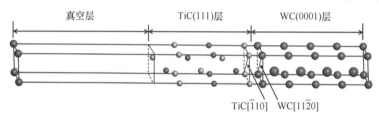

图 2-34　WC/TiC 界面的原子模型 [73]

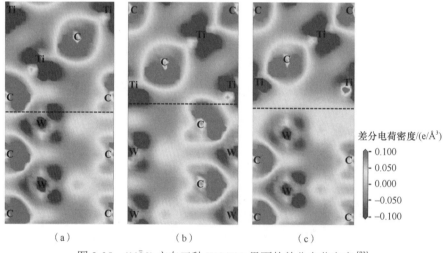

图 2-35　(11$\bar{2}$0) 方向三种 WC/TiC 界面的差分电荷密度 [73]

（a）W-HCP-C 界面；（b）C-HCP-Ti 界面；（c）W-HCP-Ti 界面

Liu 等 [74] 采用第一性原理方法，计算 NbC 和初生 M₇C₃ 型碳化物的界面稳定性及界面电子结构，并从理论角度揭示 NbC 细化初生 M₇C₃ 型碳化物的原因。根据 M₇C₃(0001) 表面模型的次外层原子类型的不同，构建了两种原子堆垛方式的 M₇C₃(0001)/NbC(111) 界面模型，分别如图 2-36 所示。M₇C₃(0001)/NbC(111) 界面电子结构如图 2-37 和图 2-38 所示，界面模型 I 主要靠极性共价/离子键和金属键结合，而界面模型 II 主要靠离子键和金属键结合。通过计算 $M_7C_3(0001)/NbC(111)$ 界面结合功，发现界面以模型 Ⅱ 的方式结合时，界面具有更强的结合强度。通过计算 $M_7C_3(0001)/NbC(111)$ 界面能，发现模型 Ⅱ 的界面能存在低于初生 M_7C_3 型碳化物均匀形核固/液界面能的区域，说明当初生 M_7C_3 型碳化物从合金中析出时，存在优先依附于 NbC 形核的可能性。

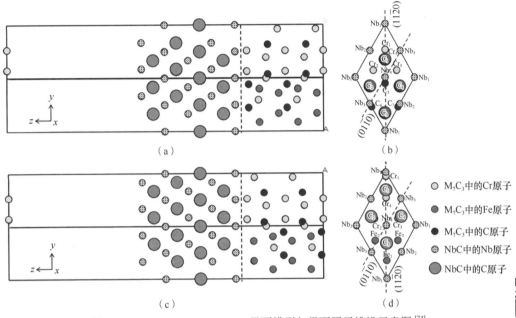

图 2-36　$M_7C_3(0001)/NbC(111)$ 界面模型与界面原子堆垛示意图[74]

（a）界面模型 Ⅰ；（b）界面模型 Ⅰ 的原子堆垛；（c）界面模型 Ⅱ；（d）界面模型 Ⅱ 的原子堆垛

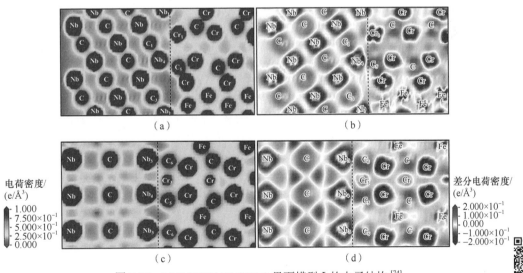

图 2-37　$M_7C_3(0001)/NbC(111)$ 界面模型 Ⅰ 的电子结构[74]

（a）M_7C_3 $(11\bar{2}0)$ 截面上的电荷密度分布图；（b）M_7C_3 $(11\bar{2}0)$ 截面上的差分电荷密度分布图；（c）M_7C_3 $(01\bar{1}0)$ 截面上的电荷密度分布图；（d）M_7C_3 $(01\bar{1}0)$ 截面上的差分电荷密度分布图

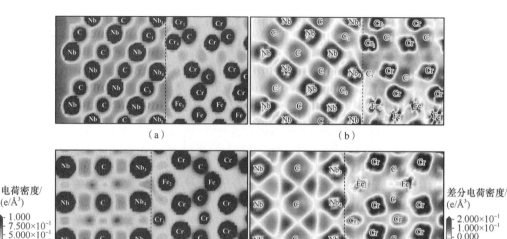

电荷密度/
(e/Å³)

1.000
7.500×10⁻¹
5.000×10⁻¹
2.500×10⁻¹
0.000

差分电荷密度/
(e/Å³)

2.000×10⁻¹
1.000×10⁻¹
0.000
−1.000×10⁻¹
−2.000×10⁻¹

图 2-38　M_7C_3 (0001)/NbC(111) 界面模型 Ⅱ 的电子结构 [74]

（a）M_7C_3 (11$\bar{2}$0) 截面上的电荷密度分布图；（b）M_7C_3 (11$\bar{2}$0) 截面上的差分电荷密度分布图；（c）M_7C_3 (01$\bar{1}$0) 截面上的电荷密度分布图；（d）M_7C_3 (01$\bar{1}$0) 截面上的差分电荷密度分布图

参 考 文 献

[1]　雍岐龙 . 钢铁材料中的第二相 [M]. 北京 : 冶金工业出版社 , 2006.

[2]　王舟，李亦庄，何斌斌，等 . 钢铁材料中第二相颗粒强韧化的研究进展 [J]. 中国材料进展 , 2019, 38(3): 223-230.

[3]　曾小勤，朱庆春，李扬欣，等 . 镁合金中的第二相颗粒强化 [J]. 中国材料进展 , 2019, 38(3): 193-204.

[4]　高一涵，刘刚，孙军 . 铝合金析出强化颗粒的微合金化调控 [J]. 中国材料进展 , 2019, 38(3): 231-240, 250.

[5]　黄陆军，耿林，彭华新 . 钛合金与钛基复合材料第二相强韧化 [J]. 中国材料进展 , 2019, 38(3): 214-222, 250.

[6]　温晓灿，张凡，雷智锋，等 . 高熵合金中的第二相强韧化 [J]. 中国材料进展 , 2019, 38(3): 242-250.

[7]　Chen X Q, Niu H Y, Li D Z, et al. Modeling hardness of polycrystalline materials and bulk metallic glasses[J]. Intermetallics, 2011, 19(9): 1275-1281.

[8]　Tian Y J, Xu B, Zhao Z S. Microscopic theory of hardness and design of novel superhard crystals[J]. International Journal of Refractory Metals and Hard Materials, 2012, 33: 93-106.

[9]　Rao Q H, Sun Z Q, Stephansson O, et al. Shear fracture (Mode Ⅱ) of brittle rock[J]. International Journal of Rock Mechanics and Mining Sciences, 2003, 40(3): 355-375.

[10]　Karma A, Kessler D A, Levine H. Phase-field model of mode Ⅲ dynamic fracture[J]. Physical Review Letters, 2001, 87(4): 045501.

[11]　Shen Y D, Li G D, An Q. Enhanced fracture toughness of boron carbide from microalloying and nanotwinning[J]. Scripta Materialia, 2019, 162: 306-310.

[12]　Niu H Y, Niu S W, Oganov A R. Simple and accurate model of fracture toughness of solids[J]. Journal of Applied Physics, 2019, 125(6): 065105.

[13] Li Y F, Gao Y M, Xiao B, Min T, et al. Theoretical calculations on the adhesion, stability, electronic structure, and bonding of Fe/WC interface[J]. Applied Surface Science, 2011, 257(13): 5671-5678.

[14] Chen L, Li Y F, Peng J, et al. A comparable study of Fe//MCs (M = Ti, V) interfaces by first-principles method: The chemical bonding, work of adhesion and electronic structures[J]. Journal of Physics and Chemistry of Solids, 2020, 138: 109292.

[15] Chen L, Li Y, Xiao B, et al. First-principles calculation on the adhesion strength, fracture mechanism, interfacial bonding of the NiTi(111)//α-Al$_2$O$_3$(0001) interfaces[J]. Materials & Design, 2019, 183: 108119.

[16] Li Y F, Xiao B, Wang G, et al. Revealing the novel fracture mechanism of the interfaces of TiB$_2$/Fe composite from a first principles investigation[J]. Acta Materialia, 2018, 156: 228-244.

[17] Liu Y Z, Jiang Y H, Zhou R, et al. First principles study the stability and mechanical properties of MC (M=Ti, V, Zr, Nb, Hf and Ta) compounds[J]. Journal of Alloys and Compounds, 2014, 582: 500-504.

[18] Yang B, Peng X, Xiang H G, et al. Generalized stacking fault energies and ideal strengths of MC systems (M = Ti, Zr, Hf) doped with Si/Al using first principles calculations[J]. Journal of Alloys and Compounds, 2018, 739: 431-438.

[19] Chen L, Wang Q, Xiong L, et al. Mechanical properties and point defects of MC (M=Ti, Zr) from first-principles calculation[J]. Journal of Alloys and Compounds, 2018, 747: 972-977.

[20] Kong X S, You Y W, Xia J H, et al. First principles study of intrinsic defects in hexagonal tungsten carbide[J]. Journal of Nuclear Materials, 2010, 406(3): 323-329.

[21] Escamilla R, Muñoz H, Antonio J E, et al. Phase transition and mechanical, vibrational, and electronic properties of NbC under pressure[J]. Physica B: Condensed Matter, 2021, 602: 412594.

[22] Jiang S, Shao L, Fan T W, et al. Elastic and thermodynamic properties of high entropy carbide (HfTaZrTi)C and (HfTaZrNb)C from ab initio investigation[J]. Ceramics International, 2020, 46(10, Part A): 15104-15112.

[23] Chong X Y, Jiang Y, Zhou R, et al. Electronic structures mechanical and thermal properties of V-C binary compounds[J]. RSC Advances, 2014, 4(85): 44959-44971.

[24] Liu Y Z, Jiang Y H, Feng J, et al. Elasticity, electronic properties and hardness of MoC investigated by first principles calculations[J]. Physica B: Condensed Matter, 2013, 419: 45-50.

[25] Wang B, Liu Y, Ye J W. Mechanical properties and electronic structures of VC, V$_4$C$_3$ and V$_8$C$_7$ from first principles[J]. Physica Scripta, 2013, 88(1): 015301.

[26] Sun Z Z, Ahuja R, Lowther J E. Mechanical properties of vanadium carbide and a ternary vanadium tungsten carbide[J]. Solid State Communications, 2010, 150(15): 697-700.

[27] Liu H L, Zhu J C, Liu Y, et al. First-principles study on the mechanical properties of vanadium carbides VC and V$_4$C$_3$[J]. Materials Letters, 2008, 62(17): 3084-3086.

[28] Gao X P, Jiang Y H, Liu Y Z, et al. Stability and elastic properties of Nb$_x$C$_y$ compounds[J]. Chinese Physics B, 2014, 23(9): 097704.

[29] Cho K S, Park S S, Kim H K, et al. Precipitation kinetics of M$_2$C carbide in severely ausformed 13Co-8Ni secondary hardening steels[J]. Metallurgical and Materials Transactions A, 2015, 46(4): 1535-1543.

[30] Zhou X F, Fang F, Li G, et al. Morphology and properties of M$_2$C eutectic carbides in AISI M2 steel[J]. ISIJ International, 2010, 50(8): 1151-1157.

[31] Leitner S, Scheiber D, Deng T, et al. Analysis of shape, orientation and interface properties of Mo$_2$C

precipitates in Fe using ab-initio and finite element method calculations[J]. Acta Materialia, 2021, 204: 116478.

[32] Liu H L, Zhu J C, Lai Z H, et al. A first-principles study on structural and electronic properties of Mo_2C[J]. Scripta Materialia, 2009, 60(11): 949-952.

[33] Liu Y Z, Jiang Y H, Zhou R, et al. Elastic and thermodynamic properties of Mo_2C polymorphs from first principles calculations[J]. Ceramics International, 2015, 41(4): 5239-5246.

[34] Wilson A J C. Structure reports[R]. Chester: IUCr, 1952.

[35] Liu Y Z, Jiang Y H, Zhou R, et al. Mechanical properties and chemical bonding characteristics of WC and W_2C compounds[J]. Ceramics International, 2014, 40(2): 2891-2899.

[36] Kurlov A S, Gusev A I. Phase equilibria in the W-C system and tungsten carbides[J]. Russian Chemical Reviews, 2006, 75: 617-636.

[37] Li Y F, Gao Y M, Xiao B, et al. Theoretical study on the stability, elasticity, hardness and electronic structures of W-C binary compounds[J]. Journal of Alloys and Compounds, 2010, 502(1): 28-37.

[38] Guo J, Ai L Q, Wang T, et al. Microstructure evolution and micro-mechanical behavior of secondary carbides at grain boundary in a Fe-Cr-W-Mo-V-C alloy[J]. Materials Science and Engineering: A, 2018, 715: 359-369.

[39] Han Y B, Xue X Y, Zhang T B, et al. Effects of hot compression on carbide precipitation behavior of Ni-20Cr-18W-1Mo superalloy[J]. Transactions of Nonferrous Metals Society of China, 2016, 26(11): 2883-2891.

[40] Jiang L, Zhang W, Xu Z F, et al. M_2C and M_6C carbide precipitation in Ni-Mo-Cr based superalloys containing silicon[J]. Materials & Design, 2016, 112: 300-308.

[41] Xu L J, Song W L, Ma S Q, et al. Effect of slippage rate on frictional wear behaviors of high-speed steel with dual-scale tungsten carbides (M_6C) under high-pressure sliding-rolling condition[J]. Tribology International, 2021, 154: 106719.

[42] Lv Z Q, Wang B, Sun S H, et al. Effect of atomic sites on electronic and mechanical properties of $(Fe,Mo)_6C$ carbides[J]. Journal of Alloys and Compounds, 2015, 649: 1089-1093.

[43] Lv Z Q, Zhou Z, Sun S H, et al. Phase stability, electronic and elastic properties of $Fe_{6-x}W_xC$ (x=0-6) from density functional theory[J]. Materials Chemistry and Physics, 2015, 164: 115-121.

[44] Chong X Y, Guan P W, Hu M, et al. Exploring accurate structure, composition and thermophysical properties of η carbides in 17.90 wt% W-4.15 wt% Cr-1.10 wt% V-0.69 wt% C steel[J]. Scripta Materialia, 2018, 154: 149-153.

[45] Zhou C, Xiao B, Feng J, et al. First principles study on the elastic properties and electronic structures of $(Fe, Cr)_3C$[J]. Computational Materials Science, 2009, 45(4): 986-992.

[46] Garvik N, Carrez P, Cordier P. First-principles study of the ideal strength of Fe_3C cementite[J]. Materials Science and Engineering: A, 2013, 572: 25-29.

[47] Koo B W, Chang Y J, Hong S P, et al. Experimental measurement of Young's modulus from a single crystalline cementite[J]. Scripta Materialia, 2014, 82: 25-28.

[48] Lv Z Q, Zhang F C, Sun S H, et al. First-principles study on the mechanical, electronic and magnetic properties of Fe_3C[J]. Computational Materials Science, 2008, 44(2): 690-694.

[49] Nikolussi M, Shang S L, Gressmann T, et al. Extreme elastic anisotropy of cementite, Fe_3C: First-principles calculations and experimental evidence[J]. Scripta Materialia, 2008, 59(8): 814-817.

[50] Razumovskiy V I, Ghosh G. A first-principles study of cementite (Fe$_3$C) and its alloyed counterparts: Structural properties, stability, and electronic structure[J]. Computational Materials Science, 2015, 110: 169-181.

[51] Chong X Y, Jiang Y H, Zhou R, et al. First principles study the stability, mechanical and electronic properties of manganese carbides[J]. Computational Materials Science, 2014, 87: 19-25.

[52] Gong X G, Cui C, Yu Q, et al. First-principles study of phase stability and temperature-dependent mechanical properties of (Cr, M)$_{23}$C$_6$ (M = Fe, Mo) phases[J]. Journal of Alloys and Compounds, 2020, 824: 153948.

[53] Xu Z F, Ding Z M, Dong L, et al. Characterization of M$_{23}$C$_6$ carbides precipitating at grain boundaries in 100Mn13 steel[J]. Metallurgical and Materials Transactions A, 2016, 47(10): 4862-4868.

[54] Medvedeva N I, van Aken D C, Medvedeva J E. Stability of binary and ternary M$_{23}$C$_6$ carbides from first principles[J]. Computational Materials Science, 2015, 96: 159-164.

[55] Fang C M, van Huis M A, Sluiter M H F, et al. Stability, structure and electronic properties of γ-Fe$_{23}$C$_6$ from first-principles theory[J]. Acta Materialia, 2010, 58(8): 2968-2977.

[56] Liu Y Z, Jiang Y H, Xing J D, et al. Mechanical properties and electronic structures of M$_{23}$C$_6$ (M=Fe, Cr, Mn)-type multicomponent carbides[J]. Journal of Alloys and Compounds, 2015, 648: 874-880.

[57] Liu Y Z, Jiang Y H, Zhou R, et al. First-principles calculations of the mechanical and electronic properties of Fe-W-C ternary compounds[J]. Computational Materials Science, 2014, 82: 26-32.

[58] Han J J, Wang C P, Liu X, et al. First-principles calculation of structural, mechanical, magnetic and thermodynamic properties for γ-M$_{23}$C$_6$(M = Fe, Cr) compounds[J]. Journal of Physics: Condensed Matter, 2012, 24(50): 505503.

[59] Chong X Y, Hu M, Wu P, et al. Tailoring the anisotropic mechanical properties of hexagonal M$_7$X$_3$ (M=Fe, Cr, W, Mo; X=C, B) by multialloying[J]. Acta Materialia, 2019, 169: 193-208.

[60] Chen C Y, Yen H W, Kao F H, et al. Precipitation hardening of high-strength low-alloy steels by nanometer-sized carbides[J]. Materials Science and Engineering: A, 2009, 499(1): 162-166.

[61] Xu L J, Wei S Z, Xiao F, et al. Effects of carbides on abrasive wear properties and failure behaviours of high speed steels with different alloy element content[J]. Wear, 2017, 376-377: 968-974.

[62] Huang L, Deng X T, Wang Q, et al. Solidification and sliding wear behavior of low-alloy abrasion-resistant steel reinforced with TiC particles[J]. Wear, 2020, 458-459: 203444.

[63] Huang L, Deng X, Li C, et al. Effect of TiC particles on three-body abrasive wear behaviour of low alloy abrasion-resistant steel[J]. Wear, 2019, 434-435: 202971.

[64] Jung W S, Chung S H. Ab initio calculation of interfacial energies between transition metal carbides and fcc iron[J]. Modelling and Simulation in Materials Science and Engineering, 2010, 18(7): 075008.

[65] Lee J, Shishidou T, Zhao Y, et al. Strong interface adhesion in Fe/TiC[J]. Philosophical Magazine, 2005, 85(31): 3683-3697.

[66] Dudiy S V, Lundqvist B I. First-principles density-functional study of metal-carbonitride interface adhesion: Co/TiC(001) and Co/TiN(001)[J]. Physical Review B, 2001, 64(4): 045403.

[67] Xiong H H, Zhang H H, Zhang H N, et al. Effects of alloying elements X (X=Zr, V, Cr, Mn, Mo, W, Nb, Y) on ferrite/TiC heterogeneous nucleation interface: First-principles study[J]. Journal of Iron and Steel Research, International, 2017, 24(3): 328-334.

[68] Kar'kina L E, Kabanova I G, Kar'kin I N. Strain transfer across the ferrite/cementite interface in carbon

steels with coarse lamellar pearlite[J]. Physics of Metals and Metallography, 2018, 119(11): 1114-1119.

[69] An F C, Wang J J, Zhao S X, et al. Tailoring cementite precipitation and mechanical properties of quenched and tempered steel by nickel partitioning between cementite and ferrite[J]. Materials Science and Engineering: A, 2021, 802: 140686.

[70] Kim J, Kang K, Ryu S. Characterization of the misfit dislocations at the ferrite/cementite interface in pearlitic steel: An atomistic simulation study[J]. International Journal of Plasticity, 2016, 83: 302-312.

[71] Xu Z M, Liang G F, Guan Q F, et al. TiC as heterogeneous nuclei of the (Fe, Mn)$_3$C and austenite intergrowth eutectic in austenite steel matrix wear resistant composite[J]. Materials Research Bulletin, 2004, 39(3): 457-463.

[72] Yang P H, Fu H G, Guo X Y, et al. Mechanism of NbC as heterogeneous nucleus of M$_3$C in CADI: First principle calculation and experiment research[J]. Journal of Materials Research and Technology, 2020, 9(3): 3109-3120.

[73] Zhao X B, Zhuo Y G, Liu S, et al. Investigation on WC/TiC interface relationship in wear-resistant coating by first-principles[J]. Surface and Coatings Technology, 2016, 305: 200-207.

[74] Liu S, Wang Z J, Shi Z J, et al. Experiments and calculations on refining mechanism of NbC on primary M$_7$C$_3$ carbide in hypereutectic Fe-Cr-C alloy[J]. Journal of Alloys and Compounds, 2017, 713: 108-118.

第3章
硬质相增强型耐磨材料制备技术

硬质相增强型耐磨材料是一类具有优异耐磨性能的材料的总称。它通常由两个主要部分构成：基体材料和硬质相。基体材料具有良好的韧性和强度，而硬质相则具有较高的硬度和耐磨性。这类材料的耐磨性能得益于硬质相的存在。硬质相通常是由硬质颗粒或纤维组成的，一般包括氧化物（如 Al_2O_3、ZrO_2）、碳化物（如 TiC、WC、VC、SiC）、氮化物（如 Si_3N_4、BN）、硼化物（如 TiB_2）、金刚石、碳纤维和 SiC 纤维等[1-12]。这些硬质相的硬度远远超过基体材料，在一些需要抵抗摩擦、磨损和切削等的情况下能够提供有效的保护和增强材料性能，使材料保持较好的力学性能。硬质相增强型耐磨材料一般需在基体材料中引入硬质相，常用于制造耐磨零件，在汽车、航空航天、采矿和机械加工等需要高耐磨性的行业中发挥至关重要的作用，其优点包括耐磨损、抗摩擦、延长使用寿命和减少维护成本。此外，这类材料还常用于特殊环境下，如高温、高速和腐蚀环境下的耐磨应用。

硬质相增强型耐磨材料是通过将硬质相粒子嵌入基体材料中以提高材料的硬度和耐磨性能。这种材料的制备技术主要分为原位合成法和外界加入法两类。其中，原位合成法一方面可在熔池反应中得到高热力学稳定性的陶瓷硬质相；另一方面，也可在一定程度上强化合金组织，但由于熔池高温停留时间短，某些高熔点硬质相生成效率较低。外界加入法是指在材料制备过程中添加硬质相颗粒或其他改性材料，可有效解决硬质相生成效率低的问题，但也需注意硬质相溶解烧损、硬质相与基体界面稳定性差等现象。

目前，按制备方式的不同可分为粉末冶金技术、铸造技术、熔融渗透技术、表面改性技术及其他先进技术。这些制备技术可以根据所需耐磨材料的性能要求和应用领域的不同，灵活选择和组合。此外，制备硬质相增强型耐磨材料的关键是确保硬质相与基体材料之间的良好结合，以确保材料的整体性能和耐磨性。通过了解其生产中采用的不同方法，可以深入了解所涉及的复杂过程，并欣赏这些材料在各种应用中的重要性。

3.1 粉末冶金技术

粉末冶金（powder metallurgy）是最常用的制备硬质相增强型耐磨材料的方法。首先混合和压制含有硬质相（如 WC、TiC）的粉末和金属粉末的原料，然后经过高温烧结，使硬质相和金属基体形成良好的冶金结合，最后进行热处理和润滑等后续工艺，制得耐磨材料。

粉末冶金技术的工艺流程如图 3-1 所示，主要步骤如下。

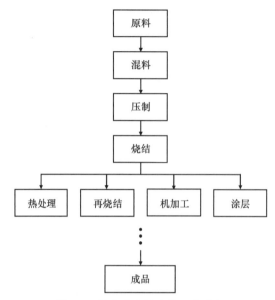

图 3-1　粉末冶金技术的工艺流程

（1）材料选择。选择合适的粉末原料，通常包括金属粉末和硬质相（如碳化物、氧化物、硼化物等）。金属粉末作为基体材料提供强度和韧性，硬质相则主要提供耐磨性能。

（2）粉末混合。通过机械混合设备（如球磨机或搅拌器）将金属粉末和硬质相粉末充分混合均匀。

（3）压制。将前面混合均匀的粉末放入模具中，并在高压下进行压制。常用的压制方法包括等静压和注射成型等。通过压制过程可以形成具有预定形状的坯体。

（4）烧结。将压制好的坯体置于高温下进行烧结。在烧结过程中，金属粉末颗粒之间会发生扩散、熔融和固相反应等过程实现相互结合，最终形成致密的结构。

（5）后处理。根据具体需求，可以对烧结好的材料进行进一步处理和加工，如热处理、再烧结、机械加工和涂层等。这些步骤有助于进一步优化材料的组织、尺寸精度和耐磨性。

3.1.1　粉末的制备和选择

粉末冶金制备硬质相增强型金属耐磨材料的成功与否，往往取决于粉末的制备和选择。粉末的制备可以通过多种方法进行，常见的方法包括机械合金化、化学合成、原子化、电化学沉积等。

机械合金化是一种常用的方法，它通过高能球磨等机械力作用，使材料在研磨球的撞击和摩擦下逐渐破碎成粉末，并将金属粉末与硬质相粉末进行混合和合金化，得到具有均匀成分和细小晶粒的粉末。化学合成法是通过化学反应合成所需的金属和硬质相粉末，可以控制粉末的成分和形貌，获得所需的纯度和颗粒尺寸。这种方法可以制备出具有特定结构和性能的粉末，有助于提高材料的耐磨性和耐腐蚀性。原子化法是通过熔融金属或合金喷雾冷却，使之快速凝固形成粉末颗粒。原子化法可分为水原子化、气体原子化和机械原子化等多种形式。该方法适用于制备金属和合金粉末，具有颗粒细小、形状均匀和成分均匀等特点。电化学法是利用电解反应在电极表面形成沉积物，然后通过分离和干燥制备粉末。该方法的可控性较高，且可以实现复杂形状和纳米颗粒的制备。

在粉末的选择方面，需要考虑耐磨材料的性能和应用需求。金属基体通常选择具有良好可塑性和韧性的金属，如铁、铜、镍等。硬质相粉末的选择则依赖于所需的特定性能，如硬度、耐磨性等。此外，还要考虑金属基体和硬质相的特性，如金属和硬质相之间的相容性及互相作用。相容性指的是金属基体和硬质相之间的化学及物理相容性，以确保它们能够良好地结合在一起。互相作用是指金属基体和硬质相之间的相互影响，如界面结合强度、相互扩散等。选择合适的粉末组合可以优化材料的性能，并确保其具有良好的耐磨性。同时，粉末的纯度、颗粒尺寸和分布也是重要的考虑因素。纯度越高，越有助于避免杂质对材料性能的影响；较小的颗粒尺寸可以提供更大的比表面积，有利于增强金属基体和硬质相之间的结合；均匀的颗粒分布可以确保材料的均匀性和一致性，提高材料的致密性和强度。

总之，粉末的制备和选择对于制备硬质相增强型金属耐磨材料至关重要。通过选择合适的粉末制备方法和粉末组合，可以获得具有优异耐磨性能的材料，满足不同应用领域的需求。

3.1.2　金属基体与硬质相粉末的混合

金属基体与硬质相粉末的混合技术是制备硬质相增强型金属材料的重要步骤。混合的目的是使金属基体粉末和硬质相粉末均匀分布，并形成一个均匀的混合物，可采用干法混合或湿法混合两种方法。

干法混合是一种简便常用的混合技术，即将金属基体粉末与硬质相粉末放入球磨罐中进行混合，通过高能球磨使两种粉末均匀混合。干法混合过程中，要注意控制球磨时间和球磨罐中球磨球的种类和数量，以确保混合均匀。

湿法混合是在球磨罐中加入一定量的溶剂，如乙醇或水，将金属基体粉末和硬质相粉末悬浮在溶剂中进行混合。湿法混合能够更好地实现粉末的分散和均匀混合，可得到更细致的混合粉末。混合后通过蒸发或离心等方法得到干燥的混合粉末。

在金属基体与硬质相粉末的混合过程中，还需要注意一些优化工艺参数以获得理想的混合效果，如球磨时间、混合比例、球磨介质和球磨速度等参数的调整，能够影响粉末的分散和均匀性。此外，混合过程中应注意防止杂质的混入，保证混合粉末的质量和成分一致性。

3.1.3　混料的压制和成型

混料的压制和成型是粉末冶金工艺中的关键步骤，用于将混合粉末转化为所需的形状和尺寸的零部件或工件。在混料的压制和成型过程中，需要注意选择合适的方法和工艺参数以确保材料的致密性、均匀性和形状的准确性。

首先，压制是将混合好的粉末均匀分布在模具内，并施加一定的压力使其发生塑性变形和结合、形成所需形状的过程。这一步骤的目的是使粉末颗粒之间产生接触，使其黏结在一起，形成一定的机械强度。压制过程中，需要控制压力、压制速度和保持时间等参数，以确保坯体的致密性和一致性。压制方法可以采用冷压、热压或等静压成型等技术，具体选择取决于材料的性质和形状要求。冷压成型是在室温下进行的，主要适用于较脆或难于加热的材料。通过施加一定的压力，将粉末均匀地填充在模具中，并使其形成所需形状。冷压成型后的坯体强度较低，通常需要进行烧结等后续处理以提高其力学性能。热压成型则是在高温下进行的压制方法。在给定的温度和压力下，粉末会发生热塑变形或产生烧结作用，从而使粉末颗粒之间形成更强的结合力。这种方法适用于需要高强度和高致密性的工件制备。等静压成型是通过在粉末中施加连续的、均匀的压力，使其形成所需形状的方法。这种方法不需要模具，可以用于制备复杂的工件。粉末在充满压力时会发生塑性变形，形成坯体。

在完成了混料的压制后，接下来是成型的过程，即将压制好的混合粉末坯料转化为所需形状和尺寸的工件。常用的成型方法包括烧结、粉末注射成型和挤压等。

烧结：通过烧结过程，在一定的温度和时间下，让粉末结合并形成致密的工件。烧结过程中粉末颗粒会发生热塑变形和扩散，使颗粒之间形成更强的结合。

粉末注射成型：这种方法将混合粉末与黏结剂混合，并通过注射成型机将混合物注射到模具中，在高温下烘干或固化，形成所需形状的工件。

挤压：使混合粉末通过模具中的孔道或流道，形成所需形状的工件。这种方法通常适用于形状规则、截面连续的工件制备。

混料的压制和成型过程对于最终产品的性能和质量具有重要影响。合理选择压制和成型方法，优化工艺参数，可以获得良好的致密性、较高的强度和合适的形状，提高金属基体与硬质相材料的耐磨性能和使用寿命。

3.1.4　烧结致密化过程

烧结致密化过程是将经过预压制和初级烧结处理的材料进行再烧结，以进一步提高材料的致密度和强度。

首先在烧结前需要对预压制和初级烧结处理的材料进行精细加工，以形成精确的形状和尺寸。这样可以确保在烧结过程中材料能够均匀地收缩和形成致密的结构。在烧结过程中，主要涉及温度和加压两个因素。温度通常设置在材料的熔点附近或略低于熔点，以便烧结开始时能够有足够的颗粒扩散和表面扩散。通过加压，材料中的粉末颗粒之间的接触面积增大，颗粒间的结合力增强，从而形成更致密的结构。烧结过程中主要存在两种机制：一种是固相烧结，即在高温下，粉末颗粒表面扩散形成固相颗粒之间的结合。这种机制主要取决于粉末颗粒的表面能和扩散速率。另一种是液相烧结，即在烧结过程中，添加的液相助剂在高温下熔化并填充粉末颗粒间的间隙。液相烧结可以填充和弥补粉末颗粒之间的空隙，从而增大颗粒间的接触面积和增强结合力。

在烧结过程中，需要对温度、压力、时间和气氛等进行合理控制。烧结温度的选择取决于材料的组成和烧结活化能。较高的烧结温度可以促进金属粉末和硬质相粉末的扩散和结合，从而提高材料的致密性和强度，但过高的烧结温度可能导致材料的晶粒长大过快，影响材料的细晶化效果；而温度过低则会限制颗粒扩散和结合。烧结压力的选择需要考虑材料的性质和形状要求。过高的压力可能导致材料的变形或开裂；适当的压力可以促进金属粉末和硬质相粉末的结合，提高材料的致密性和强度。保持时间也是确保烧结过程中颗粒间结合力的重要因素。此外，还需要考虑气氛的控制。气氛可以影响材料的烧结过程和性能。常用的气氛有氢气、氮气和真空等。氢气可以减少氧化反应，防止材料表面的氧化层形成，有利于保持材料的纯净性。氮气可以提供惰性气氛，防止材料的氧化和脱气。真空条件下可以消除气体的干扰，提供更纯净的烧结环境。选择合适的气氛可以有效控制材料的化学反应和气体残留，从而影响材料的致密化和性能。

通过合理控制烧结参数，优化烧结工艺，可以实现材料的致密化和烧结颗粒间的强结合，从而提高材料的耐磨性能和使用寿命。

3.1.5　后处理

后处理是指在材料制备过程中进行的一系列工艺步骤，以进一步提高材料的性能、质量和使用寿命，提高其耐磨性能和应用价值。下面将详细介绍几种常见的后处理方法。

结晶化处理：通过二次烧结或等温处理，使材料的晶体尺寸增大并形成更强的晶界结合，从而提高材料的抗弯强度、耐磨性能和疲劳寿命。结晶化处理方法可以根据不同的材料和需要进行选择，常见的有再烧结、等温热处理等。

精密加工：指对制备好的耐磨材料进行机械加工过程，以达到所需的形状和尺寸，可以包括铣削、车削、磨削等工艺，通过精密加工可以使材料的表面更加平整、光滑，并确保工件的尺寸符合规格要求。

表面涂层/镀层：为了进一步提升硬质相增强型金属耐磨材料的耐磨性能和耐腐蚀性能，可以在材料表面进行涂层或镀层的处理。常见的涂层/镀层材料包括陶瓷涂层、金属涂层等，这些涂层/镀层可以有效地改善材料的表面硬度、润滑性和耐腐蚀性。

热处理：通过对耐磨材料进行加热和冷却处理，以调整材料的组织结构和性能。常见的热处理方法包括退火、淬火和回火等。热处理可以改善材料的硬度、强度和韧性，并提高其耐磨性能和使用寿命。

表面处理：为了改善硬质相增强型金属耐磨材料的表面性能和外观，常常进行表面处理。这可以包括抛光、喷砂、酸洗等工艺，以消除表面缺陷、提升表面光洁度和美观度。

这些方法可以根据具体情况选择和组合，以满足不同材料和应用的需求。

3.1.6　粉末冶金技术的优缺点

粉末冶金技术是一种可靠且成熟的技术，具有以下几个优点。

（1）材料成分可控性高：粉末冶金法可以通过粉末混合和合成的方式，精确地控制材料的成分和配比。这意味着可以根据需要选择最佳的基体材料和硬质相材料，以获得所需的性能。

（2）易于制备复杂形状和结构：粉末冶金法可以通过压制、挤压、烧结等工艺，将粉末材料制成各种形状和结构复杂的零件。这使得粉末冶金法非常适合制备具有复杂几何形状的耐磨材料，如齿轮、轴承等。

（3）能够获得均匀的显微组织：在粉末冶金过程中，经过高温和高压的烧结过程，粉末颗粒之间发生扩散和结合，由此可以获得相对均匀的显微组织。这种均匀的显微组织有利于提高材料的硬度、强度和耐磨性能。

（4）可以利用废料和再利用粉末：在粉末冶金过程中，可以利用废料和再利用粉末来制备耐磨材料。这不仅能够减少废料的处理步骤和处理成本，还有利于节约资源和保护环境。

（5）生产效率高：粉末冶金法具有批量生产的能力，可以一次性制备大量相同或类似的耐磨材料。这可以提高生产效率，降低生产成本，并满足大规模生产的需求。

然而，该技术也存在一些缺点，例如：①制备过程复杂，包括粉末制备、混合、成型、烧结等多个步骤。这些步骤需要在严格的条件下进行控制，需要较高的工艺技术和设备支持。②设备和工艺成本高。粉末冶金法需要特殊的设备和工艺控制，包括粉末制备设备、成型模具、高温烧结炉等。这些设备和工艺的成本相对较高，对于小型生产和个别定制需求不太适用。③烧结过程易产生缺陷。在烧结过程中，由于高温和压力的作用，容易产生气孔、裂纹等缺陷，影响材料的致密性和性能。

3.2　铸造技术

铸造技术（casting）是制备硬质相增强型金属耐磨材料的一种成本低、生产效率高的常用方法，可以实现材料的快速制备和大规模生产。该技术是将金属和硬质相熔化后混合，通过凝固和热处理等工艺步骤制备硬质相增强型耐磨材料。一般包括模铸法、砂型铸造法和熔模铸造法，可以根据具体要求和应用场景进行选择。

模铸法是一种常见的金属铸造技术，适用于制备复杂形状和高精度要求的金属耐磨件。该方法通过制作金属模具，将熔融金属注入模具中，待冷却固化后获得所需形状的铸件。在模具设计过程中，需要考虑金属流动性、收缩率等因素，以确保获得高质量的铸件。模铸法可以制备各种形状的耐磨件，包括球磨机磨球、齿轮等。

砂型铸造法是一种简单而广泛应用的铸造技术。该方法以砂型作为铸造模具，将熔融金属注入砂型中，然后冷却固化成型。砂型铸造法可以制备各种形状和尺寸的金属耐磨件，具有成本低、工艺简单等优点。然而，砂型铸造法的产品精度和表面质量可能相对较低，适用于一些对精度要求不高的场合。

熔模铸造法是一种利用熔模作为铸造模具的高精度铸造技术。该方法通过制作熔模，先将熔融金属注入熔模中，待冷却固化后获得所需形状的铸件。熔模铸造法可以制备出精度高、表面质量优良的金属耐磨件，广泛应用于航空、航天等领域。

铸造技术的大致步骤有：①材料选择。②材料预处理。将金属基体和硬质相材料预处理，包括研磨、筛网、烘干等步骤，以获得均匀的粒度分布并去除杂质。③高温熔融。将预处理好的金属基体和硬质相材料放入高温熔炉中进行熔融。这可以通过电弧炉、感应炉、电阻炉等进行，以达到合金成分的熔融和混合。④浇注成型。将熔融的合金倒入模具中进行浇注成型。模具可以是砂型、金属型或陶瓷型等，根据需要选择合适的模具材料和形式。⑤冷却固化。待合金充分冷却后，在模具中进行固化，形成预定的形状和结构。固化过程中，金属基体和硬质相会相互结合形成均匀的组织。⑥后处理。根据需要，还可以对制得的耐磨材料进行后续热处理、热处理或机械加工等，以进一步调整材料的性能和形状。

3.2.1　铸件材料的选择

首先要选择满足耐磨要求的金属基体材料以及硬质相材料，需要考虑具体的应用场景和要求，如耐磨性能、抗冲击性能、耐腐蚀性能等，还需要考虑成本、加工性能和可靠性等因素。常用的金属基体材料包括钢、铁、镍合金等，而硬质相材料则常用碳化物、氧化物、硼化物等。硬质相材料的选择应考虑其硬度、耐磨性和化学稳定性等因素。

3.2.2　铸造模具的准备

根据所需铸件的形状、尺寸和精度要求，进行模具的设计。需要考虑铸造过程中的收缩、冷却和浇注等因素，以确保最终铸件的质量和尺寸精度。模具可以是金属型、砂型或熔模等。

模具材料需要具有足够的强度和耐磨性，以承受铸造过程中的压力和磨损。选择适合的模具材料，常用的模具材料包括铸铁、钢等。然后根据模具设计图纸，进行模具的制造。模具制造包括模具芯和模具壳的制作。模具芯是用于形成铸件内部空腔的部分，而模具壳则是用于包裹模具芯和形成铸件外形的部分。对于金属型模具，可以采用铜、铁等金属材料制成。对于砂型模具，根据具体要求选择合适的砂型材料，如石英砂、石膏砂等。对于熔模模具，可以采用硅胶、水玻璃等材料制作。

对制造好的模具进行加工，需要保证模具的尺寸精度和表面光洁度，以确保最终铸件的质量，包括铣削、钻孔、磨削等工艺。对于金属型模具，需要进行数控加工或手工加工，以制作出精确的模具形状。对于砂型模具，需要进行模具芯盒、外壳和芯子的制作和组装。对于熔模模具，需要进行熔模刻蚀、烧结等工艺步骤。

将加工好的模具芯和模具壳进行组装，确保模具的完整性和密封性。对于金属型模具，需要进行焊接或紧固装配。对于砂型模具，需要将芯盒和外壳进行合理组装和固定。对于熔模模具，需要进行合适的砂芯安装和固定。

完成模具装配后，进行模具调试。包括检查模具的尺寸和形状是否符合要求，以及模具的开合和冷却系统是否正常工作。模具调试是确保铸造过程顺利进行的重要环节。在进行铸造之前，需要在模具表面涂抹涂料或涂抹剂，以防止铸件与模具之间的粘连和砂浆渗漏。

模具的准备对于最终铸件的质量和尺寸精度具有重要影响，因此需要严格控制每个环节的质量和工艺要求。

3.2.3　熔炼和浇注

通过电炉、电弧炉、感应炉等设备将金属基体加热到合适的熔点温度，使其变为液态。熔炼过程中需要控制熔炉的温度、时间和熔炼环境，以确保材料的均匀性和纯度。一旦金属熔化，将熔融金属迅速倒入预先准备好的模具中，即进行浇注。浇注时需要控制好浇注温度、浇注速度和浇注方式，以确保熔融金属能够充分填充模具，避免气孔和缺陷的产生。

硬质相的添加方法通常有两种：①预热浸渍法。将金属基体预先加热，然后将硬质相加入预热的金属基体中进行浸渍，以使硬质相均匀分布在金属基体中。②合金冶炼法。将金属基体和硬质相一起放入熔炉中进行合金化冶炼，使硬质相均匀分散在金属基体中。添加硬质相时需要控制好硬质相的质量分数、粒度和分布，以及温度和时间等冶炼参数，以确保硬质相能够有效增强金属的耐磨性能。

3.2.4　凝固和冷却

凝固和冷却过程是铸造过程中非常关键的一步，它直接影响最终铸件的组织结构和性能。当熔融金属注入模具后，由于与模具接触面的冷却，熔体开始凝固。凝固通常是从模具壁面开始，然后逐渐向内部传导。在凝固过程中，金属内部的温度逐渐下降，并且随着凝固前沿逐渐向内部移动，形成固体金属的结构。在凝固过程中，熔体中的金属原子逐渐排列和组合，形成晶体结构。晶体的生长通过凝固前沿的移动来实现，凝固速度和温度梯度的变化会影响晶体的尺寸和形貌。当整个铸件达到完全凝固的温度时，凝固过程结束。此时，铸件已经形成具有固态金属结构的固体。硬质相增强型金属耐磨材料的凝固方式通常为固液共晶凝固或固溶体凝固。固液共晶凝固是指在凝固过程中金属基体和硬质相同时凝固，形成共晶结构。固溶体凝固是指金属基体先凝固，硬质相在后续热处理过程中形成。

在铸件凝固之后，需要进行适当的冷却过程。冷却过程主要通过将铸件从模具中取出，并进行环境冷却或通过控制加热系统实现。冷却的目的是使固态金属逐渐达到室温，并保持其结构的稳定性。冷却过程需要控制冷却速度，以避免铸件产生内部应力和缺陷。通常采用自然冷却或辅助冷却的方式进行铸件的冷却。自然冷却是指将铸件放置在室温环境中，通过传导、对流和辐射等方式将热量逐渐散发出去。自然冷却的速度相对较慢，可以使铸件内部的温度均匀降低，有利于减少内部应力和缺陷的产生。辅助冷却是指通过外部手段加速铸件的冷却速度。常用的辅助冷却方法包括水冷、气冷和盐浴冷却等。水冷是将铸件浸入冷却水中，利用水的高热传导性能加速铸件的冷却。气冷是通过将冷却气体（如氮气）吹扫在铸件表面，利用气体的冷却效果加速铸件的冷却。盐浴冷却是将铸件浸入高温盐浴中，利用盐浴的高热传导性能和高温度加速铸件的冷却。

在凝固和冷却过程中，需要注意以下几点：①控制凝固速度。凝固速度的控制可以通过合适的模具设计和浇注工艺来实现，以避免产生缺陷和组织结构不均匀。②确保均匀冷却。确保铸件在冷却过程中能够均匀受热和冷却，以避免产生应力集中和变形。③预防热裂纹和缩松。通过进行合适的合金设计，选用合适的冷却介质和控制冷却速度，可以降低热裂纹和缩松的风险。

3.2.5　热处理和精加工

在凝固和冷却后，通常需要进行热处理和精加工，与粉末冶金技术相似，以进一步改善材料的性能和尺寸精度。

对于硬质相增强型金属耐磨材料，常用的热处理方法包括固溶处理和时效处理。固溶处理是将铸件加热到一定温度，使硬质相溶解于金属基体中，形成均匀的固溶体。通过固溶处理，可以提高材料的硬度、强度和耐磨性。时效处理是在固溶处理后，将铸件进行适当的冷却和时效保持，以使硬质相重新析出并形成细小的弥散相。时效处理可以进一步提高材料的硬度、强度和耐磨性，同时改善材料的韧性和抗疲劳性能。

精加工是指对铸件进行进一步的加工和修整，以达到最终的尺寸精度和表面质量，满足最终产品的使用要求。精加工的具体步骤和方法根据铸件的形状和要求而有所不同。

3.2.6　铸造技术的优缺点

铸造技术也是制备硬质相增强型金属耐磨材料的一种常用技术，具有以下几个优点。

（1）生产效率高：铸造技术可以批量生产相同或相似的铸件，提高生产效率和产量，适用于大规模生产的需求。

（2）成本较低：与其他制造工艺相比，铸造技术的成本较低，可以降低材料和生产成本，而且铸造过程中可以利用废料回收再利用，减少材料浪费。

（3）材料形态多样：铸造技术可以适用于各种金属和非金属材料，而且可以生产出各种复杂形状的铸件，满足不同产品设计的需求。

（4）可塑性好：铸造过程中的金属材料易于加工和塑性变形，可以通过金属液态流动的特性，填充各种复杂的模具形状。

但是，铸造技术也存在一些缺点，例如：①铸造过程中，金属在冷却凝固过程中容易产生固态相的不均匀分布，导致材料的组织不稳定。②金属铸造过程中容易产生气孔、夹杂物等缺陷，以及由冷却引起的残余应力，可能影响材料的性能。③尺寸精度有限，难以获得高精度的铸件尺寸和形状。

3.3　熔融渗透技术

熔融渗透（melt infiltration）是一种将硬质相材料渗透到金属基体中的方法，通过熔融状态下金属和硬质相之间的相互作用，实现两者的结合。

熔融渗透过程是指在高温下，将硬质相材料加热至熔点，使其转化为液态，并将其注入金属基体中。在渗透过程中，熔融的硬质相材料会填充金属基体的空隙和孔隙，与金属基体发生相互作用，形成复合材料的结构。金属基体和硬质相之间发生的相互作用主要包括湿润性、扩散和化学反应等。湿润性是指熔融的硬质相材料与金属基体之间的表面张力和界面能的关系，决定了两者之间的结合程度。扩散是指金属和硬质相材料之间的原子迁移，使两者之间的界面形成固态扩散层，增强结合强度。化学反应是指金属基体和硬质相材料之间的化学反应，形成化合物或固溶体，进一步增强结合强度。

熔融渗透技术主要是利用金属基体和硬质相的熔点差异、比例差异和元素相容原理。硬质相与金属基体的熔点具有较大差异，通过控制温度和时间，在高温条件下使硬质相材料熔化并渗透入金属基体中，两者的含量存在一定的差异。在熔融时，通过金属基体的热对流效应和协同效应，使硬质相材料浸润并渗透到金属基体的空隙中，增强金属材料的耐磨性。此外，硬质相与金属基体的元素具有一定的亲和性，在熔融渗透过程中，硬质相材料能够与金属基体元素相互作用，形成一个稳定的界面结合，从而提高耐磨性能。

该技术的实施步骤主要包括预处理、渗透、凝固和冷却、后处理等。

3.3.1　预处理

在进行熔融渗透前，通常需要进行一些预处理以提高金属基体和硬质相之间的结合强度及界面质量，确保材料的质量和工艺实施的成功。其步骤包括：①清洗金属基体表面。首先需要彻底清洗金属基体的表面，以去除表面的油脂、污垢和氧化物等杂质。常用的清洗方法包括溶剂清洗、碱洗和酸洗等。清洗后，应用清水冲洗干净，并确保表面完全干燥。②去除氧化物和杂质。金属基体表面可能存在氧化物和其他杂质，这些杂质会影响金属基体与硬质相材料的结合。可以使用机械方法（如打磨、抛光）或化学方法（如酸洗）去除氧化物和杂质，确保金属基体表面光洁，无氧化物和杂质。③提高金属表面的粗糙度。金属基体表面的粗糙度对于硬质相材料的渗透和结合至关重要。通过机械方法（如研磨、喷砂）或化学方法可以提高金属表面的粗糙度。适当的粗糙度可以增加金属基体与硬质相材料之间的接触面积，提高结合强度。④表面活化处理。为了进一步提高金属基体与硬质相材料的结合强度，可以进行表面活化处理。表面活化处理可以通过化学方法（如酸洗、电解处理）或物理方法（如喷砂、激光处理）实现。活化处理可以增加金属表面的粗糙度和表面能，提高与硬质相材料的湿润性和结合力。⑤防止再氧化。在预处理完成后，金属基体表面容易再次氧化。为了防止再氧化，可以采取措施如涂覆保护剂、进行气氛控制或在真空环境中进行处理，确保金属基体表面在渗透过程中不再发生氧化。⑥预热。将金属基体和硬质相材料分别加热至其熔点，加热的温度应根据具体材料的熔点和熔化性能进行控制，以确保材料能够达到熔融状态。预处理过程可为熔融渗透技术的顺利实施奠定基础。

3.3.2　渗透

渗透是熔融渗透技术中最关键的步骤。它是指通过重力、压力或其他力的作用将熔融的硬质相材料充分渗透到预热的金属基体的孔隙中，形成复合材料的结构。渗透可以通过多种方法实现，如浸渍法、浇注法、喷涂法等，其过程涉及熔融材料的流动、扩散和结合等多个物理和化学过程。下面将详细介绍熔融渗透技术中硬质相材料的渗透过程。

（1）熔融材料的流动：在渗透过程中，熔融的硬质相材料会在金属基体中流动。这是因为熔融材料具有较低的黏度和表面张力，能够在金属基体中自由流动。熔融材料的流动性能对于渗透的均匀性和完整性至关重要。

（2）熔融材料的扩散：在流动的过程中，熔融的硬质相材料会通过扩散作用与金属基体中的原子进行相互作用。扩散是指原子在固体中的自由移动，通过原子间的相互作用和能量差异来实现。在渗透过程中，熔融材料中的原子会扩散到金属基体中，与金属基体中的原子进行交换和结合。

（3）熔融材料与金属基体的结合：在渗透过程中，熔融的硬质相材料与金属基体中的原子发生结合。这种结合可以通过化学反应、金属间相互作用、晶格匹配等方式实现。结合的强度和质量对于最终复合材料的性能和耐磨性能具有重要影响。

在渗透过程中，需要控制温度、时间和渗透压力等参数，以确保硬质相材料能够均匀、充分地渗透到金属基体中，并与金属基体形成良好的结合。渗透时间和温度的选择取决于材料的性质和要求，一般需要进行试验和测试来确定最佳的渗透条件。均匀的渗透可以确保复合材料的性能和耐磨性能的一致性。为了实现渗透的均匀性，可以采取适当的搅拌、振动或其他方法来促进熔融材料的均匀分布。

3.3.3　凝固和冷却

在完成渗透过程后，金属基体和硬质相材料开始冷却，固化形成具有硬质相增强的金属耐磨材料。冷却过程需要控制好冷却速度，优化其微观结构和力学性能，以避免产生应力和组织不均匀的问题。

一旦渗透完成，硬质相材料开始从液态状态向固态转变。该过程中温度逐渐降低，原子或分子开始重新排列，形成固态结构。凝固的速度对于材料的结构和性能具有重要影响。快速凝固会产生细小的晶粒和均匀的组织结构，提高材料的硬度和耐磨性能。而较慢的凝固速度可能会导致晶粒生长，形成较大的晶粒和不均匀组织。在凝固过程中，需要控制冷却速度以避免产生应力和不均匀的组织结构。过快的冷却速度可能导致材料内部产生应力，造成裂纹和缺陷。适当的冷却速度可以产生均匀的组织结构，提高材料的性能。冷却方式可以选择自然冷却或采用控制冷却方式，如水淬、油淬或其他冷却介质，以控制材料的冷却速度和结构形成。在凝固和冷却过程完成后，金属基体和硬质相材料达到常温，并形成固态结构。

凝固和冷却阶段是整个熔融渗透制备过程中的重要环节，通过合理控制温度、凝固速度和冷却方式等参数，可以获得具有良好性能和组织结构的硬质相增强型金属耐磨材料。

3.3.4　后处理

与前述两种制备技术相同，在凝固和冷却过程结束后，根据具体需要可以进行后续处理步骤，如热处理、机械加工、表面处理等，以进一步优化材料的性能和表面质量。

3.3.5　熔融渗透技术的优缺点

可以通过调整金属基体和硬质相的成分比例，获得更高的硬度和耐磨性能。缺点是制程环节较多，工艺复杂，可能需要专业的设备和技术。此外，材料的熔融过程也可能受到杂质、气体等因素的影响。

熔融渗透技术是制备硬质相增强型金属耐磨材料的一种常用方法，具有以下优点。

（1）可定制性强：熔融渗透技术可以根据不同的需求和应用场景，调整和优化硬质相材料的成分及比例，以获得所需的性能。

（2）良好的耐磨性能：由于硬质相材料的添加，熔融渗透制备的金属耐磨材料具有较高的硬度和耐磨性能，抵抗摩擦、磨损和腐蚀的能力更强。

（3）界面结合强度高：熔融渗透技术能够实现硬质相材料与金属基体的良好结合，使两者能够紧密结合，提高材料的强度和耐磨性。

（4）生产效率高：熔融渗透技术可以实现批量生产，提高生产效率和产能。

然而，熔融渗透技术也存在一些局限性，例如：①成本较高。熔融渗透技术需要高温和特殊设备，因此成本较高，对生产商的要求也较高。②制备过程复杂。熔融渗透技术的制备过程需要严格控制温度、压力和时间等参数，操作要求较高，制备过程复杂。③材料选择有限。熔融渗透技术在材料选择方面存在一定限制，不同的硬质相颗粒和金属基体具有不同的熔点和相容性，需要进行合适的匹配才能实现良好的渗透效果。

3.4　表面改性技术

表面改性技术是一种通过改变材料表面的组织结构和特性来提高材料性能的方法。表面改性技术可以改变硬质相增强型金属耐磨材料的表面硬度、耐磨性、润滑性、摩擦学性能等特性。其中，常用的改性方法包括表面涂层技术、离子注入技术、激光表面改性技术等。

3.4.1　表面涂层技术

表面涂层技术是将一层外部材料涂覆在硬质相增强型金属耐磨材料的表面，形成一层保护膜。常见的涂层材料包括金属、陶瓷、聚合物等。涂层可以提供材料表面的保护，增加硬度、耐磨性和耐腐蚀性。常见的表面涂层技术包括热喷涂技术、化学气相沉积、物理气相沉积等。

1. 热喷涂技术

该技术通过将硬质相材料的粉末或线材加热至熔点，然后喷射到金属表面形成涂层。常用的硬质相材料包括碳化钨（WC）、碳化钛（TiC）和碳化钼（MoC）等。

喷涂过程首先需要将基材表面处理干净，去除表面氧化物和污染物；然后根据需求选择合适的硬质相材料，将材料粉末或线材放入热喷涂设备的喷枪中，通过喷枪喷射在基材表面；最后进行热处理和磨削、抛光等后处理过程。热喷涂技术主要有以下几种类型。

（1）火焰喷涂（flame spray）：通过燃烧气体（如氧和乙炔）产生火焰，将粉末喷射到基材表面。火焰喷涂适用于大部分金属粉末和某些陶瓷材料。

（2）电弧喷涂（electric arc spray）：通过电弧放电将线材加热至熔化状态，然后将熔融金属颗粒喷射到基材表面。电弧喷涂适用于高熔点的金属材料。

（3）超声速火焰喷涂，也称为高速氧燃料喷涂（high velocity oxygen-fuel spray）：通过将氧气和燃料（如煤油、甲烷）混合并在高速气流中燃烧，产生高温高速喷气流，将粉末喷射到基材表面。超声速火焰喷涂技术能够制备出高密度、高结合强度和低氧化率的涂层。

（4）等离子喷涂（plasma spray）：通过高温等离子体喷射枪将粉末熔融并以高速喷射到基材表面。等离子喷涂技术适用于制备高附着力、低孔隙率的涂层。

通过热喷涂技术可以制备出耐磨性优异、化学稳定性好的硬质相增强型金属耐磨材料，广泛应用于机械零件、刀具和涡轮叶片等领域。

2. 化学气相沉积

化学气相沉积（chemical vapor deposition，CVD）是在高温下将气体反应物（如金属有机化合物和气体）引入反应室，使其在金属表面发生化学反应形成涂层，然后通过热处理使其形成硬质相增强型耐磨材料。这种方法常用于制备表面硬度和耐磨性要求较高的部件。CVD 过程中可以精确控制反应条件、材料组成和厚度，从而实现所需的涂层性能。具体步骤包括前驱体输送、反应室中气氛控制、沉积材料生成和涂层形成。通过适当的后处理和热处理，可以进一步提高涂层的结合强度、致密性和耐磨性。常用的硬质相材料包括氮化钛（TiN）、碳化钨（WC）和氮化铝（AlN）等。该方法相对简单、成本较低，适用于大面积和复杂形状的基体材料，广泛应用于切削工具、汽车零部件和航空发动机等领域，可提供优异的耐磨性和化学稳定性。

3. 物理气相沉积

物理气相沉积（physical vapor deposition，PVD）是在真空环境下，利用物理过程将硬质相材料沉积在金属表面。首先将所需的金属或陶瓷材料制备成块状，放置在高真空环境下的加热器中。在加热器中加热材料，使其蒸发成气体。蒸发的材料会扩散到高真空环境中，并沉积在待涂层的基材表面上。基材表面必须经过适当的预处理，以确保涂层的附着性和质量。在沉积过程中，可以通过调节沉积速率、基材的旋转速度、蒸发源的温度等参数来控制涂层的厚度和结构。最后对沉积的涂层进行必要的后处理，如退火或其他热处理。这可以提高涂层的结合强度和耐磨性，并改善其晶体结构和组织特性。

常用的物理气相沉积技术包括磁控溅射和电弧离子镀等。该技术可制备出耐磨性极佳、致密且均匀的硬质相增强金属耐磨材料，适用于刀具、轴承和航空发动机零部件等领域。

3.4.2　离子注入技术

离子注入技术是一种将硬质相元素（如氮、碳、硼）注入金属表面的方法，以提高材料的硬度和耐磨性。该技术通过将金属样品置于真空环境中，利用离子束的高能量和高速度，将硬质相元素注入金属表面。离子束在金属表面撞击时，会产生能量转移和原子交换，使得硬质相元素嵌入金属晶格中，形成硬质相层。硬质相层的形成可以改变金属的晶体结构和组织状态，以提高其硬度和耐磨性。具体实施步骤：首先需要选择合适的离子源，并准备金属样品，通常是块状或片状的金属材料。在进行离子注入之前，金属样品需要经过清洁处理，以去除表面的污垢和氧化物。常用的清洁方法包括溶剂清洗、超声波清洗和酸洗等。将清洁处理后的金属样品放置在真空室中，通过离子源产生离子束。离子束的种类和能量可以根据具体的需求进行选择。离子束在撞击金属表面时，会将硬质相元素注入金属晶格中，注入的深度和浓度可以通过调节离子束的能量和注入时间来控制。注入完成后，金属样品需要进行后处理。常见的后处理方法包括退火和表面处理。退火可以消除离子注入过程中产生的应力和缺陷,使得硬质相层更加稳定。表面处理可以进一步改善硬质相层的性能,如抛光、磨削或涂层等。

离子注入技术的优点是:①精确控制,离子注入技术可以通过调节离子束的能量、注入时间和注入深度等参数,实现对硬质相层的精确控制。这使得可以根据具体需求定制不同厚度和组成的硬质相层。②无需高温处理,相比其他表面改性方法,离子注入技术不需要高温处理,因此可以避免材料的热变形和晶粒长大等问题。③适用范围广,离子注入技术适用于各种金属材料,包括钢、铝、钛等。同时,也可以应用于形状复杂的零件和薄膜材料。④低成本,相对于其他表面改性方法,离子注入技术的设备和操作成本相对较低。

虽然可以通过调节离子束的能量和注入时间来控制硬质相层的深度,但在实际操作中,深度控制仍然是一个挑战。因为离子注入过程中,离子束会在金属表面发生散射和反射,导致注入深度的不均匀性,通常适用于形成较薄的硬质相层,一般在几微米到几十微米的范围内。此外,在离子注入过程中,离子束的撞击会引起金属表面的损伤和应力积累。这可能导致硬质相层的质量下降,甚至引起材料的开裂和剥离。

3.4.3 激光表面改性技术

激光表面改性技术是一种利用激光能量对金属表面进行改性的方法。通过激光的高能量密度和短脉冲时间,可以在金属表面产生高温和高压条件,从而改变材料的晶体结构和组织状态,提高其硬度和耐磨性。

制备硬质相增强型金属耐磨材料的激光表面改性技术主要包括激光熔覆、激光熔化合金化和激光熔化复合等方法。其中,激光熔覆是将硬质相增强材料粉末喷射到基材表面,然后利用激光束对其进行加热熔化,形成一层硬质相涂层。激光熔化合金化是将硬质相增强材料粉末与基材混合,然后利用激光束对其进行加热熔化,使硬质相均匀分布在基材中。激光熔化合金化技术可以在基材中形成均匀分布的硬质相,提高材料的硬度和耐磨性能。激光熔化复合是将硬质相增强材料粉末与基材分层堆叠,然后利用激光束对其进行加热熔化,使硬质相与基材相互融合,可以在基材中形成硬质相增强的复合结构。

激光表面改性技术具有加工精度高、热影响区小、处理速度快和无污染等优点,可以在材料表面形成高硬度、高耐磨性的硬质相增强层,提高材料的耐磨性能。该技术在航空航天、汽车制造、机械制造等领域具有广泛的应用前景。

3.5 其他先进技术

随着科学技术的不断进步和产业结构的迭代升级,除了前面提到的常用制备技术,近年来也出现了一些更加先进的制备技术。

3.5.1 增材制造

增材制造(addictive manufacturing)(3D 打印)是一种新型的制造技术,基于计算机辅助设计（computer-aided design，CAD）模型，通过逐层添加粉末材料来制造零件。在制备硬质相增强金属耐磨材料方面，增材制造技术具有独特的优势。

增材制造能够实现较高的几何自由度。通过激光熔化或电子束熔化技术，将粉末逐层沉积，可以制备出具有复杂形状和内部通道的零件。这种灵活性使得制备硬质相增强金属耐磨材料更加容易。其次，增材制造可以精确控制材料的成分和结构。通过选择合适的金属粉末和硬质相添加剂，可以调整金属耐磨材料的硬度、耐磨性和耐腐蚀性能。增材制造还可以实现局部合金化，即在特定区域添加增强相，进一步提高材料的性能。此外，增材制造技术还具有高效性和节约资源的特点。相对于传统的制造方法，增材制造可以减少材料的浪费，并且可以快速制备零件，缩短制造周期。

在制备硬质相增强金属耐磨材料的增材制造过程中，常用的方法包括选择性激光熔化、电子束熔化和激光熔覆等。选择性激光熔化和电子束熔化是两种常见的增材制造技术。它们都是通过 CAD 软件将设计好的模型转化为切片数据，然后将金属粉末均匀铺散在构建台上。激光束或电子束扫描并熔化粉末，形成一层固态金属。然后，构建台下降一层，再次铺散金属粉末，重复上述过程，逐层堆积，最终形成所需的硬质相增强金属耐磨材料。激光熔覆是通过将金属粉末喷射到基材表面，然后利用激光束对其进行加热熔化，形成一层硬质相增强的涂层。重复上述过程，逐层堆积，最终形成所需的硬质相增强金属耐磨材料。

激光增材制造系统主要是由激光器、机器人、送粉器及控制系统组成，其工作系统如图 3-2 所示。在成形过程中计算机控制系统根据程序实现对机器人的运动轨迹控制，从而改变机器人末端激光头的扫描路径，在激光头喷嘴处同时输出激光束和粉末柱，粉末在激光束的能量下迅速在基板表面形成熔池，通过改变激光头与工作台的相对运动完成预设的扫描路径，堆积成所需的零件形状。

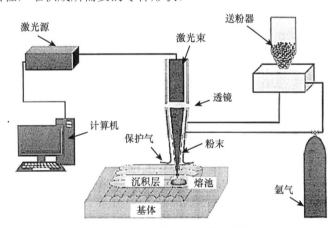

图 3-2　激光增材制造示意图[13]

总体来说，增材制造是一种先进的制造技术，可以实现硬质相增强金属耐磨材料的快速、精确制备。这种技术在航空航天、汽车、工具制造等领域具有广阔的应用前景，为提高材料性能和延长使用寿命提供了新的解决方案。

3.5.2 放电等离子烧结

放电等离子烧结（spark plasma sintering，SPS）是一种用于制备硬质相增强型金属耐磨材料的先进技术。它通过高电流放电和等离子加热的方式，在极短的时间内实现粉末颗粒的瞬时烧结，获得高密度、致密的材料。该工艺的优点是烧结效率高、产品致密度高、微观结构优良，其缺点是设备复杂、成本高、适用性受限，不适用于工业生产。SPS 设备的基本结构如图 3-3 所示。

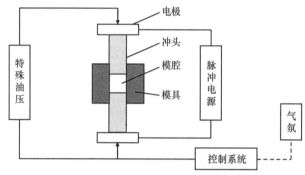

图 3-3　SPS 设备的基本结构示意图[14]

具体实施步骤为首先将金属粉末和增强相颗粒混合，并通过压制形成所需形状的预制体。预制体是未经烧结的材料形态，具有良好的可塑性。然后，将预制体放置在 SPS 设备中，并加入导电粉末（如碳粉）以提高电导率。随后，通过放电和等离子加热，瞬间提高预制体的温度，使粉末颗粒迅速烧结，从而形成致密的材料。在瞬间的高温和高压环境下，材料粒子之间发生有效的熔合，缺陷和气孔得以消除，形成高密度的材料。经过 SPS 后，得到的材料可能需要进行热处理、退火或机械加工等后续处理步骤，以获得所需的性能和微观结构。

该技术在刀具、模具、机械零部件等领域有广泛的应用，能提高材料的耐磨性和耐腐蚀性能，延长使用寿命。

3.5.3 热等静压

热等静压（hot isostatic pressing，HIP）是一种将粉末材料通过高温高压的作用加工成致密材料的方法。它通过将金属粉末和增强相混合，并应用高温高压的条件使其烧结成致密的材料。

热等静压的制备过程通常包括以下步骤：首先将金属粉末和硬质相按照一定比例混合均匀，可以通过球磨或其他混合技术实现。接下来，将混合后的粉末压制成所需形状的预制体。压制过程通常需要使用加压设备，如液压机或等静压机，以施加足够的压力，使粉末颗粒相互结合。随后将预制体放入真空封装的容器中。在热等静压过程中，容器会受到高温高压的作用，通常温度在材料的烧结温度以上。通过应用恒定的压力和温度，预制体在高温下逐渐烧结成致密的材料。该过程中，预制体的颗粒会扩散和熔结，形成牢固的结合。预制体在高温下烧结，形成更高密度、更坚固的材料。最后随着材料的烧结和冷却完毕，可以取出加工成所需形状的硬质相增强金属耐磨材料。制备的材料具有高密度、均匀的微观结构以及良好的力学性能和耐磨性能。

总体而言，热等静压是一种高温高压下的烧结方法，可用于制备硬质相增强型金属耐磨材料，其优点包括高密度、均匀的微观结构以及优异的力学性能和耐磨性能，同时还能保持形状和尺寸的精度。然而，该方法也具有一定的局限性，如对加工设备和成本的要求较高。

3.5.4　快速凝固技术

快速凝固技术是通过迅速冷却合金熔体或粉末，使其快速凝固形成具有细小晶粒和非晶态结构的材料。这种制备方法在提高材料的力学性能和耐磨性能方面具有独特的优势，是制备硬质相增强型金属耐磨材料的一种先进方法。快速凝固技术主要包括两种方法：快速凝固淬火（rapid solidification quenching）和快速凝固粉末冶金（rapid solidification powder metallurgy）。

1. 快速凝固淬火

快速凝固淬火技术是将原材料熔体迅速冷却至深过冷状态，使其迅速凝固而形成非晶态或超细晶粒的结构。常用的方法包括快速凝固薄带法、快速凝固薄板法以及快速凝固滴流法等。这些方法通过快速传热和控制冷却速度，使原子在有限的时间内不受熵的影响而按照固态相的排布凝结，产生非晶态或细晶粒结构，从而提高材料的硬度和耐磨性。主要步骤包括：①将金属原料熔化，通常使用电弧炉、感应炉或激光熔化等方法。②通过迅速冷却金属熔体，快速使金属凝固，形成非晶态或非均质晶粒的结构。③通过快速冷却的过程，使金属处于非平衡状态，使其具有特殊的力学性能和物理性能。

快速凝固淬火技术的优点是能制备出非常细小的晶粒和非晶态结构，这些结构在材料力学性能和耐磨性能方面具有优越的特性。然而，由于快速冷却条件的限制，可能会导致形成的材料中存在一些内在的缺陷，如孔隙、裂纹等。

2. 快速凝固粉末冶金

快速凝固粉末冶金技术是将金属和硬质相的粉末混合后通过快速冷却制备出硬质相增强型金属耐磨材料。这种方法通过粉末冶金技术制备出金属和硬质相的粉末，并按一定比例混合后压制形成预制体。然后通过电子束熔化、激光熔化等方法迅速加热和冷却预制体，使其快速凝固形成金属耐磨材料。这种方法能够控制硬质相的分布和尺寸，提高材料的力学性能和耐磨性能。主要步骤包括：①通过机械研磨、球磨和气-固反应等方法，制备出金属和硬质相的粉末。②将金属粉末和硬质相粉末按照一定的比例混合，并进行压制，形成预制体。③通过热等静压、电子束熔化、激光熔化等方法，迅速加热和冷却预制体，快速凝固形成金属耐磨材料。④根据需要进行退火、热处理、机械加工等后续处理步骤。

快速凝固粉末冶金技术能够制备高密度、均匀致密的材料，同时也能控制硬质相的分布和尺寸。这种方法在节约原材料、提高生产效率和降低制备成本方面具有优势。然而，与常规粉末冶金相比，快速凝固粉末冶金技术也面临杂质控制、固溶度限制等一些挑战。

3.5.5 纳米颗粒增强技术

纳米颗粒增强技术是一种将纳米尺寸的硬质相颗粒（如纳米碳化硅、纳米氧化铝）分散到基体材料中，采用烧结、溶胶-凝胶法或机械合金化等方法制备硬质相增强型耐磨材料的技术。这种技术利用纳米颗粒的高比表面积和尺寸效应，使其与金属基体形成强化相，从而提高材料的性能。该技术的关键在于控制纳米颗粒的分散和金属基体的结合。

纳米颗粒增强技术的制备过程主要包括以下几个步骤。

首先制备纳米颗粒。纳米颗粒通常通过化学气相沉积、溶胶-凝胶法、球磨法等方法制备。这些方法能够控制颗粒的尺寸和形貌，使纳米颗粒具有较大的比表面积和高的活性。

然后将制备好的纳米颗粒与金属基体进行混合。混合的过程需要注意控制混合时间和混合方式，以确保纳米颗粒均匀分散在金属基体中，避免颗粒的团聚。

接下来通过压制和烧结使混合物形成坚固的金属耐磨材料。压制过程中需要控制压力和时间，以保证混合物的致密性和一致性。随后，利用烧结过程将混合物加热至高温，使纳米颗粒与金属基体相互扩散和结合。

最后进行后处理工艺。后处理过程包括退火、热处理等，以进一步提高材料的力学性能和耐磨性。在后处理过程中，通过调控温度和时间，实现纳米颗粒和金属基体的均匀结合和晶体再组织。

纳米颗粒增强技术能够有效提高金属耐磨材料的硬度和耐磨性能。纳米尺寸的颗粒可以阻碍晶界滑移和位错的移动，从而提高材料强度和初始硬度。此外，颗粒的高比表面积和活性使其有更好的增强效果。因此，纳米颗粒增强技术是一种制备硬质相增强型金属耐磨材料的有效方法，通过控制纳米颗粒的分散和金属基体的结合，能够提高材料的硬度和耐磨性能，具有广阔的应用前景。

总体而言，这些制备技术的选择通常取决于材料的需求、制备条件和预期性能要求，要综合考虑各种技术的优缺点，根据具体的产品设计和要求来选择合适的生产工艺。通过优化制备工艺，最终获得具有良好耐磨性、高硬度和优异性能的硬质相增强型耐磨材料。

参 考 文 献

[1] 田山雪，涂小慧，杨浩，等 . Al_2O_3 陶瓷增强高锰钢基复合材料耐磨性能的研究[J]. 铸造，2017，66(5): 476-480.

[2] 钱钰，李赛，崔功军，等 . 纳米 ZrO_2 增强 CoCrW 基复合材料的制备及高温摩擦学性能研究[J]. 润滑与密封，2021，46(9): 40-46.

[3] Das K, Bandyopadhyay T K, Das S. A Review on the various synthesis routes of TiC reinforced ferrous based composites[J]. Journal of Materials Science, 2002, 37(8): 3881-3892.

[4] Deshpande P K, Lin R Y. Wear resistance of WC particle reinforced copper matrix composites and the effect of porosity[J]. Materials Science and Engineering: A, 2006, 418(1-2): 137-145.

[5] 赖丽，王一三，丁义超，等 . 碳化钒颗粒增强钢结硬质合金的研究 [J]. 工具技术，2007, 12: 25-28.

[6]　周永欣 . SiC 颗粒增强钢基表面复合材料的制备及冲蚀磨损性能研究 [D]. 西安 : 西安建筑科技大学 , 2007.

[7]　Manghnani S, Shekhawat D, Goswami C, et al. Mechanical and tribological characteristics of Si_3N_4 reinforced aluminium matrix composites: A short review[J]. Materials Today: Proceedings, 2021, 44(6): 4059-4064.

[8]　冯岩 . 氮化硼、碳纳米管增强铝基耐磨、减摩复合材料[D]. 杭州 : 浙江大学 , 2004.

[9]　Anal A, Bandyopadhyay T K, Das K. Synthesis and characterization of TiB_2-reinforced iron-based composites[J]. Journal of Materials Processing Technology, 2006, 172(1): 70-76.

[10]　李信 , 龙剑平 , 胥明 . 金刚石颗粒/金属基复合材料的研究进展[J]. 特种铸造及有色合金 , 2012, 32(7): 654-656.

[11]　唐谊平 , 刘磊 , 赵海军 , 等 . 短碳纤维增强铜基复合材料的摩擦磨损性能研究[J]. 材料工程 , 2007, 4: 53-56,60.

[12]　成小乐 , 尹君 , 屈银虎 , 等 . 连续碳化硅纤维增强钛基 (SiC_f/Ti) 复合材料的制备技术及界面特性研究综述[J]. 材料导报 , 2018, 32(5): 796-807.

[13]　肖浩男 . 激光增材制造 H13/W-Mo-V HSS/Nb 功能梯度材料的探索研究[D]. 苏州 : 苏州大学 , 2020.

[14]　张久兴 , 刘科高 , 周美玲 . 放电等离子烧结技术的发展和应用[J]. 粉末冶金技术 , 2002, (3): 128-133.

第4章
高铬耐磨合金

铬系白口铸铁起源于 20 世纪初，第二次世界大战后开始广泛应用。铬系白口铸铁可分为低铬铸铁、中铬铸铁和高铬铸铁，其中高铬铸铁 Cr 含量大于 12%（质量分数）[1]。铬系白口铸铁中因含有铬碳化物和高强度基体而具有优异的耐磨性，在冶金、火力发电、煤炭、交通等领域广泛应用，成为国内外公认的优质耐磨材料。矿山（研磨、破碎、球磨）和冶金行业是高铬铸铁的主要应用领域，并要求其具有较高的耐磨性以提升运行效率 [2]。铬系白口铸铁在耐磨材料发展史上具有重要的地位，是继高锰钢之后耐磨材料发展史上的另一个里程碑。选择耐磨材料时，需要考虑其耐磨性、耐腐蚀性和抗冲击等性能。高锰钢只有在大冲击载荷下才易于展现其优异的耐磨性，而铬系白口铸铁具有很高的初始硬度，在低冲击、低应力磨损工况条件下具有优异的耐磨性和耐腐蚀性，被认为是一种低成本的耐磨材料 [1]，但在高冲击载荷下其基体不能有效支撑脆性碳化物，从而限制了其应用 [3]。因此，研究者对此产生了极大兴趣，尝试研制出了具有更高耐磨性和适宜断裂韧性的高铬铸铁，一般需要进行热处理以强化其性能。随着铬含量增加，基体组织从珠光体转变为马氏体，可作为碳化物的支撑骨架辅助提高材料的韧性和耐磨性，是材料抵抗摩擦磨损的主要承担者 [3]。化学成分影响材料的组织和性能，但添加较多的合金元素和进行热处理都会增加成本 [3]。本书所介绍的高铬耐磨合金主要是指高铬铸铁。

4.1 高铬铸铁特点

高铬铸铁具有较高的硬度、强度和韧性，卓越的耐高温、耐磨性及抗酸碱腐蚀性，因此对高铬铸铁的研究开始于 20 世纪 60 年代，到 80 年代中后期达到顶峰，至今仍方兴未艾 [4]。高铬铸铁是第三代最好的耐磨材料之一，在矿山机械、煤炭化工、火力发电、交通轨道、农业等领域中得到广泛应用 [5-8]。铸铁的组织很大程度上取决于其冷却速度，因此组织对铸件的壁厚很敏感 [3]。由于铸件壁厚不同，为了获得所需力学性能，生产中应调整合金元素含量 [3]。高铬铸铁组织主要为索氏体、莱氏体、马氏体、珠光体、铁素体、残余奥氏体（retained austenite，RA）、二次碳化物、石墨（主要为球状），且 RA 含量较少 [9]，其典型显微组织如图 4-1 所示 [10]。但在要求高耐磨性的高铬铸铁中，铁素体通常是不可取的，因为它比奥氏体软，并且在磨损期间不会显著硬化 [2]。但是，开发的一些铁素体型高铬铸铁已用于要求同时具有抗腐蚀和抗磨损的领域，特别是耐热领域 [2]。

高铬铸铁铸态组织主要由 RA、碳化物和马氏体组成，从而获得良好的耐磨性 [5]，适用于对耐磨性需求较高的场合 [11]，现已应用于极端恶劣的工况，如球磨机和轧辊，是一种综合性能优良的抗冲蚀耐磨材料 [12]。高铬铸铁主要依靠高硬度的耐磨相抵抗磨损，其原因是 Cr 元素形成了高硬度（1200～1800HV）的 $(Fe,Cr)_7C_3$（简称 M_7C_3）型碳化物并嵌入金属基体中 [10,13]，在硬质碳化物和较软金属基体的协同作用下，高铬铸铁获得了很高的耐磨性 [11]。与普通白口铸铁中网状碳化物 Fe_3C（800～1200HV）相比，高铬铸

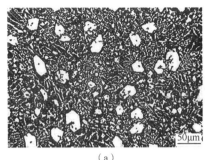

| （a） | （b） |

图 4-1　高铬铸铁的典型显微组织[10]

（a）光学金相显微组织；（b）萃取初生碳化物形貌

铁中呈杆状独立分布的 M_7C_3 型碳化物硬度较高（图 4-1），是高铬铸铁的主要耐磨相并减小了对基体的破坏，对提高高铬铸铁的整体硬度极为有利，同时提高了冲击韧性和耐磨性[1]。此外，高铬铸铁基体 Cr 含量高，基体电极电位高，在腐蚀和氧化条件下也具有优良的耐磨性[1]。关于 M_7C_3 型碳化物的晶体结构，目前还存在争议，其晶体结构主要有正交、六方、三方几种说法[14-16]。1935 年，Westgren 首先提出 Cr_7C_3 是六方对称的菱形晶胞，空间群是 P31c，晶格常数为 $a = 1.398\text{nm}$，$c = 0.4523\text{nm}$[14]。20 世纪 70 年代，Rouault 等根据 Cr_7C_3 结构与 Mn_7C_3 正交结构的类似规律，提出了两种正交结构 Cr_7C_3 晶体，其空间群分别是 Pnma 和 Pmcn，并将其称为高温稳定型结构，同时，他们认为低温下存在的 Cr_7C_3 是六方结构[15]。1980 年，Dudzinski 等研究得到了两种属于三方结构的 Cr_7C_3，空间群均为 P31c，但选取了不同的晶胞原子平移周期[16]。

高铬铸铁中 Cr 质量分数一般为 11.0%～30.0%，碳质量分数多为 1.8%～4.0%，以期具有较好的抗高温氧化性和耐腐蚀性能，且其铸态组织中硬质相碳化物类型主要为 M_7C_3、$M_{23}C_6$、M_3C，显著有利于提高硬度[5-8, 12, 17]。随着 Cr 的大量加入（质量分数大于 12%），组织中 M_3C 型碳化物变成孤立分布的高硬度（1300～1800HV）杆状 M_7C_3 型碳化物，并改善了高铬铸铁的韧性[18, 19]，显示出良好的综合力学性能，广泛应用在低应力和高应力磨料磨损领域。因此，高铬铸铁化学成分的选择要优先满足铸件的使用要求，但耐腐蚀性会随 Cr 含量的增加或 C 含量的减少而降低[3]。在不涉及腐蚀的磨损应用中，如磨煤机或干式球磨机中的辊道和工作台，Cr 质量分数通常为 18%～22%；在需要兼具耐磨性和耐腐蚀性的湿磨工况中，如泥浆泵，Cr 质量分数优选为 25%～30%[2]。然而，Cr 含量增加时，易造成碳化物含量偏高，使得高铬铸铁强度有余而韧性不足[9]。另外，高铬铸铁的韧性和抗冲击性能随着 C 含量的减少而增加。C 含量较少时，铸件具有较高的强韧性，但较低硬度的基体降低了对碳化物或硬质合金的支持作用，影响耐磨性的提高。随着 C 含量增加形成了较多碳化物，当出现连续网状碳化物时材料会变得又硬又脆。进一步增加碳含量，形成大量脆性较大的碳化物，韧性降低，增加了铸件萌生裂纹的倾向[3, 17]。当 C 质量分数为 1.8%～2.4% 时，铸件具有良好的韧性和抗冲击性；当 C 质量分数为 2.4%～3.2% 时，铸件获得韧性和抗冲击性的最佳组合；当 C 质量分数为 3.2%～5.5% 时，铸件的韧性和抗冲击性变差而耐磨性能提高[3]。因此，为提高铸件耐磨性，应合理选择 C 含量，确保共晶碳化物体积分数大于 25%[17]。组织中原始奥氏体在铸件冷却时可能保持稳定，或者完全或部分转变为珠光体，这取决于截面厚度和成分，特别是 Cr/C 质量比以及 Mo 和 Ni 的含量[3]。Cr、C 加入量的选择是关键，适宜的 Cr/C 质量比会在基体中产生具有较高硬度及强韧性的 M_7C_3 型碳化物，直接影响高铬铸铁的性能，显著提高高铬铸铁的耐磨性。若 Cr/C 质量比较高，极易生成 M_7C_3 型碳化物；当 Cr/C 质量比较低时，容易生成 $M_{23}C_6$ 型碳化物；当 Cr/C 质量比为 6～7 时则可以得到 M_7C_3 型碳化物。由于 M_7C_3 型、$M_{23}C_6$ 型这两种碳化物的性能都不及 M_3C_7 型碳化物，因此应尽量使基体中分布较多的 M_7C_3 型碳化物[17]。在保留原始奥氏体的高铬铸铁中，一些与共晶 M_7C_3 型碳化物相邻的共晶奥氏体通常会转变为马氏体，而具有较低 C 水平（1.5%～2.4%（质量分数））的高铬铸铁（30%～40%Cr（质量分数））具有铁素体基体结构[2]。表 4-1 为部分高铬铸铁的化学成分范围和布氏硬度[3]。高铬铸铁的五个牌号中 Cr 含量依次提高，前四个牌号有三种不同的 C 含量范围，第四个牌号含 30%～40%Cr（质量分数），只有一个 C 含量范围[3]。在所有这些牌号中，C 含量增加，硬度提高，但韧性降低，脆性增加[3]。因此，很难根据 Cr 含量和 C 含量来选择材料牌号，牌号选择要综合考虑耐磨性、抗冲击和耐腐蚀性等方面[3]。另外，高铬铸铁一般应用在很差的工况条件中，但在条件多变时就不容易确定选取最合适的材料，如被破碎矿物质的硬度和大小都是多变的。高铬铸铁具有硬度和韧性的最佳组合，通常应用于既耐磨又耐腐蚀的工况条件，但要确保使用条件不致苛刻到使脆性铸件断裂，特别是在高 C 含量情况下[3]。

表 4-1　部分高铬铸铁的化学成分范围和布氏硬度[3]

材质牌号	布氏硬度最小值	化学成分（质量分数）/%								
		C	Si	Mn	P	S	Cr	Ni	Mo	Cu
ISO21988/JN/HBW555Cr13	555	1.8～3.6	≤1.0	0.5～1.5	≤0.08	≤0.08	11～14	≤2.0	≤3.0	≤1.2
ISO21988/JN/HBW555Cr16							14～18			
ISO21988/JN/HBW555Cr21							18～23			
ISO21988/JN/HBW555Cr27				0.5～2.0			23～30			
ISO21988/JN/HBW600Cr35	600	3.3～3.5	≤1.0	1.0～3.0	≤0.06	≤0.06	30～40	≤1.0	≤1.5	≤1.2
ISO21988/JN/HBW600Cr20Mo2Cu		2.6～2.9		≤1.0			18～11		1.4～2	1.4～2

　　Cr20 铸态组织的光学显微照片和二次电子图像如图 4-2（a）、（d）和（g）所示，Cr20 铸态组织由珠光体基体＋树枝状共晶 M_7C_3 型碳化物组成。在铸态下，该铸铁淬透性太低，无法防止凝固冷却期间初生和共晶奥氏体转变为珠光体。Cr27 的铸态组织（图 4-2（b）、（e）和（h））由一次奥氏体枝晶、共晶碳化物和共晶奥氏体组成。在铸铁中，铸态淬透性足以使一次奥氏体保持稳定，并且在结晶器内冷却期间只有共晶奥氏体部分转变为马氏体（M）（图 4-2（h）），不存在沉淀的碳化物或珠光体。Cr36 的铸态

（图 4-2（c）、（f）和（i））组织由含有树枝状共晶 M_7C_3 型碳化物的初生铁素体（α）枝晶组成，在铁素体中未见其他相或碳化物析出[2]。

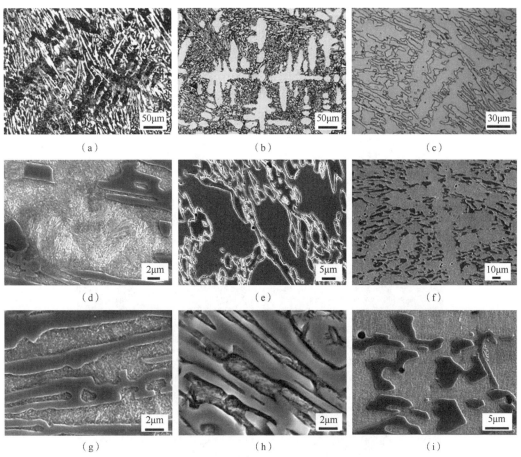

图 4-2 不同放大倍数铸态组织的光学显微照片和二次电子图像[2]

（a）（d）（g）Cr20；（b）（e）（h）Cr27；（c）（f）（i）Cr36

图 4-3 和图 4-4 显示了 Cr20 和 Cr27 高铬铸铁的马氏体基体内析出的共晶碳化物和二次碳化物的明场（bright field，BF）TEM 图像以及相应的选区电子衍射图（selected area electron diffraction pattern，SADP）。结果表明，Cr20 和 Cr27 中的共晶碳化物均为 M_7C_3 型碳化物。SADP 证实，在 Cr/C 质量比为 6.8 的 Cr20 高铬铸铁中，二次碳化物仅为 M_7C_3 型碳化物，在 Cr/C 质量比为 9.78 的 Cr27 中，同时存在 M_7C_3 型和 $M_{23}C_6$ 型二次碳化物。在光学显微镜（optical microscope，OM）或 SEM 中很难确定次生碳化物是 M_7C_3 型还是 $M_{23}C_6$ 型，但是在 TEM 中（图 4-3（b））可以清楚地区分这些碳化物，因为只有 M_7C_3 型碳化物具有断层对比度。M_7C_3 型碳化物的 SADP（图 4-3（c）和（d）），图 4-4（c）和（e）显示出由于碳化物断裂而出现条纹，而在 $M_{23}C_6$ 型碳化物中未观察到断裂（图 4-4（b）），因此其 SADP 中未出现条纹（图 4-4（d））。先前的研究发现，对于较短的去稳定化时间，27%～30%Cr（质量分数）高铬铸铁中的次生碳化物仅由 $M_{23}C_6$ 型碳化物组成。研究表明，对于 Cr/C 质量比为 9.78 的 Cr27，在此

处使用更长的去稳定化时间 4h 之后，M_7C_3 型和 $M_{23}C_6$ 型两种碳化物可以同时存在[2]。

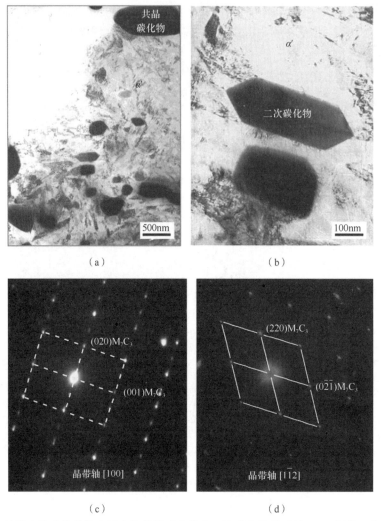

图 4-3　Cr20 铸铁在马氏体基体内析出的共晶碳化物和二次碳化物的明场 TEM 图像及相应的 SADP[2]

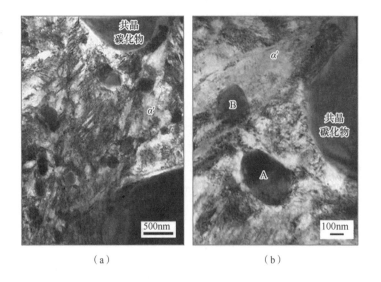

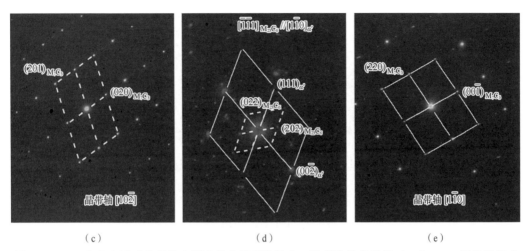

（c）　　　　　　　　　（d）　　　　　　　　　（e）

图 4-4　Cr27 合金在马氏体基体内析出的共晶碳化物和二次碳化物的明场（BF）TEM 图像及相应的 SADP[2]

（a）马氏体基体内析出的共晶碳化物和二次碳化物的明场（BF）TEM 图像；（b）图（a）局部放大；（c）M_7C_3 型二次碳化物的 SADP；（d）$M_{23}C_6$ 型二次碳化物的 SADP；（e）M_7C_3 型共晶碳化物的 SADP；A 为 M_7C_3 型二次碳化物；B 为 $M_{23}C_6$ 型二次碳化物

4.2　高铬铸铁凝固过程

铸铁一般在共晶点开始出现碳化物，高碳铸铁和（或）高铬铸铁大于共晶点的是过共晶铸铁，小于共晶点的是亚共晶铸铁，过共晶铸铁脆性太大，在使用中表现不佳[3]，因此目前国内外研究和应用较多的高铬铸铁多为亚共晶高铬铸铁和共晶高铬铸铁[5-8]。亚共晶高铬铸铁凝固组织主要为树突状 M_7C_3 型碳化物和网状奥氏体，具有较高的耐磨性和韧性，有广泛的应用。与亚共晶高铬铸铁相比，过共晶高铬铸铁的 C 含量和 Cr 含量均较高，凝固温度范围较宽，碳化物数量和硬度增加较明显，有利于提高耐磨性，因而在某些场合有更高的耐磨性[18]。但是，当碳化物数量达到一定值时，高铬铸铁中将会出现粗大的初生碳化物，导致韧性急剧下降，生产过程中也会因裂纹缺陷而导致废品率提高，因此过共晶高铬铸铁的应用甚少[19]。如果能细化过共晶高铬铸铁的初生碳化物，使碳化物呈团球状分布以改善冲击韧性，可进一步提高其耐磨性[19]。图 4-5 为不同 Cr 含量高铬铸铁铸态光学显微组织[7]。可以看出，其凝固组织均由碳化物和共晶团组成[8]。随着 Cr 含量增加，共晶结

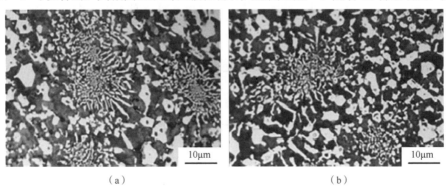

（a）　　　　　　　　　　　　　（b）

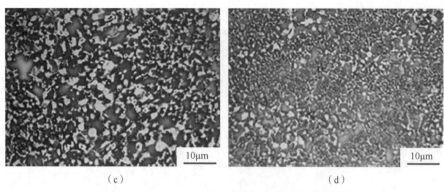

图 4-5 不同 Cr 含量高铬铸铁铸态光学显微组织 [7]

(a) Cr12；(b) Cr15；(c) Cr23；(d) Cr28

晶温度提高，相当于提高了同一浇铸温度下的凝固过冷度，使高铬铸铁的形核率增加，组织逐渐细化 [8]。

4.2.1 铸造工艺对高铬铸铁凝固过程的影响

1. 离心铸造

离心铸造主要依靠离心力的作用制备致密的成形组织 [20]。然而，若金属熔体中初生相与液相之间存在一定的密度差，且在凝固过程中两相具有一定的相对迁移能力，这不仅会使最终凝固组织产生偏析现象而得到梯度组织，也会对缩松的分布产生重要影响，使半固态过共晶高铬铸铁组织偏析的分界线与组织开始存在缩松的分界线大约均在距环形铸件径向外侧面相同位置处 [20]。对于倾斜冷却体法制备的半固态过共晶高铬铸铁浆料，采用离心铸造法将其制备成环形铸件，在半固态组织中初生碳化物出现明显偏析现象，但借助离心力的作用可以部分消除铸铁组织中的缩松倾向，该方法具有一定的参考意义 [20]。

2. 砂型铸造

先进入砂型的半固态浆料温度较高、黏度较小，且浆料凝固以同时凝固为主，在离心力的作用下，液体具有较强的补缩能力，因此在靠近环形铸件径向外侧面出现致密的组织，但也可能会出现明显的缩松现象 [20]。此外，凝固过程中初生碳化物的偏析，使距离环形铸件径向外侧面大于 6mm 的区域内半固态浆料中固相率增大，液相率减小，因此即使在离心力作用下，凝固过程中半固态浆料也不能得到良好的补缩，组织中仍存在明显的缩松现象 [20]。

4.2.2 生产工艺对高铬铸铁凝固过程的影响

在工业生产中可以通过将 Ti、Nb、B 注入熔体中，使用振动或电流脉冲等方法冶金控制高铬白口铸铁组织。提高熔体冷却速度，可减小临界晶核尺寸，最终高铬白口铸铁在砂型中以 0.5~10.0K/s 的冷却速度固化。通过使用高浓度热源的表面处理，使熔体快速凝固，可以获得更高的冷却速度 [11]。图 4-6 为高铬铸铁试样高冷速下的铸态显微组织。由图可知，铸态显微组织为亚共晶白口铁组织，由共晶莱氏体、奥氏体、一次碳化物和少量马氏体组成。碳化物呈孤立的六角棒状、杆状或针状，分布在断续网状分布的莱氏体和奥氏体基体间。六角棒状碳化物可能是铸造过程中非平衡凝固形成的初生碳化物，六角边形碳化物是由大量的孪晶、层错等微观缺陷使得碳化物沿 [0001] 晶向择优生长而形成的。部分六角棒状碳化物有表面类空心现象出现，这可能与碳化物晶胞的螺旋位错生长机制有关。旋转台阶长大速度较晶胞中心快，使得晶胞中心凝固滞后，共晶甚至过共晶成分的液态金属位居晶胞中心，从而形成碳化物包裹低熔点组织[4]。在硝酸乙醇腐蚀下，自由能较高的六角棒中心较周围腐蚀严重，形成表面类空心现象。杆状或针状碳化物是共晶反应形成莱氏体时碳化物被奥氏体包围形成的相对孤立的相[4]。孤立分布的碳化物对高铬铸铁起到强化作用，提高了其硬度，增强了耐磨性，又降低了整片或网状高硬度相的致脆影响[4]。

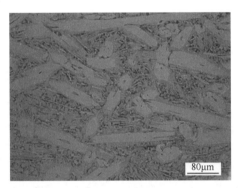

图 4-6　高铬铸铁试样高冷速下的铸态显微组织[4]

普通凝固条件下的高铬铸铁（化学成分（质量分数）为：2.85%C，30.80%Cr，0.85%Si，Mn<0.16%[21]）中的碳化物呈网状分布，使铸铁韧性显著降低，而液态金属高温度梯度定向凝固过程中组织沿纵向生长，因此通过定向凝固的方法使碳化物纤维定向排列，可以同时提高其韧性和强度[21, 22]。图 4-7 为分别以 10μm/s、5μm/s、2μm/s、1μm/s 的速度凝固冷却时的定向凝固试样横截面组织。可以看出，初生碳化物的数量随凝固速度的提高而增加，但尺寸却表现出相反的趋势[22]。随着凝固速度降低，铸铁在液相状态下的停留时间增加，初生碳化物有充足的时间生长而使尺寸增大，且初生相 M_7C_3 型碳化物的形状也发生了变化[22]。凝固速度较高时，M_7C_3 型碳化物形状主要为空心和实心六边形。随着凝固速度降低，M_7C_3 型碳化物的形状改变为 U 形和 L 形[22]。空心六边形 M_7C_3 型碳化物可能是晶体特异生长的结果或碳化物凝固收缩后溶液填入形成的[22]。从图 4-8 箭

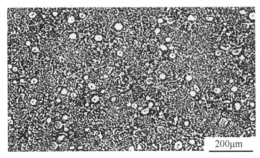

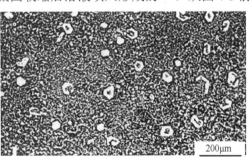

（a）　　　　　　　　　　　　　　　（b）

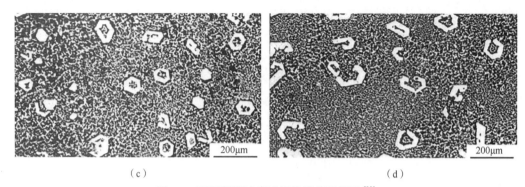

（c）　　　　　　　　　　　　　　　（d）

图 4-7　不同凝固速度试样的横截面组织[22]

（a）凝固速度 10μm/s；（b）凝固速度 5μm/s；（c）凝固速度 2μm/s；（d）凝固速度 1μm/s

头处所示的 M_7C_3 型碳化物纵截面形貌可以明显看出，凝固收缩不会产生空心、U 形和 L 形 M_7C_3 型碳化物，这应是晶体学生长的结果[22]。

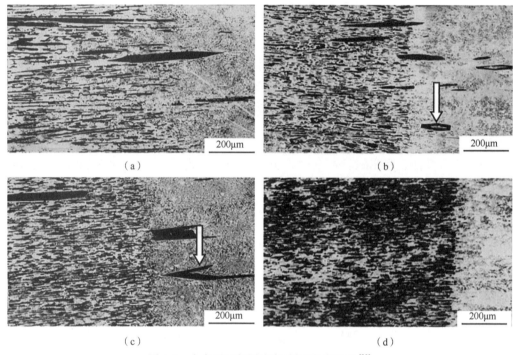

（a）　　　　　　　　　　　　　　　（b）

（c）　　　　　　　　　　　　　　　（d）

图 4-8　合金不同凝固速度时的固/液界面[22]

（a）凝固速度 10μm/s；（b）凝固速度 5μm/s；（c）凝固速度 2μm/s；（d）凝固速度 1μm/s

　　M_7C_3 型碳化物的维氏硬度如表 4-2 所示[22]。实心六边形、U 形和 L 形 M_7C_3 型碳化物的硬度为 2500HV 左右，而空心六边形 M_7C_3 型碳化物的硬度为 1550HV 左右，即 U 形、L 形及实心碳化物的硬度相似且都大于空心碳化物硬度，但是普通条件下凝固的 M_7C_3 型碳化物硬度较低，一般为 1200～1800HV[22]。这主要是因为定向凝固的碳化物具有方向性，其硬度各向异性且高硬度晶面与定向凝固试样的横截面平行[22]。既然硬度与晶体的取向密切相关，那么 M_7C_3 型碳化物在定向凝固过程中具有两种生长方向，其中一组为 U 形、L 形及实心碳化物，另外一组为空心碳化物。凝固速度的降低可以促使碳化物的生长朝 U 形、L 形以及实心碳化物的方向生长[22]。不同凝固速度下形成的高铬铸铁抗拉强度如表 4-3 所示。可以看出，加入稀土元素（RE）后，高铬铸铁的抗拉强度随凝固速度的提高而提高，在凝固速度为 10μm/s 时达到最大值 2369MPa，平均抗拉强度为 2242MPa[21]。这主要是由于加入 RE 后，随着凝固速度提高，高铬铸铁凝固组织越来越细化，而未加入 RE 的高铬铸铁在上述几个凝固速度下的抗拉强度平均值为 1776MPa[21]。普通高铬铸铁和加入 RE 后的高铬铸铁定向凝固对比试验结果表明，加入 RE 后其力学性能明显提高[21]。这是因为 RE 的添加细化并改善了高铬铸铁凝固组织同时改善了其性能。随着凝固速度提高，固/液界面稳定性降低，凝固形成碳化物的排列开始无序，凝固组织变得不太规则，而加入 RE 后，高铬铸铁定向凝固组织明显细化，并且随凝固速度的提高细化更加显著，排列得更加整齐有序[21]。由于 RE 为非碳化物形成元素，在凝固过程中，RE 主要分布在基体内，而碳化物中还未观察到，故碳化物中没有 RE[21]。随着凝固速度的提高，固/液界面的稳定性一般会明显降低，导致定向凝固过程中碳化物有序性下降，但是加入 RE 的高铬铸铁的碳化物有序性却随凝固速度的提高而明显提高[21]，这是加入 RE 后高铬铸铁凝固特性发生改变的结果。研究表明，加入 RE 后的高铬铸铁，凝固温度区间会明显缩短，并且固/液界面的 RE 含量随凝固速度的提高而增加，相应凝固温度区间随凝固速度提高而缩小，固/液界面稳定性提高[21]。随着凝固速度提高，合金中与固/液界面处 RE 含量均增加，形核率提高，因此组织越来越细化[21]。

表 4-2　初生相 M_7C_3 型碳化物的维氏硬度试验结果[22]

初生 M_7C_3 型碳化物的形貌	实心六边形	U 形	L 形	空心六边形
维氏硬度 (HV)	2455	2678	2565	1490

表 4-3　不同凝固速度下形成的高铬铸铁的抗拉强度[21]

凝固速度/(μm/s)	1	2	5	10
抗拉强度/MPa	2156	2183	2260	2369

4.2.3　高铬铸铁凝固过程中的组织变化

凝固过程中，RE 会在碳化物生长方向上富集，阻碍碳化物继续长大，还能促进非均质形核，使奥氏体树枝晶数量增多且变细，从而达到细化碳化物和初生奥氏体的目的。此外，也会有少量化合物弥散分布于液相中，为过冷奥氏体形核提供核心，从而起到细化晶粒的作用[12]。高铬铸铁凝固过程中形成的奥氏体被大量合金元素所饱和，且奥氏体中溶解的铬和碳在随后冷却过程中以二次碳化物形式析出，降低了奥氏体合金元素含量及其稳定性，在继续冷却过程中根据冷却速度不同有可能转变成珠光体、贝氏体或马氏体[6]。较快的冷却速度使碳化物硬度降低，韧性提高，且组织更为均匀细小，偏析减小，在冲蚀磨损作用下，不易发生脱落和脆性断裂，使基体得到较好的保护，耐磨性增强[23]。由图 4-9 可知，随着冷却速度加快，初生碳化物因在液相状态下的停留时间较短而无法充分生长，使其形态得以改善，尺寸显著减小，分布更为孤立和均匀[23]。但是二次碳化物析出过程十分缓慢，最终，薄壁铸件的基体组织以奥氏体为主，厚壁铸件则以珠光体为主，只有通过热处理才能得到以马氏体为主的基体组织[6, 7]。

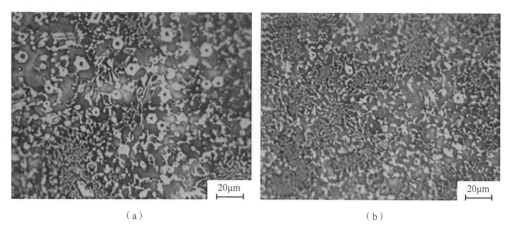

（a）　　　　　　　　　　　（b）　　　　　　　　　　　（c）

（d）　　　　　　　　　　　（e）　　　　　　　　　　　（f）

图 4-9　不同冷却速度下高铬铸铁显微组织及 SEM 图像[23]

（a）0.5℃/s 金相组织；（b）0.5℃/s SEM；（c）3.4℃/s 金相组织；（d）3.4℃/s SEM；（e）6.2℃/s 金相组织；（f）6.2℃/s SEM

　　不同冷却速度下高铬铸铁组织主要以柱状晶的形式分布延伸，都有共晶碳化物 M_7C_3、马氏体以及 RA，但冷速大时含有较多更加稳定的 RA，碳化物形状主要为初生针状或多边形[23]。初生相 M_7C_3 型碳化物主要为空心六边形和实心六边形，而冷却速度降低会促使高铬铸铁中的碳化物朝 U 形、L 形实心碳化物生长方向偏移，硬度提高[23]。另外，随着合金元素加入量增加，高铬铸铁的凝固组织从稍过共晶组织（图 4-10（a））逐渐向共晶（图 4-10（c））、亚共晶（图 4-10（d））组织演化。图 4-10 中 A、B、C、D 四种高铬铸铁中所添加的 V、Ti、Nb、Mo 含量如表 4-4 所示。未加入合金元素时，碳化物为规则六边形，棱角分明，中心空洞明显。随着合金元素的加入，碳化物变得细小且分布均匀，随后其形貌变得圆钝，细化效果最为显著，继续增加合金元素含量，凝固组织转变成亚共晶形态[24]。

（a）　　　　　　　　　　　　　　　　　　　（b）

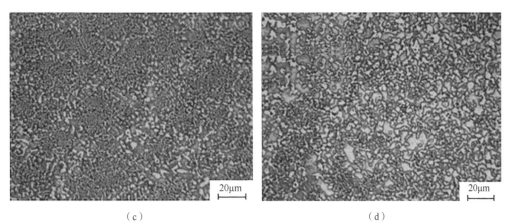

（c）　　　　　　　　　　　　（d）

图 4-10　不同合金含量高铬铸铁铸态金相组织 [24]

（a）A 合金；（b）B 合金；（c）C 合金；（d）D 合金

表 4-4　合金元素含量及试样编号 [24]

合金试样编号	V	Ti	Nb	Mo
A	0.00	0.00	0.00	0.00
B	0.10	0.10	0.10	0.15
C	0.40	0.40	0.40	0.35
D	0.60	0.60	0.60	0.50

4.3　高铬铸铁合金化

为了提高高铬铸铁的综合性能，当前的研究主要集中在优化成分配比、合金化处理、改进热处理工艺等方面 [12]。高铬铸铁中常用合金化处理来细化基体组织、改善碳化物形貌、提高铸铁韧性等，常添加的合金元素有 V、Ti、W、B 等 [12, 24, 25]。Cr 元素可以增加奥氏体的稳定性，提高组织中的 RA 含量，增强"铁素体基体 + 碳化物"组织，从而达到降低成本的同时提高使用寿命的目的 [12, 25]；B 能明显改善高铬铸铁的韧性和淬透性；Y 能提高高铬铸铁的抗侵蚀性能，但过量的 Y 却会降低磨损性能；Mo 元素可以提高其淬透性，细化组织结构，提高韧性，但对高铬铸铁硬度的影响尚未有统一定论 [12, 24, 25]；Nb 在高铬铸铁中主要以高硬度（2400HV）NbC 形式存在，在铁水凝固过程中，弥散的 NbC 可作为异质形核核心，加快共晶反应，并起到分散、固定硫杂质的作用，改善铸铁的韧性和耐磨性；Al 可以形成各种弥散分布于铁水中的化合物，获得大量结晶核心，细化共晶碳化物并使其呈断续孤立状分布，提高铸铁的韧性和耐磨性 [5, 24]。通过添加合金元素，尤其是碳化物形成元素，以形成较硬的碳化物或提高共晶碳化物的硬度。不同含量的 V、W、Ti、Ni、Nb、Ta 等合金元素已经成功地加入高铬铸铁中，可与铁水中的 C、N 等元素反应形成提高材料高温稳定性和热硬性的高熔点化合物并作为凝固过程中的外来晶核，细化铸态组织，减少初生碳化物的数量和减小晶粒尺寸，获得高硬度碳化物，并且它们有可能提升基材的淬透性（W 和 Mo 的结合有利于提高淬透性） [26, 27]。例如，Kopyciński 等在高铬铸铁中添加了 5%（质量分数）的 W 和 Ti，在共晶碳化物中形成了金属碳化物 MC，且这些碳化物对铸态高铬铸铁的性能产生了有益作用，尤其是耐磨性[28]。研究发现，高铬铸铁的冲击韧性随 Nb 含量的增加而增强，且硬度保持在 66HRC 左右，在 Nb 质量分数为 0.48%～0.74% 的选定范围内不受其显著影响。尽管在 40N 的轻载荷作用下，样品的耐磨性随 Nb 含量增加几乎没有变化，但是当施加更大的载荷（如 70N 和 100N）时，由于形成更硬的 NbC 颗粒以及细化的初级碳化物和共晶团，耐磨性随 Nb 含量的增加而增强[29]。

4.3.1 钨合金化

高铬铸铁中 W 既可以形成碳化物又可以溶入基体，且在两者中基本均匀分布，可以同时提高基体和碳化物的显微硬度。钨合金化高铬铸铁的铸态组织为马氏体＋奥氏体＋碳化物，且碳化物存在形式一般为 WC_{1-x}、$W_6C_{2.54}$、CW_3[17]。Yokomizo 等[30] 研究发现，W 的出现可以延缓珠光体的形成，并且 W 和 Cr 的结合可产生抗冲蚀和耐腐蚀的化合物。一些关于 25%W 和 28%Cr（质量分数）白口铸铁的耐腐蚀性研究结果表明，W 的存在会使共晶碳化物的体积分数增加，提高基体和共晶碳化物的硬度，从而改善耐腐蚀性能。Heydari 等在研究 C 质量分数为 2.3%～3.2%、Cr 质量分数为 21%～23%、W 质量分数为 10%～12% 的铸铁时发现，W 元素的存在会在铸态组织中产生更多的马氏体，从而提高了高铬铸铁的硬度及耐磨性；还发现富钨奥氏体和 W_6C 碳化物的复杂组成，这是凝固过程中 W 与 M_7C_3 型碳化物发生共晶反应而形成的，且较高浓度的 C 和 W 可提高耐磨性[27]。图 4-11 为不同 W 含量高铬铸铁铸态金相组织，仅在 W 质量分数高于 4% 时才能观察到显微组织的重大变化（图 4-11（e）和（f））。对于最后两个试样，观察到碳化物体积分数的增加和其他碳化物的存在。当 W 质量分数高于 4% 时，在 SEM 图像中

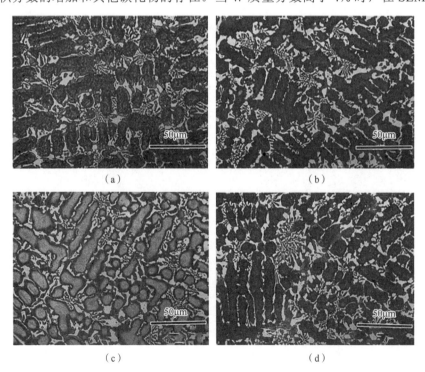

（a）　　　　　　　　　　　（b）

（c）　　　　　　　　　　　（d）

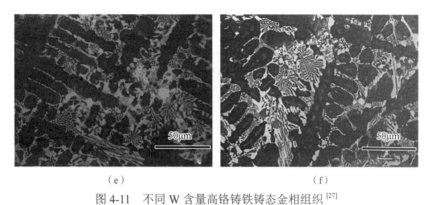

（e）　　　　　　　　　　（f）

图 4-11　不同 W 含量高铬铸铁铸态金相组织 [27]

（a）0% W；（b）0.65% W；（c）1.48% W；（d）2.01% W；（e）4.21% W；（f）10.3% W

（图 4-12（a））清楚地观察到一些明亮相。EDS 结果（图 4-12（b））表明，这些明亮相为富集 W 和富集 Mo 的碳化物（M_2C）。由此可以看出，W 不仅分配给基体，还分配给主要由 Cr 形成的共晶碳化物。对于 W 质量分数为 10.3% 的铸铁，可以清楚地观察到大量典型的鱼骨状 W_6C 型碳化物，图 4-13 给出了 W_6C 型碳化物全貌形态 [27]。不含 W 的铸铁（图 4-14）中约有 20% 的碳化物，含 10.3%W（质量分数）的铸铁中约有 34% 的碳化物（图 4-15）。但是，当高铬铸铁中添加少量 W 时，它会部分溶解在基体中，部分溶解在共晶 M_7C_3 型碳化物中，当 W 质量分数高于 4% 时，存在 W_6C 型碳化物。如图 4-15 所示，随着 W 含量增加，碳化物的体积分数增加 [27]。由图 4-16 可知，随着 W 含量增

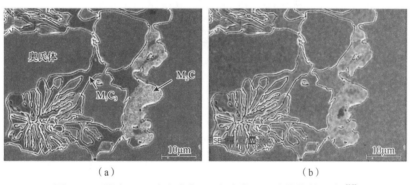

（a）　　　　　　　　　　（b）

图 4-12　通过 EDS 确定富集 W 和富集 Mo 碳化物的形态 [27]

（a）SEM 结果；（b）EDS 结果

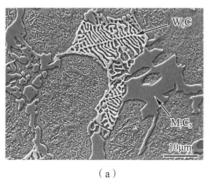
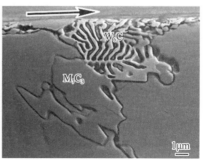

（a）　　　　　　　　　　（b）

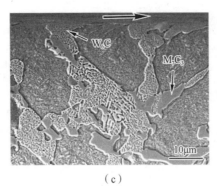

（c）

图 4-13　10.3%W 铸铁的微观组织[27]

（a）典型的鱼骨状 W_6C 碳化物；（b）磨损纵切面上 W_6C 碳化物；（c）950℃热处理后磨损纵切面上 W_6C 碳化物

加，铸铁硬度先增加后基本不变。另外，在过共晶高铬铸铁中，12% 的 W 会产生较大的初级碳化物并改变共晶碳化物的形态[31]。

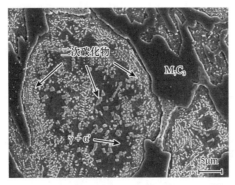

图 4-14　没有 W 添加的铸铁基体组织[27]

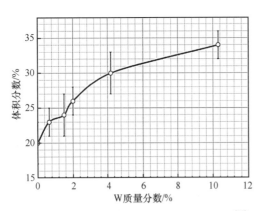

图 4-15　不同 W 含量下碳化物的体积分数[27]

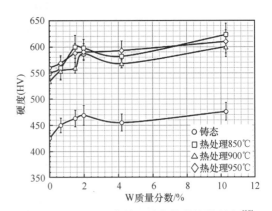

图 4-16　不同 W 含量下碳化物的显微硬度[27]

　　热处理温度和 W 含量对高铬铸铁组织的影响如图 4-17 所示。通常，以不同方式存在的 W 有助于改善耐磨性。由于 W 的固溶而增加了基体的硬度或形成了更高的马氏体含量。增加共晶 M_7C_3 型碳化物的硬度或通过形成一些其他类型的碳化物，如 MC、M_2C 或 M_6C，可以增加铸铁的硬度。此外，通过在铸造过程中将 WC 颗粒掺入铁水中的特殊铸造技术已成功生产了 WC 增强的复合材料。对铸态和去稳定化热处理态（950℃保温45min）的显微组织的整体硬度和不同相（基体和碳化物）的显微硬度及耐磨性进行测量。结果表明，硬度和耐磨性都随着 W 含量的增加而提高。在铸态条件下，W 增加了碳化物体积分数，W 质量分数约为 4% 时，与 Mo 形成 M_2C 型碳化物，当 W 的质量分数高于 4% 时，基体和 M_7C_3 型碳化物均会被分配，从而在两相中产生适度的强化作用，且显微组织中普遍存在较硬的 M_2C 型碳化物和鱼骨状 M_6C 型碳化物，有助于提高整体硬度，并发现其耐磨性与硬度一致。磨损行为与碳化物体积分数的增加以及较高硬度 W_6C 密切相关。然而，当 W 质量分数达到 10.3% 时耐磨性提高并不显著，仅增加 13%，但成本较高。另外，W 对热处理过程中的二次碳化物析出没有明显影响，并且热处理温度对最终硬度也没有影响，其磨损行为与铸态的趋势相同 [27]。经过去稳定化热处理后，二次碳化物在基体内沉淀，并在随后的冷却过程中部分转变为马氏体，所得基体中马氏体和二次碳化物的存在提高了铸铁的整体硬度 [27]。

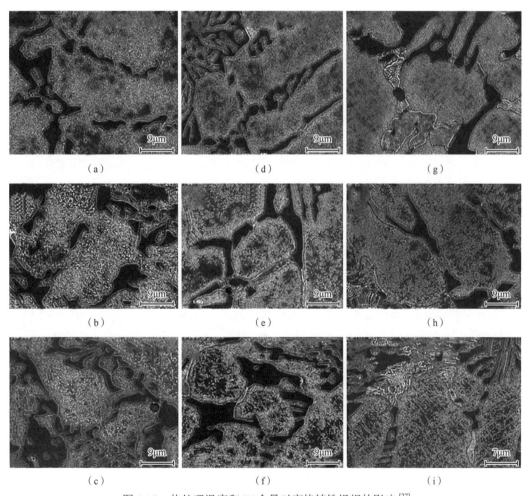

图 4-17 热处理温度和 W 含量对高铬铸铁组织的影响 [27]

（a）850℃，0%W；（b）900℃，0%W；（c）950℃，0%W；（d）850℃，4.2%W；（e）900℃，4.2%W；（f）950℃，4.2%W；
（g）850℃，10.3%W；（h）900℃，10.3%W；（i）950℃，10.3%W

4.3.2 钒合金化

我国有丰富的钒铁、钛铁资源，通过在高铬铸铁中添加 V 或 Ti 来替代 Mo，不但降低了生产成本，而且使得高铬铸铁耐磨性大幅度提高[17]。V 的合金化对白口铸铁有重要的作用，当 V 质量分数大于 5% 时共晶点左移，且 V 可以稳定高铬铸铁中的碳化物并主要存在于 M_7C_3 型碳化物中[19]。铸态时，V 和 C 能形成初生碳化物和二次碳化物，降低基体中 C 含量，提高马氏体转变开始温度（M_s），易获得马氏体，使铸铁硬度、韧性和耐磨性都有所提高[19]。V 的熔点为 1857℃，在加 V 的铁液中残留有固相质点以及游动的 V 原子集团，并在冷却时优先从液相析出碳化钒质点，这些都可以作为结晶核心从而细化初生奥氏体枝晶。V 能代替共晶碳化物中的 Cr 并使 C 曲线右移，从而在同样冷却速度下使得珠光体含量减少而奥氏体含量增加，并减少粗大柱状晶组织，细化 M_7C_3 型碳化物及基体组织。V 还有变质作用，可改善高铬铸铁中共晶氮化物和碳化物的分布及形貌，使碳化物的尖角圆钝化，形成高硬度（2400~2600HV）的 VC、V_2C 共晶碳化物，增强弥散强化作用，使基体组织由有向纤维状结构转变为无向卷曲结构，不断细化组织，提高硬度及耐磨性[17]。

4.3.3 钛合金化

钛极为活泼，它与 N、C、O 都有较强的结合力并发生多种反应和多重效应，生成高熔点、极稳定且不易溶解的 TiC、TiN，可作为凝固过程中外来形核质点，促进生成初生 M_7C_3 型碳化物，细化碳化物等组织，并有效阻碍热处理过程中奥氏体晶粒长大[17, 19]。随着 Ti 含量增加，碳化物有明显的细化特征且显微硬度逐渐增加[32, 33]。喻石亚等研究发现，加入 Ti 后碳化物得到显著细化，且显微硬度逐渐增加，但冲击韧性没有明显变化[33]。而当 Ti 质量分数大于 0.5% 时，基体上析出了两种不同的颗粒状碳化物及不少颗粒状钛氮化物（一种颗粒状碳化物是 TiC，另一种颗粒状碳化物的核心为 TiC），且对析出的二次碳化物类型没有影响，但冲击韧性下降[32]。热处理后基体上析出颗粒状二次 M_7C_3 型碳化物，提高了基体的硬度[32, 33]。由图 4-18（a）可见，奥氏体呈粗长条状、M_7C_3 型碳化物棱角分明，呈六角形分布在基体中，中心处有明显的空洞，基体组织较为粗大。随着合金元素含量增加，铸态组织由奥氏体 $+M_7C_3+NbC$、VC 和 TiC 组成[24]。当合金元素 Nb、V、Ti 的加入量分别为 0.20%（质量分数）时，分别与 C 形成 NbC、VC 和 TiC，数量较少，不能有效抑制 C 原子的扩散，也不能有效提供 M_7C_3 型碳化物形核核心，对 M_7C_3 型碳化物和奥氏体晶粒的细化作用有限，M_7C_3 型碳化物为粗大的条块状，基体组织也较为粗大，但奥氏体晶粒相对基体有所细化，如图 4-18（b）所示。当合金元素的加入量分别为 0.40%（质量分数）时，有助于 M_7C_3 型碳化物及奥氏体晶粒细化，M_7C_3 型碳化物形貌转为较为圆钝细小的条或块状，奥氏体转为细短的条状，大量碳化物高度弥散在基体中，如图 4-18（c）所示。但当合金元素的加入量为 0.70%（质量分数）时，碳化物体积分数增加，且尺寸较大，条块状 M_7C_3 型碳化物明显粗大，不能有效钉扎奥氏体晶界并阻止奥氏体晶粒长大，基体组织较粗大，如图 4-18（d）所示。因此，Nb、V、Ti 微合金元素适宜加入量为 0.40%（质量分数），否则无法获得理想效果甚至起到相反作用 [24]。这是因为，未添加合金元素 Nb、V、Ti 的高铬中碳铸铁，M_7C_3 型碳化物的外生晶核少，共晶温度区间较大，M_7C_3 型碳化物有充足的时间沿择优方向长大成六角形 [34]。加入 Nb、V、Ti 合金元素后，一方面，凝固初期就生成作为 M_7C_3 型碳化物外生晶核的高熔点碳化物质点，提高了 M_7C_3 型碳化物的形核率，而未作为 M_7C_3 型碳化物形核质点的弥散分布的 NbC、VC 和 TiC 颗粒还可能阻碍 M_7C_3 型碳化物自由生长，从而增加碳化物的数量并减小其尺寸 [19]；另一方面，合金元素能够降低铸铁液相线、初生奥氏体和碳化物的形成生长温度，共晶温度区间和初生碳化物形成温度范围缩小，细化了奥氏体晶粒并减小碳化物尺寸 [19, 35]。

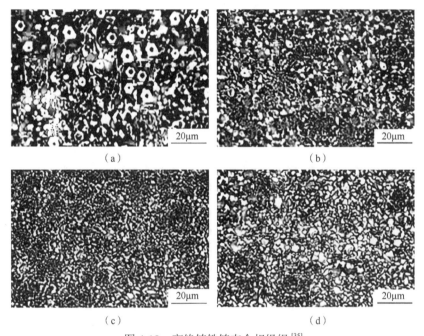

图 4-18　高铬铸铁铸态金相组织 [35]

（a）Nb、V、Ti 的加入量都为 0.00%；（b）Nb、V、Ti 的加入量都为 0.20%；（c）Nb、V、Ti 的加入量都为 0.40%；
（d）Nb、V、Ti 的加入量都为 0.70%

　　为保证高铬铸铁初生碳化物全部为 M_7C_3 型碳化物，进一步研究了 Cr/C 比为 5、C 质量分数为 4%、Cr 质量分数为 20% 的过共晶高铬铸铁。4 个试样中分别加入 0% Ti、0.5% Ti、1.0% Ti、1.5% Ti。试样的化学成分如表 4-5 所示，显微组织见图 4-19。这些组织均是典型的过共晶组织，初生碳化物为典型的 M_7C_3 型碳化物。从图中可以看到，随着 Ti 含量的增加，碳化物尺寸显著减小，而且初生碳化物尺寸均匀性增大，适量的 Ti 对于过共晶高铬铸铁具有显著的细化作用。图 4-20 是萃取出来的初生碳化物的 SEM 形貌照片，可以直观地看出初生碳化物的细化程度。碳化物等效直径 D 随 Ti 含量的变化规律见图 4-21，随着 Ti 含量增加，碳化物等效直径大幅度减小，含 1.5%Ti 的 4 号试样细化效果最好，等效直径小于 4μm。

表 4-5 试样编号及成分

试样编号	化学成分 (质量分数)/%		
	C	Cr	Ti
1	4.0	20.0	0
2	3.95	19.74	0.5
3	3.90	19.50	1.0
4	3.86	19.29	1.5

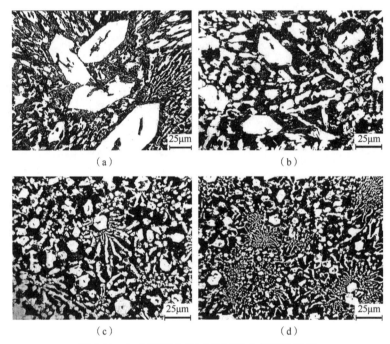

（a）　　　　　　　　　　　　　（b）

（c）　　　　　　　　　　　　　（d）

图 4-19 加入不同含量 Ti 的试样金相显微组织

（a）未含 Ti；（b）含 0.5% Ti；（c）含 1.0% Ti；（d）含 1.5% Ti

（a）　　　　　　　　　　　　　（b）

图 4-20 碳化物形貌照片

（a）未含 Ti；（b）含 1.5% Ti

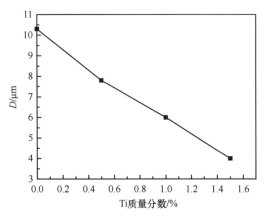

图 4-21　碳化物等效直径 D 随 Ti 含量的变化规律

四组试样 C、Cr 成分相近，浇注方法和浇注环境均相同，碳化物能够显著细化，可见是加入的钛铁起了主要作用。从图 4-22 的 XRD 结果可以清楚地看到，含钛过共晶高铬铸铁中出现了 TiC 衍射峰，证明在组织中出现了 TiC。

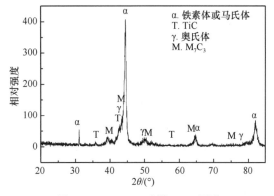

图 4-22　1.5% Ti 试样 XRD 图谱

图 4-23 和图 4-24 是 1.5% Ti 试样的 SEM 形貌和背散射照片，EDS 点分析（图 4-25）结果表明，图中黑色部分即为 TiC。从图中可以清楚地看到具有多边形形貌的 TiC 很均匀地分布在组织中，并且大部分初生碳化物与 TiC 相连。由于高铬铸铁中 M_7C_3 型碳化物所固有的沿 [0001] 晶向择优生长的特性，其会长成长杆状（图 4-20）。可以猜测图中某些初生碳化物虽然没有 TiC 连接，但在其纵截面某处会有 TiC 连接，只是由于制样未能磨至其处才未能在照片中显示。

Ti 加入过共晶高铬铸铁熔体后会和 C 原子发生下列反应形成 TiC 晶核[35, 36]：

$$[Ti]+[C]\Longrightarrow TiC(s) \tag{4-1}$$

研究[37-39]表明，Ti 和 C 的质量分数与反应过程有密切的关系。假设 TiC 为球形，则形成一个临界晶核所需的形核功 ΔG^* 为

$$\Delta G^{*}=\frac{16\pi}{3}\frac{\sigma_{LS}^{3}V_{m}^{2}}{(-\Delta G_{m})^{2}} \tag{4-2}$$

式中，σ_{LS}^{3} 为 TiC 与熔体的界面张力；V_m 为 TiC 的摩尔体积；ΔG_m 为形成 1mol TiC 所引

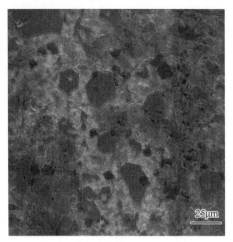 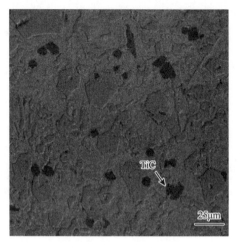

图 4-23　1.5%Ti 试样 SEM 二次电子照片　　　　　图 4-24　1.5%Ti 试样背散射照片

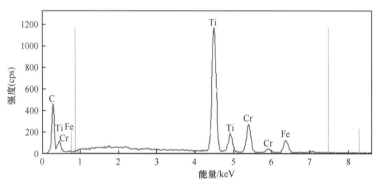

图 4-25　对 4 号试样箭头处的 EDS 分析结果

起的体系自由能变化。根据文献显示[39, 40]，欲使形成的晶核在熔体中稳定存在并长大，必须满足

$$\Delta G_m \leqslant 60KT \tag{4-3}$$

式中，K、T 分别为玻尔兹曼常数和热力学温度，将式（4-2）代入式（4-3）整理可得

$$-\Delta G_m \geqslant \left(\frac{16\pi}{3} \frac{\sigma_{SL}^3 V_m^2}{60KT} \right)^{\frac{1}{2}} \tag{4-4}$$

由于 TiC 晶核是按照式（4-1）反应合成的，假设生成的 TiC 为纯物质，并认为熔体中的组元 Ti 和 C 遵守 Henry 定律，则有

$$-\Delta G_m = -\Delta G_{TiC} = -\Delta G_{TiC}^{\ominus} + RT \ln\left([Ti][C] \right) \tag{4-5}$$

式中，ΔG_{TiC} 和 $\Delta G_{TiC}^{\ominus}$ 分别为式（4-1）中 TiC 的生成自由能和标准生成自由能；$[Ti]$、$[C]$ 分别为熔体中 Ti 和 C 的质量分数（%），将式（4-5）代入式（4-4）并整理可得

$$[Ti][C] \geqslant \exp\left[\frac{\Delta G_{TiC}^{\ominus}}{RT} + \left(\frac{16\pi}{3} \frac{\sigma_{SL}^3 V_m^2}{60KT} \right)^{\frac{1}{2}} \frac{1}{RT} \right] \tag{4-6}$$

式（4-6）即为熔体中反应形成稳定 TiC 晶核的条件。当熔体中 Ti 和 C 的浓度积满足上述条件时，熔体中能形成稳定的 TiC 晶核。1600℃时，σ_{SL}=0.5N/m，且 V_m=6.1cm^3/mol，$\Delta G_{TiC}^{\ominus}$ = −183953.5J/mol。K=1.381×10^{-23}J/K，为玻尔兹曼常数；R=8.314J/(mol·K)，为气体常数。

将 2～4 号试样成分分别代入式（4-6），结果均能满足不等式，这说明该试验中 TiC 生成的可能性较大，XRD 和 EDS 试验结果也证明了这种可能性。Ti 是强碳化物形成元素，且 TiC 有较高的形成温度（熔点为 3160℃），可以设想 TiC 会在凝固过程中作为先析出相而析出。TiC 属于二元间隙过渡金属难熔化合物，具有面心立方 NaCl 型点阵结构（图 4-26），晶格常数为 a=0.4392nm。M$_7$C$_3$ 型碳化物为密排六方点阵结构（图 4-27），晶格常数为 a=0.2892nm，c=0.454nm。两者晶格常数相近，根据 Turnbull 等 [41] 提出的错配度理论，高熔点化合物能否成为新结晶相的非自发晶核，可用两相晶格间的错配度来判定，即

$$\delta = \frac{a_C - a_N}{a_N} \tag{4-7}$$

式中，δ 为两相晶格间的错配度；a_C 为化合物低指数面的点阵间距；a_N 为新结晶相低指数面的点阵间距。

Bramfitt[42] 的研究结果表明，在非均质形核时，两相错配度小于 6% 的核心最有效，两相错配度为 6%～12% 的核心中等有效，而两相错配度大于 12% 的核心无效，且 TiC 和 M$_7$C$_3$ 型碳化物晶格间的错配度为 3.37%，远小于 6%，因此，TiC 有可能起到作为 M$_7$C$_3$ 型碳化物的异质核心的作用 [41]。鉴于以上试验结果及分析，可以认为 Ti 加入铁水中结合其中的 C 而形成大量的 TiC 质点，初生碳化物会依附 TiC 生长，由于形核中心数量增加，也就能细化初生碳化物了。

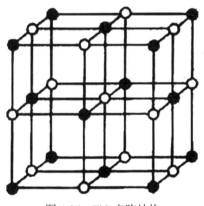
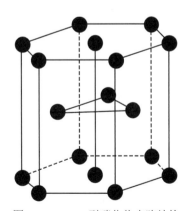

图 4-26　TiC 点阵结构　　　　图 4-27　M$_7$C$_3$ 型碳化物点阵结构

因此，在过共晶高铬铸铁中加入适量的 Ti，随着 Ti 含量增加初生碳化物显著细化，且适量的 Ti 加入过共晶高铬铸铁熔体中会结合铁水中的 C 而形成大量的 TiC 质点。从 SEM 背散射照片可以看出，TiC 可能会作为过共晶高铬铸铁初生碳化物的形核核心并在过共晶高铬铸铁中均匀分布，无偏聚现象。

4.3.4　钼合金化

Mo 的加入可以提高高铬铸铁的淬透性，改善碳化物形貌，使共晶碳化物由长片条状转变为团球状，细化组织[43]。但 Mo 不仅会分配到基体和低共熔碳化物中，还会在凝固过程结束时形成 M_2C 型碳化物。这类合金的典型铸态显微组织是在奥氏体基体中形成共晶 M_7C_3 型碳化物网络，在低共熔区或初级奥氏体的外围也存在少量的马氏体，且这些区域贫碳，这是因为在冷却过程中，碳在奥氏体中的溶解度降低，共晶碳化物吸收了这些碳，低碳含量使马氏体开始转变温度 M_s 升高，因此这些奥氏体区域转变为马氏体[27]。Inthidech 等[43]研究指出，在亚共晶白口铸铁中，随着 Mo 含量增加和奥氏体含量增加，硬度降低；而 Sare 等[44]发现 Mo 质量分数超过 2% 时，主要以 Mo_2C 碳化物的形式存在，有利于提高硬度，而当 Mo 含量较低时，加入的 Mo 主要固溶于奥氏体中，余下部分与 C 形成新的少量 Mo_2C 相，且 C 含量的变化对碳化物量的影响较为明显[24,43]。由图 4-28 可以看出，Mo 含量较低时，碳化物颗粒粗大且不均匀，呈大片状和长条杆状分布。随着 Mo 的加入，共晶碳化物转变为孤立块状和球状，组织细化，硬度逐渐升高，且有利于韧性的提高，这是因为 Mo 可改善碳化物析出和长大的环境[43]。Mo 与 C 的亲和力高于 Cr，阻碍奥氏体中 C 原子扩散而使 C 曲线右移，避免珠光体转变且有效提高 M_s，易于在空冷时获得马氏体并减少 RA 含量，因而高铬铸铁的硬度有所提高[43]。但也有研究发现 Mo 降低了 M_s，使 RA 含量明显增加，这会使试样的硬度降低，对磨损产生不利影响[24]。

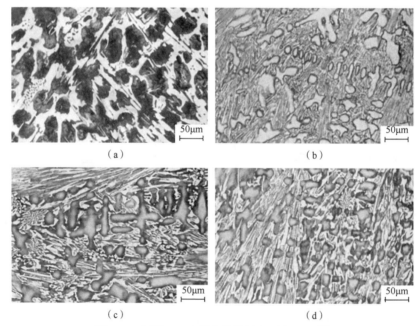

（a）　　　　　　　　　　　　　　　（b）

（c）　　　　　　　　　　　　　　　（d）

图 4-28　不同 Mo 含量高铬铸铁的显微组织[34]

（a）0.3%Mo；（b）0.7%Mo；（c）0.8%Mo；（d）0.9%Mo

4.3.5　硼合金化

为了进一步提高高铬铸铁耐磨性，众多学者开展了含硼高铬铸铁研究，取得了良好的效果。Yan 等研究发现，随着 B 含量提高，含质量分数 2.62%～2.88%C、15.9%～18.3%Cr、0.24%～0.34%Mn 和 0.67%～0.72%Mo 的高铬铸铁显微组织逐渐由亚共晶向过共晶过渡，且 $M_3(C, B)$ 和 $M_{23}(C, B)_6$ 含量增加，含 1.26%B 时以 $M_3(C, B)$ 为主[45]。铸态含硼高铬铸铁硬度高，马氏体数量和硬度随 B 含量提高而增加（图 4-29），且其在软磨料三体磨损和湿式橡胶轮磨损中均表现出较高的耐磨性。Liu 等[46]进一步研究发现，硼能降低 Cr 在奥氏体中的溶解度，使其稳定性下降，冷却后可转变成高硬度马氏体，从而提高铸态含硼高铬铸铁硬度。铸态含硼高铬铸铁经去应力回火后，可直接使用，不需要进行高温热处理，具有节能提效等特点。例如，铸态含硼高铬铸铁混凝土搅拌机衬板的耐磨性达到普通白口铸铁衬板的 14 倍。Ma 等[47]采用量子化学从头算方法计算含硼小体系的电子结构，然后用原子间相互作用对势处理奥氏体大体系，总能量为小体系与大体系的叠加，分析讨论了 B 在奥氏体中的占位、固溶度及对马氏体相变的影响，并与试验合金的成分、组织结构及性能进行了对比，发现随 B 含量增加，含硼高铬白口铸铁原子平均结合能降低，易产生摩擦诱发马氏体，提高其耐磨性。

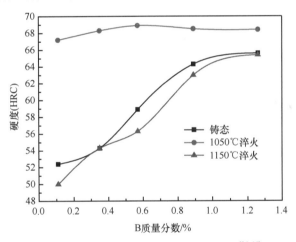

图 4-29　B 含量对高铬铸铁硬度的影响[26, 46]

Ma 等[48, 49]研究发现，B 的加入使得 28%Cr 白口铸铁中碳化物体积分数线性增加且硬度明显提高，由 1622HV 提高至 1920HV。Aso 等[50, 51]研究发现 Fe-15Cr(25Cr)-C-B 铸铁在高硼低碳条件下的铸态共晶组织大部分是 γ 相 + M_2B 化合物，如图 4-30（a）～（c）所示。随着 C 含量增加和 B 含量减少，则出现 γ 相 + $M_3(C, B)$、γ 相 + $M_7(C, B)_3$ 和 γ 相 + $M_{23}(C, B)_6$，如图 4-30（b）、（d）和（e）所示。当 B 质量分数大于 2% 和 C 质量分数小于 1% 时，铸态下 γ 相部分转变成贝氏体，而 B 质量分数小于 1% 和 C 质量分数大于 2% 时，铸态下 γ 相则部分转变成珠光体。在高硬度碳硼化合物和高耐蚀基体的共同作用下，Fe-15Cr(25Cr)-C-B 铸铁具有比传统不含硼高铬铸铁更好的抗腐蚀磨损性能。

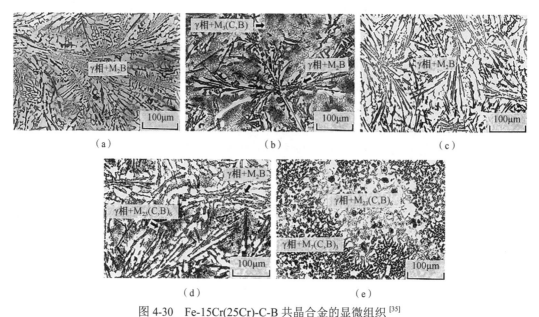

图 4-30　Fe-15Cr(25Cr)-C-B 共晶合金的显微组织 [35]

（a）15Cr-0C-2.6B；（b）15Cr-1C-2B；（c）25Cr-0C-2.2B；（d）25Cr-0.6C-2B；（e）25Cr-2.8C-0.5B

为了降低含硼高铬铸铁脆性，提高其韧性和使用安全性，刘根生等 [52] 用 RE-Al 复合变质对含质量分数 2.8%～3.0%C、12%～13%Cr 和 0.10%～0.15%B 的高铬铸铁变质处理后，铸态组织中葵花状碳化物消失，呈孤立、分散、边缘钝化的杆状和板条状碳化物增多，集聚倾向减少，分布均匀。另外，碳化物随 RE 加入量的增加而越来越细化，与变质剂中铝的配入量无关；但配入 RE 量相同，当 Al 质量分数由 0.3% 增加到 0.5% 时，杆状和板条状碳化物长度变短，尖角钝化现象更为明显，但试样中夹杂物缺陷概率增大。出现上述现象的主要原因是：RE 具有较强的脱氧去硫净化铁液的作用，从而增加铁液表面张力和过冷度，使形核率显著提高，组织细化。另外，加入适量 RE 后，其脱氧去硫所形成的相应产物又可作为初晶的形核基底，使形核核心增多，晶粒细化。初生奥氏体的细化增强了共晶反应时残留铁液相互被隔开的趋势，以"离异"方式结晶，使残留铁液进一步被分隔，因此共晶碳化物条变短。含硼高铬白口铸铁经 RE 和铝复合变质处理后，碳化物形态和分布得到改善，冲击韧性平均提高 30% 左右，耐磨性是未经变质处理的 1.3 倍 [52]。Han 等 [53] 对含质量分数 13%Cr-4%Mn 的高 Cr-Mn 白口铸铁用硼变质处理，发现随着 B 含量的增加，碳化物逐渐变为呈孤立分布的细小团粒状，但当 B 质量分数超过 0.3% 以后，则又变粗大。B 质量分数在 0.12%～0.30% 范围内时，碳化物的细化程度较为理想。在此基础上，用 B 和 RE 对高铬铸铁进行复合变质处理，其变质效果最佳，冲击韧性可达 6～7J/cm²，与 Cr15Mo3 铸铁相比，在销盘高应力试验中其相对耐磨性达 1.01，在反复冲击磨损试验中则为 0.95，而其成本比 Cr15Mo3 铸铁低约 46%。试验和实践证明，经 RE 和 B 复合变质处理的高 Cr-Mn 白口铸铁，可以成为 Cr15Mo3 铸铁很好的代用材料 [53]。İzciler 等 [54] 的研究也发现，高铬铸铁中加入微量 B（质量分数约 0.04%），不仅可改善碳化物形态和分布，提高高铬铸铁韧性和耐磨性，还可明显提高高铬铸铁的淬透性和淬硬性，可以实现无钼、镍高铬铸铁的生产，显著降低生产成本。

4.4　提高高铬铸铁韧性

影响高铬铸铁韧性的因素主要有化学成分、合金化、热处理工艺、孕育和变质处理、熔炼和铸造工艺、晶粒度、晶粒边界两边晶粒取向差、基体组织、夹杂物和碳化物的形态和分布等 [5, 17, 18]。高铬铸铁中脆硬的碳化物减弱了高铬铸铁工件基体抗冲击能力，使其在高冲击载荷下的应用受到限制。围绕这个问题，国内外已做了大量的工作，其共同点在于试图改变共晶碳化物和石墨的形态以大幅度提高铸铁韧性，然而现有研究结果表明，高铬铸铁的韧性仍不够稳定。因此，还需在细化高铬白口铸铁共晶碳化物、提高晶界冶金质量、合理选择基体组织等方面下功夫，以显著改善铸铁韧性 [5, 17]。另外，高铬铸铁的冲击韧性与其 C 含量成反比 [5, 43]，通过精炼除气、除夹杂物、细化奥氏体及碳化物的结晶组织等新工艺，在保证具有同样硬度的前提下，也可以大幅提高铸铁的韧性 [6, 7]。

4.4.1　夹杂物的影响

夹杂物大部分都是强度很低的相且缺陷较多，会降低材料的强度而增加脆裂倾向，严重影响铸铁的综合力学性能 [18]。例如，硫化物、氧化物等夹杂物为韧性较差的脆性相，随着体积分数的增加，铸铁断裂韧性减小 [26]。因此，改善和控制硫化物等夹杂物形态、分布、含量、大小和等级（如夹杂物级别<2A 或 2B）非常重要，同时应尽量使夹杂物呈独立杆状均匀分布。Moore 等 [55] 的研究结果表明，含 RE 的夹杂物可作为铸铁外来结晶核心并吸附在晶核表面，阻碍晶粒长大，促使晶粒细化而使韧性提高 [12]，并可改善和控制硫化物等夹杂物形态，有助于高铬铸铁综合性能的提高，但应减少晶界夹杂物数量 [26]。

4.4.2　碳化物的影响

高铬铸铁中的 Cr 大部分形成共晶和二次碳化物 [6, 7]。碳化物是脆性相，对裂纹扩展阻力小，其含量越高，断裂韧性越低，但碳化物达到一定量时，碳化物的形态和分布对提高裂纹扩展阻力起主要作用，从而可提高韧性 [18]。为了优化铸铁性能，需要获得细化的晶粒和碳化物。可通过合理运用铸型对液态金属的激冷作用、适当降低浇注温度、动态晶粒细化、快速冷却、热处理、半固态处理等方法细化初生碳化物。此外，RE、K、Na、Zn、Mg、V、Ti、B 等元素对初生碳化物有良好的细化作用，悬浮铸造和合金化也是细化初生碳化物的有效途径 [19]。

亚共晶高铬铸铁组织由粗大的树枝状初生奥氏体与网状共晶碳化物构成，且共晶碳化物在析出过程中沿初生奥氏体的晶界生长，形成链网状辐射分布并与初生奥氏体交错排列，造成奥氏体的割裂而导致铸铁韧性较差。另外，在晶界处生长的碳化物细化了粗大树枝状奥氏体，这也导致在此处生长的共晶碳化物发生变形，最终被奥氏体塑性变形产生的亚晶界所分割，局部区域形成了断网状分布，减少了碳化物对基体的割裂，这又有助于碳化物对基体的保护，从而增强了高铬铸铁的抗断裂韧性。

典型的 M_7C_3 型碳化物在凝固过程中呈独立条状分布，但在较大的冲击载荷下，通常会因其尺寸较大而易发生破碎、断裂等韧性不足引起的失效现象，因此其在大冲击工况下的应用受到限制。在实际应用过程中，常常需要通过热处理、变质处理、合金化等方法对碳化物进行优化，从而提高高铬铸铁的韧性等力学性能，改善其应用[56]。合金元素的充分扩散有利于高硬度强化相 M_7C_3 型碳化物的形核和长大，从而提高铸铁的硬度，同时，硬化处理促使铸态奥氏体基体转变为较多的马氏体，生成二次碳化物，M_7C_3 型碳化物含量增加，在马氏体和形成的针状束集碳化物的共同作用下进一步提升高铬铸铁的硬度，并形成表硬内韧的组织分布，从而改善铸铁的耐磨性和使用寿命[4, 56]。另外，加入的合金元素改变了铁液的凝固环境，强碳化物形成元素 V、Ti 对 C 的强烈吸引作用使 C 原子的扩散速度减慢而减缓其生长速度，外加凝固过程中形核率的增加，使凝固组织细化。当合金元素加入量不合适时，不仅不能细化碳化物，反而会引发粗大的凝固组织[24]。

4.4.3　晶粒度和晶界状态的影响

晶粒度越大，晶粒越细小，晶界面积则越大，故在一定区域内形变进而裂纹失稳扩展所消耗的能量就越大，高铬铸铁韧性越大。晶粒度的大小取决于形核率 N 和长大速度 G 之比，N/G 越大，晶粒越细小，细晶强化作用越明显[18, 26]。另外，晶粒边界两边的晶粒取向差越大，高铬铸铁韧性越大[18]。这是因为晶界是原子排列紊乱区，当塑性变形由一个晶粒横过晶界进入另一个晶粒时，晶界阻力大，穿过晶界较困难，且穿过晶界后滑移方向又需改变，因此和晶内的变形相比，这种穿过晶界而又改变方向的变形需要消耗更大的能量。同时，塑性变形能是裂纹扩展阻力的主要部分，裂纹扩展阻力越大，材料断裂韧性就越大。另外，晶界状态对断裂韧性也有很大影响。晶界状态是指晶界净化程度、夹杂物含量、形态及分布、晶界析出相、晶界密度、晶界总周长等。晶界状态不仅影响晶界的物化性能，还直接影响晶粒间的结合强度和相互连接状态，甚至会直接萌生裂纹和微观缺陷，降低韧性[26]。

4.4.4　孕育处理的影响

对高铬铸铁实施孕育处理，可提高形核率、细化晶粒和碳化物，是目前提高高铬铸铁韧性的主要方法之一，且方法简单，成本较低，但存在"孕育衰退"等问题，不利于大尺寸铸件中碳化物的细化[18]。孕育剂可以选用与高铬铸铁奥氏体或 M_7C_3 型碳化物有共格或半共格关系的较小粒度陶瓷类高熔点化合物，并以其作为异质核心促使高铬铸铁非均匀形核，进而细化晶粒和碳化物。并且当孕育和变质处理协同作用时，可以明显提高高铬铸铁的力学性能和耐磨性能，但目前尚缺乏关于孕育和变质处理协同作用的量化研究结果[26]。研究表明，RE 复合孕育处理后晶粒得到细化，碳化物尺寸变小，连续网状变成断网结构，以 M_7C_3 型碳化物为主的高铬铸铁具有较好的综合性能[57]。张山纲等[58]在高碳高铬白口铸铁（4%～6%C，30%～40%Cr（质量分数））研究中，采用向铁液包内加入孕育剂中间合金、低温浇注和向铁液中加入 0.2～0.3mm 合金铁丸等一系列措施，提高了凝固过程的形核率，将初生碳化物横断面尺寸细化到 80μm 以下，材料淬火后硬度达到 63～68HRC，湿磨耐磨性是 Cr26 高铬铸铁的 1.5～2.1 倍。这是中间合金孕育剂所起到的作用，其机理相当于在铁液中加入异质核心，促使非均匀形核，细化组织，提高材料的硬度和冲击韧性[26, 57, 58]。

4.4.5　熔炼和铸造工艺的影响

高铬铸铁常用的熔炼方式为中频感应炉熔炼和高频感应炉熔炼，常用的铸造方式为砂型铸造、离心铸造、悬浮铸造、消失模铸造等，常采用高温度梯度定向凝固。高铬铸铁适合在电弧炉或感应电炉中熔炼，熔炼时采用玻璃造渣法防止铁液被大量氧化，并应注意加料顺序，先加废钢、生铁和回炉料，铬铁在熔炼后期加入，以免过分烧损，且熔炼温度控制在（1480±20）℃，熔炼后的出炉温度一般不超过 1480℃，以免大量氧化和吸气[56]。另外，熔炼过程中采用吹氩、吹氮及加钛等除气方法可使高铬铸铁变得更加致密，其韧性随之提高，且吹氩比吹氮的效果好[5]。

高铬铸铁体收缩率大，流动性良好，浇注温度一般取液相线温度以上过热 50~100℃，浇注温度越低，晶粒组织越细，并减弱了缩孔和疏松倾向[6, 7]，且使用适当的铸造工艺能够极大地改善高铬铸铁韧性。采用半封闭式浇注系统，并在横浇道加设集渣包或加置过滤网使铁液平稳地流入型腔，而内浇道尽量采用底注式或阶梯式，防止铁液在浇铸过程中产生二次氧化[5-7]。采取定向散热的铸造方式，使得到的碳化物呈纤维状定向排列且垂直于摩擦面分布，形成碳化物骨架，全部凸起并覆盖于摩擦表面，以提高铸铁的冲击韧性和耐磨性[5]。清理要按照去披缝、去浇道、去冒口、打磨的顺序进行，以减少或防止铸件产生的热应力与铸造应力叠加而开裂，从而增加韧性[5]。同时，在高铬铸铁中预埋钢筋网可以提高铸铁的强韧性并起到激冷作用，加入适量铁粉作为悬浮剂可以提高铸铁的韧性，并在铸铁凝固过程中起到细化晶粒的作用，提高结晶取向的随机性，减少缩孔和疏松等缺陷[5]。在用常规铸造方法生产较大尺寸和形状复杂的过共晶高铬铸铁铸件时，因裂纹等缺陷易造成废品，在使用中也常发生断裂事故[2]。有研究表明，悬浮铸造工艺对金属液产生激冷作用，将加快合金的凝固速度，且金属微粒在整个液态金属中造成了大量的局部过冷区，同时还可以增加结晶时的晶核数量，促使金属液的凝固方式发生变化，起到变质作用，细化晶粒，在提高铸件和铸锭质量方面具有很大的作用。大量研究表明，悬浮剂成分与合金液成分相同或相近时与合金液有良好的浸润性，可成为先析出相的晶核衬底，促使其大量析出，获得细小、均匀分布的粒状碳化物，降低对基体的割裂作用，有效改善高铬白口铸铁的组织和力学性能，使冲击韧性提高 20%~30%，耐磨性能提高 20%[19]。相比于常规铸造，离心铸造成形的半固态过共晶高铬铸铁组织中初生碳化物明显细化，随着距环形径向外侧面距离的增加，初生碳化物尺寸按先增加后基本不变的趋势变化且存在缩松产生的明显分界线，即出现明显的偏析现象。在冷却体表面析出的初生碳化物进入型腔以后，主要向环形铸件内侧方向移动，且主要集中在环形铸件径向外侧面区域，但由于温度的降低，不利于析出的初生碳化物生长，靠近环形铸件径向外侧面组织中初生碳化物明显细化。凝固过程中借助离心力作用的偏析动力，固相颗粒（初生碳化物）会发生移动，但只能部分消除组织中的缩松倾向[20]。从碳化物的形状和大小来看，常规铸造得到的试样组织中，碳化物除少量为较大块状外，更多的为严重割裂基体的长针状，导致其冲击韧性更低。而通过消失模铸造得到的试样组织中，碳化物呈短条状，同时也有部分呈细密的块状，但合金化处理对性能的改善不明显，这可能是相对较快的冷却速度使基体组织中出现了较多的马氏体，且合金元素没有有效细化碳化物，导致性能的改善不明显；另有研究表明，消失模铸造高铬铸铁试样的磨损量仅为常规铸造工艺的1/3[28]。

4.4.6 变质处理的影响

对高铬铸铁实施变质处理无疑是改善韧性等性能最简单有效和常用的一种方法[26,57,59]。变质剂的作用主要是改变钢铁中碳化物、夹杂物等化合物相的形态和分布，促使碳化物呈孤立状和团球化，细化晶粒，提高材料韧性[26,59]。变质剂对高铬铸铁的变质原理至今尚不清楚，Mg、Al、Zn、Cu、V、Ti、RE、Nb、B、Ba、Ca是常用的变质元素。RE是活泼的合金元素，熔点低，原子半径大，是Fe-Cr-C合金中的强过冷元素，也是应用较广的变质剂。Ti是非常活泼的合金元素，在铁水凝固冷却期间，因它与铁水中的[O]、[N]和[C]的强亲和力而结合形成大量细小的氧化物、氮化物和碳化物颗粒悬浮在铁水中，可能会成为新相形核的基底，细化组织；B是低熔点活泼元素，与氧的亲和力很强，在铁水凝固期间可能会被排挤到结晶前沿，从而延缓凝固速度，细化显微组织[4, 52, 57]。B与Ti均能使高铬铸铁的共晶反应发生变化，导致碳化物与奥氏体共晶组织分离。通过变质处理改性高铬铸铁材料，调整合金成分，优化其液固转变和固态相变工艺，可赋予高铬铸铁材料新的性能，进一步拓展其应用空间[4, 57]。

1. RE变质

RE在凝固过程中通过溶质元素再分配而富集在碳化物结晶前沿的液体中，在碳化物生长前沿活化吸附，增大了共晶过冷度（成分过冷）和共晶凝固范围，导致共晶碳化物大量形核，碳化物趋向于孤立状、团球状，并使初生奥氏体晶粒细化[5, 55]。RE与铁液中的氧、硫均有较大的亲和力，在高铬铸铁液中加入RE后，能够有效地降低铁液中[O]和[S]的含量，去除钢中的有害气体，净化铁液，减少夹杂[15]，且RE富集到固/液界面促使枝晶熔断和游离[55]，生成含RE的高熔点化合物并成为极微小的异质晶核，使共晶转变温度下降，促进离异共晶生长，起到细化晶粒和碳化物并改善和控制夹杂物及碳化物形态的作用，有助于铸铁综合性能的提高[5, 26, 56]。另外，偏聚在共晶碳化物择优长大方向生长前沿熔体上的RE可阻止熔体中铁、铬、碳原子正常进入共晶碳化物晶体中，降低了共晶领先相碳化物择优长大方向上的长大速度，促使碳化物均匀分布，阻碍脆性断裂时裂纹扩展，提高了冲击韧性[55, 56]。因此，RE变质处理是提高高铬铸铁耐磨性的有效途径。

2. K、Na变质

K、Na具有较强的脱氧、脱硫能力，且熔点低，原子半径大，是表面活性元素，可吸附或偏聚在碳化物与奥氏体的界面上，造成较大的成分过冷，改变碳化物的结晶进程，有利于离异共晶的形成并使碳化物形状趋向于孤立状和团球状[60-62]。另外，K、Na一般以其化合物的形式加入铁液包内，但K、Na的沸点很低，化合物在高温下分解后易挥发[61]。研究表明，配合使用钾盐RE复合变质剂处理高铬铸铁，可细化碳化物并改善其形态和分布，明显提高冲击韧性[62]。

3. Mg、Zn 变质

一些研究工作表明，Mg 和 Zn 是表面活性元素，Mg 首先会吸附在 [0001] 面的孪晶沟槽和层错中并富集于结晶碳化物表面，有助于碳化物孤立化和团球化，抑制碳化物长大[5, 63]。碳化物结晶形核后，Zn 将聚集在碳化物前沿液相周围或紧靠晶核表面，造成碳化物前沿生长部位自由能增加，阻碍碳化物生长，使碳化物变得细小、孤立、尖角圆钝[64]。

Mg 的熔点低，是强成分过冷元素，可增大共晶转变形核率，细化共晶组织，促进非均匀形核。Mg 与 S、O 和 P 亲和力极大，可生成密度低于合金液的化合物，使化合物上浮形成熔渣达到除 S、O 的目的，并净化合金液，减少夹杂物。Mg 的加入使碳化物的形成和长大环境发生改变，阻碍了碳化物生长且使其择优取向的生长趋势变缓，阻止了碳化物生长的各向异性，使其由长片和长条状分布转变为孤立团块状、团簇状和近圆球状分布，减小了对基体的割裂程度，细化了晶粒。不同 Mg 含量对高铬铸铁铸态金相组织的影响见图 4-31，随着 Mg 含量增加，碳化物的形貌和分布显著改善。图 4-31（b）中 Mg 质量分数为 0.4%，基体中共晶碳化物棱角变钝，其晶粒度减小；图 4-31（c）中 Mg 质量分数为 0.6%，长条状碳化物发生破裂，共晶莱氏体以菊花状存在于基体中，碳化物晶粒度继续减小；图 4-31（d）中 Mg 质量分数为 0.8%，组织恶化，碳化物尺寸增大并呈网状分布[5, 63]。

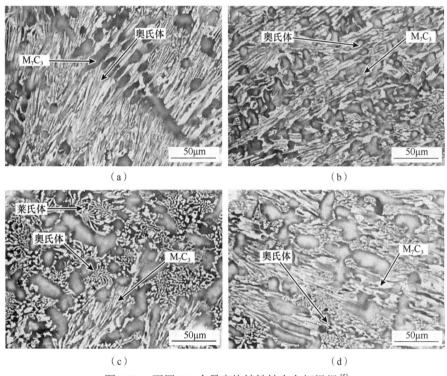

图 4-31　不同 Mg 含量高铬铸铁铸态金相组织[5]

（a）0%Mg；（b）0.4%Mg；（c）0.6%Mg；（d）0.8%Mg

Mg 含量对高铬铸铁硬度的影响见图 4-32。当 Mg 质量分数小于 0.6% 时，随着 Mg 含量增加，高铬铸铁硬度提高。当 Mg 质量分数为 0.6% 时，基体组织和碳化物的分布达到最佳状态，硬度达到 56HRC。继续加入 Mg，高铬铸铁的硬度明显下降。由于高铬铸铁高温出型快冷，当奥氏体过冷到一定温度时会发生马氏体转变，其不随时间变化，只与温度有关，且部分 Mg 固溶于晶界处，产生了固溶强化，这些因素促进了高铬铸铁硬度的提高。另外，Mg 在金属液凝固过程中会在碳化物前沿结晶析出，分割碳化物并抑制其长大，使晶粒细化。由图 4-32 可知，当 Mg 质量分数为 0.8% 时，硬度明显下降，其原因是过量 Mg 恶化了变质处理，碳化物尺寸增大并尖锐化，严重割裂了基体组织，导致高铬铸铁硬度降低[5,63]。

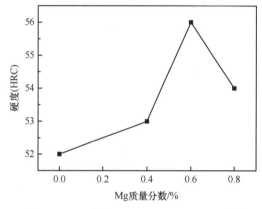

图 4-32　Mg 含量对高铬铸铁硬度的影响[5]

4. Si、Al 变质

Si 元素可偏聚在共晶碳化物前沿，抑制碳化物生长，且质量分数为 1.5%～2.5%Si 可改变高铬铸铁共晶碳化物的凝固方式，改善共晶 M_7C_3 型碳化物的形态[65-67]。但 Si 会降低高铬铸铁的淬透性，对淬火处理的马氏体高铬铸铁须综合考虑 Si 的使用[19]。Al 对碳化物的形态、大小及分布起明显的改善作用，加入质量分数 0.2%～0.3%Al 可大幅度提高高铬铸铁力学性能，弯曲应力 σ_w 提高 20.2%，冲击功 A_K 提高 35.3%，最高达 9.2J/cm$^{2[56]}$。

5. Sr 变质

Sr 对高铬铸铁具有良好的变质效果。适量的 Sr 能有效改善高铬铸铁的铸态组织并变质其中的共晶碳化物，使碳化物形貌由原来粗大的板片状转变为细小均匀分布的圆杆状或圆管状，并使碳化物与基体组成的共晶团得到明显细化。这是因为 Sr 是表面活性元素，加入高铬铸铁熔液中，会在碳化物的析出过程中吸附在碳化物的表面，尤其是碳化物的快速生长面，阻碍碳化物的生长，从而起到变质效果，最终使碳化物变得细小、均匀。且共晶碳化物与基体的相互依附生长也会受到阻碍，因而在变质后的组织中，共晶团也得到明显细化。变质前，高铬铸铁基体上分布着大量粗大的明显沿热流方向生长的共晶碳化物，最终长成板条状。加入 0.1%Al-10Sr 中间合金后，高铬铸铁的显微形貌有所改善，碳化物尺寸明显减小；当 Al-10Sr 的加入量为 0.2% 时，基体上均匀分布的细小块状和纤维状碳化物取代了组织中的板条状碳化物，平均尺寸在 30μm 左右；当加入量增加到 0.3%（质量分数）时，与加入 0.2%Al-10Sr 的试样相比，其变质效果明显衰退，试样中又出现了一些尺寸较大且具有明显方向性的碳化物；加入量继续增大至 0.4%，衰退更加明显，试样中的碳化物完全转变为板条状，与未变质前的组织形貌相同，且过量 Sr 也会使变质效果急剧衰退，这表明存在明显的 Sr 过变质现象[68]。无论是变质前还是变质后，高铬铸铁中的碳化物均为长的板片或杆状，且经 Sr 变质以后，碳化物无论是长度还是横截面直径都明显减小。另外，未变质高铬铸铁中的粗大杆或板片状碳化物为一个整体，而经 Sr 变质试样中的碳化物粗杆实际上是由许多细小杆状碳化物组成的碳化物束，其截面直径大部分都在 1μm 以下，且这些细小碳化物大部分为实心圆杆，另外，还存在一部分管状结构的碳化物[68]。

4.4.7　热处理工艺的影响

为了提高高铬铸铁韧性，需要选择合适的化学成分并对铸铁进行热处理以使奥氏体中过饱和合金元素以二次碳化物形式析出，随后选择合适的冷却速度得到高硬度的马氏体基体。高铬铸铁一般采用空淬，而不使用易产生裂纹的水淬和油淬[6, 7]。近年国内外开发了多种热处理新工艺，包括通过深冷处理提高基体的强韧性及现在国内普遍采用的高温淬火 + 低温回火[56]。如将铸态组织为 M_7C_3 型碳化物、奥氏体、少量马氏体及珠光体的高铬铸铁经 950℃ ×3h 出炉强制风冷，260℃ ×2h 回火后的硬度达到 65HRC[17, 69]。合金热处理后的组织主要由 M_7C_3 型和 $M_{23}C_6$ 型初生碳化物、低共熔碳化物、二次碳化物、马氏体基体和少量 RA 组成[69]。研究表明，高铬铸铁在 960～980℃ 保温较长时间后过饱和奥氏体中会有富铬碳化物析出，形成粒状 $M_{23}C_6$ 型碳化物。延长高温保持时间，使 C 和 Cr 更多地以二次碳化物的形式析出，并使奥氏体中碳含量降低，空淬后形成低碳马氏体，铸铁硬度升高，韧性降低[6, 7]。保温 3～4h 后直接出炉强制风冷，夏季时适当进行喷雾冷却，铸件硬度可达 52～60HRC。增加加热温度和保温时间，可以大大提高碳原子扩散通量，但温度过高或时间过长，又会造成碳化物过分粗化，产生带状碳化物。碳化物经高温热处理后发生团球化，韧性明显提高，其冲击吸收功（A_K）较铸态时提高了 90%[56]。质量分数 2.3%～3.2%C、7.5%～9.5%Cr 铸铁经 1000℃ 奥氏体化和 290℃ 等温淬火处理后，组织由马氏体、贝氏体和 RA 组成，硬度为 60HRC，A_K 为 10.8J/cm^2，综合力学性能优异[70]。由于韧性的提高，应用这一工艺生产的磨球磨耗显著减少[70]。

高铬铸铁的基体中大都含有 RA，而加工硬化会使 RA 转变为马氏体并伴随有体积膨胀，在接近零部件的工作表面产生内部压力和应力，应用于受冲击工况时铸件的工作表面就会破碎，因此需通过热处理将大量的奥氏体完全分解转变为马氏体以提高铸件的抗反复冲击性能和使用性能。但耐磨铸件热处理也有不利的一面，因为耐磨铸铁本质上是脆性材料，如果加热和冷却周期太短就会发生开裂现象，在循环加热或冷却及快速加热或冷却过程中易产生裂纹，因此应该慎重选择热处理工艺。生产过程中会对铸件进行退火处理以便于机械加工或进行回火硬化处理。典型的热处理周期如表 4-6 所示，加热循环的次数、加热和冷却的温度等都取决于铸件的厚度和几何形状的复杂程度[3]。

表 4-6　耐磨铸件的热处理 [3]

铸铁类型	材料牌号	热处理的目的	第一工序	第二工序
镍铬铸铁	4%Ni2%Cr	消除应力	8～16h，250～300℃	炉冷或空冷
		提高抗冲击性	4～6h，425～475℃	8～16h，250～300℃
	5%Ni9%Cr	消除应力	6～12h，800～850℃	
		提高抗冲击性	8～16h，800～850℃	8～16h，250～300℃
高铬铸铁	所有牌号	退火软化处理（要求硬度<378HBW）	1h/25mm 壁厚，920～975℃，保温至少 1h	随炉至 810℃，炉冷至 600℃，>55℃/h 至室温
	所有牌号	硬化处理	4～12h，900～1050℃	快冷至室温或吹风冷却
	所有牌号	回火处理	4～12h，200～550℃	空冷至室温

亚共晶高铬白口铸铁的凝固路径始于一次奥氏体的析出，然后发生共晶反应：L——奥氏体 + M_7C_3。在室温下，奥氏体转变为珠光体、马氏体或贝氏体取决于冷却速度和成分。通过 Mn、Ni、Mo、Cu 和快速冷却能稳定奥氏体，可促进其保留，因此所得的微观结构主要由树枝状基体和"基体 + M_7C_3"的共晶组成。用等离子转移弧焊技术对质量分数 14.5%Cr 铸铁表面改性，发现熔化导致过饱和奥氏体中形成两种形态的共晶碳化物，后热处理（800℃下等温保持 2h 后油淬）导致纳米碳化物在奥氏体中沉淀，然后发生马氏体相变，从而显著提高了熔融层的显微硬度 [11]。其加工参数为：电弧电流 250A，电压 60V，工作气体为氩气，扫描速度为 0.25m/min，可确保表面温度约为 1500℃。与常规铸造相比，获得了约 230μm 深度的改性熔融层，获得的树枝状共晶碳化物显著细化。经过等离子处理的组织包含过饱和奥氏体，熔化后结晶的"新鲜"共晶"奥氏体 + M_7C_3"包括呈板状和纤维状的细碳化物颗粒，粗枝晶中含有不同 Cr 含量的二次碳化物 [11]。另外，进行结构优化最有前途的技术是激光表面熔化（laser surface melting，LSM）和等离子表面熔化（plasma surface melting，PSM），它们分别提供 $10^4 \sim 10^8$K/s 和 $10^5 \sim 10^8$K/m 的加热/冷却速度和热梯度。LSM/PSM 的高能量输入会导致表面熔化，从而使碳化物完全溶解。然后，快速冷却产生具有精细微成分和增强韧性的亚稳态微观结构，且基体组织的细化会提高高铬铸铁耐磨性。随后的热处理会使得碳化物在激光熔化层中沉淀，从而增加其硬度和耐磨性 [11]。在 800℃下进行后热处理会在等离子改性区的基体中引起纳米级次生碳化物沉淀，该沉淀与冷却时奥氏体转变形成的马氏体显著提高了显微硬度。另外，PSM 后的高冷却速度通过"溶质俘获"现象导致奥氏体显著保留在等离子熔化区中 [11]。

4.5　提高高铬铸铁耐磨性

李秀兰等 [24] 研究表明，随着合金元素含量增加，高铬铸铁凝固组织从过共晶转变成共晶、亚共晶组织。在同一冲击载荷下，共晶成分合金耐磨性最好，亚共晶成分合金耐磨性最差，且组织中奥氏体数量越多，耐磨性越差，细小均匀的凝固组织能提高耐磨性 [24]。另外，大量存在的 RA 保证了其一定的韧性并在磨损时产生加工硬化现象，两者共同作用提高了高铬铸铁耐磨性。

高铬铸铁的耐磨性和力学性能受碳化物的类型、形态、尺寸、含量、分布、基体组织类型和相对含量及基体支撑结构的性质等内部因素和磨损形式、受力状况、介质、温度等诸多外部因素影响，而基体支撑结构的性质又取决于铸件的化学成分和断面尺寸以及后续的热处理。M_7C_3（M=Fe, Cr, Mn 等）型碳化物具有较高的硬度，奥氏体基体具有较好的耐腐蚀性并能够显著抵抗腐蚀性介质的侵蚀保证材料的整体硬度（HRC）和断裂强度不变，改善材料的耐腐蚀性能。白口铸铁中的硬质 M_7C_3 型碳化物颗粒均匀弥散分布在基体上，通过组织结构的调控显著降低材料的脆性，达到精准提高韧性和耐磨性的目的。邢建东等[13]研究了在两种磨料（硬磨料 SiC 和软磨料石榴石）磨损条件下，不同基体对高铬铸铁两体和三体磨料磨损性能的影响，发现耐磨性受基体、碳化物和磨料硬度影响较大，在硬磨料磨损条件下，磨料的"压入"会导致粗大碳化物崩落，对耐磨性不利，而在软磨料磨损条件下，初生碳化物不会被破坏，对提高耐磨性更有利。贺林等[71]研究了碳化物尺寸对耐磨性的影响，结果表明，在不同的磨损条件下，碳化物需要具有适当的尺寸以提高耐磨性。Doğan 等[72]研究了不同取向的 M_7C_3 型碳化物对高铬铸铁二体磨料磨损性能的影响，发现 M_7C_3 型碳化物长轴方向与磨损面平行时较垂直时耐磨性好。因此，应根据磨料特性、应力条件等工况来调控高铬铸铁的碳化物位向与尺寸[1]。

提高高铬铸铁耐磨性的方法主要有微合金化、变质处理、热处理、改善熔炼及铸造工艺等。在生产过程中加入不同种类和一定含量的 Nb、Ni、V、Ti、Cu、Mo 等合金元素，可使碳化物的类型、数量和分布发生改变，且在基本不降低其硬度的同时改善高铬铸铁韧性，发展应用前景较好[73]。高铬铸铁铸态下硬度低、韧性差、耐磨性和耐腐蚀性差等缺点一般需用后续热处理来改善，以适用不同的磨损工况[2, 69, 74]。通过淬火、去稳定化和回火热处理可以改善它们的耐磨性和耐腐蚀性[2, 69, 74]。"淬火＋回火"是高铬铸铁广泛采用的热处理工艺，但每种材料适用的热处理温度又存在一定差异。近年来，我国冶铸工作者通过合理选择化学成分和微合金化，研制出许多新型高铬铸铁，在磨球生产应用上表现出了优异的耐磨性能。硬度是耐磨铸铁的重要评价指标，其主要通过控制材料的化学成分和热处理工艺而得到期望的组织来保证。而成分和热处理工艺的选择都和铸件壁厚有关，因此针对具体的铸件应根据结构特点和应用工况条件确定其化学成分和热处理工艺[3]，体现不同产品的差异性和个性化特点。

4.5.1　热处理工艺对高铬铸铁耐磨性的影响

1. 淬火和回火温度的选择

对质量分数 12.9%Cr 的高铬铸铁在 1050℃奥氏体化 2h 并在 320℃盐浴中等温淬火 4h 后，在 50N、100N、150N 和 200N 的不同负载下进行 36000 次循环的磨料磨损测试，磨料使用氧化铝。结果表明，试验过程中高铬铸铁中的 RA 经诱导形成马氏体，从而增加了磨损面表层和过渡区的硬度，且磨损机理与测试载荷之间存在密切联系。由于高铬铸铁的可塑性好、厚度小、硬度低，在较低的负载条件下，其磨损机制是在不间断的重复磨损过程中，磨料首先切割基体，然后使细小的碳化物剥落。而负载较高时，块状硬质合金（碳化物）的开裂或断裂引起基体刮擦和剥落，且磨损表面上白色蚀刻层的厚度和硬度均随试验载荷增加而逐渐增加，并对高铬铸铁的磨损机理产生很大影响[75]。

提高淬火温度会增加碳在奥氏体中的溶解度，得到高碳高硬度马氏体，但过高的淬火温度又会使奥氏体稳定性提高，增加 RA 含量，使铸铁韧性提高，从而使高铬铸铁兼具高硬度和高韧性 [1]。为确保材料的耐热稳定性或抗中高温回火软化能力，除适宜合金元素外，应选择中高温回火，并使材料具有稳定的冲击韧性，以确保在低应力冲击切削磨料磨损条件下的可靠性和安全性 [17]。淬火后采用高温回火，可使奥氏体中析出二次碳化物，降低其稳定性以得到马氏体，但由于空淬时形成的马氏体硬度较低，所以回火后铸铁的整体硬度较低 [74]。如某高铬铸铁的铸态组织为 RA+ 共晶碳化物 + 少量马氏体，进行 1020℃ 奥氏体化保温 2h 淬火，在 250℃ 回火 4h 后，组织由 $(Cr, Fe)_7C_3$、V_2C、马氏体及少量 RA 组成，硬度达到 61~63HRC，耐磨性能最好。对铸铁采取 960℃×2h 油淬 + 200℃×3h 回火的热处理工艺，可以获得回火马氏体 + 细小弥散分布的碳化物 + 少量 RA，硬度达到 60~61.7HRC，冲击韧性达到 6.0~7.5J/cm^2，而经过 910℃ 水淬 + 260℃ 回火 2h 后，得到回火马氏体 + 碳化物 + 较多 RA 组织，硬度达 62.5HRC，冲击韧性为 11.6J/cm$^{2[17]}$。

由图 4-33 可见，经表 4-7 中四种工艺热处理后高铬铸铁组织均为共晶碳化物 + 二次碳化物 + 马氏体基体 + 少量 RA，但共晶碳化物形态明显不同。采用工艺路线 1 时，细小碳化物弥散分布在马氏体基体上，见图 4-33（a）；采用工艺路线 2 时，碳化物长大并呈条块状交叉分布，见图 4-33（b）。采用工艺路线 3 时，碳化物呈粗大的岛块状分布在马氏体基体上，见图 4-33（c）；采用工艺路线 4 时，碳化物尺寸减小并弥散分布在马氏体基体上，见图 4-33（d）[74]。

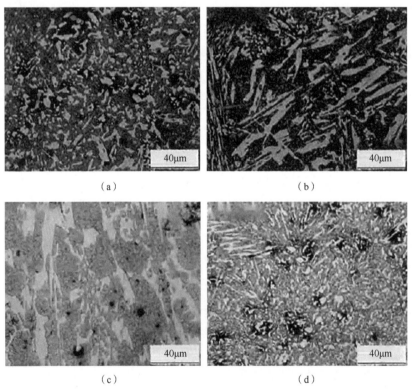

（a）　　　　　　　　　　　　（b）

（c）　　　　　　　　　　　　（d）

图 4-33　叶片采用不同热处理工艺后的组织形貌 [74]

（a）工艺路线 1；（b）工艺路线 2；（c）工艺路线 3；（d）工艺路线 4

表 4-7 高铬铸铁叶片热处理工艺参数表 [74]

参数	工艺路线 1	工艺路线 2	工艺路线 3	工艺路线 4
淬火温度/℃	960	960	1050	1050
淬火保温时间/h	2	2	2	2
回火温度/℃	250	450	250	450
淬火保温时间/h	2	2	2	2

热处理前后叶片试样硬度测试结果见表 4-8。由表可见，热处理后，叶片宏观硬度及基体和碳化物的显微硬度均提高，但工艺路线 1 和工艺路线 4 处理后的硬度要高于工艺路线 2 和工艺路线 3。以沙石为摩擦副，对铸态和热处理试样进行耐磨性测试的结果见图 4-34。可见，经过工艺路线 1 和工艺路线 4 两道工艺热处理后，高铬铸铁抗磨损能力提高，而工艺路线 2 和工艺路线 3 处理后材料的耐磨性相对铸态有所降低，材料的耐磨性经工艺路线 1 处理后提高了 42.24%，经工艺路线 4 处理后提高了 34.64%。经工艺路线 1 和工艺路线 4 处理，叶片可获得细小弥散分布的共晶碳化物 + 二次碳化物 + 回火马氏体 + 少量 RA 组织，共晶碳化物体积分数分别减少至 26.67% 和 25.62%，碳化物含量适中，其尖角变圆、尺寸变小且弥散分布，对基体起到良好的强化作用，同时 RA 对

表 4-8 不同热处理后叶片试样硬度 [74]

热处理工艺路线	洛氏硬度 (HRC)	维氏硬度 (HV)	
		基体	碳化物
铸态	58.63	549.76	893.52
工艺路线 1	62.60	795.96	1487.66
工艺路线 2	61.40	738.67	1246.89
工艺路线 3	60.15	696.91	1250.06
工艺路线 4	62.10	795.19	1482.95

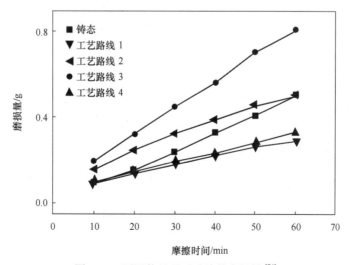

图 4-34 不同热处理后叶片的磨损量 [74]

细小弥散分布的二次碳化物也有很好的夹持作用，实现了铸铁良好的强韧性配合，硬度分别提高至 62.60HRC 和 62.10HRC，耐磨性分别提高了 42.24% 和 34.64%[74]。另外，研究表明，当碳化物含量为 30% 左右时，高铬铸铁的耐磨性最佳，碳化物含量过高反而会降低其耐磨性[74]。

2. 失稳处理和回火时间的影响

高温奥氏体化失稳处理是高铬铸铁获得优异综合性能的有效途径。将高铬铸铁加热至奥氏体化温度以上并保温，在此过程中 C、Cr 及其他合金元素脱溶于奥氏体形成弥散分布的二次碳化物，降低了奥氏体的稳定性，使 M_s 升高[2, 69]。由表 4-9 可知，相比铸态，1000℃失稳处理后，硬度增加了 12.3HRC，而无缺口冲击吸收功降低了 1.4J。为了消除淬火应力，进一步改善韧性，对 1000℃保温 3h 失稳处理的试样在 250℃回火保温 2～8h，其组织见图 4-35。回火过程中二次碳化物有长大趋势，保温时间较短时，部分二次碳化物呈杆状分布，保温 6h 时，马氏体脱碳并析出碳化物而使硬度降低，但细小二次碳化物含量和弥散程度增加则提高硬度，继续延长保温时间，二次碳化物聚集长大，

表 4-9　不同状态高铬铸铁的硬度和冲击吸收功[69]

状态	铸态	淬火态	250℃不同回火时间			
			2h	4h	6h	8h
硬度 (HRC)	51.5	63.8	62.5	60.3	61.4	60.9
冲击吸收功 A_K/J	5.7	4.3	5.5	5.9	7.3	6.1

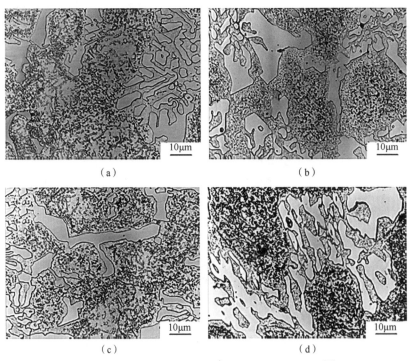

（a）　　　　　　　　　　　（b）

（c）　　　　　　　　　　　（d）

图 4-35　不同回火时间时高铬铸铁显微组织照片[69]

（a）2h；（b）4h；（c）6h；（d）8h

冲击吸收功先升高后降低，回火 6h 后达到最大值 7.3J。这是因为随着保温时间延长，Cr、C 等元素扩散充分，弥散碳化物增多，增强了裂纹萌生倾向，因此宏观硬度略有升高，冲击韧性降低。淬火态与回火态试样组织无明显差异，基体上都有明显的细密针状马氏体，且周围分布着方块状及细长杆状二次碳化物。对比图 4-36 峰强变化可见，失稳处理使马氏体和 M_7C_3 相含量增加，使不稳定的 $M_{23}C_6$ 相转变为更稳定的 M_7C_3 相[69]。

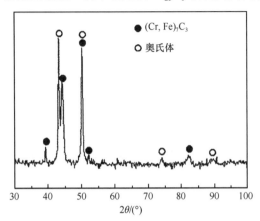

图 4-36　不同状态高铬铸铁 X 射线衍射图[69]

图 4-37 为不同状态高铬铸铁单位时间磨损量和 6h 磨损总量。从图 4-37（a）可以看出，失稳和回火处理均提高了高铬铸铁的耐磨性能，且随着磨损时间延长，单位时间内磨损量逐渐减少。由图 4-37（b）可知，相比铸态，淬火态和 6h 回火态试样磨损总量分别减少了 4.5mg 和 14.2mg。磨损试验机转动过程中，面接触摩擦副中凸出的硬质相（M_7C_3 型碳化物等）与试样表面直接相对切割。随着磨损进行，摩擦副与试样表面逐渐匹配，从线-面接触变为面-面接触，单位面积上的正压力减小，磨损量增幅减缓，逐渐进入平稳磨损阶段。回火态高铬铸铁中存在大量弥散分布的硬质碳化物和马氏体，为共晶碳化物提供了有力支撑，阻止了其在磨损过程中断裂和剥落，且基体中的 RA 缓解了摩擦副／碳化物相接触造成的应力集中，延缓了裂纹扩展和铸件断裂的发生。从图 4-38 可以看出，失稳态试样磨损犁沟数量较多，犁沟边缘存在大片剥落坑和一定程度的黏着（图 4-38（d））。硬度较高的表面微凸体起到磨料作用。磨损初期，摩擦副与表面微凸体相互接触摩擦，相对滑动造成硬质凸起切削基体形成犁沟。磨损后期，硬质碳化物逐渐变钝，将基体组织推至犁沟侧而形成沟脊，部分基体组织在反复犁削和挤压过程中脱落。由于铸态高铬铸铁中缺少二次碳化物等弥散分布的高硬度相，无法对块状共晶碳化物提供较好保护，使表面形成大量微观断裂而剥落。失稳处理提高了高铬铸铁基体的硬度，增大了微凸体在相对滑动中承受的阻力，使剥落少且剥落坑更浅，但微凸体与试样接触部位因局部形变生热而在相对运动中撕扯使两部分金属发生黏着。回火处理释放了空淬过程的应力，强化了基体对碳化物的支撑，减少了磨损过程中的剥落。综上所述，磨损机制主要为磨料磨损和黏着磨损，两者相互影响，且与材料硬度及韧性密切相关[39]。结合表 4-9 与图 4-38 可以确定，最佳回火保温时间为 6h，此时试样兼具较高的硬度、冲击吸收功和优异的耐磨性[39]。

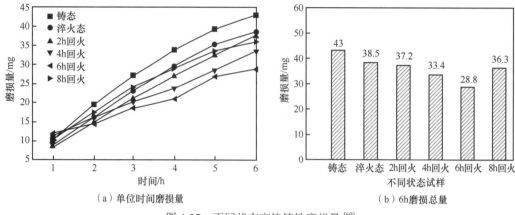

（a）单位时间磨损量　　　　（b）6h磨损总量

图4-37　不同状态高铬铸铁磨损量[69]

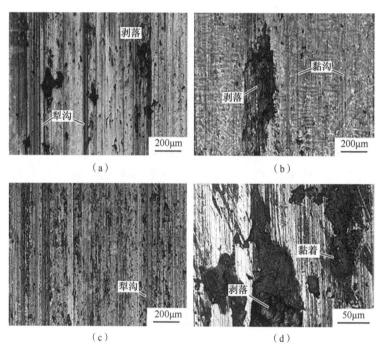

图4-38　不同状态高铬铸铁表面磨损形貌[69]

（a）铸态；（b）淬火态；（c）回火态（低倍）；（d）回火态（高倍）

Cr15高铬铸铁凝固时形成了硬度为1200～1800HV且彼此孤立分布的 $(Cr, Fe)_7C_3$ 型共晶碳化物，为主要抗磨相，而奥氏体基体失稳处理（去稳定化的空气硬化）后可部分转变为马氏体、二次碳化物及通常不受热处理影响的共晶碳化物，同时组织中还有少量RA，硬度显著提高并具备一定的冲击韧性。此外，为消除铸造应力和调控组织，获得理想的综合性能，通常还可进行回火和深冷处理[2, 76]。在随后的回火处理过程中，任何残余的奥氏体都会转变为马氏体或贝氏体。去稳定化过程中形成的二次碳化物类型取决于化学成分和去稳定化温度。据报道，质量分数15%～20%Cr高铬铸铁中的次生碳化物为 M_7C_3 和 M_6C，质量分数25%～30%Cr高铬铸铁中的次生碳化物为 $M_{23}C_6$[2]。研究发现，将高铬铸铁在 850℃、900℃和 950℃进行 45min 的去稳定化热处理之后，基体内析出了二次碳化物。失稳温度为 850℃和 900℃时，奥氏体晶粒中弥散分布着细小颗粒状二次碳化物，二次碳化物难以在奥氏体晶粒内随机生长，更易在共晶碳化物晶界处析出。失稳温度为 950℃时，RA 内出现方形和细杆状二次碳化物，其含量随着失稳温度升高而增加。失稳温度为 1000℃时，二次碳化物大量弥散析出。溶解在基体中的碳和铬有助于在高温下形成这些细小碳化物，在随后的冷却过程中，基体中 C 和 Cr 贫化的部分奥氏体转变为马氏体。贫碳区存在大量的碳化物，造成结合部位强度低。当受到的热应力和机械应力超过强度极限时率先产生裂纹，裂纹扩展后瞬间断开[9]。热处理后的最终结构由未变质的碳化物及由马氏体和 RA 构成的基体组成，且基体由大量二次碳化物增强，基体硬度提高[27]。进一步提高失稳温度，二次碳化物含量减少，但有聚集长大的趋势，晶粒尺寸增大，如图 4-39 和图 4-40 所示。随着失稳温度升高，洛氏硬度和二次碳化物含量均呈先增加后减少的趋势。1000℃时洛氏硬度和二次碳化物相对含量达到峰值，分别为 60.3HRC 和 39.8%，失稳温度继续升高，二次碳化物析出量减少，1100℃时硬度和二次碳化物相对含量都有所下降，分别为 55.6HRC 和 12.32%。当失稳温度高于 1000℃时，奥氏体中 C 和合金元素回溶量增加，奥氏体稳定性提高，空冷过程中马氏体转变不彻底而使含量减少，RA 含量增多，硬度减小。由此可知，最优失稳温度为 1000℃，可获得马氏体和弥散细小的二次碳化物组织[69]，如图 4-41 所示。Cr15 高铬铸铁经 1000℃×3h＋空冷＋250℃×6h 回火热处理后消除了应力集中，从而使高铬铸铁的应力减小而不易产生裂纹[69]，其显微组织如图 4-42 所示。

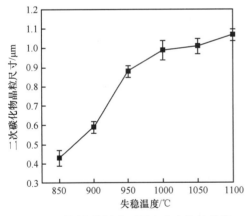

图 4-39　不同失稳温度下回火态高铬铸铁的二次碳化物晶粒尺寸[69]

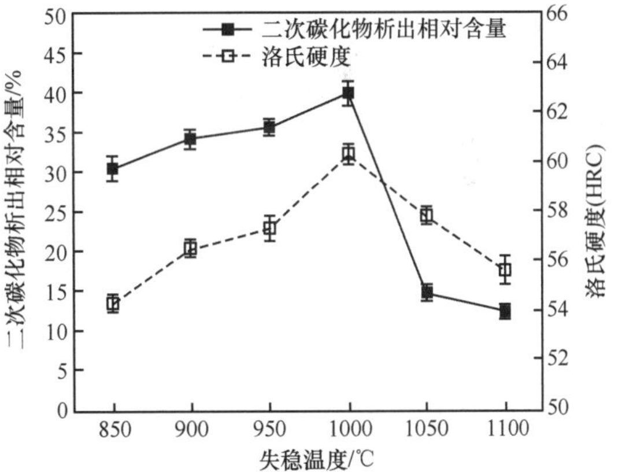

图 4-40　不同失稳温度下回火态高铬铸铁的洛氏硬度与二次碳化物相对含量[69]

为了降低生产成本，何成文等研究了不含 Mo、Cu 等元素，化学成分（质量分数）为 15%Cr、2.8%C、1.0%Si、0.7%Mn（S＜0.03%，P＜0.05%）铸铁的组织和性能，其热处理工艺如表 4-10 所示[77]。由图 4-43 可知，Cr15 油淬后的组织主要为回火马氏体＋RA＋共晶碳化物＋二次碳化物，基体中马氏体含量较高，因而硬度较高。经测量，Cr15铸态试样的平均硬度为 45.6HRC，淬火态试样的平均硬度为 60.8HRC。采用 MM-W1 型立式万能摩擦磨损试验机进行磨损试验，试验载荷为 100N，转速为 100r/min，磨料为

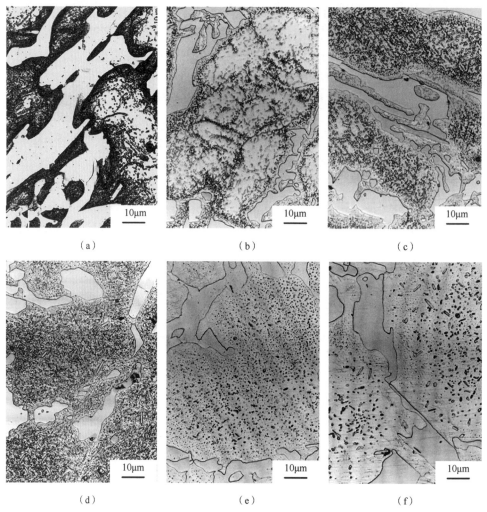

（a）　　　　　　　　　　（b）　　　　　　　　　　（c）

（d）　　　　　　　　　　（e）　　　　　　　　　　（f）

图 4-41　高铬铸铁不同温度保温 3h 空冷后 250℃回火 4h 的显微组织照片[69]

（a）850℃；（b）900℃；（c）950℃；（d）1000℃；（e）1050℃；（f）1100℃

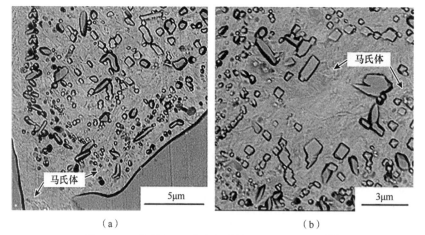

（a）　　　　　　　　　　　　　　　（b）

图 4-42　不同热处理状态高铬铸铁的 SEM 组织[69]

（a）1000℃保温 3h 空冷；（b）1000℃保温 3h 空冷后 250℃回火 6h

0.149mm 砂纸，磨损时间为 3min。先将磨损试样放到磨损试验机上进行预磨，待试样表面光滑时，开始计入原始质量。经测量，Cr15 铸态和淬火态试样平均磨损量分别为 1.76mg 和 1.13mg。另外，该高铬铸铁中合金元素含量高，对基体的固溶强化作用大，有利于提高硬度，因而有助于提高耐磨性[77]。

表 4-10　Cr15 热处理工艺[77]

热处理工艺	加热温度/℃	保温时间/min	冷却方式
淬火	1000	40	油冷
回火	250	40	空冷

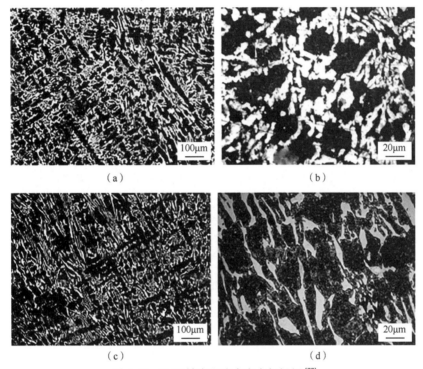

图 4-43　Cr15 铸态和淬火态金相组织[77]

（a）Cr15 铸态组织 100 倍；（b）Cr15 铸态组织 500 倍；（c）Cr15 淬火态组织 100 倍；（d）Cr15 淬火态组织 500 倍

4.5.2　碳化物对高铬铸铁耐磨性的影响

碳化物的特征决定了高铬铸铁的耐磨性，改善碳化物主要有如下几种途径：①控制凝固过程。在凝固过程中控制碳化物的生长，可以有效改善碳化物的形貌；喷射成形技术和半固态成形技术可以显著减小碳化物的尺寸，使碳化物离散均匀分布[20, 78]；定向凝固技术可以改善碳化物的生长方式，控制碳化物定向生长[79, 80]。②变质处理。变质处理可以改变碳化物生长的热力学条件，优化碳化物形貌，细化其尺寸，提升高铬铸铁力学性能。张承甫[81] 将变质机理归纳为界面能理论、界面共格对应理论、偏析系数理论和 Tashis 参数等。张景辉等[82] 根据化学键理论，计算推导出键参数函数图，指出 Na、K、Cs、Sr、Ca、Ce、La、Y、Sc、Mg 等元素可改善碳化物形态和分布并细化晶粒。关于

RE、K、Na、Zn、Mg、V、Ti、B、Al 等元素变质高铬铸铁有大量的研究，取得了一定的成果[83-86]。③塑性变形。通过高温塑性变形方法，使高铬铸铁中的碳化物破碎，分布更加均匀，可以提高冲击韧性[85, 86]。④热处理。高温热处理可以使高铬铸铁中的碳化物边角处溶解，网状碳化物可变为孤立分布、边缘圆润。此外，雾化制粉后烧结成型、合金化、悬浮铸造等方法均能一定程度上改善碳化物的尺寸与形态[87-94]。

M_7C_3 型碳化物是高铬铸铁中常见的碳化物类型，当其以紧密的层状或纤维状存在于奥氏体或奥氏体的转变产物中时，呈现菊花型放射状或板条状孤立分布于塑性基体中并被基体包围，不会破坏基体的连续性，但其含量一般不超过 40%。若增加碳含量，则碳化物体积分数增加，耐磨性提高，但脆性增大。当碳质量分数超过 4.3% 时，组织中会出现初生碳化物，韧性和其他力学性能均大幅度下降，通过变质、高温热处理使碳化物变成均匀分布的团球状可进一步提高铸铁的韧性[6, 7, 18]。在磨损工况下，以纤维状定向排列且垂直于摩擦面分布的碳化物形成骨架，全部凸起并覆盖于摩擦表面，再加上它深埋入较硬的马氏体基体中而不易变形和断裂，从而提高耐磨性。而弥散网状分布于晶界的碳化物不能对磨料的摩擦形成抗磨合力，在切割和冲击力的作用下容易发生脱落和断裂，且它们周围的奥氏体在摩擦时变形能力弱，形变硬化层浅，粗大的奥氏体基体容易被坚硬的磨粒划伤而很快被磨掉，失去基体支撑的碳化物处于孤岛且很快变形断裂而从基体上剥落下来并充当新的磨料参与磨削，循环往复而加剧磨损[95, 96]。要保证高铬铸铁的耐磨性，须合理设计铸铁成分和铸造工艺，严格控制质量。如果铸铁的 C 含量偏低，则其硬度得不到保障；如果 C 含量过高，则铸铁易出现裂纹，且 Cr/C 质量比的设定对铸铁成本和裂纹出现的难易程度至关重要[97]。当高铬铸铁中 C 含量较高时（质量分数 3.0%～3.5%C），C 含量也必须高（取质量分数 18%～25%Cr），以使得到的 M_3C_7 型碳化物在基体上均匀分布，表现出优良的硬度及相当的韧性。另外，高铬铸铁优异的耐磨性与奥氏体基体中呈断网状且彼此孤立分布的高硬度细条杆状 M_7C_3 型碳化物或菊花状碳化物有关，且这有利于高温耐磨性能的提高[8, 25, 97]。从图 4-44（a）可以看出，Cr33 组织中 M_7C_3 型碳化物呈团簇、长条状分布，基体由铁素体和奥氏体组成，并且在铁素体和奥氏体晶界的位置析出大量稳定晶界的二次碳化物，具有钉扎效应，可阻碍后续热处理过程中基体晶粒的进一步长大以增强基体强度。图 4-44（b）中 WH16 的碳化物形态相对比较均匀，孤立弥散地镶入奥氏体基体。在硬度相同的情况下，韧性提高可以有效抵抗磨料对表面的冲击，进一步提高材料的耐磨性和使用寿命。然而，由于 Cr33 组织中 M_7C_3 型碳化物呈长条状分布，在冲击过程中易在脆性相中产生裂纹并延伸，因此存在大量碳化物穿晶断裂形成的平整解理面，而图 4-45（b）中 WH16 的断口上也存在大量的解理面，其形成机制与 Cr33 相同，均为碳化物断裂所致，但在 WH16 断面中裂纹断裂通道较小，扩展长度受到抑制，因此相比 Cr33，其冲击韧性提高约 81%。此外，图 4-45 中画线区域为碳化物断裂产生的含解理面的剥落坑，在其断口面上发现了基体塑性变形所致的较多河流状韧性撕裂带，既保证了强度又显著改善了塑韧性，有益于其在高应力冲击载荷下服役[76]。

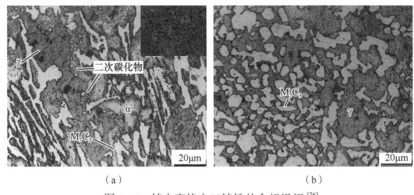

图 4-44　铸态高铬白口铸铁的金相组织[76]

(a) Cr33；(b) WH16

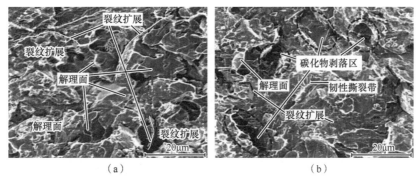

图 4-45　冲击断口 SEM 形貌对比[76]

(a) Cr33；(b) WH16

为了提高高铬铸铁的耐磨性，研究者试图加入不同的合金元素来改善碳化物形态和分布、细化显微组织和提高耐磨性，如 V、Ti、W、Mo、RE 等[32]。适量 Nb、V、Ti 合金元素的加入，在提高试验材料韧性的同时并没有牺牲材料的硬度，耐磨性成倍地提高。M_7C_3 型碳化物的硬度高达 1300～1800HV，高于石英砂的硬度，石英砂虽然不能对其直接切削，但当不断受到冲击的石英砂滑过材料表面时，也会对其造成一定的疲劳破坏，而疲劳破坏的程度取决于 M_7C_3 型碳化物的数量、形态和分布状况。未添加合金元素的高铬铸铁，M_7C_3 型碳化物破坏了基体的连续性，在不断的冲击作用下，相当数量的位错交结在碳化物周围，使其应力增大，导致碳化物上萌生裂纹，进而扩展，发生碎裂而脱落；同时，基体中奥氏体含量不仅较多，还比较粗大，硬度较低，石英砂对其直接进行切削，其磨损率最大。研究发现，当合金元素 Nb、V、Ti 的加入量分别小于等于 0.20%（质量分数）时，由于添加量少，生成的 NbC、VC 和 TiC 碳化物对高铬铸铁凝固组织的细化作用远不能抵消 M_7C_3 型碳化物数量减少对磨损产生的不利影响，基体的硬度降低，磨粒易压入材料内，可对材料进行有效切削。再者，较为粗大的条块状 M_7C_3 型碳化物在磨损过程中受到磨粒的冲击作用时，粗大的条块状组织尖端疲劳应力很大，易产生裂纹并快速扩展，M_7C_3 型碳化物碎断剥落量和奥氏体被切削量仍然较大；当高铬铸铁中 Nb、V、Ti 的加入量为 0.40%（质量分数）时，奥氏体呈细短的条状，高硬度的 NbC、VC 和 TiC 碳化物呈微小的颗粒状均匀分布在基体中，既有助于细化 M_7C_3 型碳化物，使其呈圆钝短小的条状或块状，也有助于基体强化，其冲击磨损率最小，仅为 4.5mg/min，冲击耐磨性大幅度提高。在冲击磨损试验条件下，量多细小的碳化物不易被击碎，部分奥氏体转变成马氏体，基体的强度又有所增强，当少量硬度较低的奥氏体首先被磨损后，硬度较高的 M_7C_3 型碳化物便裸露出来起支撑作用，减少了硬度较低的奥氏体与磨料的接触面积和磨损的可能性，故其磨损率最小[73]。当合金元素 Nb、V、Ti 的加入量分别达到或超过 0.70%（质量分数）时，先析出的大量 NbC、VC 和 TiC 易于聚集和长大，不仅不能细化基体，还消耗了铁液中的部分 C，基体中所能生成的 M_7C_3 型碳化物数量也大量减少，相应的奥氏体含量明显增加。当石英砂把大量硬度较低的奥氏体切削掉后，M_7C_3 型碳化物得不到基体的有效支撑，在冲击方向的垂直正应力和磨损过程中石英砂所带来的切向分力的作用下，碳化物便会整块脱落，基体就会失去 M_7C_3 型碳化物的保护作用，磨损进一步加剧，故其磨损率反而增大。因此，当合金元素的加入量分别为 0.40%（质量分数）时，试验材料的综合组织性能相对较佳[73]。

4.5.3 提高高铬铸铁的抗冲蚀磨损能力

高铬铸铁具有优良的抗冲蚀磨损性能，广泛应用于石油化工、水力发电机等装备耐冲蚀磨损部件。高铬铸铁抗冲蚀磨损性能受冲蚀条件影响很大，黎志欣等对高铬铸铁的冲蚀磨损特性进行研究发现，冲击角对高铬铸铁耐磨性有显著影响，冲击能量在磨料和抗磨材料中的分配比例对耐磨性起着关键作用。但是，在含有腐蚀性介质的酸砂浆中，高铬铸铁中的共晶碳化物与其相间形成大量的相界，基体与碳化物之间存在电位差，会造成较为严重的相间腐蚀，因此普通高铬铸铁不适用于在高浓度酸砂浆中服役。路富刚等通过在普通高铬铸铁中加入 N 元素，提高基体的电极电位，显著提高了高铬铸铁的抗冲蚀磨损性能[1]。另外，高铬铸铁表面生成的 Cr_2O_3 氧化膜能紧密吸附在材料表面充当防腐蚀介质，当厚度增加到一定程度后，可以延缓冲蚀磨损进程，提高耐腐蚀性，耐磨性表现为先减弱后增强，并且基体中部分 RA 转变为马氏体，使基体硬度提高，抗冲蚀磨损能力增强[8]。

图 4-46 显示了不同冷却速度下高铬铸铁的硬度变化。添加冷铁可增大冷却速度并使接触处定向凝固，使碳化物具有方向性，且高硬度晶面与定向凝固试样的横截面平行，进一步提高了其硬度而变得更加耐磨。随着冷却速度减小，其碳化物硬质相硬度升高并转变为硬度更高、脆性更大的 U 形和 L 形。当其从基体中突出后，在冲击载荷作用下易折断，硬质相折断后的基体切削更为严重，其冲蚀耐磨性降低。此外，不同冷却速度下的冲蚀磨损形貌如图 4-47 所示，很难观察到犁沟现象，这是因为碳化物硬质相阻挡了切削作用而提高了其耐磨性[23]。较高的冷却速度有利于提高高铬铸铁的碳化物含量和平均硬度并细化组织，但使碳化物硬质相的硬度降低，韧性提高，在冲蚀磨损的作用下不易断裂脱落，较好地保护了基体，且较浅的犁痕和凹坑磨损表面可以证明高铬铸铁的抗冲蚀磨损能力增强[23]。此外，低角度冲蚀时，高铬铸铁同时受到沿磨面的切削和法向方向上的力，受到较大的冲击作用，相对于在高角度冲蚀时更不耐磨。对高铬铸铁来说硬度越高耐磨性越好，基体越软越不耐磨，当珠光体含量超过 10% 时，铸铁的耐磨性较低，高硬度马氏体含量较高时耐磨性显著增强，且当高铬铸铁中含有适量的 RA 时，

虽然硬度较低，耐磨性较差，但当铸铁承受冲击载荷时，RA 会转变成马氏体，硬度提高，耐磨性增强[6, 7]。

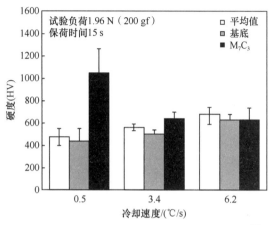

图 4-46　不同冷却速度下高铬铸铁的硬度变化[23]

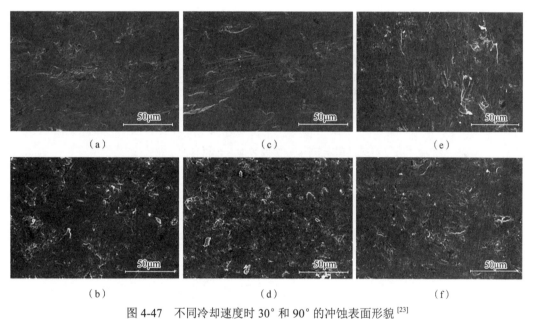

图 4-47　不同冷却速度时 30° 和 90° 的冲蚀表面形貌[23]

（a）30°，0.5℃/s；（b）90°，0.5℃/s；（c）30°，3.4℃/s；（d）90°，3.4℃/s；（e）30°，6.2℃/s；（f）90°，6.2℃/s

4.5.4　陶瓷增强颗粒对高铬铸铁耐磨性的影响

陶瓷增强高铬铸铁复合材料具有稳定的结构和优异的耐磨性。最常见的复合陶瓷包括 Al_2O_3、ZrO_2、SiC、TiC 和 WC。ZTA（由质量分数 70%Al_2O_3 和 30%ZrO_2 组成）陶瓷颗粒对高铬铸铁或锰钢基体的韧性和硬度具有显著影响，并可缓解铸铁复合材料承受的强烈冲击，使其具有出色的耐磨性，广泛用于采矿和水泥行业，如磨辊和磨板，其铸造过程及表面复合材料的示意图如图 4-48 所示。因此，陶瓷颗粒增强复合材料（ceramic particle reinforced composite，CPRC）可以认为是传统耐磨材料的替代品。作为增强材料，陶瓷颗粒弥散分布到金属基体中，使复合材料同时具有铁和陶瓷的特性，表现出较高的塑性、韧性和硬度。在磨损过程中，ZTA 陶瓷是主要的耐磨相，Cr26 基体对 ZTA 陶瓷颗粒的支撑作用与 ZTA 陶瓷颗粒对基体的保护作用的良好结合及它们的相互作用显著提高了 CPRC 的耐磨性，最高可达 5%[98]，制备的复合材料及复合的微观结构如图 4-49 所示。脆性界面在较高负载（2kg 和 3kg）下不会损害耐磨性，这表明 ZTA 陶瓷颗粒对 CPRC 的耐磨性具有积极影响。另外，钛合金黏合剂的添加改善了熔融的 Cr26 铸铁与 ZTA 陶瓷之间的润湿效果。ZTA 陶瓷中的氧原子和 Cr26 铸铁中的 Fe 原子扩散到过渡层中，分别形成 TiO_2 和 β-Ti 固溶体，因此过渡层是冶金界面。随着黏合剂含量的增加，CPRC 在低负荷（1kg）下表现出更好的耐磨性，耐磨性显著提高，且其表面粗糙度范围呈下降趋势。然而，在高负载（2kg 和 3kg）下，陶瓷与基体之间的结合强度降低，脆性过渡层的宽度增加并且发生剥落，耐磨性降低[98]。

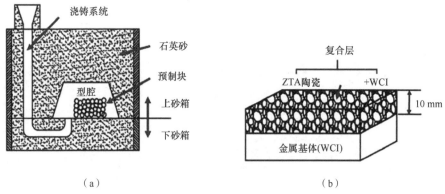

图 4-48　铸造过程示意图（a）及表面复合材料的示意图（b）[98]

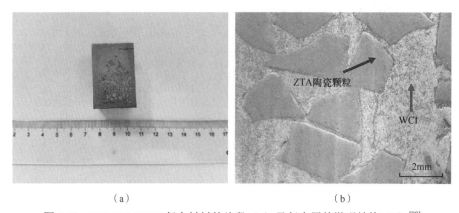

图 4-49　ZTA/Cr26 WCI 复合材料的片段（a）及复合层的微观结构（b）[98]

4.5.5　合金化对高铬铸铁耐磨性的影响

V、Mo 和 Ti 是强碳化物形成元素，其先于 Cr、Mn 等合金元素形成初生碳化物，显著提升耐磨性[28, 76]。加入适量的 V 或 Ti，不但能够获得高硬度的 VC 或 TiC，而且有利于 M_7C_3 型碳化物的形核和生长并抑制其他碳化物的长大，细化组织，提高耐磨性[28]。采用复合合金化时，过多的合金含量导致材料的韧性降低，硬度和耐磨性提高，且其耐磨性超过单一的 V 合金化或 Ti 合金化，均有利于改善常规铸件耐磨性，但对消失模铸件影响较小。与常规铸造相比，采用消失模铸造时由于冷却速度较快，合金化处理后的组织中存在较多的马氏体，碳化物的分布没有明显的变化但其更加细小，因此不易在磨损过程中脱落，且组织差异较小，故合金化处理促进了其耐磨性的改善[28]。

Cr 和 Mo 可以显著提高铸铁耐热性和耐磨性，其弥散分布的碳化物能显著提高高铬铸铁的高温耐磨性[25, 76]。郭克星等研究发现，Mo 的加入可达到细化晶粒、改变碳化物形状和分布以及提高淬透性的目的[5, 12]。未加入 Mo 时，高铬铸铁的磨料磨损表面有大量凹坑和剥落，说明此时的强度有余而塑韧性不足，耐磨性能较差。当加入 Mo 后，碳化物分布更加均匀且显微硬度高于基体，使得在磨损时石英砂压入碳化物并阻碍石英砂继续向内部压入，磨损表面变得更加凹凸不平，塑性犁沟和卷曲增多，剥落和凹坑相对减少，且犁沟深度减小[12]，说明塑韧性得到提高[99]。Pinho 等[100]研究发现，Mo 的加入改善了高铬铸铁的显微组织，提高了碳化物的体积分数和材料宏观硬度，增强了其高温耐磨性[12, 99, 100]。

研究发现，软磨料磨损时，适量的 Mg 可以提高高铬铸铁的耐磨性，Mg 质量分数为 0.6% 时的磨损量最小，耐磨料磨损性能最佳，磨损量如图 4-50 所示，不同磨料磨损的磨痕如图 4-51 所示。经过 Mg 变质处理后碳化物形貌得到改善，且更加细小均匀地分布在基体中，强化了对基体的保护，提高了耐磨性。在法向冲击力的作用下石英砂会压入较软的基体中与基体成为一个整体，阻碍磨料磨损，但由于基体表面分布的碳化物硬度高于石英砂硬度，石英砂也会先磨损掉较软的奥氏体基体，使硬度较高的 M_7C_3 型碳化物裸露在表面，失去基体的保护，并且硬脆的碳化物不会发生塑性变形而发生断裂并从基体脱落而留下凹坑，表面磨出了较浅的塑性犁沟，并且在犁沟的两端出现了石英砂嵌入基体的现象，两侧形成的卷曲的高铬铸铁在反复应力的作用下以疲劳剥落的形式脱落形成磨屑，降低耐磨性。这是因为当磨粒的硬度超过材料硬度时，在冲击力的作用下，磨料压入材料表面使其发生塑性变形并形成凹坑及周围凸缘，并且冲击属于能量载荷，会以弹性波的形式由表层向心部传播，遇到界面后返回并循环往复，弹性波每往返一次，高铬铸铁试样受到压缩和拉伸作用各一次，这种重复作用会产生疲劳裂纹并逐渐扩展。第二次压入时又重复产生塑性流动，最终形成冷加工硬化材料的多次塑变，引起了材料晶格畸变的残余，且塑性变形降低了材料应力重分配的能力，有些截面由于应力增长逐渐丧失塑性转为脆性，在冲击力作用下断裂成磨屑。然而，随着 Mg 的持续加入，高铬铸铁组织发生恶化，碳化物粗大，降低了耐磨料磨损性能[12]。硬磨料磨损时，刚玉砂的硬度高于 M_7C_3 型碳化物的硬度，在法向冲击力的作用下会使表面奥氏体产生马氏体形变硬化层，但该硬化层只有几十微米，磨料产生的切削会把形变硬化层切削掉，磨损量急剧增加，此时的塑性犁沟不仅变深，而且出现了大量的凹坑和疲劳裂纹，为凿削磨损机制。另外，Mg 的加入可以与铁液中的氧、硫反应，起到净化铁液的作用，且净化了晶界，减少了夹杂物含量，产生的化合物将有一部分作为形核核心，促进非均匀形核，使奥氏体树枝晶前沿产生成分过冷并缩小树枝晶间距，阻碍组织向网状生长，促进其向团块状生长，从而使组织更加细化均匀，进而提高耐磨性。但随着 Mg 含量不断增加，变质处理产生了副作用，恶化了组织，高铬铸铁的耐磨性呈现下降趋势。

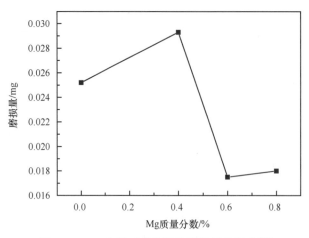

图 4-50 Mg 含量对高铬铸铁磨损量的影响[12]

（a）

（b）

（c）

（d）

图 4-51 石英砂（a）（b）和刚玉砂（c）（d）磨损的磨痕图[12]

由图 4-52 可以发现，垂直于磨损面的法向力迫使坚硬的磨料嵌入或压入低硬度高铬铸铁磨损表面，产生显微压坑且其周围发生塑性变形，由此产生拉应力和压应力分布，促使显微压坑最薄弱处形成显微裂纹。显微裂纹将成为形成宏观裂纹或各类磨屑的起点，造成磨损面的磨损。平行于磨损面的切向力迫使嵌入或压入高铬铸铁磨损表面一定深度的磨料沿切向力方向滑移，造成高铬白口铸铁表面被显微切削形成显微沟槽，且显微沟槽两侧因塑性变形形成高应变区域并成为形成各类显微磨屑的起点引发磨损；此外，这种显微沟槽是高铬白口铸铁磨损面常见的一种显微形貌。不难看出，在法向力和切向力的作用下，硬度低于磨料的高铬白口铸铁表面形成的各类形貌不同的显微磨损面将成为造成表面磨损的起点[101]。这里，造成犁沟两侧的卷曲、凸缘机制主要为多次塑变磨损机制，且高铬铸铁的磨料磨损机制以切削磨损为主，多次塑变磨损和凿削磨损为辅[12, 101]。

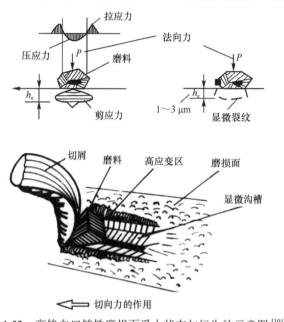

图 4-52　高铬白口铸铁磨损面受力状态与行为的示意图[101]

　　研究发现，Ti、V、Nb、Mo 的加入使高铬铸铁的凝固组织经历了过共晶、共晶和亚共晶的转变[24]。加入 Ti 后，改善了过共晶高铬铸铁的显微组织，初生碳化物得到细化，洛氏硬度提高，过共晶高铬铸铁抵抗高温磨料磨损能力提高，并且在相同的温度下，Ti 含量越高，耐磨性越强。同时加入 Ti 和 W 后，组织中碳化物最细小，碳化物分布均匀且体积分数最高，并且 W 固溶于碳化物及基体中，使硬度升高，而冲击韧性变化不大，高铬铸铁耐磨性能最好，其高温磨料磨损机理主要为磨料磨损、疲劳断裂和黏着磨损等[32]。在 500℃真空环境下，不同 Ti 含量的过共晶高铬铸铁高温磨料磨损形貌如图 4-53 和图 4-54 所示。对图 4-53 中 A、B、C 三个部分进行局部放大可以看出，磨损轨迹靠近圆心部位（A 区）磨损比较严重，在磨料和载荷的作用下，出现了显微切屑与滚压的痕迹。在切屑和磨粒的切削作用下，材料表面形成切削"犁沟"，堆积在犁沟两旁及沟槽中的材料受到磨料作用时会使已变形的材料再一次发生犁沟变形，而材料受到反复作用的垂直应力一旦超过疲劳极限，就会出现显微裂纹并扩展形成龟裂，硬脆的碳化物受到磨料的水平应力作用发生脆性断裂形成剥落现象（图 4-53（b））。在磨损过程中，由于三体磨料磨损（GCr25）上试样强度较低而发生剪切变形并形成磨屑黏附在下试样上，而下试样磨损轨迹内部的磨屑来不及完全排出，从而在磨损轨迹边缘部分形成"舌状"黏着，并且边缘部分受力最小，碳化物产生显微压裂并未出现剥落现象，整个区域形貌比较平整，仅中间部位（B区，图4-53（c））受力最大且基体碎裂和磨损最严重，碳化物被严重压裂而出现中间折断或整个被剥落形成剥落坑（图4-54（a））而在碳化物旁边形成片状磨屑，且磨损轨迹的边缘部位（C区，图4-53（d））出现磨屑黏着现象且磨屑被压平。质量分数0.13%Ti试样中出现明显的层片状黏着磨屑，部分碳化物被压裂并出现剥落而脆性断裂（图4-54（b））；质量分数0.29%Ti试样中碳化物有轻微磨痕，少量碳化物出现部分剥落，基体上出现"犁沟"（图4-54（c））；质量分数0.35%Ti试样中磨损形貌比较平整，黏着磨屑被压平，并有少量显微压痕出现，变形量较小，耐磨性最好（图4-54（d））。上述现象说明随着Ti含量增加，特别是同时加入Ti和W后，基体硬度提高，能有效支撑碳化物抵抗磨料磨损，并且碳化物得到细化且形态得到改善，体积分数提高，有更多的碳化物参与抵抗磨损，而固溶于基体中的W具有很强的抗高温能力，提高了铸铁抵抗高温磨料磨损能力。另外，高温环境下，基体的强度以及碳化物与基体的协调性显著影响材料的耐磨性，基体强度下降则使基体对碳化物的支撑作用下降，导致碳化物压裂、折断、剥落，无法有效抵抗磨料的磨损[32]。

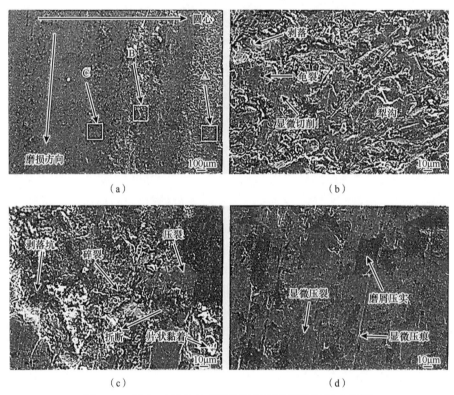

图4-53　不含Ti过共晶高铬铸铁的高温磨料磨损形貌[32]

(a) 高温磨料磨损宏观形貌；(b) 靠近圆心部位（A区）放大形貌；(c) 中间部位（B区）放大形貌；(d) 边缘部位（C区）放大形貌

高铬铸铁抗冲击磨损性能由其组织的细化程度和硬度共同决定。硬度的降低对磨损产生不利的影响，而凝固组织的细化又会削弱磨粒切削分力，改善抗冲击磨损性能。在同一冲击载荷下，共晶成分的铸铁耐磨性最好，亚共晶成分的铸铁耐磨性较差。随着冲击载荷的增加，奥氏体转化为马氏体的数量增多，基体硬度增加，抵抗石英砂磨削的能

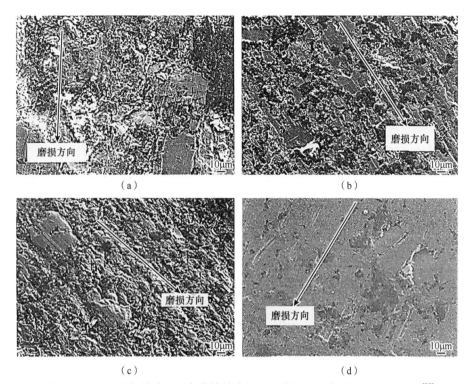

图 4-54 不同 Ti 含量过共晶高铬铸铁磨损轨迹中间部位高温磨料磨损形貌[32]

(a)试样 1（0%Ti）磨损形貌；(b)试样 2（0.13%Ti）磨损形貌；(c)试样 3（0.29%Ti）磨损形貌；(d)试样 4
（0.35%Ti+0.97%W）磨损形貌

力增加，但碳化物在冲击磨损过程中未能得到基体有效保护而易于从基体脱离，因此耐磨性呈先减弱后增强、再减弱的变化趋势。另外，冲击能量过大时，增大了碳化物碎断的概率，而且强度和硬度低的奥氏体基体在发生马氏体转变过程中体积会膨胀，对紧邻奥氏体的碳化物造成挤压，增大附加在碳化物上的应力，加快碳化物的失效、脱落而不能有效地保护基体，造成恶性循环，耐磨性降低。冲击功为 3J 时，耐磨性最好。当冲击功为 3.5J 时，硬而脆的马氏体和碳化物大量脱落，耐磨性又降低[24]。

4.5.6 高铬铸铁磨损机制

由于奥氏体高铬白口铸铁的塑性变形能力好于马氏体高铬白口铸铁，显微沟槽两侧可以明显看出塑性流变和塑性变形留下的痕迹。塑性流变的发生和唇状凸边区域的形成，将促使铸铁发生形变硬化、热相变、内应力增加等一系列足以改变材料组织结构和性能的变化。大量研究结果表明，各种不同形貌的显微磨损表面均在其硬度和冶金质量远低于共晶碳化物的基体组织中形成，成为磨损的起点[101]。

1. 高铬白口铸铁表面磨屑的形成与剥离

随着表面基体组织中形成各种不同形貌的显微磨损面，其周围塑性变形区域几乎同时被硬化和脆化，形成各种显微磨屑并从磨损表面基体中剥离，造成表面基体组织的磨损。磨屑的形状特征和 Cr 含量分析结果进一步证实磨屑是从高铬白口铸铁磨损面基体组织中形成并从磨损面基体组织中脱离的。在法向力作用下，迫使坚硬磨料嵌入或压入其显微硬度和冶金质量远低于共晶碳化物的基体组织中形成显微压坑，经磨料的多次冲击而形成典型的冲击疲劳磨削，其形状十分类似显微压坑，呈现空心半球状。经检验分析证实，磨屑中的小孔洞是基体组织中镶嵌较浅的二次碳化物被剥离而形成的，这说明高铬白口铸铁基体组织中的二次碳化物同显微磨屑一起脱离基体磨损面，对基体的耐磨性没有起到良好作用，反而消耗基体组织中的铬和碳，将降低基体显微硬度和电极电位，从而降低其耐磨性和耐腐蚀性。这一点在生产中应得到足够重视，既要做到高温奥氏体向马氏体转变要充分，也要抑制二次碳化物析出和长大，以得到高碳、高铬、高硬度、高电极电位的马氏体基体组织。在切向力作用下所形成的显微沟槽两侧的塑性流变和呈现唇状凸边的塑性变形区域随着磨损的进行变得更硬化、更脆化。不能再发生塑性变形时，唇状凸边区域最薄弱的部位发生裂纹萌生—扩展—断裂，被解体而形成的显微切削磨屑呈现卷起来的唇状形貌或呈现类似于车削的形貌，直接脱离磨损表面基体组织。要指出的是，各类显微磨屑的形成及剥离与磨损表面基体组织形成的不同形貌显微磨损面有着密切关联，虽然后者在先前者在后，但实际磨损中两者几乎同时交替形成并相互促进，造成磨损面基体组织的磨损。研究和生产实践表明，高铬白口铸铁基体组织越细化（共晶碳化物最大长度＜120μm、最大间距＜60μm）、显微硬度越高（马氏体＞720HV），就越能有效降低形成各类显微磨屑的概率和速率，同时有效减小磨屑尺寸，有利于提高高铬白口铸铁耐磨性能。从干态和湿态磨损面显微组织中不难看出，共晶碳化物周围基体组织均呈现凹坑，而碳化物呈现凸状，并带有稍微弯曲和裂纹及即将剥离的特征。这再一次证实高铬白口铸铁的磨损面磨损先从基体开始，然后共晶碳化物弯曲—裂纹—剥落。磨损中共晶碳化物周围基体组织先呈现凹状共晶碳化物后呈现凸状的主要原因是高铬铸铁的基体显微硬度、冶金质量（显微疏松、晶界夹杂物等）、电极电位等远低于共晶碳化物，其耐磨性和耐腐蚀性能远不如抗磨相共晶碳化物。从高铬白口铸铁磨损面显微组织中可明显看出，湿态磨损面基体组织凹坑深度和共晶碳化物凸状长度均大于干态，这意味着湿态磨损大于干态。这是因为湿态磨损既有液态腐蚀介质的腐蚀磨损，又有磨料磨损，腐蚀磨损和磨料磨损的交互作用使磨损速度加快[101]。

2. 高铬白口铸铁磨损特性与机制

高铬白口铸铁磨损特性与机制揭示如下。一是高铬白口铸铁磨损表面在所受到的法向力和切向力的共同作用下，首先在其硬度和冶金质量远不如共晶碳化物的基体中形成各类不同形貌的显微磨损面，同时形成各类显微磨屑并从磨损表面基体组织中剥离，磨损表面基体组织将呈现凹状，共晶碳化物呈现凸状，这是高铬白口铸铁磨损表面磨损的第一原因。二是随着磨损的进行，基体组织的凹状加深，当凹状基体组织不能再支撑凸状共晶碳化物时，在磨料的综合作用下，凸状共晶碳化物发生裂纹萌生—扩展—断裂—剥离—裸露出新的磨损面，造成并加速磨损面的磨损，这是高铬白口铸铁磨损表面磨损的第二原因。这两种磨损的原因反复交替重复，将加速高铬白口铸铁磨损，甚至导致高铬白口铸铁的失效，这就是高铬白口铸铁磨损的基本特征，是高铬白口铸铁磨损或失效的基本机制[101]。

3. 提高高铬白口铸铁耐磨性能的措施

高铬白口铸铁磨损面的磨损，首先从其硬度和冶金质量远不如共晶碳化物的基体开始，这是高铬白口铸铁磨损的起点，促使磨损面基体组织呈现凹状，共晶碳化物呈现凸状。从上述高铬白口铸铁磨损或失效的基本机制不难看出，要提高高铬白口铸铁的耐磨性，首先要降低高铬白口铸铁基体组织在磨损过程中呈现凹状和共晶碳化物呈现凸状的概率和速率，以最大限度发挥基体组织和共晶碳化物相互依存、相互支持、相互保护的能力；其次要降低凸状共晶碳化物产生裂纹萌生—扩展—断裂—剥离—裸露出新磨损面的概率和速率，以最大限度地挖掘抗磨相共晶碳化物对高铬白口铸铁耐磨性能的积极有效潜力，这是提高高铬白口铸铁耐磨性能的技术措施，并且它与基体组织和共晶碳化物的物化特性及铸件铸造质量有着密切关联。

研究和实践表明，以马氏体高铬白口铸铁为例，根据高铬白口铸铁的结构特点、铸件服役环境、磨损特点等可提出以下改进措施：一是优化主要成分设计，如 Cr/C 质量比、辅助元素含量（Si，Mn，Mo，Ni，Cu）、微量元素含量（RE，B，V，Ti 等）、有害元素含量（P，S，O，H，N 等）并严控其波动范围，为提高高铬白口铸铁的耐磨性能提供最佳的化学成分。如 C 质量分数严控在 3.1%～3.3%，同一铸件不同炉次 C 质量分数和各辅助元素质量分数波动范围均严控在＜0.05%，残余 RE 和 Al 质量分数分别严控在＜0.04%，O 质量分数严控在＜0.002%。二是优化确定基体组织和共晶碳化物的最佳组成含量，并呈现优异物化特性，为提高高铬白口铸铁耐磨性能提供最佳组织和性能，如组织要细化，各相分布要均匀（尤其是共晶碳化物）。严控基体组织中二次碳化物含量与尺寸，控制共晶碳化物直径和间距，共晶碳化物最大长度严控在＜120μm，最大间距＜60μm，基体硬度＞1400HV，确保马氏体中 Cr 质量分数为 10%～14%（$w(Cr_m)$= $1.95w(Cr)/w(C)-2.47$）；RA 质量分数严控在＜10%，基体中马氏体含量严控在＞90%，共晶碳化物含量严控在 30%～33% 等，最大限度地挖掘基体组织和共晶碳化物对耐磨性能的有效潜力[8, 34]。三是优化实施确实可行的纯净化、近净化、健全化等一系列工艺措施，提高高铬白口铸铁耐磨性能，提供铸造质量优异的优质铸件。例如，铸件各区域尤其是磨损面部位成分、组织和性能均匀且达标，没有任何宏观和微观铸造缺陷，宏观硬度严控在 62～63HRC 等，明显降低高铬白口铸铁基体组织在磨损过程中呈现凹状的可能性和共晶碳化物呈现凸状的概率和速率，同时明显降低共晶碳化物产生裂纹萌生—扩展—断裂—剥离—裸露出新磨损面的概率和速率，将显著提高高铬白口铸铁的耐磨性能[101]。图 4-55～图 4-58 是严控碳含量和共晶碳化物的相关试验结果。当高铬白口铸铁的碳质

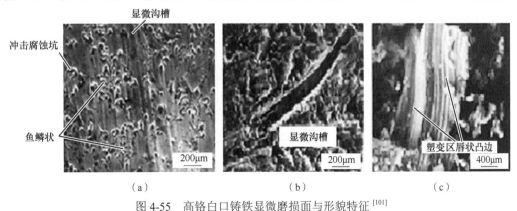

图 4-55　高铬白口铸铁显微磨损面与形貌特征[101]

（a）杂志泵叶轮腐蚀磨损表面形貌；（b）奥氏体基体磨损面；（c）塑变区唇状凸边

量分数严控在 3.1%～3.3%，共晶碳化物体积分数严控在 30%～33% 时，高铬白口铸铁的耐磨性能最佳。不难看出，高铬白口铸铁基体和共晶碳化物的物化特性与基体组织和共晶碳化物组成及含量、组织中诸合金元素含量及分布、组织细化程度及分布是密切相关的，这是得到优异组织和性能铸件的关键。因此，在生产中要认真实施一系列切实可行的工艺措施，对关键技术应给予足够重视，以有效提高高铬白口铸铁的耐磨性能[101]。

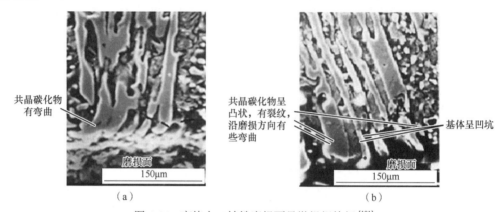

图 4-56　高铬白口铸铁磨损面显微组织特征[101]

（a）干态磨料磨损时磨损面显微组织特征；（b）湿态磨损时磨损面显微组织特征

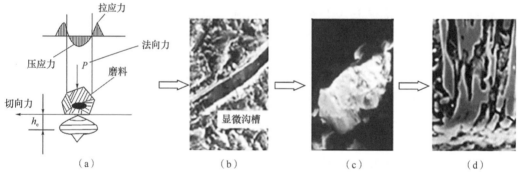

图 4-57　高铬白口铸铁磨损表面基体组织的不同形貌[101]

（a）磨损面受力状态与行为；（b）各类不同形貌显微磨损面与形貌特征；（c）各类显微磨屑形成与剥离基体组织的机制；（d）磨损面显微组织与特点

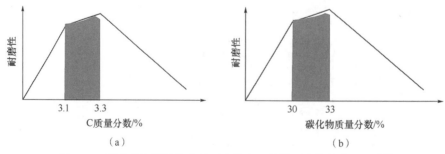

图 4-58　碳含量和碳化物含量对高铬白口铸铁耐磨性能的影响[101]

（a）碳含量；（b）碳化物含量

参 考 文 献

[1] Mousavi Anijdan S H, Bahrami A, Varahram N, et al. Effects of tungsten on erosion-corrosion behavior of high chromium white cast iron[J]. Materials Science and Engineering: A, 2007, 454: 623-628.

[2] Wiengmoon A, Pearce J T H, Chairuangsri T. Relationship between microstructure, hardness and corrosion resistance in 20 wt.% Cr, 27 wt.% Cr and 36 wt.% Cr high chromium cast irons[J]. Materials Chemistry and Physics, 2011, 125(3): 739-748.

[3] 张寅. ISO 21988: 2006《耐磨铸铁分类》解读[J]. 铸造, 2015, 64(5): 481-485.

[4] 冯博楷, 张敬业. 硬化处理对截齿高铬铸铁组织和硬度的影响[J]. 金属热处理, 2019, 44(9): 152-156.

[5] 郭克星, 夏鹏举. 稀土镁变质对金属型铸造高铬铸铁 Cr26 耐磨性的影响[J]. 稀有金属与硬质合金, 2019, 47(2): 39-44.

[6] 苏应龙, 张学昆. 高铬抗磨铸铁韧性的提高[J]. 现代铸铁, 2000, (4): 56-59.

[7] 苏应龙, 张学昆, 马黛妮. 高铬抗磨铸铁韧性的提高[J]. 北京工业大学学报, 1998, 24(1): 71-76.

[8] 李秀兰, 谢文玲, 郭翠霞. 高铬铸铁在液-固两相流中的冲蚀磨损行为[J]. 特种铸造及有色合金, 2016, 36(10): 1027-1030.

[9] 张杰, 李红宇. 高铬铸铁轧辊辊身中间断裂原因分析[J]. 铸造设备与工艺, 2019, (4): 52-55, 66.

[10] 智小慧. 过共晶高铬铸铁初生碳化物形态控制的研究[D]. 西安: 西安交通大学, 2008.

[11] Efremenko V G, Chabak Y G, Shimizu K, et al. Structure refinement of high-Cr cast iron by plasma surface melting and post-heat treatment[J]. Materials & Design, 2017, 126: 278-290.

[12] 郭克星, 夏鹏举. 钼对金属型铸造高铬铸铁组织和耐磨粒磨损的影响[J]. 兵器材料科学与工程, 2019, 42(4): 44-48.

[13] 邢建东, 王小同, 陆文华. 在不同磨料磨损条件下高铬铸铁磨损过程的研讨[J]. 西安交通大学学报, 1982, 16(5): 118-128.

[14] Westgren A. De trigonala krom-och mankarbidernas kristallbyggnad och sammansättning[J]. Jernkontorets Ann, 1935, 119: 231.

[15] Rouault A, Herpin P, Fruchart R. Études christallographique des carbures Cr_7C_3 et Mn_7C_3[J]. Annadi di Chimica, 1970, 5(6): 461-470.

[16] Dudzinski W, Morniroli J P, Gantois M. Stacking faults in chromium, iron and vanadium mixed carbides of the type M_7C_3[J]. Journal of Materials Science, 1980, 15(6): 1387-1401.

[17] 柴增田, 刘春哲. 新型合金化高铬铸铁磨球的研究进展[J]. 铸造技术, 2017, 38(7): 1544-1546.

[18] 甘宅平. 高铬铸铁断裂韧性的影响因素[J]. 铸造技术, 2002, 23(2): 118-120.

[19] 吴晓俊, 邢建东, 符寒光, 等. 高铬白口铸铁初生碳化物细化的研究进展[J]. 铸造, 2006, 55(10): 999-1003.

[20] 皇志富, 邢建东, 张安峰, 等. 半固态过共晶高铬铸铁浆料在离心力作用下的凝固组织[J]. 特种铸造及有色合金, 2006, 26(8): 489-491.

[21] 刘建康, 陈建, 李浩, 等. RE 对高铬铸铁定向凝固组织和力学性能的影响[J]. 热加工工艺, 2008, 37(7): 20-23.

[22] 陈建, 严文, 李浩, 等. 凝固速度对高铬铸铁 M_7C_3 型初生相的影响[J]. 铸造技术, 2006, 27(6): 591-593.

[23] 黄鹏, 纪秀林, 吴怀超, 等. 冷却速度对高铬铸铁凝固组织及耐磨性的影响[J]. 铸造, 2019, 68(8): 854-859.

[24] 李秀兰, 周新军, 谢文玲, 等. 多元微合金化对高铬铸铁凝固组织及冲击磨损性能的影响[J]. 兵器材料科学与工程, 2015, 38(2): 18-22.

[25] 海占阔, 何成文, 艾晨, 等. 高 Cr 铸铁高温耐磨性能研究[J]. 现代铸铁, 2014, 34(3): 52-54.

[26] 杨诚凯, 李卫. 高铬白口铸铁用孕育剂和变质剂的研发与应用[J]. 热加工工艺, 2011, 40(17): 50-53.

[27] Heydari D, Skandani A A, Al Haik M. Effect of carbon content on carbide morphology and mechanical properties of AR white cast iron with 10-12% tungsten[J]. Materials Science and Engineering: A, 2012, 542: 113-126.

[28] Kopyciński D, Piasny S. Influence of tungsten and titanium on the structure of chromium cast iron[J]. Archives of Foundry Engineering, 2012, 12(1): 57-60.

[29] Zhang Z G, Yang C K, Zhang P, et al. Microstructure and wear resistance of high chromium cast iron containing niobium[J]. China Foundry, 2014, 11(3): 179-184.

[30] Yokomizo Y, Sasaguri N, Yamamoto K, et al. Influence of molybdenum and tungsten contents on behaviour of continuous cooling transformation in multi-components white cast iron[J]. Journal of Japan Foundry Engineering Society, 2010, 82(1): 8-15.

[31] Kambakas K, Tsakiropoulos P. Solidification of high-Cr white cast iron-WC particle reinforced composites[J]. Materials Science and Engineering: A, 2005, 413: 538-544.

[32] 王海艳, 郑开宏, 喻石亚. 含 Ti/W 过共晶高铬铸铁高温磨料磨损性能研究[J]. 铸造, 2015, 64(12): 1247-1250.

[33] 喻石亚, 郑开宏, 王海艳, 等. Ti/W 对过共晶高铬铸铁显微组织及力学性能的影响[J]. 铸造, 2014, 63(12): 1202-1207.

[34] 要承勇, 沈永辉. 高铬铸铁衬板中两种碳化物形态对耐磨性的影响[J]. 理化检验 (物理分册), 2006, 42(9): 444-446.

[35] Bedolla-Jacuinde A, Correa R, Quezada J G, et al. Effect of titanium on the as-cast microstructure of a 16% chromium white iron[J]. Materials Science and Engineering: A, 2005, 398(1-2): 297-308.

[36] Arikan M M, Çimenoğlu H, Kayali E S. The effect of titanium on the abrasion resistance of 15Cr-3Mo white cast iron[J]. Wear, 2001, 247(2): 231-235.

[37] 严有为, 魏伯康, 傅正义, 等. Fe-Ti-C 熔体中 TiC 颗粒的原位合成及长大过程研究[J]. 金属学报, 1999, 35(9): 909-912.

[38] Feng K Q, Yang Y, Shen B L, et al. In situ synthesis of TiC/Fe composites by reaction casting[J]. Materials & Design, 2005, 26(1): 37-40.

[39] Das K, Bandyopadhyay T K. Effect of form of carbon on the microstructure of in situ synthesized TiC-reinforced iron-based composite[J]. Materials Letters, 2004, 58(12-13): 1877-1880.

[40] Chen X. Metallurgical Physical Chemistry[M]. Beijing: Metallurgy Industry Publishing Company. 1990: 89.

[41] Turnbull D, Vonnegut B. Nucleation catalysis[J].Industrial & Engineering Chemistry, 1952, 44(6): 1292-1298.

[42] Bramfitt B L. The effect of carbide and nitride additions on the heterogeneous nucleation behavior of liquid iron[J]. Metallurgical Transactions, 1970, 1(7): 1987-1995.

[43] Inthidech S, Boonmak K, Sricharoenchai P, et al. Effect of repeated tempering on hardness and retained austenite of high chromium cast iron containing molybdenum[J]. Materials Transactions, 2010, 51(7): 1264-1271.

[44] Sare I R, Arnold B K. The influence of heat treatment on the high-stress abrasion resistance and fracture

toughness of alloy white cast irons[J].Metallurgical and Materials Transactions A, 1995, 26(7): 1785-1793.

[45] Yan P, Zhou Q. Influence of boron on the abrasion wear resistance of 17%Cr white cast iron[C]//Wear of Materials: International Conference on Wear of Materials, ASTM, New York, 1987: 743-752.

[46] Liu J, Liu G, Li G, et al. Research and application of as-cast wear resistance high chromium cast iron[J]. Chinese Journal of Mechanical Engineering, 1998, 11(2): 130-135.

[47] Ma Y Q, Qi Y H, Xu X L. Exploitation and applications of metastable austenite matrix wear alloys[J]. Acta Metallurgica Sinica (English Letters), 1999, 12(5): 1206-1211.

[48] Ma N H, Rao Q C, Zhou Q D. Corrosion-abrasion wear resistance of 28% Cr white cast iron containing boron[J]. Wear, 1989, 132(2): 347-359.

[49] Ma N H, Rao Q C, Zhou Q D. Effect of boron on the structures and properties of 28% chromium white cast iron[J]. Transactions of the American Foundrymen's Society, 1990, 98: 775-781.

[50] Aso S, Goto S, Komatsu Y, et al. Slurry erosion of Fe-15 mass%/25 mass% Cr-C-B eutectic alloys[J]. Wear, 1999, 233: 160-167.

[51] Aso S, Hachisuka M, Goto S. Phase transformation of iron matrix of Fe-15 mass% Cr-C-B alloys[J] Journal of the Japan Institute of Metals, 1998, 61(7): 567-573.

[52] 刘根生，王文才 . Re、Al 复合变质处理对含硼高铬铸铁组织及性能影响的研究[J]. 河北工学院学报 , 1995, 24(4): 86-90.

[53] Han F S, Wang C C. Modifying high Cr-Mn cast iron with boron and rare earth-Si alloy[J]. Materials Science & Technology, 1989, 5(9): 918-924.

[54] İzciler M, Çelik H. Two- and three-body abrasive wear behaviour of different heat-treated boron alloyed high chromium cast iron grinding balls[J]. Journal of Materials Processing Technology, 2000, 105(3): 237-245.

[55] Moore J J, Hebsur M G, Ravipati D P, et al. In-mold rare earth treatment of cast steel[J]. Transactions of the American Foundrymen's Society, 1983, 91: 434-440.

[56] 刘洋，李爱农 . 高铬铸铁的强韧化探讨 [J]. 江西有色金属 , 2007, (3): 26-29.

[57] 王久彬，李庆春 . 稀土复合孕育对高铬铸铁疲劳磨损行为的影响[J]. 中国稀土学报 , 1994, 12(3): 3.

[58] 张山纲，张剑波，朱保钢，等 . 高碳高铬白口铸铁材料及其应用[J]. 铸造技术 , 2005, 26(9): 842-845.

[59] 郭长庆，王玉峰，张风云 . 复合变质处理高铬铸铁破碎机锤头的研制[J]. 包头钢铁学院学报 , 2006, 25(2): 160-165.

[60] 薛强，杨华，边秀房 . SG 变质剂对白口铸铁性能及组织的影响[J]. 现代铸铁 , 2001, (2): 25-27.

[61] 孙晓敏，杨华 . K/Na 变质剂及热处理对高铬铸铁组织性能的影响[J]. 热加工工艺 , 2007, 36(9): 30-32.

[62] 杨相寿 . K,Na 在钢铁中应用的进展[J]. 山东大学学报 (工学版), 2002, 32(2): 166-171, 196.

[63] 马国睿，郭二军，王丽萍 . 稀土镁对高铬铸铁变质效果的研究[J]. 哈尔滨理工大学学报 , 2005, 10(4): 4.

[64] 张永维，赵学礼 . 微量锌对高铬铸铁组织和性能的影响[J]. 热加工工艺 , 1990, (3): 20-22.

[65] Shen J, Zhou Q D. Solidification behaviour of boron-bearing high-chromium cast iron and the modification mechanism of silicon[J]. Cast Metals, 1988, 1(2): 79-85.

[66] 李卫，涂小慧，苏俊义，等 . 高铬硅耐磨铸铁的研制[J]. 现代铸铁 , 2000, 3: 6-8.

[67] 姜镇崧 . 稀土硅铁孕育对高铬合金白口铸铁性能的影响[J]. 稀土 , 1997, (1): 33-36.

[68] 柳青，杨华，丁海民，等 . Sr 对高铬铸铁变质作用的研究[J]. 热加工工艺 , 2011, 40(3): 48-50.

[69] 张雷，黄兴民，翁玉鸣，等 . 热处理对 Cr15 高铬铸铁组织和耐磨性能的影响[J]. 特种铸造及有色

合金, 2015, 35(11): 1146-1150.

[70] 李卫, 朴东学. 等温淬火处理对中铬铸铁组织和性能的影响[J]. 金属热处理, 1993, (4): 6-10.

[71] 贺林, 张长军, 周卫星. 高铬铸铁中碳化物相抗磨作用的 "尺寸效应" [J]. 热加工工艺, 1998, (4): 15-18.

[72] Doğan Ö N, Hawk J A, Laird G. Solidification structure and abrasion resistance of high chromium white irons[J]. Metallurgical and Materials Transactions A, 1997, 28: 1315-1328.

[73] 韩祥凤, 王守忠. Nb、V、Ti 加入量对高铬铸铁组织及磨损性能的影响[J]. 铸造技术, 2016, 37(10): 2081-2084.

[74] 钟发胜, 何秀芳, 曾震宇, 等. 叶片用高铬铸铁的热处理工艺对耐磨性的影响[J]. 热加工工艺, 2014, 43(6): 171-173.

[75] Sun T, Song R, Wang X, et al. Abrasive wear behavior and mechanism of high chromium cast iron[J]. Journal of Iron and Steel Research(International), 2015, 22(1): 84-90.

[76] 邓家祥, 郑宝超, 李鹏飞, 等. 新型铸态耐磨蚀高铬铸铁的韧化机制研究[J]. 铸造, 2019, 68(8): 832-837.

[77] 何成文, 许云龙, 何龙. 高铬铸铁 (Cr15) 密封盘材质耐磨性能研究[J]. 盐科学与化工, 2017, 46(9): 50-52.

[78] Hanlon D N, Rainforth W M, Sellars C M. The rolling/sliding wear response of conventionally processed and spray formed high chromium content cast iron at ambient and elevated temperature[J]. Wear, 1999, 225: 587-599.

[79] 李浩. 高铬铸铁中碳化物生长形态的研究[D]. 西安: 西北工业大学, 2007.

[80] 苏俊义, 周庆德, 贾育丁, 等. 定向凝固高铬铸铁耐磨性的初探[J]. 西安交通大学学报, 1983, (4): 62-67.

[81] 张承甫. 液态金属的净化与变质[M]. 上海: 上海科学技术出版社, 1989: 86.

[82] 张景辉, 李大军, 潘金虎, 等. 应用键参数函数选择变质剂及其在高铬铸铁上应用的试验研究[J]. 铸造, 1989, 11: 7.

[83] Yu Z S. Research on the application of rare earths in iron and steel in recent years[J]. Journal of the Chinese Rare Earth Society (English Edition), 1990, 8(2): 139-148.

[84] 张景辉, 李大军, 贾均, 等. 变质高铬铸铁组织与性能的研究[J]. 铸造, 1993, (8): 7-10.

[85] 刘少平, 苏丹, 孙凯, 等. 钒、钛对高铬铸铁中碳化物形态及耐磨性的影响[J]. 热加工工艺 (铸锻版), 2006, 35(1): 30-31.

[86] 饶启昌, 张永振. 铝对中铬铸铁组织与机械性能影响规律的研究[J]. 热加工工艺, 1987, (4): 15-17, 49.

[87] 张永维, 温质清, 王庆顺, 等. 热塑性变形对高铬铸铁组织和性能的影响[J]. 热加工工艺, 1990, (1): 22-25.

[88] 孙逊, 李达, 李晋敏, 等. 高铬铸铁可锻性及锻造过程对机械性能的影响[J]. 太原工业大学学报, 1988, (1): 10-19.

[89] 宋新丰, 邢书明. 热处理对 Cr35 高铬铸铁碳化物形态的影响[C]// 第七届全国材料科学与图像科技学术会议, 北京, 2009.

[90] 尹卫江. 热处理及钒-钛合金对高铬铸铁碳化物形态和力学性能的影响[D]. 包头: 内蒙古科技大学, 2012.

[91] Gu J H, Xiao P A, Song J Y, et al. Sintering of a hypoeutectic high chromium cast iron as well as its microstructure and properties[J]. Journal of Alloys and Compounds, 2018, 740: 485-491.

[92]　卢瑞青 . 20%Cr 亚共晶高铬铸铁烧结制备与增强机理研究[D]. 长沙 : 湖南大学 , 2018.

[93]　Wiengmoon A, Chairuangsri T, Brown A, et al. Microstructural and crystallographical study of carbides in 30wt.% Cr cast irons[J]. Acta Materialia, 2005, 53(15): 4143-4154.

[94]　杜怀生 , 瞿启杰 , 线国高 . 悬浮铸造对铸钢件缩孔及缩松的影响[J]. 特种铸造及有色合金 , 1988, 5: 14-17.

[95]　李艳威 , 李玉贵 , 朱晓宇 , 等 . 堆焊-热轧制备高铬铸铁/低碳钢耐磨复合板性能研究[J]. 塑性工程学报 , 2019, 26(5): 141-146.

[96]　张志浩 , 索忠源 , 姜峰 , 等 . Cr20 高铬铸铁的摩擦磨损及高温抗氧化性能[J]. 材料热处理学报 , 2018, 39(12): 78-83.

[97]　闫金顺 , 贺全智 , 李辉 , 等 . 高铬耐磨铸铁辊套的研制 [J]. 时代农机 , 2015, 42(10): 60-61.

[98]　Zheng B C, Li W, Tu X H, et al. Effect of titanium binder addition on the interface structure and three-body abrasive wear behavior of ZTA ceramic particles-reinforced high chromium cast iron[J]. Ceramics International, 2020, 46(9): 13798-13806.

[99]　Scandian C, Boher C, de Mello J D B, et al. Effect of molybdenum and chromium contents in sliding wear of high-chromium white cast iron: The relationship between microstructure and wear[J]. Wear, 2009, 267(1-4): 401-408.

[100]　Pinho K F, Boher C, Scandian C. Effect of molybdenum and chromium contents on sliding wear of high-chromium white cast iron at high temperature[J]. Lubrication Science, 2013, 25(2): 153-162.

[101]　平宪忠 , 乔峰 , 朴东学 . 以高铬铸铁为例探讨抗磨白口铸铁件磨损特性 [J]. 铸造技术 , 2019, 40(12): 1286-1290.

第5章
高钒耐磨合金

高钒耐磨合金是 30 多年发展起来的一种新型耐磨材料。该合金的金相组织由金属基体与碳化物组成，属于白口铸铁范畴。它以钒为主要添加合金强化元素，辅以铬、钼等其他合金元素，同时提高碳元素含量，充分利用钒的碳化物硬度高（可达 2600HV）、形态好（多为弥散分布的团球状或团块状）的特点来提高材料的硬度、韧性和耐磨性等综合性能。这种高钒耐磨合金不经锻造，一般以铸件（或复合铸件）形式经风冷淬火＋回火后使用。相比于高铬铸铁，该耐磨合金的硬度高、韧性好、耐磨性可达高铬铸铁的 3 倍以上，可以有效抵抗物料的切削，而且其裂纹敏感性更低、性价比更高，因此具有广阔的推广应用前景。作为新一代耐磨材料，高钒耐磨合金可大大提高耐磨部件的使用寿命和主机运行效率，完全可替代各种用于磨粒磨损工况的耐磨铸铁类材料，目前已用于生产复合轧辊、破碎机锤头、轧钢机导轮、球磨机衬板和转子体等多种耐磨件，在工程机械、建材、矿山、电力等领域应用广泛。同时，随着耐磨设备不断向高效、大型、节能的方向发展，新型高效超细破碎机的研制与应用对耐磨材料提出了更高的要求，因此用高钒耐磨合金替代原有的高铬铸铁作为其中的耐磨件是一个重要的潜在发展方向，其社会经济效益将十分显著，而且对国民经济的发展具有重要的促进作用。

本章主要介绍高钒耐磨合金的成分与组织、变质处理和热处理工艺、磨损性能以及其在钢铁、水泥等行业中的应用情况。

5.1 高钒耐磨合金的成分与组织

高钒耐磨合金的性能取决于化学成分和组织。普通高速钢中除碳元素以外，一般还含有钒、钨、铬、钼等多种合金元素[1, 2]。根据工件所使用的工况条件和制造工艺等的不同，化学成分亦有差异。

碳是高速钢中的基本元素。Steven 从理论上确定了根据碳化物形成元素的含量来计算碳含量的方法，即"平衡碳原则"或"定比碳"计算法。将钢中的碳含量提高到"平衡碳"的水平，可以提高高速钢的室温硬度、热硬性、耐磨性能等。当碳含量不足时，碳化物的数量相应减少，使钢的耐磨性和切削性能均下降；反之，当碳含量过高时，形成大量过剩的碳化物，碳化物的不均匀性显著增加，使钢的塑性、韧性降低，锻造性能变差。同时，还会导致钢的熔点降低和碳化物长大倾向升高，在淬火加热时易产生各种不良组织，最终造成钢的性能下降。

钨元素在淬火时一般固溶于高速钢的基体中。固溶质量分数约为 7%，固溶的钨能够提高马氏体抗高温分解的稳定性，强化高速钢的回火马氏体基体。但由于钨的碳化物呈尖角形态的团块状分布，与其他合金相相比，相对密度较大，从而偏析倾向大。另外，钨降低了高速钢的导热系数，在高钒耐磨合金用于热轧辊材质的情况下，钨元素含量要减少，甚至剔除。

钒是高速钢中另一主要合金元素。钒在高速钢中一部分溶解于基体，一部分形成碳化物，而且是最能促进碳化物形成和稳定的因素。对于制备热轧辊的高钒耐磨合金，钒主要形成 MC 型碳化物。VC 的熔点和溶解温度都很高，在奥氏体化时，VC 在 1100℃以上才开始溶解，且溶解量不多，大部分的钒仍保留在碳化物中。溶解的钒能大大加强钢的二次硬化，而保留的 VC 则可大大增加钢的耐磨性。高碳高钒耐磨合金的显著特点就是形成大量高硬度的 MC 型碳化物，具有高的耐磨性能，同时由于钒和碳的增加可显著提高热硬性，因此也具备优良的切削性能。

铬、钼有提高淬透性和回火硬度的作用。钼元素容易被氧化，铬元素有增加抗氧化及耐腐蚀性能的作用。钼在高速钢中能提高钢的强度和韧性；而铬在热轧过程中能起到减少轧辊和钢材的黏滞力、增加表面光洁度的作用。几十年来，在世界各国列入标准的上百种高速钢中，除个别的钢牌号外，铬质量分数均保持在 4%左右，没有发生大的变化。

5.1.1　高钒耐磨合金的化学成分

高速钢一般含有较高的钨、钼、钴、铌等元素，这些元素形成碳化物，赋予高速钢复合轧辊高耐磨性。但是，铸态时这些碳化物的形态不好，易产生应力集中，使高速钢在耐磨领域的应用受到限制。近年来在轧辊上使用的高速钢大都提高了钒元素含量而降低了钨含量。

高钒耐磨合金的显微组织取决于化学成分。其成分设计主要是围绕如何获得大量均匀、弥散分布的 MC 型碳化物和增加表面的光洁度而确定的。与以前研究者所使用的轧辊用高速钢的化学成分相比，高钒耐磨合金的特点是高碳、高钒、无钴、无铌、无钨，并保持与一般高速钢相同的适量的铬、钼、硅、锰、硫、磷等合金元素。根据实际工件所使用的工况条件和制造工艺等的不同，化学成分亦有所差异。

Park 等[3]研究了高速钢热轧辊的化学成分、显微结构、硬度和磨损特性之间的关系。结果表明，含有大量钒的高速钢轧辊因含有大量高硬度的 MC 型碳化物而具有最好的耐磨性，只是在热轧时的表面光洁度较差。为了提高其耐磨性，同时兼顾较好的表面光洁度，建议适当降低热轧辊中的钒含量。另外，建议加入其他合金元素来加强固溶强化和二次硬化作用，提高基体的强韧性，使其有效地保护碳化物。日本川崎制铁（株）研究所的桥木光生先生等[4,5]研究了合金元素对 C、V 系钢的耐磨性和高温冲击特性的影响，所用合金成分范围如表 5-1 所示。结果表明，高 C、V 系高速钢的耐磨性主要由基体中的 V 系粒状碳化物所决定。韩国浦项科技大学的 Kang 等[6]研究了离心铸造高速钢轧辊中碳和铬对其耐磨性和表面粗糙度的影响。通过在高温下的磨损试验模拟了轧辊在热轧过程中的磨损情况。试验结果显示，高速钢的耐磨性随碳含量的增加而增强。在含较少量铬的高速钢轧辊中出现大量坚硬的 MC 型碳化物，从而使其耐磨性增强。但在轧制过程中，轧辊表面与轧材发生黏着而产生剥落，使轧辊表面变得非常粗糙。铬含量较高的轧辊则拥有比较好的表面光洁度。因此，为了提高耐磨性和表面光洁度，在用于热轧时建议适当增加高速钢中的铬含量。此外，国内的河南省耐磨材料工程技术中心也研制了新型高钒高速钢，其特点是不含钨、钴等元素，同时适当提高了碳和钒的含量，其一般化学成分如表 5-2 所示。

表 5-1　日本川崎制铁（株）研究所研制的高钒高速钢的化学成分　　（单位：%）

元素	C	Cr	Mo	Si	Mn	Cu	Ni	W	V
质量分数	1.0～3.7	3.6～9.1	2.5～6.6	0.5～1.6	0.3～3.7	0～2.0	0.2～4.5	0～11.1	3.1～8.6

表 5-2　河南省耐磨材料工程技术中心研制的高钒高速钢的化学成分　　（单位：%）

元素	C	Cr	Mo	Si	Mn	V	S	P
质量分数	2.5～4.0	2.0～6.0	2.0～5.0	≤1.0	0.4～0.8	8.0～15.0	≤0.07	≤0.07

　　因此，获得大量细小弥散分布的高硬度碳化物和高稳定性的基体，是提高高速钢性能的关键。高钒耐磨合金的成分设计就是基于如何获得大量均匀弥散分布的 MC 型碳化物而展开的 [7,8]。表 5-3 列出了几种典型的性能较好的高钒高速钢复合轧辊材料的化学成分。

表 5-3　几种典型的高钒高速钢复合轧辊材料的化学成分　　（单位：%）

元素	C	Cr	Mo	V	Si	W	Nb
质量分数	2.4～4.0	5.0～20.0	2.0～15.0	4.0～6.0			1.0～2.0
	1.9～2.0	5.0～7.0	3.0～4.0	5.0～6.0		3.0～4.0	
	1.6～2.0	4.0～8.0	4.0～6.0	3.0～5.0	0.3～1.0	1.5～2.5	0.5～1.5
	2.0	5.0	2.0	2.0		5.0	
	2.0～2.5	4.0～8.0	2.8～3.2	11.0～15.0	0.3～0.8		

5.1.2　高钒耐磨合金的凝固组织

　　合金的凝固过程决定其最终的组织及各相的形态和尺寸。高钒耐磨合金作为一种全新的耐磨材料，由于其合金成分与普通的高速钢有很大的差别，应用普通高速钢的相图对其凝固组织进行判断必将造成较大的偏差。高钒耐磨合金的凝固形式为 $L \longrightarrow (MC + \gamma + M_2C)$，其铸态组织为马氏体基体 + 合金碳化物 + 奥氏体。

　　对于凝固组织中除 MC 型碳化物以外的其他类型的碳化物，研究结果有所不同 [9]。宫坂义和等 [10] 研究表明，凝固组织中其他类型的碳化物主要是 M_6C、M_2C 和 M_7C_3。浜田贵成 [11] 在凝固组织中发现了 M_2C 型碳化物，而且钒（铌）含量对碳化物数量、分布及形态的影响较大。许多研究结果表明，随着钒含量的提高，MC 型碳化物的含量增加，其形状由不连续网状向颗粒状转变，而且颗粒变得更加细小，呈弥散状分布在晶粒内部，基体组织为混合的片状马氏体和板条状马氏体。含钒高速钢的铸态组织的研究主要是围绕碳化物的种类、数量和形态分布展开的，一般都趋向于增加 MC 型碳化物、抑制 M_6C 型碳化物，同时适当控制 M_7C_3 型碳化物 [12,13]。Okane 等 [14] 通过测试 Fe-M-C（M=Cr、V、Mo）体系在凝固过程中共晶碳化物的临界温度，即在 Fe-Cr-C 体系中的 $\gamma + M_3C$ 和 $\gamma + M_7C_3$ 共晶温度、在 Fe-V-C 体系中的 $\gamma + VC$ 共晶温度，以及在 Fe-Mo-C 体系中的 $\gamma + M_6C$ 和 $\gamma + M_2C$ 共晶的临界温度，然后估算共晶碳化物的 K 值（过冷度系数），最终讨论了 K 值与碳化物生长率之间的关系。发现保持高耐磨性和断裂韧性的高速钢型铸铁，必须控制其共晶碳化物 MC、M_2C、M_7C_3 和 M_3C。淀川制钢所大阪工厂的 Sorano 等[15] 研究了钨对高速钢碳化物形成的影响，在碳质量分数为 1.6%，铬、钼、钒质量分数分别为 5%，同时钨质量分数在 1%～3% 的范围内变化时，碳化物主要是共晶 MC 型碳化物和少量的 M_7C_3 型碳化物；当 W 质量分数超过 3% 时，上述碳化物数量减少，出现针状的 M_6C 型碳化物；钨含量越多，M_6C 型碳化物数量越多。而在碳质量分数为 2.1%、钨质量分数小于 1.0% 时不出现 VC，大于 1.0% 时开始出现 VC，钨质量分数小于 1.6% 时，C 含量高则 VC 含量高，有利于抑制 M_6C 型碳化物生成，但钨质量分数大于 3.0% 以后出现针状 M_6C 型碳化物。

高速钢的铸态组织中常存在相当数量的残余奥氏体，尤其分布在 MC 型碳化物和 M_6C 型碳化物周围。若含有过多的残余奥氏体，则在冷热疲劳过程中产生裂纹的倾向增大。因此，通过热处理将铸态组织中的残余奥氏体转变为稳定的合金马氏体是提高热稳定性的一个重要途径。同时，经过热处理之后，基体中的合金以强化相析出，提高了二次硬化能力。此外，采用适当的热处理工艺可以使 MC 型碳化物呈颗粒状弥散均匀分布，对提高耐磨性及冲击韧性具有重要的意义[16]。但由于高钒耐磨合金与传统的高速工具钢在成分、工艺条件等方面存在较大的差别，复合轧辊用含钒高速钢材料的热处理工艺也不能照搬传统高速工具钢的工艺[17]。

横沟雄三等[18] 研究了具有不同碳含量的多元钒白口铸铁的连续冷却转变特性，获得了多元钒白口铸铁的连续冷却转变曲线。Lee 等[19] 研究了回火温度对高速钢轧辊耐磨性和抗表面粗糙性的影响，发现高速钢轧辊在 540℃ 回火时具有最好的耐磨性，但抗表面粗糙性差。而采用 570℃ 回火时其抗表面粗糙性好，耐磨性也较好。国内王金国等[20] 研究了高碳高钒高速钢（其中钒质量分数为 3.53%～6.05%）的热处理工艺和高温硬度。结果表明，随着碳含量增加，高碳高钒高速钢的淬火硬度峰值温度向低温方向转变，而在相同碳含量时增加钒的含量，硬度峰值温度呈增加的趋势，而且与常规的高速钢相比，硬度峰值温度降低 150～250℃。高碳高钒高速钢回火过程是碳化物析出、聚集长大及残余奥氏体转变为马氏体的过程，其硬度变化与常规高速钢的趋势相似。二次回火、二次硬化作用消失。适宜的回火温度为 530～550℃，一次回火即可。随着碳含量和钒含量的增加，其高温硬度呈现上升的趋势。相同温度时，含 6%（质量分数）钒试样的高温硬度较含 3.5% 钒的试样高 80～150HV。目前，国内外关于高钒耐磨合金热处理工艺的报道不多，加强这方面的研究，制定出简单实用的热处理工艺，是该材料大量应用的前提。

5.1.3　V9 高速钢的凝固组织

高钒耐磨合金是一种新型耐磨材料，对其凝固结晶过程和凝固组织进行深入系统的研究是决定其磨损性能、揭示其中磨损机理的基础。下面通过设置不同碳含量试验组（化学成分见表 5-4）来介绍典型 V9 高速钢（Fe-5Cr-2Mo-9V）的凝固过程和凝固组织，并绘制出（Fe-5Cr-2Mo-9V）-C 准二元相图。

表 5-4 V9 高速钢的化学成分（质量分数）　　　　（单位：%）

试样	C	V	Cr	Mo	Si	Mn	P	S
1	1.6							
2	1.9							
3	2.2							
4	2.7	8.5～9.5	4.5～5.5	1.5～2.5	0.4～0.8	0.4～0.8	≤0.07	≤0.07
5	3.0							
6	3.7							
7	4.2							

图 5-1（a）、（b）和图 5-1（d）、（e）分别为表 5-4 中试样 4（碳质量分数为 2.7%）和试样 1（碳质量分数为 1.6%）的定向凝固-液淬试样的金相组织。对于试样 4，凝固过程中随着温度的降低，从金属液中首先析出的是黑色碳化物相颗粒，能谱分析结果表明该颗粒为 VC，钒碳原子比接近 1∶1（表 5-5），凝固过程中首先发生的结晶反应可表示

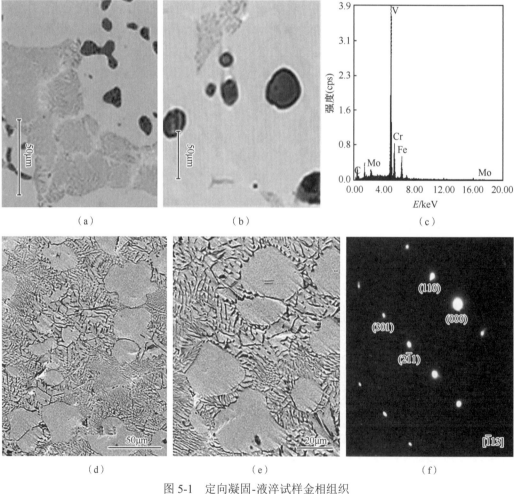

（a）　　　　　　　　　　（b）　　　　　　　　　　（c）

（d）　　　　　　　　　　（e）　　　　　　　　　　（f）

图 5-1　定向凝固-液淬试样金相组织

（a）VC 析出中温段；（b）VC 析出低温段；（c）VC 能谱；（d）δ 析出中温段；（e）δ 析出低温段；（f）δ 电子衍射花样

为 L $\longrightarrow$ MC。随着 VC 的析出，液相中钒含量降低，达到共晶成分时，发生了共晶反应 L $\longrightarrow$ (γ+MC)。由于奥氏体为非小晶面相，而 VC 为典型的小晶面相，两者有较大的离异共晶倾向，如图 5-1（a）所示。在合金凝固后期，还会发生 L $\longrightarrow$ (γ+M_7C_3+ M_2C) 的三元共晶反应，所形成的共晶组织分布在奥氏体和 VC 的共晶团之间，如图 5-1（b）所示。

当碳含量很低时，由图 5-1（d）、（e）可以看出，凝固过程中随着温度降低，从金属液中首先析出的是灰色的相，能谱分析结果（表 5-5）表明碳含量极低，图 5-1（f）的电子衍射花样表明为体心立方晶格的铁素体，故可以确定该相是高温铁素体。因此，低碳试样 1 首先发生的结晶过程为 L $\longrightarrow$ δ，随着温度的降低发生 L $\longrightarrow$ (γ+MC) 共晶反应。

表 5-5　微区成分能谱分析结果（原子分数）　　　　　（单位：%）

检测位置	C	V	Mo	Cr	Fe
图 5-1（a）、（b）中的初生相	47.69	48.43	1.51	1.49	0.88
图 5-1（d）、（e）中的初生相	0.02	6.13	0.88	1.34	91.44

利用上述定向凝固-液淬的分析结果，参照 Ogi 于 1994 年用液相投影图描述的 Fe-5Cr-V-C 合金的凝固过程[21]（图 5-2），并结合微观金相组织，对其他合金成分的凝固过程和结晶相进行分析。Ogi 液相投影图所研究的 Fe-5Cr-V-C 合金，与该合金成分基本一致，可以作为分析本节中合金结晶凝固过程的理论参照。在图 5-2 纵坐标 V9 处画一条横轴水平线，依次标出试样 1～7 的碳含量，并分别用①、②、③、④、⑤、⑥、⑦表示。可以看出①、②、③试样位于 δ 区，即结晶凝固过程中，从液相中率先析出高温铁素体。④、⑤、⑥、⑦位于 MC 区，即结晶凝固过程中，从液相中率先析出 MC。

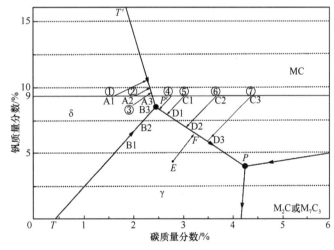

图 5-2　Fe-5Cr-V-C 液相投影图

图 5-3（a）～（f）分别为不同碳含量 V9 高速钢的金相组织。对试样 1～7 的结晶凝固过程分析如下。

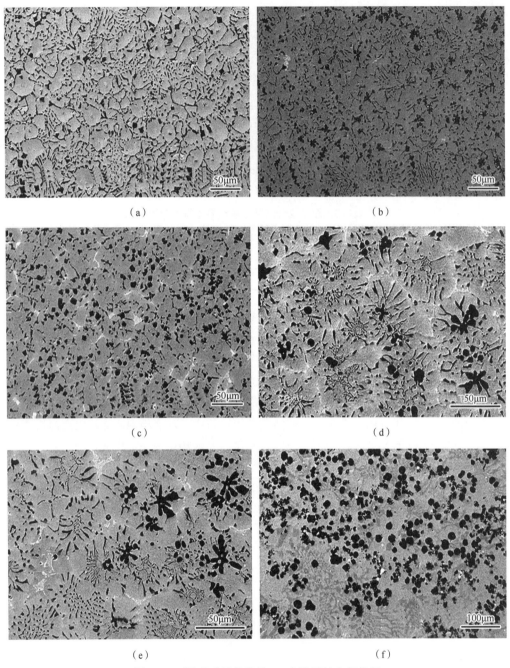

图 5-3　不同碳质量分数的 V9 高速钢的金相组织

（a）1.6%；（b）1.9%；（c）2.2%；（d）2.7%；（e）3.0%；（f）4.2%

（1）对于碳质量分数为 1.6% 的试样，当温度降至液相线温度以下时，从液相中率先析出初生 δ 相。随着初生相 δ 的不断析出，余下的金属液中碳、钒的含量升高，由成分点向 δ 与 MC 分界线 $T'P'$ 移动。当到达分界线 $T'P'$ 时，初生相的析出过程结束，开始发生 L $\longrightarrow$ (δ + MC) 共晶转变，并形成 (δ + MC) 共晶组织。由于非平衡凝固的过程会产生成分起伏，在 δ 相的结晶前沿微区成分进入 MC 区，加上 VC 遗传因素的影响，此时少量的初生碳化物沿着晶界析出，最终凝固基本结束，如图 5-3（a）所示。

（2）对于碳质量分数为 1.8% 的试样，从液相投影图观察，合金成分点到 δ 与 MC 相分界线的距离随着碳含量的增加逐渐变短，即初生 δ 相析出量相对减少，沿着晶界析出的碳化物量增加，如图 5-3（b）所示。

（3）对于碳质量分数为 2.2% 的试样，初生 δ 相继续减少；凝固过程中，由于非平衡凝固，δ 相前沿偏析严重，大部分区域在 δ 相前沿已有初生 VC 析出，如图 5-3（c）所示。随着凝固的进行，多余的碳原子会与 Cr、Mo 原子结合，发生包共晶转变时，M_7C_3、M_2C 型多元共晶化合物在 δ 相和 (δ + MC) 共晶团的晶界之间出现。

（4）对于碳质量分数为 2.7% 的试样，初生相为黑色的 MC 相。随着温度继续降低，先析出的初生 MC 相被后析出的 (γ+MC) 共晶组织所包围。随着凝固的进行，碳原子与铬、钼原子结合在 MC 和 (γ+MC) 共晶团晶界之间生成 M_7C_3 型碳化物和 M_2C 型碳化物的混合物，如图 5-3（d）所示。对本试验合金而言，在 P 点会发生 L $\longrightarrow$ (γ+M_7C_3 + M_2C) 三元共晶转变，而非包共晶转变 (L + MC) $\longrightarrow$ (γ+M_7C_3) 或 (L + MC) $\longrightarrow$ (γ+M_2C)。这是因为有限互溶的三元包共晶反应与二元包晶系相同，在非平衡条件下，包共晶转变结束后，两个反应相不可能同时消失殆尽或同时留有剩余，只能是一个完全消失，另一个有所剩余[22]。根据上述原因，在 P 点，残余液相如果发生包共晶转变，那么合金凝固结束时，剩余相为 MC 或液相。由图 5-3（c）～（f）可知，沿晶界析出的白灰色化合物为 Mo、Cr 碳化物，非残留 V 的 MC 型黑色碳化物，因此在 P 点发生多元共晶转变后，凝固结束。

碳质量分数为 3.0%、3.7%、4.2% 的 V9 高速钢，初生相均为 MC 相。根据液相投影图，随着碳含量的增加，合金成分点到 MC 相与 γ 相分界线距离也增大，初生相析出量也就增多。

对于碳质量分数为 4.2% 的试样，由于碳、钒含量较高，钒和碳在合金液中的扩散能力较强[23]，碳化钒的析出过程倾向于界面反应控制型，从而易于形成圆整的初生碳化钒颗粒。初生碳化物很多，随着凝固的进行，发生 L $\longrightarrow$ (γ+MC) 二元离异共晶转变，共晶 VC 相依附在初生 VC 上形核、长大，碳化物呈团球状均匀分布。另外，二元共晶转变结束以后，由于合金残余液中碳浓度仍然很高，C 原子与 Cr、Mo 原子结合，三元共晶产生出浅灰色多元共晶碳化物如图 5-3（f）所示。

对于碳质量分数为 3.0% 的合金，发生 L $\longrightarrow$ (γ+MC)，析出 (γ+MC) 共晶组织之后，随着凝固继续进行，发生 L $\longrightarrow$ (γ+M_2C + M_7C_3) 转变，与碳质量分数为 4.2% 的试样相比，只是数量较少的低熔点多元共晶化合物沿晶间析出，如图 5-3（e）和（f）所示。

V9 高速钢的 Mo 元素含量较少，但该元素在奥氏体析出过程中呈正偏析特性富集于最后凝固的液相中；而 Cr 的碳化物熔点较低，在液相中它将最后析出，因此 Cr、Mo 元素主要分布于三元共晶反应形成的多元组织中，形成以 Cr、Fe 为主的 M_7C_3 型浅灰色碳化物和以含 Mo、V 为主的 M_2C 型白色碳化物。

采用传统的热分析方法测试凝固过程中的相变。图 5-4（a）和（b）分别为典型低碳（碳质量分数为 1.9%）与高碳（碳质量分数为 4.2%）V9 高速钢的冷却曲线，冷却曲线中每一拐点代表一个相转变结束或者新相的生成。碳质量分数为 1.6%~4.2% 的 V9 高速钢相变温度点见表 5-6，表中 1~6 表示凝固过程中产生的相变按照从高温到低温的凝固顺序，符号"—"表示没有发生相转变。

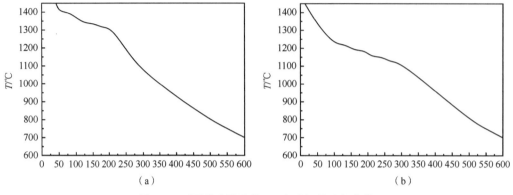

图 5-4　不同碳质量分数 V9 高速钢的冷却曲线

（a）1.9%；（b）4.2%

表 5-6　不同碳含量 V9 高钒高速钢相变温度　　　　　　　（单位：℃）

碳质量分数/%	序号					
	1	2	3	4	5	6
1.6	1418	1338	1291	—	—	1269
1.9	1401	1338	1312	—	—	1286
2.2	1358	1326	1324	1301	1270	1248
2.7	1329	—	—	1317	1293	1248
3.0	1304	—	—	1292	1275	1236
3.7	1259	—	—	1238	1200	1170
4.2	1223	—	—	1188	1153	1122

注：1-合金在凝固过程中析出初生相；2-二元共晶转变的开始；3-二元共晶转变的结束与包共晶转变的开始；4-包共晶转变的结束或另一个二元共晶反应的开始；5-二元共晶反应的结束和一个多元共晶转变的开始；6-多元共晶转变的结束，即凝固结束。

根据上述不同碳含量 V9 高速钢凝固过程中的结晶反应、各相的析出顺序及相变温度，得到 (Fe-5Cr-2Mo-9V)-C 的准二元相图（图 5-5）。可以看出，随着碳含量的增加，初生相的析出温度相应降低，这与 (Fe-5Cr-5Mo-5W-3.4V)-C 准二元相图中初生相析出温度的变化趋势一致[24]。

(Fe-5Cr-2Mo-9V)-C 准二元相图按照碳含量由低到高的顺序可分为 Ⅰ、Ⅱ、Ⅲ 三个区域。碳质量分数低于 2.2% 为第Ⅰ区域；碳质量分数高于 2.7% 为第Ⅲ区域；介于两者之间为第Ⅱ区域（图 5-5）。

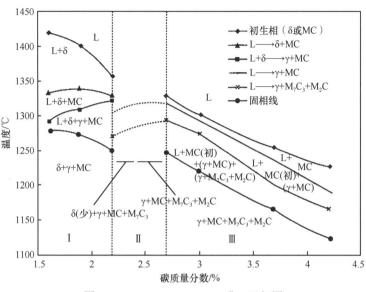

图 5-5　(Fe-5Cr-2Mo-9V)-C 准二元相图

在第 I 区域中，凝固组织主要是 δ + γ 和 MC。当碳含量很低时，首先从液相中析出 δ 相，随着凝固的进行，液相中富集的 C、V 元素发生二元共晶转变，析出共晶 VC。包共晶转变后，残留液相很少或液相中碳含量很低，多元共晶转变不能发生或多元共晶产物很少，不能或很少析出富 Cr 的 M_7C_3 型碳化物与富 Mo 和 V 的 M_2C 型碳化物的混合物。在第 III 区域中，凝固组织主要由 γ+MC 及浅灰色 M_7C_3 和以含 Mo 为主的白色 M_2C 型复合碳化物组成。此区域的碳含量很高，除了溶于 γ 相及与钒结合形成 VC 需消耗一定的 C 元素以外，C 与 Mo、Cr 结合发生多元共晶转变，出现 M_2C、M_7C_3 型碳化物。而在第 II 区域中，相转变极其复杂，凝固组织随着 C 含量的增加，δ 数量逐渐减少，MC 逐渐增加。第 II 区域的左半部凝固组织主要是由少量的 δ、γ、MC、M_7C_3 组成；右半部凝固组织主要由 γ、MC、M_7C_3 和 M_2C 组成。这是因为 V、Cr 和 Mo 与 C 元素结合能力依次减弱[25]，分别形成 MC、M_7C_3 和 M_2C 型碳化物，当碳含量很低时，V 首先与 C 元素结合生成 VC；增加 C 的含量时，多余的 C 与 Cr 和 Mo 结合，并通过多元共晶转变 L $\longrightarrow$ (γ+M_7C_3 + M_2C) 生成 M_7C_3、M_2C 型碳化物。

5.1.4　V11 高速钢的凝固组织

在介绍 V9 高速钢凝固过程的基础上，下面通过钒质量分数达 11% 的 V11 高速钢的熔炼过程介绍该合金的凝固过程、析出相的析出次序、碳化物相的形态、各元素在组织中的分布状况等。

试样在 30kg 中频感应炉中进行熔炼，化学成分如表 5-7 所示。钒铁在熔化后期加入，加入前预脱氧，加钒铁后尽量减少高温停留时间。出炉前加入 0.1% 的纯铝进行终脱氧，出炉温度为 1600℃，浇注温度为 1500℃。先浇铸未进行变质处理的预制棒料，再用包底冲入法进行稀土变质处理，浇铸另一组预制棒料。

表 5-7　高钒耐磨合金的化学成分（质量分数）　　　（单位：%）

元素	C	Cr	Mo	Mn	Si	V
含量	2.5	4.0	3.0	0.8	0.6	11.0

定向凝固-液淬试验在自制的 Bridgman 法定向凝固试验装置[26]上进行。将预制棒料在砂轮机上磨掉氧化皮后装入外径 16mm、壁厚 2mm 的刚玉质管状坩埚中，并置于定向凝固装置内进行加热重熔。炉温升高到 1450℃后保温 30min，然后在保持炉温不变的条件下，将试样以 80mm/h 的恒定速率下拉 50mm，试样的凝固将进入稳定状态[27]，此时其凝固速度等于下拉速度。试样液/固界面前沿液相的温度梯度为 11.0℃/mm，冷却速度为 0.244℃/s。在试样持续向下行走的中途突然将其拉入用水冷却的液态镓-铟合金中进行激冷淬火，这样便将凝固过程中各相的析出情况保留在试样的淬火组织中。

凝固过程中随着温度的降低，从金属液中首先析出的是碳化物颗粒，其能谱分析结果表明这种颗粒是 VC（表 5-8）。可见首先发生的结晶反应为 L $\longrightarrow$ VC。随着 VC 的析出，液相的 V 含量降低，达到共晶成分时，发生了共晶反应 L $\longrightarrow$ (γ + VC)，此时奥氏体与 VC 同时析出。由于奥氏体为非小晶面相，而 VC 为典型的小晶面相，所以二者具有较大的离异共晶倾向。因合金元素的种类比较多和含量比较高，在合金凝固的后期还会发生 L $\longrightarrow$ (γ + VC + MC$_2$) 的三元共晶反应，所形成的组织分布在奥氏体与 VC 的共晶团之间。图 5-6 所示的差热分析曲线进一步验证了上述结晶反应的次序，分别始于 1380℃、1176℃ 和 1144℃ 的 3 个吸热峰，依次对应 L $\longrightarrow$ VC、L $\longrightarrow$ (γ + VC) 和 L $\longrightarrow$ (γ + VC + MC$_2$) 三个反应的逆反应。

表 5-8　微区成分能谱分析结果（原子分数）　　　（单位：%）

探测点	C	V	Mo	Cr	Fe
图 5-1（a）中的初生相	47.69	48.53	1.51	1.49	0.88
图 5-1（b）中的碳化物	26.02	2.57	0.62	3.37	67.42
图 5-1（b）中奥氏体晶间的碳化物	57.99	1.87	3.23	11.05	25.86
图 5-8 缩松处的白色颗粒	63.31	1.36	17.76	2.02	15.55

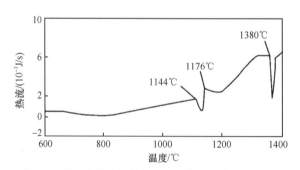

图 5-6　试样的差热分析曲线（加热速度为 10℃/min）

(Fe-5Cr-5Mo-5V)-V 的准二元相图[27, 28]可为本高钒耐磨合金的凝固过程分析提供一个佐证。从该相图可以看出，当合金液冷至液相线温度时，液相中首先析出初生 VC。

随着温度的降低 VC 不断析出，使液相中的钒含量降低。当液相中的钒含量降至共晶成分点时，合金将以 L $\longrightarrow$ (γ + VC) 的二元共晶反应继续凝固。随着凝固过程的继续进行，液相不断减少。由于偏析的作用，液相中钼、铬等元素的含量升高。当其含量足够高时，液相将发生 L $\longrightarrow$ (γ + VC + M_2C) 的三元共晶反应。本试验用合金的钼含量比上述相图适用的钼含量低得多，且不含钨，在三元共晶反应中未形成 M_2C 型碳化物，而是形成了富钼和富铬的 MC_2 型碳化物，即三元共晶反应为 L $\longrightarrow$ (γ + VC + MC_2)。对于最后凝固的区域，即奥氏体与 VC 共晶团的晶间处的碳化物进行能谱分析，结果见表 5-8。可以看出，该处钼、铬的含量较高，当量分子式近似为 $(Fe,Cr,Mo,V)_2C_3$，是富钼和富铬的碳化物 MC_2 与富钒的碳化物 MC 的复合物。

图 5-7 为 V11 高速钢完全凝固组织的二次电子像和不同元素的电子探针面扫描图像。可以看出，钒主要分布在初生的 MC 型碳化物和二元共晶反应形成的 MC 型碳化物中；钼的含量较低，偏析倾向不太明显，但该元素在奥氏体析出过程中呈正偏析特性，它富集于最后凝固的液相中。图 5-8 为缩松处的 SEM 照片，从图中可以看到大量白色的圆形颗粒。能谱分析结果表明，这些颗粒中钼的含量相当高，按元素的原子比可以近似确定它为富钼的 MC_2 型碳化物，而且奥氏体晶间的薄膜也是这种碳化物。铬的碳化物熔点较低，在液相中析出较晚，因此铬主要分布在三元共晶反应的产物中。由于钼的存在而形成的 MC_2 型碳化物与部分 MC 型碳化物混合组成复合碳化物相，能谱分析结果为近似于 M_2C_3 的原子组成。

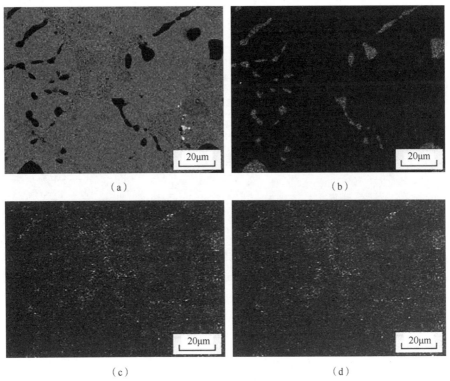

图 5-7　V11 高速钢完全凝固组织各元素的分布

（a）二次电子像；（b）钒的分布；（c）铬的分布；（d）钼的分布

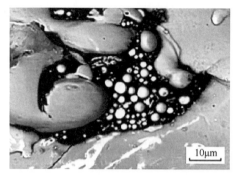

图 5-8　缩松处富钼的 MC_2 型碳化物颗粒

高钒耐磨合金的最终凝固组织是金属基体 + 碳化物，其中的碳化物主要是 VC 及少量钼和铬的碳化物。钒是强烈形成碳化物的元素，它与碳的结合能力相当强，无论合金中碳含量高低，钒都会以碳化物的形式存在并优先从液相中析出[29]。文献 [30] 指出，当合金中的钒含量较高时，共晶反应前液相中碳和钒的偏析量明显增多，使得合金在凝固时形成更多数量的 MC 型碳化物。因此，高钒耐磨合金的凝固组织中初生 VC 相的数量相当多。VC 的形态及分布对合金的性能起着决定性作用。图 5-9 显示了变质处理前后 VC 的形态及分布情况。变化显著的主要是初生 VC 相：未经 RE 变质处理时，初生 VC 相为椭圆形、方形、菱形和多角形的颗粒，如图 5-9（a）和（b）所示；经稀土变质处理后完全转变为圆整的球形或近似球形的颗粒，弥散分布在金属基体中（图 5-9（c））。而共晶反应中形成的 VC 相受到与之共生的奥氏体的限制，呈现为针状或短杆状，并且基本不受变质处理的影响。

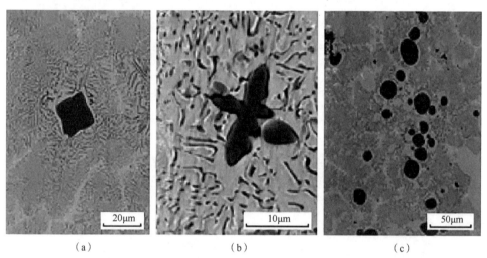

| （a） | （b） | （c） |

图 5-9　变质处理前后 VC 的形态及分布

（a）未变质；（b）未变质；（c）变质后

5.1.5　高钒耐磨合金中 VC 的结构和形态

1. VC 的结构

钒元素在高钒耐磨合金组织中主要分布在球状、块状及短杆状 VC 中。团球状和团块状钒碳化物的透射电子衍射花样分析表明，该类型的碳化物为 VC，且碳的空位有序化形成了 V_6C_5 简单六角超点阵结构。资料介绍[23]，VC 为 $a=0.412\sim0.416nm$ 的面心立方和其他碳的空位有序化结构。一般情况下，如果面心立方的八面体空隙全部被碳原子占据，这时的结构为 NaCl 型。然而，通常有些八面体间隙未被碳原子占据，形成无碳空位。如果碳空位有序化，就可以导致超点阵的形成。根据碳和钒的原子百分比，$VC_{0.89}$ 的碳空位的有序排列可形成晶格常数 $a'=0.833nm$ 的 V_8C_7 简单立方超点阵晶胞，这时的点阵常数为原晶胞的两倍；此时的电子衍射花样具有图 5-10 所示的特征，小圆环表示 V_8C_7 晶面衍射花样（图中加 s 脚标者为超点阵晶胞的晶面指数）。而 $VC_{0.85}$ 的空位有序化形成晶格常数为 $a'=0.509nm$、$c'=1.440nm$ 的 V_6C_5 简单六角超点阵[31]；此时的电子衍射花样具有图 5-11 所示的特征，小圆环表示 V_6C_5 晶面衍射花样。

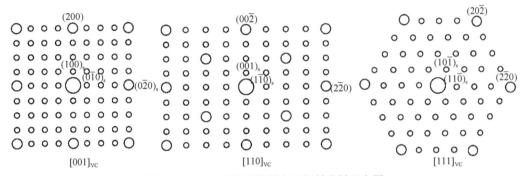

图 5-10　V_8C_7 不同晶带轴电子衍射花样示意图

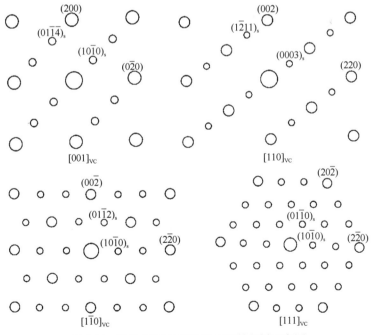

图 5-11　V_6C_5 不同晶带轴电子衍射花样示意图

图 5-12 为一个团球状 VC 倾转不同角度获得的不同晶带轴的电子衍射花样。图 5-12

中的强衍射斑点标定证明，它们分别是 VC 的 [001]、[111] 和 [110] 晶带的电子衍射花样。图中的弱衍射斑点是碳空位有序形成的超点阵斑点，这些超点阵斑点都对应着 V_6C_5（图中加 s 脚标者为 V_6C_5 的晶面指数，未加脚标者为 VC 的晶向指数）。需要进一步说明的是，图 5-12（c）中碳的空位有序形成了孪晶畴结构的电子衍射花样，$1/2(\bar{1}11)_{VC}$ 和 $1/2(1\bar{1}1)_{VC}$ 处的衍射斑点分别为 V_6C_5 的 $(0003)_s$ 和 $(0003)_{st}$ 的衍射斑点（图中黑圈圈出的斑点，st 为 V_6C_5 孪晶的电子衍射花样）。从图 5-12（a）、（b）和（c）的标定可知，面心立方 VC 与简单六方结构 V_6C_5 之间的取向关系为：$(10\bar{1}0)_{V_6C_5}//(1\bar{1}0)_{VC}$，$[0001]_{V_6C_5}//[111]_{VC}$。对多个碳化物的电子衍射表明，[110] 晶带轴下几乎都能看到这种孪晶斑点，并且在其他入射方向上也有 V_6C_5 孪晶的超点阵衍射斑点，从而说明 V_6C_5 存在孪晶畴精细结构。此外，未发现简单立方 V_8C_7 的超点阵斑点，这可能和试验用钢的 C/V 质量比有关。

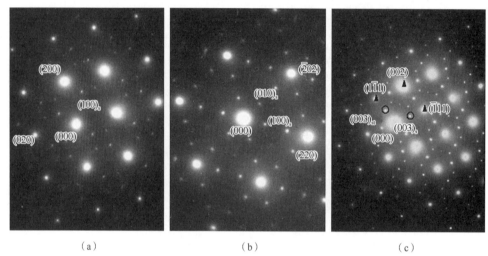

(a)　　　　　　　　　　(b)　　　　　　　　　　(c)

图 5-12　面心立方 VC 相不同晶带轴的电子衍射花样，超点阵斑点为 V_6C_5

（a）$[001]_{VC}$；（b）$[111]_{VC}$；（c）$[110]_{VC}$

TEM 下观察发现，VC 内部由大量尺寸在几纳米到几十纳米之间的点状微粒构成，而且分布密度很高。图 5-13 为 VC 中纳米点状微粒的 TEM 图像。从图 5-13（a）的明场像上可以看出，微粒均匀弥散地分布在 VC 基体上，并且有的微粒呈豆瓣状，具有共格应变场衬度。从图 5-13（b）的暗场像上可以更清楚地看出这些微粒的形态及分布。

(a)　　　　　　　　　　　　　(b)

图 5-13　VC 中纳米点状微粒的 TEM 图像

（a）明场像；（b）暗场像

图 5-14 为高分辨透射电子显微镜（high resolution TEM，HRTEM）观察 VC 的高分辨电子显微像（相位衬度像）。可以看出，显示暗衬度的微小区域从尺寸和形态上对应着衍衬像上的纳米微粒。把这些微区放大可以清楚地看出晶格条纹与基体的晶格条纹一致，即与基体具有共格关系的纳米微粒，如图 5-14（b）所示。此外也有局部与基体的晶格条纹一致，而其他区域具有一定错排度或不同位相，即局部共格微粒，如图 5-14（c）~（e）所示。有的则具有不同的晶格条纹，即非共格微粒（图 5-14（f））。在这些微小区域内还可以看出有微孪晶（图中直线表示孪晶面）和一些点状缺陷（圆圈内）。由能谱成分分析可知，VC 相中微粒处的 Mo 元素含量高，可以认为纳米点状微粒是 Mo 原子在该处偏聚形成的应变场衬度。因此，可以看出微孪晶在 VC 的 (111) 面上产生，如图 5-14（c）和（d）所示。

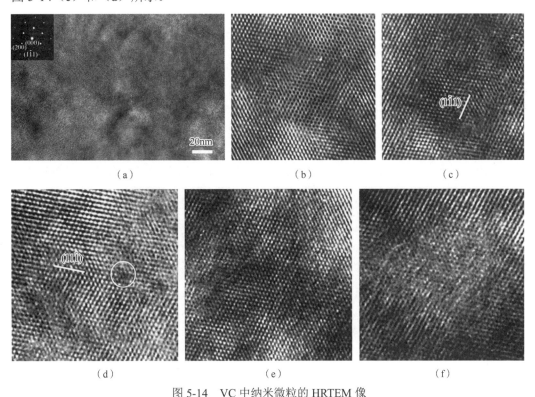

图 5-14　VC 中纳米微粒的 HRTEM 像

（a）VC 高分辨电子显微像和电子衍射花样；（b）共格纳米结构；（c）部分共格及微孪晶；（d）微孪晶及微区缺陷；（e）部分共格纳米结构；（f）非共格纳米结构

对 VC 中不同区域进行成分分析的结果如图 5-15 所示，其中图 5-15（a）和（b）分别为 VC 的平均成分及图 5-14（a）中黑色微粒的成分。分析结果表明，VC 中主要元素为 C 和 V，且有少量的 Cr、Fe 和 Mo 元素。其中，Cr 元素低于平均含量，而 Mo 元素高于平均含量。黑色微粒中 Cr、Fe 和 Mo 元素含量都比较高，其 Mo 含量约为 VC 中平均 Mo 含量的 2.5 倍，为高钒耐磨合金中平均 Mo 含量的 7 倍以上，因此 VC 中的纳米级黑色粒子为富 Mo 的 MC 碳化物。

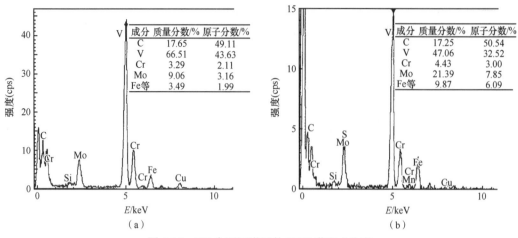

图 5-15　VC 中不同微区的 EDX 谱和成分表

（a）VC 平均成分；（b）图 5-14（a）中的黑色微粒成分

2. VC 的形态分布

钒是强碳化物形成元素，在合金凝固过程中碳优先与钒结合形成 VC。VC 的形态可分为 6 种：团球状、块状、开花状、条状、短杆状、蠕虫状，分别如图 5-16 中 A～F 所示。从结晶过程和形成时间划分，VC 有三种形式：初生 VC、二元共晶 VC 和三元共晶 VC。图中团球状、块状、开花状的是初生 VC，尺寸较大。当合金成分达到过共晶的成

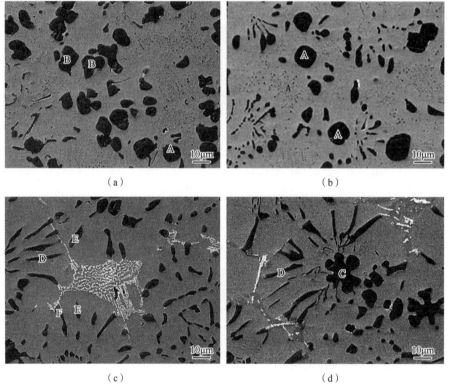

图 5-16　VC 的形态

A-团球状；B-块状；C-开花状；D-条状；E-短杆状；F-蠕虫状

分时，这几种形态的 VC 方可形成。由于初生相从液相中析出时，VC 在各方向的生长不受限制，有长成团球状的趋势。当钒质量分数低于 9% 时，初生 VC 的形态主要为团球状和块状，随着钒含量的升高，VC 的尺寸有长大的趋势。当钒质量分数达到 10%、碳质量分数达到 3.2% 时，初生 VC 主要以开花状的形态存在。图中条状、短杆状、蠕虫状的是共晶 VC。由于共晶反应时 VC 与奥氏体共同生长，晶粒生长时受奥氏体的制约而长成条状、短杆状和蠕虫状。

图 5-17 展示了不同成分高钒耐磨合金（表 5-9）中 VC 的三种分布形式：①晶间分布，VC 分布于初生相的枝晶间隙，如图 5-17（a）、（b）所示；②菊花状分布，VC 呈菊花状分布于与奥氏体形成的共晶团内（图 5-17（c））；③均匀分布，VC 均匀分布于整个金相断面（图 5-17（d）、（e））。

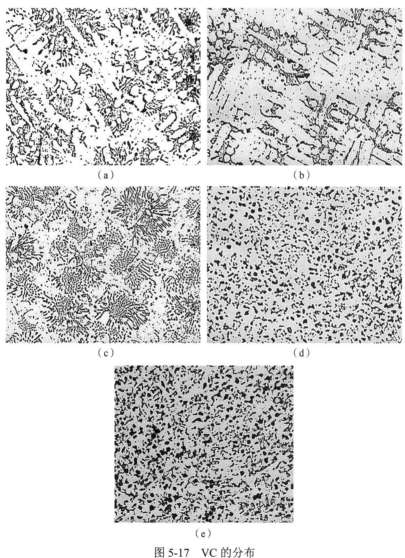

图 5-17 VC 的分布

（a）试样 1；（b）试样 2；（c）试样 3；（d）试样 4；（e）试样 5

表 5-9　不同高钒耐磨合金的化学成分（质量分数）　（单位：%）

试样	C	V	Si	Cr	Mo	Mn	Ni	P	S	Fe
1	1.7	5								
2	2.0	6								
3	2.3	7	0.4～0.8	4.0	0.6～0.8	0.5～1.0	0.6～0.8	≤0.07	≤0.07	余
4	2.7	8								
5	3.2	9								

试样 1 和试样 2 中的 VC 为晶间分布。此时合金中的碳质量分数为 1.7%～2.0%、钒质量分数为 5%～6%，由图 5-17（a）和（b）可知合金为亚共晶成分。在凝固过程中，奥氏体优先从合金液中析出，并长成奥氏体枝晶。随着温度的降低，当达到共晶成分后，在奥氏体枝晶间形成共晶 VC。因此，VC 呈晶间分布的条件是合金成分为亚共晶成分。当碳质量分数为 2.3%、钒质量分数为 7% 时（试样 3），VC 呈菊花状分布，此时合金近似为共晶成分，凝固过程中先发生二元共晶反应生成共晶 VC。由于浓度起伏和能量起伏，先在合金液的某些微区发生共晶反应。随着反应进行，晶粒周围的碳、钒元素的浓度降低，四周碳、钒元素浓度高的合金液中的碳和钒会向共晶晶粒扩散，形成一个指向共晶晶粒球心的碳、钒元素含量逐渐降低的浓度梯度。因此，VC 背离球心垂直于共晶晶粒球面向外生长，而平行于球面的生长被抑制。最终 VC 与奥氏体形成一个个的共晶团，共晶团内的 VC 呈菊花状分布。因此，VC 呈菊花状分布的条件是合金为共晶或近似于共晶成分。对于试样 4 和试样 5，此时合金的碳质量分数 2.7% 和 3.2%、钒质量分数为 8% 和 9%，合金成分达到过共晶的成分。凝固过程中先析出一次 VC，这种 VC 有长成球形的趋势。由于一次 VC 从合金液直接形核长大而析出，分布比较均匀。在随后的共晶反应中，一次 VC 的颗粒起到第二相粒子的作用，阻碍共晶晶粒的长大，使其无法形成较大的共晶团，故共晶 VC 分布得比较均匀，无法呈菊花状聚集。因此，VC 均匀分布的条件为合金达到过共晶成分。

随着钒、碳含量的升高，高钒耐磨合金从亚共晶合金到共晶合金再到过共晶合金，VC 的分布也逐渐从偏析严重的晶间分布转变到分布较为均匀的菊花状分布再转变到分布均匀的状态。

3. VC 的析出过程

图 5-18 和图 5-19 分别展示了 Fe-5Cr-V-C、Fe-15Cr-V-C、Fe-5Cr-5W-5Mo-V-C 三种合金的液相面投影图[21] 和 (Fe-5Cr-5Mo-5W-2C)-V 准二元相图[27]。可以看出，VC 的析出过程共有三个阶段，具体的析出时间和析出顺序与高钒耐磨合金的成分密切相关。对于亚共晶合金，碳化物的析出分为两个阶段：当合金液冷至液相线温度时，初生 γ 相首先从液相中析出；随着温度降低，γ 相不断析出，而液相中钒的含量升高，液相成分向 (γ+MC) 的共晶线方向变化。当钒含量升高至共晶成分点时，发生 L —→ (γ+MC) 的共晶反应，析出 MC 型碳化物。随着凝固过程的继续进行，液相不断减少，偏析导致液相中 Cr、Mo 等元素的含量升高。当达到三元共晶成分时发生反应 L —→ (γ+MC+(Cr,Fe)$_3$C)，析出 MC+(Cr,Fe)$_3$C 型碳化物。

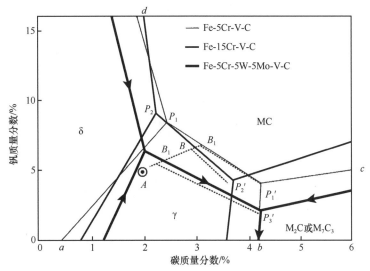

图 5-18　Fe-5Cr-V-C、Fe-15Cr-V-C 和 Fe-5Cr-5W-5Mo-V-C 的液相面投影图

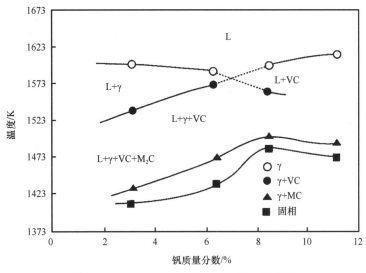

图 5-19　(Fe-5Cr-5Mo-5W-2C)-V 准二元相图

5.2　高钒耐磨合金的变质处理和热处理

5.2.1　高钒耐磨合金的变质处理

为提高各种铸造合金的性能，人们进行了多种尝试。在浇铸过程中，通过加入不同的变质剂，如硼、钛、锆、钒、稀土、镁、锶、钠、钾等微量元素以及相应的盐类进行变质处理，使铸造合金的微观结构、使用性能和工艺性能发生很大的变化，如图 5-20 （b）、图 5-21（b）和图 5-22（b）所示。经过变质处理后，初生晶相的形态由明显的棱角形转变为球形或近似球形，大大减弱了初生小晶面相对基体的削弱作用，使这些铸造

合金的力学性能有很大改善和提高（表 5-10）。变质处理的方法简单、成本低、效果明显，日益受到重视。

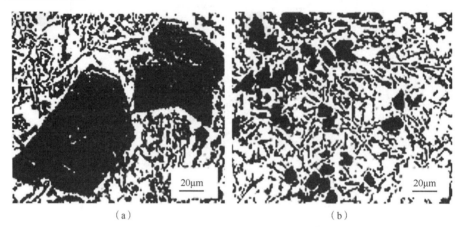

（a）　　　　　　　　　　　　　　（b）

图 5-20　变质处理前（a）和变质处理后（b）的铸态过共晶 Al-Si 合金的金相组织

（a）　　　　　　　　　　　　　　（b）

图 5-21　变质处理前（a）和变质处理后（b）的 VC 的形态

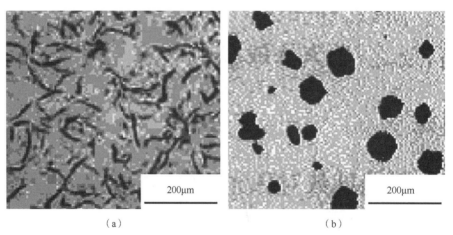

（a）　　　　　　　　　　　　　　（b）

图 5-22　变质处理前（a）和变质处理后（b）的石墨相的形态

表 5-10　变质处理对不同铸造合金力学性能的影响

合金种类	变质处理方法	力学性能		
		抗拉强度 (σ_b)/MPa	冲击韧性 (a_k)/(J/cm²)	延伸率 (δ)/%
球墨铸铁（QT700）	未变质	650～700		1.0～2.0
	Mg 或 RE 变质	710～740		5.5～6.0
高钒铁碳合金	未变质	22.2	6.8	
	K-RE 变质	26.8	11.1	
Al-Si 合金	未变质	155.7		1.8

高钒耐磨合金中碳化物的形态是影响韧性的重要因素，WC 呈带尖角的块状分布，应力集中使基体易在尖角处开裂，降低了韧性。而经适当变质处理的 VC 呈团球状、团块状分布，对基体割裂程度小，硬度很高，材料韧性高，耐磨性好。因此，以生产冷轧辊和粉磨行业的耐磨件作为应用背景的含钒高速钢材质，必须尽量减少钨元素含量，提高钒元素含量。

高钒耐磨合金中钒的碳化物硬度较高，显微硬度可达 2800HV。有效地控制 VC 的形态，并使之与基体组织紧密结合，是提高钒耐磨合金整体性能的关键所在。控制碳化物形态和尺寸的方法主要有两种：一是改变冷却速度，二是变质处理。改变冷却速度可以控制碳化物的长大，但受产品尺寸和外形的限制。变质处理是在铸造条件下改善高速钢中碳化物形态和分布的最有效方法。在变质处理试验中为了更好地了解初生碳化物的生成过程和对变质处理前后碳化物形态进行比较，在变质处理的试验中采用钒铁新料，同时为了去除铬元素碳化物的影响而去除掉铬元素。在遗传性研究试验中，全部用回炉料，采用不同的工艺，对高钒耐磨合金中碳化物的遗传性进行验证。表 5-11 为该试验研究高钒耐磨合金的主要化学成分表。

表 5-11　试验用合金的化学成分（质量分数）　　　　　（单位：%）

元素	C	V	Cr	Mo	Mn	Si	S	P
含量	2.71	9.20			0.22	<0.88	<0.05	<0.05

熔炼在 50kg 中频感应炉中进行。所用炉料为生铁、废钢、铬铁、钼铁、锰铁、钒铁。在熔炼过程中，应注意提高贵重而易烧损的元素钒的吸收率。采取加钒铁前预脱氧、尽量减少高温停留时间等方法来提高钒元素的吸收率。出炉前加质量分数为 0.1% 的纯铝终脱氧。遗传性研究采用改变熔融保温时间、变质处理等工艺进行研究，复合变质处理工艺采用包底冲入法进行复合变质处理。出炉温度约为 1500℃，浇注温度约为 1450℃。

根据变质效果和机理的不同，一般可将变质剂分为四大类，即稀土类，促进形核类，细化晶粒类，含 K、Na 类和其他类型。根据河南省耐磨材料工程技术研究中心的前期研究结果，同时考虑操作工艺，选用钾盐类、稀土类复合变质剂，其相关信息如表 5-12 所示。

表 5-12 试验中选用的变质剂信息

变质剂编号	变质剂主要元素	变质剂加入量(质量分数)/%	加入方式
含 B 钾盐	K、B	1	浇注前浇包冲入
含 Ti 钾盐	K、Ti	1	浇注前浇包冲入
含 Zr 钾盐	K、Zr	1	浇注前浇包冲入
1# 稀土复合变质剂	Ce	1	浇注前浇包冲入
稀土硅镁铁合金复合变质剂	Mg	1	浇注前浇包冲入

砂型浇铸的平片图如图 5-23 所示，在同一砂箱中造五个高度相同（120mm）、直径不同（ϕ20mm，ϕ40mm，ϕ60mm，ϕ80mm，ϕ120mm）的圆柱形铸型，然后分别在每个铸型的中心部位放置热电偶。铸件在砂型中自然冷却的同时，用 EN880-02 无纸记录仪能准确记录下温度随时间变化的冷却曲线。

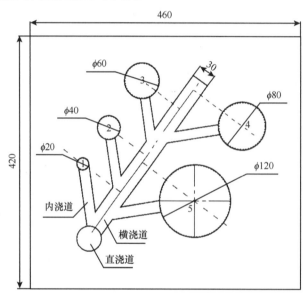

图 5-23 砂型浇铸平面图（单位：mm）

将制取的试样采用线切割的方法沿轴向切开，取其中一半试样以 10mm 为单位将其截为若干段，将试样的轴向剖面进行预磨和抛光后，在扫描电子显微镜上进行组织观察。

1. 钾盐复合变质处理

变质处理前后 VC 形貌分布的 SEM 照片见图 5-24。图 5-24（a）为未变质处理时 VC 的形貌。可以看出，当未加入变质剂时，初生 VC（图中 A）呈开花状，形态较差，共晶碳化钒（图中 B）呈连续杆状分布。

不同变质处理后获得的高钒耐磨合金中的 VC 形貌见图 5-24（b）、（c）和（d）。从图 5-24（b）可以看出，高钒耐磨合金在经过硼钾盐复合变质处理并缓冷之后，初生 VC 由开花状分布转变为在基体上离散分布的团球状与团块状（图中 C）。从图 5-24（c）可以看出，经过钛硼钾盐复合变质处理后，初生碳化钒的形态多为离散分布的团块状（图中 D），并且共晶碳化钒（图中 E）的形态也有所改善。在图 5-24（d）中，运用锆钾盐复合变质剂进行变质处理后，初生 VC（图中 F）的形态有一定改善，共晶 VC（图中 G）有断开的现象，而且变得更加细化。

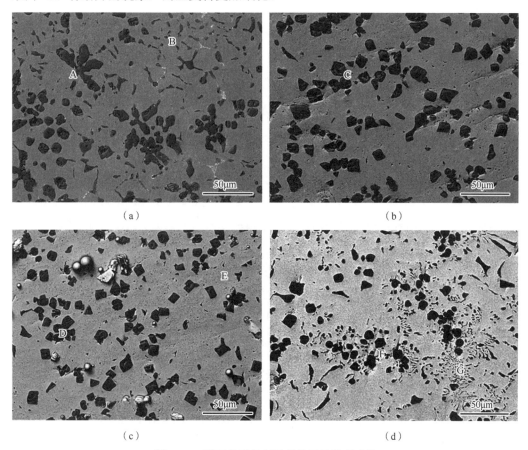

（a）　　　　　　　　　　　　　　（b）

（c）　　　　　　　　　　　　　　（d）

图 5-24　不同变质处理后碳化钒的微观形貌

（a）未变质处理；（b）硼钾盐复合变质处理；（c）钛钾盐复合变质处理；（d）锆钾盐复合变质处理

用自编的金相定量分析软件对 VC 的形态参数进行数值化统计，对碳化物的面积分数、当量直径、周长和面积比值（周长/面积）、颗粒数目等形态参数进行统计。首先，设定一个灰度阈值 T，对金相照片进行灰度图像二值化处理，将灰度图像的像素分成两部分，大于阈值 T 的像素群和小于阈值 T 的像素群，即黑白两种像素群，然后对二值化图像进行统计。结果见表 5-13 和图 5-25。

表 5-13　钾盐复合变质处理前后碳化钒形态参数的定量统计

变质处理	面积分数	颗粒数目	当量直径	周长/面积
未变质处理	0.239591	178	1.020359	0.218073
硼钾盐复合变质处理	0.267110	223	0.859971	0.175873
钛钾盐复合变质处理	0.226119	275	0.641615	0.204914
锆钾盐复合变质处理	0.219125	816	0.212860	0.574674

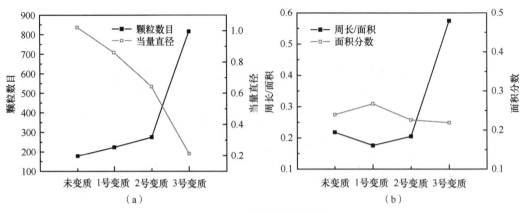

图 5-25　碳化钒的参数分析

(a) 碳化物的颗粒数目和当量直径；(b) 碳化物的周长/面积和面积分数

采用 Leica 图像分析仪进行图形分析时采用形状系数因子 k 的概念，即

$$k = \frac{4\pi A}{L^2} \tag{5-1}$$

式中，A 为颗粒的面积；L 为颗粒的周长。而对多个 VC 颗粒来说，则取所有颗粒 k 值的平均值作为整个视场的 k 值。k 值介于 0～1。当 $k=1$ 时，颗粒呈圆球状，k 值越接近 0，形态变得越不规则。

其中，面积分数定义如下：面积分数是指第二相的面积与图幅的面积之比，可以表示 VC 析出的体积分数。程序的算法原理是，对预处理后的图像上的每一行进行扫描，统计出黑色像素和总的像素数目，黑色像素与总像素数目的比值即为面积分数。黑色像素在这里指被提取相 VC，白色相代表高钒耐磨合金的其他碳化物和基体组织。当量直径 D 的定义如下：

$$D = 2\sqrt{A/\pi} \tag{5-2}$$

式中，A 为颗粒的面积。对多个 VC 颗粒来说，则取所有颗粒 D 值的平均值作为整个视场的 D 值。显然，D 值的大小既与颗粒大小有关，又与颗粒形状有关。形状相同时，颗粒尺寸越大，D 值越大；颗粒尺寸（最大直径）相当时，颗粒轮廓越曲折，D 值越小。周长/面积的定义为

$$B = L/A \tag{5-3}$$

其中，A 为颗粒的面积；L 为颗粒的周长。而对多个 VC 颗粒来说，则取所有颗粒 B 值的平均值作为整个视场的 B 值。显然，B 值的大小也是既与颗粒大小有关，又与颗粒形状有关。形状相同时，颗粒尺寸越大，B 值越小；颗粒尺寸（最大直径）相当时，颗粒轮廓越曲折，B 值越大。

从图 5-25（b）中可以看出，无论采用何种变质剂，高钒耐磨合金中 VC 的析出量均变化不大，但其他参数有大幅度的改变。由图 5-24 可以看出，在高钒耐磨合金中加入硼钾盐或钛钾盐复合变质处理后变质处理效果较好。未经变质处理的试样中初生 VC 为开花状，较为粗大且分布不均匀，如图 5-24（a）所示。而经变质处理的试样，由于变质剂起到外来晶核的作用，形核率大大增加，碳化物的形态产生显著变化，VC 呈孤立分布

的团块状，碳化物边缘的圆滑程度明显提高，碳化物的尺寸也明显减小，分布的均匀性增强，如图 5-24（b）和（c）所示。

由图 5-25（a）和表 5-13 可以看出，未变质、硼钾盐、钛钾盐复合变质处理后颗粒数目变化不大，而锆钾盐复合变质处理后颗粒数目显著增加，这是由于锆钾盐复合变质剂对共晶 VC 影响较大，共晶 VC 在变质处理的过程中得到有效的细化，使颗粒数目得到显著的增加。对于当量直径，加入变质剂后当量直径都有所减小，这是由于变质处理使初生 VC 数目有所增加和共晶 VC 细化，但锆钾盐复合变质处理试样中 VC 的当量直径的减小幅值较大，这是因为锆钾盐复合变质剂对共晶 VC 有较大影响。

硼钾盐、钛钾盐复合变质处理后周长/面积都有所减小（图 5-25（b）），VC 的形态比变质前有所改善。经锆钾盐复合变质剂变质处理后 VC 形态参数周长/面积有所增大，这是由于在变质处理过程中共晶 VC 产生了大量的细化颗粒，但颗粒的形态不如初生的 VC 形态完整。

钾盐具有良好的脱硫、脱氧能力，大多吸附在 VC 与奥氏体的界面上[32, 33]，试验分析证明，钾元素均布在基体中，也有钾元素在 VC 表面富集的现象，如图 5-26 所示。钾元素在 VC 表面的吸附阻碍合金原子向生长晶体表面扩散，抑制晶体生长，促进 VC 形态和分布改善。此外，钾盐变质处理可降低高钒耐磨合金的初晶结晶温度和共晶结晶温度 9～15℃，初晶结晶温度和共晶结晶温度的下降，有助于钢液在液相线和共晶区过冷。而合金结晶过冷度增大，会使形核率增加，因此钾盐可使初生晶相晶核增多，进而导致初生相晶粒细化。同时，钾盐也是表面活性元素，在结晶时选择性地吸附在 VC 择优生长方向的表面上，形成吸附薄膜，阻碍钢液中的其他元素原子长入 VC 晶体，降低了 VC⟨100⟩ 择优方向的长大速度，导致 ⟨100⟩ 方向的长大速度减慢。而 ⟨111⟩ 方向的长大速度相对加快，促使 VC 变成球状。同时，钾元素富集于奥氏体枝晶生长前沿，阻碍奥氏体长大，细化奥氏体晶粒。由于奥氏体枝晶的细化，凝固后期在奥氏体枝晶间因偏析而形成的共晶钢液熔池变小，从而使共晶 VC 细化。

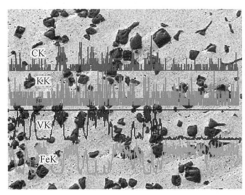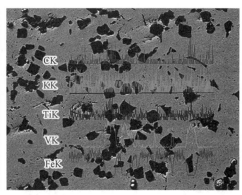

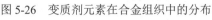
图 5-26   变质剂元素在合金组织中的分布

在变质处理中，硼元素能在合金液凝固时优先形核，降低过冷度，促进 VC 形核，提高形核率，从而达到改善 VC 形态和分布的目的。另有研究表明[34]，B 元素能减少固溶体中 C 的含量，使铁液中 C 的溶解度增加，造成铁液中 C 的原子集团数增多，从而使

VC 生长核心增多，有利于 VC 的形成与细化。

钛改善共晶 VC 的形态和分布的主要原因是 TiC 在钢液中的自由焓随着凝固分数的增加及温度的下降而降低，TiC 在高钒耐磨合金液中可以优先于 MC 型 VC 形成[13]。而 TiC 和 VC 均为面心立方晶格，在它们结晶时 [100] 晶向是其最优生长方向。因此当结晶结束时，晶体将被 (111) 晶面所包围，TiC 和 MC 的晶格常数分别为 a_{TiC}=0.1432nm，a_{MC}=0.1415nm，当 MC 以 TiC 的 (111) 晶面作为形核界面时，MC 与 TiC 之间的二维晶格错配度很小，TiC 可以作为 MC 型 VC 形核的有效异质核心，因而可促使 MC 型 VC 细化。在 VC 的能谱分析中，钛元素在 VC 中有富集的现象产生，如图 5-27 所示，也证明了这一点。

在本次试验中锆元素和复合变质剂对初生 VC 的影响较小，但对于共晶 VC 有较大的影响。

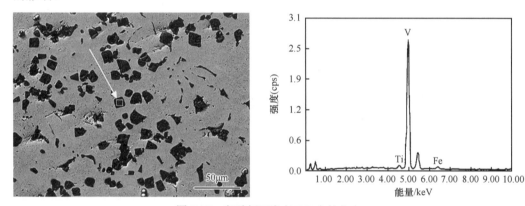

图 5-27　变质剂元素在 VC 中的分布

2. 稀土复合变质处理

变质处理前后 VC 的形貌分布照片如图 5-28 所示。可以看出，当未加入变质剂时，初生 VC(A) 呈开花状，共晶 VC(B) 呈连续杆状分布。图 5-28（b）是用稀土硅镁铁合金变质处理后获得的合金中 VC 形貌。可以看出，高钒耐磨合金在经过稀土变质处理并缓冷后，初生 VC 的形态多为离散分布的团块状 (C)，并且共晶 VC 的形态也有所改善。高钒耐磨合金在经过 1# 稀土变质处理并缓冷后，初生 VC 形态与分布变化不大，如图 5-28（d）所示。

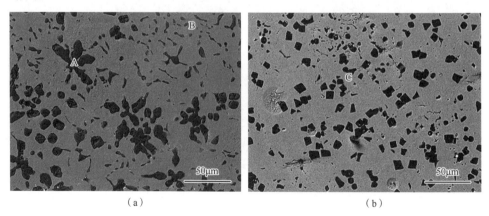

|（a）|（b）|

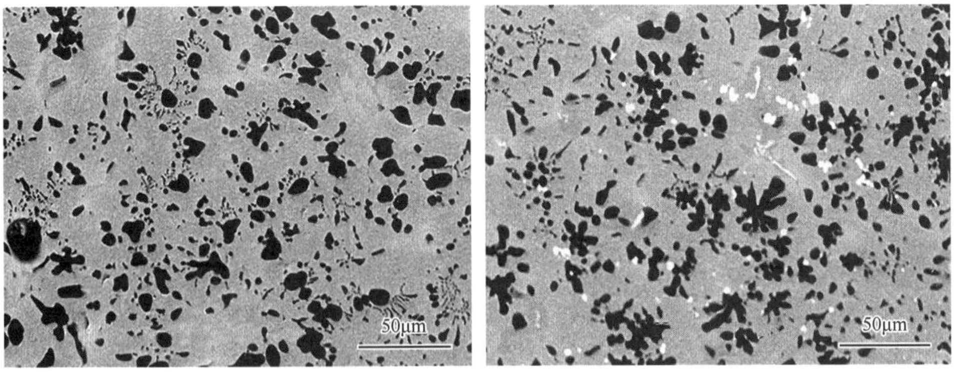

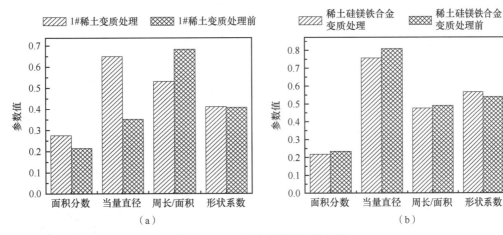

（c）　　　　　　　　　　　　　　　（d）

图 5-28　不同变质处理前后 VC 的微观形貌

（a）稀土硅镁铁合金变质处理前；（b）稀土硅镁铁合金变质处理；（c）1# 稀土变质处理前；（d）1# 稀土变质处理

同样用自编的金相定量分析软件对 VC 形态参数进行数值化统计，对碳化物的面积分数、当量直径、周长/面积、形状系数等形态参数进行统计。统计结果见表 5-14 和图 5-29。

表 5-14　稀土复合变质处理前后 VC 形态参数定量统计

变质处理	颗粒数目	面积分数	当量直径	周长/面积	形状系数
稀土硅镁铁合金变质处理	241	0.217931	0.756479	0.475800	0.566384
稀土硅镁铁合金变质处理前	227	0.234023	0.808099	0.490420	0.539415
1# 稀土变质处理	300	0.275814	0.649568	0.531900	0.411723
1# 稀土变质处理前	488	0.215190	0.352700	0.683000	0.408150

图 5-29　VC 形态参数的统计结果

从表 5-14 和图 5-29 可以看出，无论采用何种变质剂，高钒耐磨合金中 VC 的析出量变化不大，但其他参数有大幅度的改变。由图 5-28 可以看出，在高钒耐磨合金中加入稀土硅镁铁合金变质处理后效果最明显。未经变质处理的试样中初生 VC 为开花状，较为粗大且分布不均匀。而经过变质处理的试样形核率大大增加，碳化物的形态也产生了显著变化，VC 呈孤立分布的团块状，碳化物边缘的光洁程度明显提高，碳化物的尺寸也明显减小，分布的均匀性增强，同时共晶组织有所减少。1# 稀土合金变质处理对 VC 分布及形态影响不大。

稀土硅镁铁合金变质处理后 VC 的数目有所增加，同时共晶 VC 的数量有所减少，这是因为当熔液达到共晶温度时，由于熔体与 VC 的界面能高，VC 重新形核比较困难，因而共晶 VC 就在原有的初生 VC 上生长，从而形成没有片状特征的离异共晶。对于当量直径，加入变质剂后当量直径有所减小，在 VC 的结晶温度以上熔体中已存在大量弥散分布的在变质处理过程中生成的夹杂物质点，使得 VC 在较小的过冷度下大量形核，因而 VC 在整个体积中分布比较均匀，尺寸比较小。而 1# 稀土变质处理对碳化物的数量和当量直径影响较小。此外，经过稀土硅镁铁合金变质处理后，当量直径和周长/面积减小，但形状系数明显增大，表明 VC 的形态比变质前有所改善。经 1# 稀土变质处理后，VC 的形状系数变化不大，但周长/面积和当量直径发生明显变化。周长/面积减小，当量直径增大，表明 VC 的颗粒尺寸增大。

变质处理时，稀土作为表面活性元素可以使表面张力降低，它本身的结合能以及它和其他元素的结合能都较小，因此降低了形成临界尺寸晶核所需的功，使结晶核心数量增多。同时，由于在 VC 结晶温度以上的熔体中已存在大量弥散分布的在变质过程中生成的夹杂物质点，VC 在较小过冷度下依赖异质核心大量形核（图 5-30（a）），因而 VC 在整个体积中分布比较均匀，尺寸也比较小。

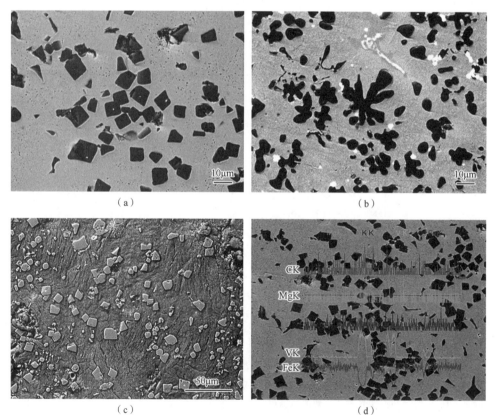

（a）　　　　　　　　　　　　　　　（b）

（c）　　　　　　　　　　　　　　　（d）

图 5-30　变质元素的作用及效果

（a）VC 颗粒内的异质核心（白点）；（b）稀土硫氧化物聚集；（c）深腐蚀处理形貌；（d）变质元素分布

同时，由于稀土变质剂作为表面活性物质吸附在夹杂物表面，在一定的热力学、动力学条件下大部分以原夹杂物为基聚集上浮，遂形成对钢水净化十分有益的脱氧、脱硫、去气效应，一部分形成高熔点的稀土复合硫化物、氧化物及硫氧化物在钢液中存在，由于稀土的吸附作用及稀土夹杂物的非均质形核作用，初生 VC 和共晶 VC 的形态及数量都有所改变[35,36]。

1# 稀土合金和稀土硅镁铁合金变质处理均有异质形核和稀土在碳化物前沿吸附现象发生，但 1# 稀土合金变质元素的硫、氧化物在 VC 前沿吸附现象较明显（图 5-30（b）），而稀土硅镁铁合金异质形核的情况较明显（图 5-30（a））。其中，1# 稀土变质处理的结果中，氧化物多为镧、铈的硫氧化物，而稀土硅镁铁合金中的氧化物为镁的硫氧化物，如图 5-31 所示。在用稀土硅镁铁合金变质处理时，由于在 VC 结晶温度以上的熔体中已经存在大量弥散分布的变质处理过程中生成的夹杂物质点，使得 VC 在较小的过冷度下大量形核，因而 VC 在整个体积中分布比较均匀，尺寸也比较小，如图 5-30（a）和（c）所示。同时，当熔液达到共晶温度时，熔体 VC 界面能较高，VC 重新形核比较困难，共晶 VC 就在原有的 VC 上生长，从而稀土硅镁铁合金变质处理后的合金中共晶组织不太明显。在本次试验的过程中，1# 稀土变质处理的异质形核作用不明显，合金中高熔点的稀土硫氧化物以团聚的形式分布在基体中及初生碳化物的前沿，如图 5-30（b）所示。这可能是由于 1# 稀土变质处理的原铁水中硫含量较高，致使稀土加入后在铁液中形成的硫化物较多，从而产生聚集，异质形核作用减弱。

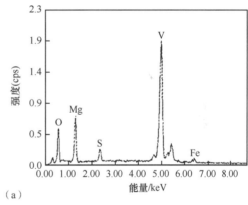

（a）

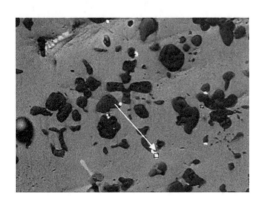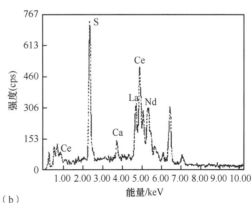

（b）

图 5-31　变质元素的硫化物在合金中的分布

（a）稀土硅镁铁合金变质处理后 VC 颗粒中的异质核心；（b）1# 稀土变质处理后分布在 VC 颗粒之外的稀土硫化物

5.2.2 高钒耐磨合金的连续冷却转变曲线

热处理是高速钢生产中的一个关键环节，直接决定高速钢的各项性能指标，而连续冷却转变（continuous cooling transformation，CCT）曲线是制定热处理工艺的基本依据。作为一种新型耐磨材料，高钒耐磨合金的两种热处理工艺与 CCT 曲线密切相关：一是加工前的退火处理，由于合金元素含量较高，铸态下其基体组织中往往存在大量硬度较高的马氏体和奥氏体，铸态下难以加工，需进行退火处理，CCT 曲线可以为获得易加工的低硬度铁素体或珠光体组织确定合适的退火冷却速度；二是常见的硬化淬火处理，为减小淬火冷却过程中的热应力及相变应力，冷却速度越慢越好，但若冷却速度小于临界冷却速度，则会出现硬度较低的珠光体或铁素体等组织，导致耐磨性下降，CCT 曲线可以确定高钒耐磨合金的淬火冷却速度，进而为确定其淬火冷却方式提供依据。作为一种新型高速钢，高钒耐磨合金的 CCT 曲线尚未见文献报道，利用膨胀法测试了高钒耐磨合金连续冷却相转变过程，并绘制成 CCT 曲线，为生产中制定高钒耐磨合金复合轧辊的热处理工艺提供基础参考资料。

所用高钒耐磨合金的化学成分见表 5-15。具体试验过程为：将熔炼好的合金液浇注成 Y 型试块，然后用钼丝切割成 $\phi8\text{mm}\times10\text{mm}$ 的圆柱试样。利用 Gleeble-1500D 热模拟机以 5℃/s 的速度将试样加热到 1000℃后保温 10min，然后分别以 0.1℃/s、0.25℃/s、0.5℃/s、1℃/s、4℃/s、10℃/s 的冷却速度冷却到室温。

表 5-15　研究连续冷却过程用高钒耐磨合金的化学成分（质量分数）　　（单位：%）

C	V	Cr	Mo	Mn	Ni	Si	S	P
2.74	7.00	3.62	2.98	0.12	0.12	0.76	0.038	0.055

图 5-32 为高钒耐磨合金试样连续冷却过程中的热膨胀曲线。当冷却速度为 0.1℃/s 时，冷却过程中有三个明显的膨胀点，即发生三次相变，采用切线法可以确定相变开始温度分别为 950℃、725℃和 425℃。冷却速度为 0.25℃/s 时，冷却过程中有四个明显的膨胀点，发生了四次相变，相变开始温度分别为 925℃、610℃、350℃和 200℃左右。当冷却速度为 0.5℃/s 时，曲线只在 900℃和 200℃以下存在相变点，当冷却速度大于 1℃/s 时，膨胀曲线从 1000℃开始连续冷却至室温，图上只有一个膨胀点，说明只发生了一次

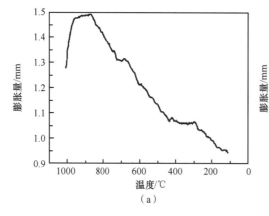

（a）

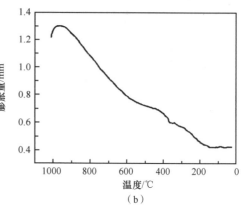

（b）

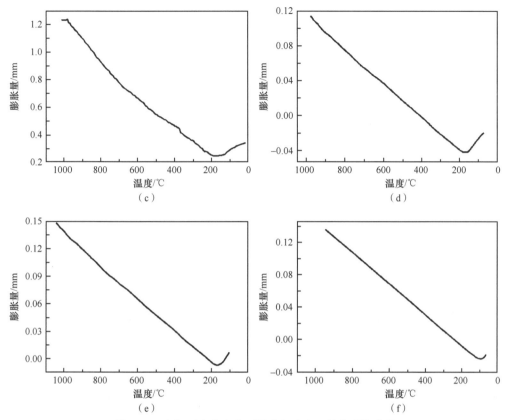

图 5-32　高钒耐磨合金在不同冷却速度下的热膨胀曲线

（a）0.1℃/s；（b）0.25℃/s；（c）0.5℃/s；（d）1℃/s；（e）4℃/s；（f）10℃/s

相变，且随着冷却速度的增大该相变点降低。

图 5-33 为高钒耐磨合金经过不同速度连续冷却后 SEM 下的形貌照片。图中的白色团球状、团块状颗粒为 VC。冷却速度主要影响基体组织，当冷却速度为 0.1℃/s 时（图 5-33（a）），基体主要是粒状珠光体组织，并有少量的贝氏体组织；当冷却速度为 0.25℃/s 时（图 5-33（b）），基体主要是羽毛状贝氏体和粗大针状马氏体组织，并有少量残余奥氏体；当冷却速度大于等于 0.5℃/s 时，如图 5-33（c）～（f）所示，基体主要是针

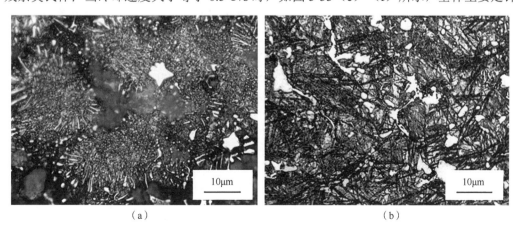

（a）　　　　　　　　　　　　　　　（b）

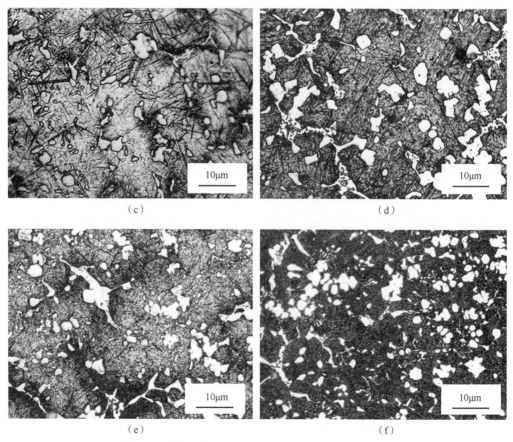

图 5-33　高钒耐磨合金在不同冷却速度下的显微形貌

（a）0.1℃/s；（b）0.25℃/s；（c）0.5℃/s；（d）1℃/s；（e）4℃/s；（f）10℃/s

状马氏体和残余奥氏体组织，并且随着冷却速度的加大，组织逐渐细化。

　　为了更加准确地确定不同冷却速度下转变的组织类型，利用 TEM 对上述 3 种典型冷却速度的试样组织进行分析。

　　（1）冷却速度为 0.1℃/s 的基体组织。图 5-34 为经过 0.1℃/s 冷却后试样的基体组织及衍射花样。基体中存在大量粒状相，衍射斑点标定结果表明为颗粒状渗碳体分布在铁素体基体中，为粒状珠光体组织。

　　（2）冷却速度为 0.25℃/s 的基体组织。图 5-35 是经过 0.25℃/s 冷却后试样的基体组织。从图中可以看到，基体中不仅含有大量的粒状珠光体组织（图 5-35（a）），还含有大量的高密度位错马氏体组织和羽毛状贝氏体组织（图 5-35（b））。

　　（3）冷却速度为 10℃/s 的基体组织。图 5-36 为试样经过 10℃/s 冷却后的基体组织及衍射花样。通过衍射花样标定结果可以得出，基体组织为马氏体和奥氏体。

　　对经过不同速度冷却的试样进行显微硬度测试，结果如表 5-16 所示。可以看出，冷却速度对高钒耐磨合金的显微硬度产生了显著的影响。当冷却速度为 0.1℃/s 时，合金的显微硬度仅为 551.7HV，随着冷却速度增加到 10℃/s，显微硬度逐渐增加到 1057.8HV。

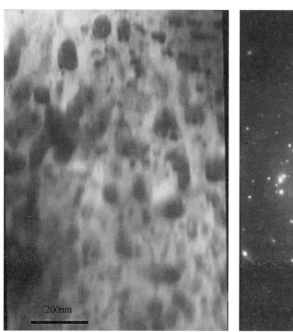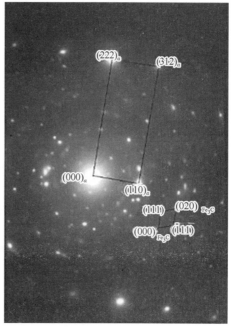

（a）　　　　　　　　　　　　（b）

图 5-34　冷却速度为 0.1℃/s 时的基体组织及衍射花样

（a）粒状珠光体；（b）珠光体衍射花样

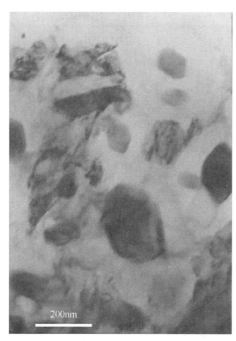

（a）　　　　　　　　　　　　（b）

图 5-35　冷却速度为 0.25℃/s 时的基体组织

（a）粒状珠光体；（b）贝氏体和马氏体

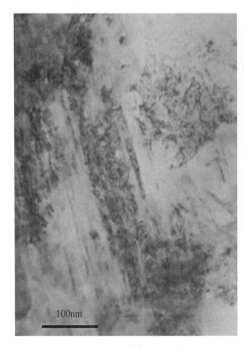
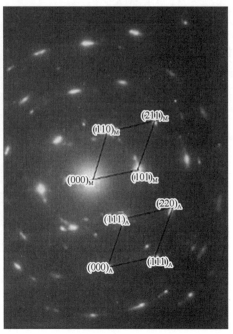

（a）　　　　　　　　　　　　　　　　（b）

图 5-36　冷却速度为 10℃/s 时的基体组织及衍射花样

（a）马氏体与残余奥氏体；（b）基体衍射花样

表 5-16　经过不同速度冷却后试样的显微硬度

冷却速度/(℃/s)	显微硬度 (HV)					
	1	2	3	4	5	平均值
0.1	615.9	627.2	542.3	487.8	485.5	551.7
0.25	802.1	713.4	404.1	696.0	761.2	675.4
0.5	729.5	721.4	715.4	750.5	781.3	739.6
1	795.0	712.3	1207.4	713.4	754.7	836.6
4	1026.8	1087.4	1030.2	1110.1	816.4	1014.2
10	983.8	946.4	1037.1	1230.5	1091.2	1057.8

前已述及，随着冷却速度的提高，高钒耐磨合金的基体组织由以珠光体组织为主转变为贝氏体、马氏体和残余奥氏体组成的混合组织。与普通碳钢相比，高钒耐磨合金基体中固溶有较多的合金元素，合金元素能起到固溶强化的作用，而且高钒耐磨合金的基体中存在大量细小的碳化物，因此其基体的显微硬度明显高于普通碳钢。

根据图 5-32 的热膨胀曲线，并结合合金的显微组织及显微硬度，确定了不同冷却速度条件下连续冷却过程中的相变温度，如表 5-17 所示。由表中的相变温度可以得出高钒耐磨合金的 CCT 曲线，如图 5-37 所示。

表 5-17　不同冷却速度下连续冷却过程中的相变温度

冷却速度/(℃/s)	相变温度/℃				
	P_s	P_f	B_s	B_f	M_s
0.1	725	675	425	290	
0.25	610	435	350	310	200
0.5					195
1					173
4					170
10					123

注：表中 P_s 和 P_f 分别为珠光体转变的开始和终止温度；B_s 和 B_f 分别为贝氏体转变的开始和终止温度；M_s 为马氏体转变的开始温度。

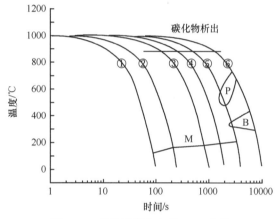

图 5-37　高钒耐磨合金的 CCT 曲线

从图 5-37 中可以看出：①高钒耐磨合金在连续冷却过程中，存在三个转变区，即珠光体（P）转变区、贝氏体（B）转变区和马氏体（M）转变区，且珠光体转变区和贝氏体转变区完全分离。当以 0.1℃/s 的冷却速度进行连续冷却（曲线⑥）时，冷却曲线先后与珠光体转变开始线及转变终止线相交，即发生由奥氏体向珠光体的转变；随着温度的降低，冷却曲线与贝氏体转变开始线相交，贝氏体转变开始。当冷却曲线与贝氏体转变终止线相交时，转变结束。故在室温下形成了珠光体和贝氏体的混合组织。冷却速度提高至 0.25℃/s（曲线⑤）时，冷却曲线先后与珠光体和贝氏体转变开始线及终止线相交，少量未转变的奥氏体随着温度的降低进而发生马氏体转变。当冷却速度达到 0.5℃/s（曲线④）后，相变越过珠光体和贝氏体转变的开始线与终止线相交，只发生单一的马氏体转变。②高钒耐磨合金的马氏体转变的临界冷却速度为 0.25～0.5℃/s。③高钒耐磨合金的马氏体开始转变温度 M_s 低于 200℃，且随着冷却速度的降低而略有升高。

5.2.3　高钒耐磨合金的热处理

高钒耐磨合金组织中含有大量高硬度的碳化物而具有优良的耐磨性，但昂贵的价格、复杂的热处理工艺，将其限制到刀具的应用范围。根据前面所述的研究结果，研究热处理工艺对高钒耐磨合金的组织及力学性能的影响，为生产中优化热处理工艺、降低生产成本、提高合金的耐磨性提供理论参考。

高钒耐磨合金中含有大量的碳化物，其淬火为不完全奥氏体化淬火。根据高钒耐磨合金的 CCT 曲线及普通高速钢的淬火工艺，热处理工艺为淬火（空气淬火）、回火处理，对高钒耐磨合金的热处理工艺研究采用的温度为：淬火为 900～1100℃，回火为 250～600℃，具体工艺见表 5-18。

表 5-18 热处理工艺 （单位：℃）

淬火加热温度	回火温度			
900	250	450	550	600
950	250	450	550	600
1000	250	450	550	600
1050	250	450	550	600
1100	250	450	550	600

所用高钒耐磨合金的化学成分如表 5-19 所示。经过淬火和回火之后，合金的典型金相组织为 VC + 马氏体 + 奥氏体 +M_7C_3 + Mo_2C，如图 5-38 所示。热处理对高钒耐磨合金组织的影响主要体现在基体上。在淬火（空冷）和回火处理过程中，碳化物的类型、形态、分布无明显变化，淬火加热温度较高时，M_7C_3 型碳化物的边角可少量溶入基体，边角的圆整度稍有提高，但基体组织中马氏体与残余奥氏体的数量则可在相当大的范围内变化。对于不同的热处理工艺，基体组织的变化主要表现为马氏体、奥氏体相对含量的不同。

表 5-19 研究热处理工艺用高钒耐磨合金的化学成分（质量分数） （单位：%）

C	V	Cr	Mo	Si	Mn	S	P
3.0	10.0	4.0	3.0	0.6	0.8	≤0.07	≤0.07
2.98	8.80	4.25	2.95	0.65	0.83	0.05	0.06

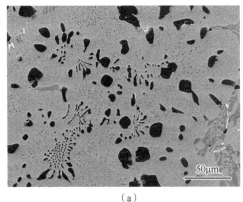 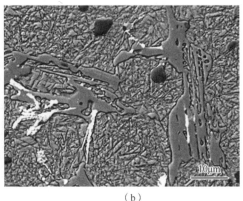

（a） （b）

图 5-38 高钒耐磨合金的典型金相组织

（a）VC + M_7C_3 + Mo_2C + 基体；（b）针状马氏体 + 奥氏体 + Mo_2C + M_7C_3

利用奥氏体无磁性、马氏体强磁性、碳化物弱磁性的性质，采用铁磁性法对高钒耐磨合金中残余奥氏体的含量进行测量，测量原理如下[37]：

$$P_A = \frac{M_r - M}{M_r} \times 100\% + [(P_c)_r - P_c] \tag{5-4}$$

式中，P_A 为奥氏体体积分数；M_r 为高温回火标样的饱和磁化强度；M 为马氏体饱和磁化强度；$(P_c)_r$ 为标样中碳化物的体积分数；P_c 为碳化物体积分数。

标样与被测试样为同种成分的高钒耐磨合金，热处理对碳化物含量的影响很小，故

$$(P_c)_r \approx P_c \tag{5-5}$$

式（5-5）可简化为

$$P_A = \frac{M_r - M}{M_r} \times 100\% \tag{5-6}$$

利用磁化强度仪测定饱和磁化强度，试样的偏转角与试样的磁化强度 $4\pi M$ 成正比[38]，因此残余奥氏体的含量可用式（5-7）计算：

$$P_A = \frac{\alpha_0 - \alpha}{\alpha_0} \times 100\% \tag{5-7}$$

式中，α_0 为测试标样时检流计的偏转角；α 为测试试样时检流计的偏转角。

图 5-39 和图 5-40 分别反映了淬火温度、回火温度对高钒耐磨合金残余奥氏体含量的影响。由图 5-39 可知，当淬火温度相同时，随着温度的升高，残余奥氏体的含量呈明显减少趋势；由图 5-40 可知，在回火温度相同时，淬火温度升高，残余奥氏体含量显著增加。在试验所用淬火温度范围内，相同淬火温度条件下，450℃以下回火时，残余奥氏体含量变化不明显；回火温度达到 550℃时，残余奥氏体含量迅速减少。在淬火温度不超过 950℃时，550℃回火可使残余奥氏体量降到比较低的水平；淬火温度达到 1000℃后，淬火温度升高，使残余奥氏体的量随回火温度的降低而逐渐增加。

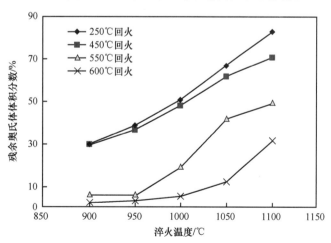

图 5-39　淬火温度对高钒耐磨合金残余奥氏体的影响

根据淬火温度和回火温度，将残余奥氏体含量相差 5% 以内的热处理工艺连接起来，制成等奥氏体曲线，如图 5-41 所示。图中实线为实测值，虚线为趋势线。残余奥

氏体含量自右下角到左上角逐渐增加，即随着淬火加热温度的升高，残余奥氏体含量增加；而随着回火温度的升高，残余奥氏体含量减少。此图可为生产中控制残余奥氏体量提供参考。

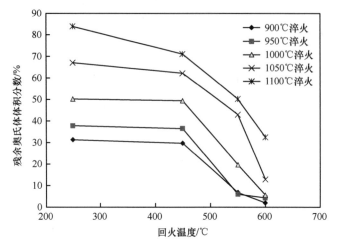

图 5-40　回火温度对高钒耐磨合金残余奥氏体的影响

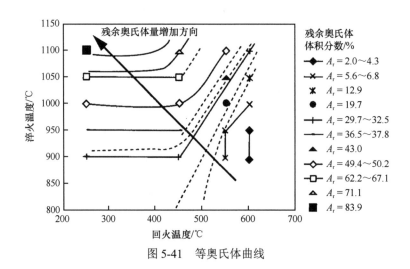

图 5-41　等奥氏体曲线

在淬火温度较低时，奥氏体中溶解的碳及合金元素含量较少，马氏体转变的终止温度（M_f）较高，奥氏体的稳定性差。淬火冷却过程中，马氏体转变较为充分，淬火后，残余奥氏体量较少。淬火温度较高时，较多的碳及合金元素溶于奥氏体中，奥氏体稳定性提高，M_f 降低，淬火过程中，马氏体转变量较少，残余奥氏体增多。故淬火温度升高，残余奥氏体含量增加。

在 450℃ 以下回火，主要起消除淬火组织应力、促使马氏体中过饱和的碳析出、降低位移密度的作用。虽然回火温度超过 M_f，但奥氏体温度较低，向马氏体转变的相变驱动力小，回火过程中难以转变为马氏体，故 450℃ 以下回火时，残余奥氏体的含量变化不大。当回火温度达到 550℃ 后，马氏体的相变驱动力增加，回火过程中有较多的残余奥氏体转变为马氏体，回火温度继续增加，马氏体转变更为充分，残余奥氏体量更少。

　　高钒耐磨合金的淬火硬度如图 5-42 所示。在 900～1000℃淬火时，合金的硬度较高，随着淬火温度的升高，硬度变化不大；而在 1000～1100℃淬火时，随着淬火温度的升高，硬度逐渐降低。

　　经过淬火＋回火处理后合金的硬度如图 5-43 所示。在 900～950℃淬火时，随着回火温度升高，硬度下降；在 1000～1100℃淬火时，随着回火温度升高，硬度先小幅度下降然后升高。当回火温度达到 550℃时，硬度达到峰值，回火温度继续升高，硬度出现降低。在回火温度一定和不同温度淬火时，试样硬度的波动情况不同。250～450℃回火、各种温度淬火时，硬度差别较大，硬度差波动范围为 8～10.5HRC，随着淬火温度升高，硬度呈明显的下降趋势；在 550～600℃回火，各种温度淬火时，硬度差别较小，硬度差波动范围为 3～3.5HRC。

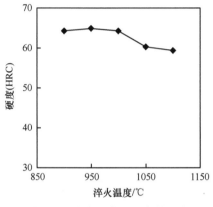

图 5-42　淬火温度对硬度的影响

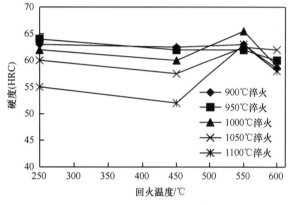

图 5-43　淬火＋回火后的硬度

　　合金在不同热处理工艺条件下的冲击韧性变化如图 5-44 所示，冲击韧性从 5.4J/cm² 波动到 12.6J/cm²，最大值与最小值相差两倍多。在淬火温度一定时，随着回火温度升高，冲击韧性基本呈下降趋势。回火温度一定时，随着淬火温度升高，冲击韧性呈明显上升趋势。当回火温度为 250～450℃时，各淬火温度的冲击韧性波动较大；当回火温度

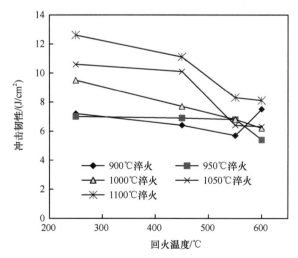

图 5-44　合金在不同热处理工艺条件下的冲击韧性变化

达到550℃时，各淬火温度的冲击韧性比较接近，波动范围较小。因此，为使高钒耐磨合金具有较高的硬度，高温淬火需要高温回火，低温淬火需要低温回火。

为最大限度地消除残余奥氏体获得最佳性能，一般高速钢热处理需经过三次回火。高钒耐磨合金是一种新型高速钢，为加深对其热处理规律的认识，了解其与普通高速钢的异同，对硬度较高的工艺（1000℃、1050℃淬火，550℃回火）进行了多次回火，研究硬度变化。

图5-45为高钒耐磨合金经过多次回火后的硬度。可以看到，高钒耐磨合金在1000℃和1050℃淬火并在550℃回火后，随着回火次数的增加，硬度均出现下降。

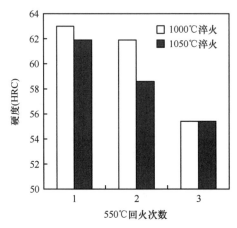

图5-45　多次回火对硬度的影响

高钒耐磨合金中含有大量的合金元素，加之碳含量高，结晶相多，组织复杂，热处理过程明显不同于一般碳钢。通过对不同钒含量的高速钢进行淬火和回火试验，确定与化学成分相适应的热处理工艺，测定其高温硬度[20]。

随着淬火温度的升高，无论哪一成分的钢，硬度都逐渐升高，达到某一温度时，硬度出现峰值，成分不同时出现的峰值温度和峰值硬度不同。这是因为淬火后的硬度除与钢的组织有关外，还由马氏体中饱和的碳和合金元素的量及未转变的残余奥氏体所决定。淬火温度低时，奥氏体中溶解的碳量和合金元素的量较少，转变后马氏体中饱和的碳和合金元素量也较少，故硬度相对较低；但达到一定的淬火温度后，温度再升高，这时奥氏体中溶解的碳和合金元素量过多，使得奥氏体的稳定性增加，在淬火冷却过程中来不及转变成马氏体，使组织中的残余奥氏体增多，导致硬度下降。因此，只有在某一温度下马氏体中饱和的碳含量和合金元素含量达到一定程度，并且残余奥氏体含量也达到一定程度时，才能获得硬度的峰值。

将不同成分的高钒耐磨合金在各自的硬度峰值温度空淬后，分别于450℃、500℃、550℃、600℃、650℃进行一次回火和二次回火处理，合金的回火硬度随着回火温度升高，先逐渐降低，在550℃出现峰值。和常规高速钢呈相同的趋势，其回火过程的转变也遵守常规高速钢的规律。在500℃以下回火，过饱和的碳以碳化物形式析出，由于量少不能产生弥散硬化，而使马氏体的固溶碳量降低，硬度下降；回火温度达550℃左右时，马氏体转变为析出大量细小合金碳化物的回火马氏体，残余奥氏体冷却时转变为马氏体，使钢获得硬化，硬度出现峰值；温度再升高，则弥散碳化物开始集聚长大，导致硬度再次下降。进行二次回火时，各试样除在 550℃ 时硬度降低幅度较大外，在其余温度硬度变化不大，550℃ 硬度变化可认为是二次弥散析出的碳化物集聚长大的结果。

将各成分的高碳、高钒耐磨合金在硬度峰值进行空淬，并在 540℃ 进行回火处理，然后分别在 500℃、600℃、700℃、800℃ 下测定各钢的高温硬度。发现随着温度的升高，硬度下降；碳钒含量增加，硬度下降的幅度变小。不难理解，碳钒含量高，合金中的碳化物含量低，因而高温时支撑的力量大，使高温硬度降低缓慢。

5.3　高钒耐磨合金的磨损性能

5.3.1　高钒耐磨合金的滚动磨损性能

高钒耐磨合金属于高耐磨材料，主要应用于严酷的磨损工况，如矿石破碎行业或水泥生产行业所用的锤头、颚板等产品，以及轧辊等轧钢行业的主要磨损消耗部件。粉磨行业的部件主要承受磨料磨损，而轧辊工作过程中要承受多种复杂的磨损方式，如冷轧辊工作过程中同时存在的三种磨损形式：滚动接触疲劳磨损、滑动磨损、磨粒磨损。然而，在试验过程中很难精确地同时模拟这三种磨损条件。下面首先讨论高钒耐磨合金的滚动磨损性能，为不同应用条件的最优成分设计提供参考。

1. 高钒耐磨合金的滚动磨损试验分析

所用高钒耐磨合金试样的化学成分如表 5-4 所示，采用 1050℃ 淬火（空冷），550℃ 回火的热处理工艺。对偶材料为常用的铬质量分数为 20% 的高铬铸铁（成分见表 5-20），采用 1000℃ 淬火（空冷）、450℃ 回火的热处理工艺，然后测试试样的硬度及冲击韧性。

表 5-20　铬质量分数为 20% 的高铬铸铁的化学成分（质量分数）　　　　　（单位：%）

试样	C	V	Cr	Mo	Si	Mn	Fe
Cr20	2.80		20.20	2.00	0.70	1.02	余

磨损试验在自制的滚动磨损试验机上进行，试验机的工作原理如图 5-46 所示。每种成分的合金分别浇铸成 3 个圆环形轧辊磨损试样毛坯，热处理后加工成模拟轧辊磨损的圆环试样，测试的高速钢圆环试样尺寸为外径 ϕ100mm、内径 ϕ69mm、厚度 70mm；对

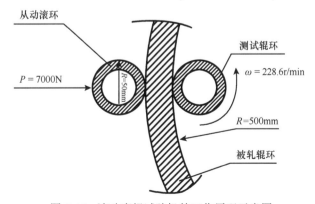

图 5-46　滚动磨损试验机的工作原理示意图

偶件为被轧的大圆环试样，其尺寸为外径ϕ1150mm、内径ϕ1000mm、厚度10mm。试验机试验轧制力为7000N。用Sartorius LP3200D型电子天平（精度为1mg，量程为3200g）测量试样磨损前后的质量。每个高速钢圆环试样先预磨2h，然后开始磨损试验，分别在磨损时间2h、4h、6h、8h时测量试样的质量，试样磨损前的质量与其相减后得到不同磨损时间试样的磨损量。同种成分取3个试样的平均值作为最终磨损量。以磨损量最大的试样作为标样，取其相对耐磨性为1，其他试样的相对耐磨性为标样的磨损量与该试样磨损量的比值。

试样的硬度、冲击韧性及磨损性能如表5-21所示。随着碳含量升高，硬度逐渐提高，冲击韧性先升高而后降低。高钒耐磨合金的耐磨性取决于碳含量，随着碳质量分数逐渐升高到2.7%，相对耐磨性逐渐升高到最大值，继续增加碳含量，相对耐磨性下降。图5-47表明了轧辊磨损时间与磨损量的关系。随着磨损时间延长，磨损量近似于直线增加。

表5-21　试样的硬度、冲击韧性及磨损性能

试样	硬度 (HRC)	冲击韧性/(J/cm²)	磨损量/g	相对耐磨性
V-A	16.5	8.2	11.357	1.59
V-B	20.1	15.5	9.749	1.68
V-C	33.0	9.6	9.754	1.68
V-D	55.9	7.2	3.497	5.16
V-E	61.0	5.2	15.187	1.19
V-F	61.4	6.1	18.094	1.00

注：试样 V-A～V-F 对应表 5-4 中的试样 1～试样 6。

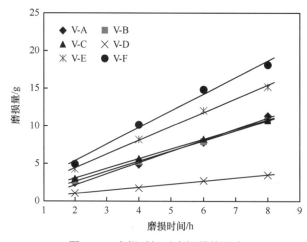

图 5-47　磨损时间对磨损量的影响

碳含量的变化引起合金显微组织的变化，从而引起磨损失效的变化。选取对应三种典型基体组织（铁素体、板条状马氏体、片状马氏体）的低碳、中碳、高碳耐磨合金进行磨损失效分析。图5-48呈现了三种试样的磨面及磨屑的表面微观形貌，图5-49为试样的磨损正切面的微观形貌，展示了磨面亚表层的组织变化。滚动疲劳磨损过程中，高钒耐磨合金磨面表现为鳞片状剥落的特征。

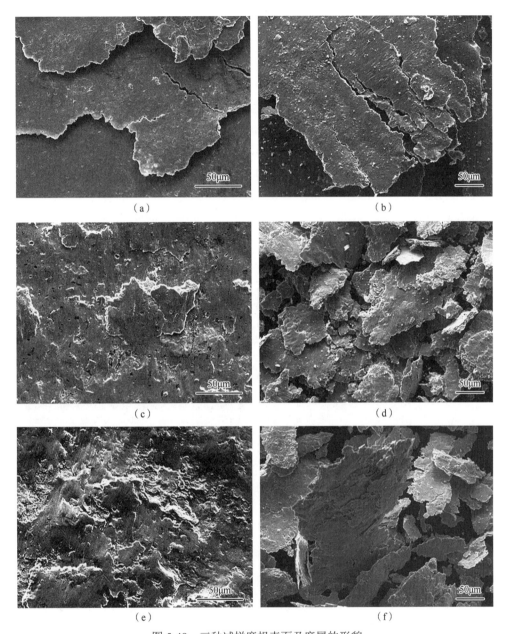

图 5-48　三种试样磨损表面及磨屑的形貌

（a）V-A 试样磨损形貌；（b）V-A 试样磨损磨屑；（c）V-D 试样磨损形貌；（d）V-D 试样磨损磨屑；（e）V-F 试样磨损形貌；
（f）V-F 试样磨损磨屑

　　对于 V-A 试样和 V-B 试样，基体以硬度低的铁素体为主，受到较大应力时易于变形，抵抗显微切削的能力较差，同时铁素体的强度低，受磨损过程中剪应力作用，在磨面亚表层形成了大量的长裂纹（图 5-49（a）），在磨面形成较大的磨屑（图 5-48（a）、（b）），使高钒耐磨合金中的硬质相 VC 无法起到抗磨损作用，因此合金的耐磨性较差。这种情况下，亚表层剪切、变形和显微切削为高钒耐磨合金失效的主要方式。

　　对于 V-E 试样和 V-F 试样，基体为片状马氏体和残余奥氏体，磨面形貌与 V-A 试样有较大不同，表现为磨面鳞片尺寸明显减小，磨屑变厚而面积减小（图 5-48（e）和（f））。磨面亚表层的 VC 碎裂且基体内出现裂纹（图 5-49（c）和（d））。这是由于 VC 多为开花状，受到较大应力时易于碎裂而成为裂纹源，同时由于片状马氏体基体韧性差，形成于碳化物内部的裂纹易于向基体迅速扩展而产生表面剥落，磨屑尺寸较厚，故合金的耐磨性较差。这种情况下，疲劳剥落为高钒耐磨合金的主要失效方式。

V-D 试样磨面较为平整，磨屑尺寸较小（图 5-48（c）、（d）），磨面的亚表层未出现明显的裂纹（图 5-49（b））。由于 V-D 试样中 VC 主要为团球状，VC 不易碎裂，裂纹不易萌生，同时基体为硬度较高、韧性较好的板条状马氏体和残余奥氏体，裂纹难以在基体中快速扩展，克服了上述 V-A 试样的失效方式，同时又可减轻上述 V-F 试样的失效，故其耐磨性迅速提高。

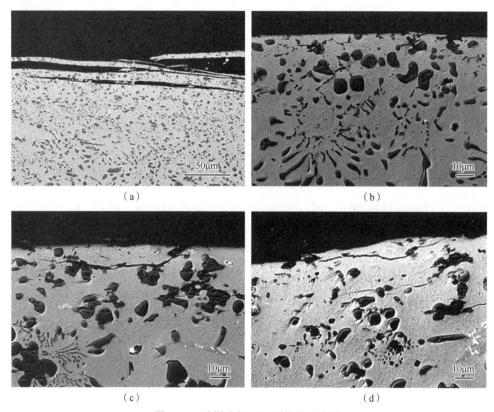

图 5-49　试样磨损正切面的微观形貌

（a）V-A 试样；（b）V-D 试样；（c）V-E 试样；（d）V-F 试样

由以上分析可知，用于滚动接触疲劳磨损时，应调节碳和钒的含量使高钒耐磨合金基体为板条状马氏体和残余奥氏体的混合组织，碳含量过高或过低均会导致合金耐磨性下降。在本试验条件下，钒质量分数约为 9% 时，合适的碳质量分数约为 2.6%。

2. 与高铬铸铁的滚动磨损性能对比

高铬铸铁是近几十年来优秀耐磨材料的代表，自 20 世纪 80 年代起，高铬铸铁就已经开始用于轧辊的研究和生产[39]，取得了较好的应用效果。本部分以常用的高铬铸铁作为对比材料来评价和比较新型高钒耐磨合金的磨损性能，并研究两者的失效行为。

根据前述的研究，将高钒耐磨合金的中的钒质量分数提高到 10% 左右，以期形成更多高硬度的碳化钒，铬、钼元素含量根据大多高速钢的成分确定，碳含量根据上述研究随钒含量的提高而相应提高。对比材料采用常用的铬质量分数为 26% 的高铬铸铁，与两种合金相配的摩擦副材料采用常用的铬质量分数为 20% 的高铬铸铁。三种合金的实际化学成分见表 5-22。热处理工艺为：1050℃淬火后 550℃回火。为更好地揭示疲劳磨损行为，磨损试验时间取 32h，试验压力为 6860N。

表 5-22　高钒高速钢及高铬铸铁的化学成分（质量分数）　　　　（单位：%）

材料	C	V	Cr	Mo	Si	Mn	Ni	Cu	S, P
V10	2.97	9.30	4.89	2.87	0.95	0.55			≤0.07
Cr26	3.00		26.50	2.50	0.55	1.50	2.00	1.00	≤0.07
Cr20	2.80		20.20	2.00	0.70	1.02	1.60	0.93	≤0.07

热处理后高钒耐磨合金的典型显微组织如图 5-50 所示。其中，图 5-50（a）为 SEM 照片，图 5-50（b）、（c）为 TEM 照片。VC 内部存在高密度均匀弥散分布的几纳米到几十纳米的粒子（图 5-50（c）），EDS 分析结果如图 5-51 所示。可以看出，这些粒子为富钼的 MC 型钒碳化物，其钼含量大约为试验合金平均钼含量的 7 倍，为整个钒碳化物平均钼含量的 2.5 倍。这些纳米级的 MC 型碳化物均匀分布于 VC 基体中，可起到增加颗粒强化 VC 的作用。

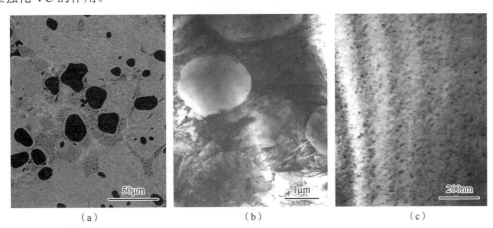

（a）　　　　　　　　　　　（b）　　　　　　　　　　　（c）

图 5-50　高钒耐磨合金的典型显微组织

（a）组织形貌；（b）VC 与基体；（c）VC 内纳米颗粒

图 5-52 为高铬铸铁的典型组织。其组织为 M_7C_3 + 马氏体 + 残余奥氏体。M_7C_3 型碳化物主要呈板条状分布于基体中，中间有少量的块状 M_7C_3 型碳化物。TEM 观察结果表明，其内部具有层错亚结构的特征，如图 5-52（b）所示。

试样的硬度、冲击韧性及磨损 32h 后的磨损量和相对耐磨性如表 5-23 所示。与高铬铸铁轧辊相比，高钒耐磨合金轧辊在硬度略高的情况下，冲击韧性提高，因此用高钒耐磨合金取代高铬铸铁用作耐磨件安全性更高。在该试验条件下高钒耐磨合金轧辊的相对耐磨性是高铬铸铁轧辊的 4.5 倍。

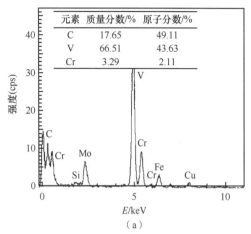
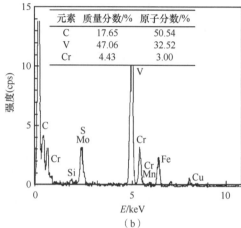

元素	质量分数/%	原子分数/%
C	17.65	49.11
V	66.51	43.63
Cr	3.29	2.11

元素	质量分数/%	原子分数/%
C	17.65	50.54
V	47.06	32.52
Cr	4.43	3.00

（a）

（b）

图 5-51　VC 内不同微区的 EDS 分析

（a）VC 的平均成分；（b）图 5-50（c）中黑色粒子的成分

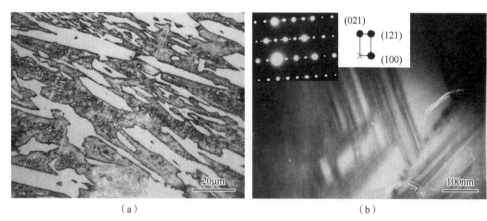

（a）

（b）

图 5-52　高铬铸铁中 M_7C_3 型碳化物的形貌及内部精细结构

（a）杆状 M_7C_3 型碳化物的金相形貌；（b）内部的层错结构

表 5-23　试样的硬度、冲击韧性及耐磨性

材料	硬度（HRC）	基体显微硬度（HV）	冲击韧性/(J/cm²)	相对耐磨性
V10	65.5	725～802	8.6	4.5
Cr26	61.2	633～721	6.5	1

　　图 5-53 为高钒耐磨合金及高铬铸铁的磨损表面形貌，箭头所指方向为磨损过程中的滚动方向。由图 5-53 可知，两种材料的滚动磨损失效方式均为磨损表面呈片状或块状逐层疲劳剥落，但高钒耐磨合金的磨损表面剥落片或块的尺寸明显小于高铬铸铁。

　　沿着与磨面垂直且与滚动方向平行的方向用电火花切割机将磨损试样正切成两半，用镶嵌法将磨损正切面制成金相面，如图 5-54 和图 5-55 所示。滚动磨损过程中，高钒耐磨合金中的裂纹主要萌生于 VC 与基体间距磨损面近的界面，并沿 VC 的边界扩展，裂纹扩展到 VC 侧面时扩展速度减慢或扩展停止（图 5-54（a））。由于部分 VC 的碎化使少量裂纹萌生于 VC 内部，并直线扩展到 VC 与基体的界面而停止（图 5-54（a））。图 5-54（b）

表明，突出于磨损表面的高硬度 VC 可以抵御微观切削，从而起到抗磨的作用。部分裂纹沿马氏体片扩展，扩展至磨损面时则形成磨损碎片导致材料磨损（图 5-54（c））。此外，合金中存在少量脑状的 M_7C_3 型碳化物，导致少量裂纹萌生于 M_7C_3 型碳化物与基体的界面或碎裂的 M_7C_3 型碳化物的内部，并易沿马氏体的片扩展而合并形成大的裂纹（图 5-54（d））。

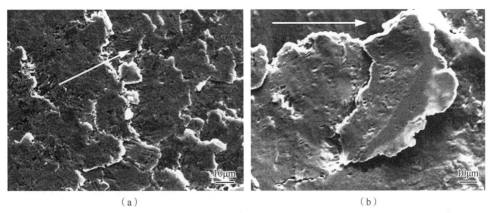

（a）　　　　　　　　　　　　　　　　（b）

图 5-53　磨损表面形貌

（a）高钒耐磨合金；（b）高铬铸铁

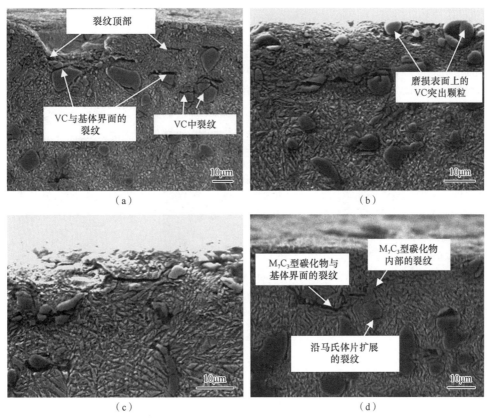

（a）　　　　　　　　　　　　　　　　（b）

（c）　　　　　　　　　　　　　　　　（d）

图 5-54　高钒耐磨合金磨损正切面显微照片

（a）VC 与基体界面及 VC 内部裂纹；（b）突出磨损表面的 VC 抵御表面磨损；（c）沿马氏体片扩展至表面的裂纹；（d）M_7C_3 型碳化物内部及 M_7C_3 型碳化物与基体界面裂纹

由图 5-55 可知，高铬铸铁的磨损失效与高钒耐磨合金有相似之处，但不尽相同。磨损过程裂纹主要是由于 M_7C_3 型碳化物的碎裂而萌生于碳化物内部，仅有少量裂纹萌生于 M_7C_3 与基体的界面（图 5-55（a））。随着磨损进行，近磨损表面的杆状 M_7C_3 型碳化物出现严重碎化（图 5-55（b）），形成了大量的裂纹源，这些密集的裂纹经短距离扩展后而连接成贯穿的主裂纹（图 5-55（b）），当扩展至磨损表面时形成磨损碎片，导致材料磨损。

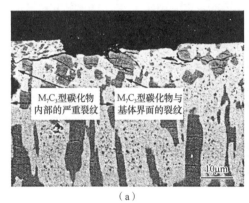
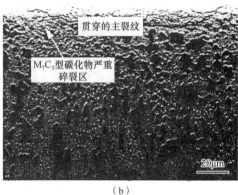

（a）   （b）

图 5-55　高铬铸铁磨损正切面显微照片

（a）M_7C_3 型碳化物内部及其与基体界面裂纹；（b）磨损主裂纹及 M_7C_3 型碳化物严重碎化区

图 5-56 显示了高钒耐磨合金及高铬铸铁磨损后磨面亚表层中碳化物的精细结构。与磨损前相比，高钒耐磨合金轧辊磨损后，磨面亚表层的 VC 内部出现了高密度位错和大量的位错环（图 5-56（a））。高铬铸铁轧辊磨面亚表层的 M_7C_3 型碳化物内部出现明显的滑移带，并造成位错塞积（图 5-56（b）），最终形成大量显微裂纹（图 5-56（c））。

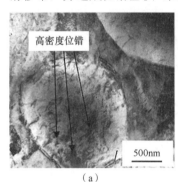
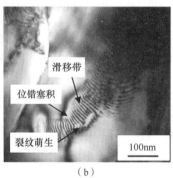
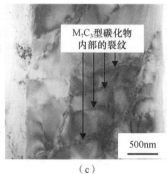

（a）   （b）   （c）

图 5-56　磨面的亚表层碳化物的内部精细结构

（a）VC 内部高密度位错；（b）M_7C_3 型碳化物内部的滑移带及裂纹萌生；（c）M_7C_3 型碳化物内部的裂纹

根据位错理论[40]，VC 内部存在的大量纳米级 MC 型碳化物微粒子能够钉扎位错，促使 VC 内部形成大量位错环，这些位错环能够吸收滚动磨损过程中的能量，有助于抑制在 VC 内部萌生裂纹。M_7C_3 型碳化物内部没有能钉扎位错的纳米颗粒，其亚结构以层错为主，位错容易滑动而出现滑移带，当滑移受阻时，易造成位错塞积产生应力集中，导致裂纹萌生而形成微裂纹。

综上所述，M_7C_3 型碳化物在一定应力的作用下首先产生滑移，滑移进行到一定程度时，由于位错受阻塞积，在 Cr_7C_3 内部产生裂纹源。在一定应力的作用下，VC 由于纳米颗粒的钉扎作用首先吸收应力，随着应力的增大逐渐产生位错环，不易造成位错塞积，故 VC 内部不易萌生裂纹，有利于提高高钒耐磨合金的耐磨性。

高钒耐磨合金的耐磨性约为高铬铸铁的 4 倍以上。主要原因有以下几方面。

（1）高钒耐磨合金中 VC 的实测显微硬度为 2260HV，远高于高铬铸铁中 M_7C_3 型碳化物的显微硬度（资料表明为 $1200\sim1800$HV[41]，本工作实测值为 1080HV）。在滚动磨损过程中，微观切削是不可避免的，与高铬铸铁中的 M_7C_3 型碳化物相比，高钒耐磨合金中高硬度的 VC 可以更有效地抵御配磨材料的显微切削，从而更有效地保护基体，提高耐磨性。

（2）高钒耐磨合金中的 VC 形态好，主要呈球状或团块状，且在基体中呈不连续均匀分布。而高铬铸铁中的 M_7C_3 型碳化物主要呈杆状，少量呈块状，在基体中呈二维连续分布。滚动磨损过程中，受到较大应力时，近球状的 VC 不易碎裂，裂纹主要于VC 与基体的界面处萌生，并沿 VC 的近球形表面扩展，而杆状的 M_7C_3 型碳化物易于碎裂成大量的小块。

图 5-54（a）表明形成于 VC 表面的裂纹沿 VC 与基体界面扩展时，可发生裂纹钝化现象。这与 VC 的形态密切相关。高钒耐磨合金中的 VC 主要呈近似球状。磨损过程中，从力学的角度考虑（图 5-57），假设受力条件一定（即假设主应力 σ_0 的大小方向不变），随着碳化物与基体界面裂纹的扩展，使裂纹继续扩展的有效分应力 σ 见式（5-8）：

$$\sigma=\sigma_0\sin\theta \tag{5-8}$$

式中，σ_0 为初始主应力。

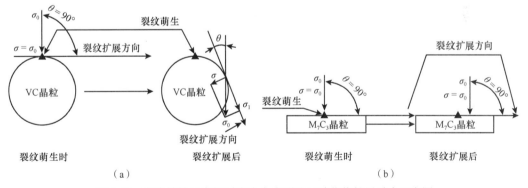

图 5-57　高铬铸铁及高钒耐磨合金中裂纹沿碳化物扩展受力示意图

（a）裂纹沿杆状 M_7C_3 型碳化物表面扩展受力示意图；（b）裂纹沿球状 VC 表面扩展受力示意图

对于萌生于圆形 VC 表面的裂纹，随着裂纹扩展的进行，θ 值逐渐减小，导致使裂纹扩展的有效分应力（σ）逐渐减小（图 5-57（a）），裂纹扩展速度减慢。当裂纹扩展到 VC 侧面时（$\theta\approx0$），σ 值近似为零，裂纹停止扩展，发生裂纹钝化现象，有助于减慢高速钢失效，提高其耐磨性。对于萌生于具有直表面的 M_7C_3 型碳化物表面的裂纹（图 5-57（b）），扩展过程中 θ 值不变，σ 值不会减小，不会出现裂纹钝化现象。

（3）高钒耐磨合金的淬透性好，基体硬度高。高钒耐磨合金是在普通高速钢的基础上研制的，保留了提高淬透性的 Cr、Mo 元素。热处理后基体由高硬度的马氏体和残余奥氏体组成，与高铬铸铁相比具有更高的基体显微硬度和宏观硬度（表 5-23），磨损过程中可以为 VC 提供更有力的支撑，充分发挥 VC 抗磨骨架的作用。

在高钒耐磨合金的磨损过程中，萌生于 VC 与基体界面的裂纹沿 VC 界面扩展到 VC 侧面时发生明显的裂纹钝化现象，从而使大量裂纹的扩展速度减慢或停止，原因如下。

（1）由图 5-57 可知，当裂纹沿 VC 表面扩展到 VC 侧面时，主应力（σ_0）与裂纹扩展方向的夹角（θ）近似为 0°，则使裂纹扩展的应力（$\sigma=\sigma_0\sin\theta$）近似为零，导致裂纹扩展发生钝化，使裂纹扩展减慢或停止。

（2）图 5-58 为高钒耐磨合金中球状 VC 及其周围基体的 TEM 照片和相应的基体衍射图谱。VC 周围存在大量的高密度位错组织（图 5-58（a）中区域 A），图 5-58（b）的衍射分析表明为奥氏体。这些奥氏体是由于高钒耐磨合金热处理时的奥氏体化过程中，VC 表面的部分碳、钒原子扩散进入其周围的奥氏体中，提高了奥氏体的稳定性，热处理后这些奥氏体未转变成马氏体被残留下来，其内部的微小析出物为热处理过程中析出的碳化物。利用 HRTEM 对 VC/γ 界面进一步分析可知：VC 与奥氏体界面存在部分共格的关系，VC 的 (200) 晶面与奥氏体的 (111) 晶面共格（图 5-58（c））。由于 VC 周围的奥氏体具有较高的韧性，可较为有效地抵制 VC 与基体界面的裂纹向基体内部扩展，而 VC 与奥氏体存在部分共格关系能减慢其界面的扩展速度，两者均有助于促使裂纹钝化。

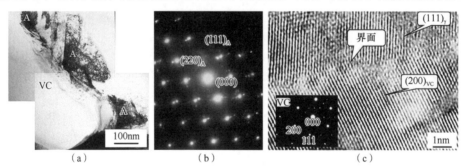

图 5-58　VC 与基体界面

（a）VC 周围基体的明场像；（b）图（a）中区域 A 的衍射花样；（c）VC/γ 的部分共晶界面（HRTEM）

5.3.2　高钒耐磨合金的滑动磨损性能

1. 高钒耐磨合金的滑动磨损试验分析

高钒耐磨合金试样的化学成分如表 5-24 所示。采用 50kg 中频感应炉熔炼试验用的合金试样，在 1600℃时加铝脱氧、出钢。在钢水包内预加入自制复合变质剂，进行变质处理（复合变质剂为富铈混合稀土＋钛铁），在自硬型砂型中铸出尺寸为 20mm×20mm×110mm 的试样，冷却打箱。采用 1050℃淬火（空冷）、550℃一次回火热处理工艺。

表 5-24　高钒耐磨合金滑动磨损试验试样的化学成分（质量分数）　　　（单位：%）

试样编号	C	V	Si	Cr	Mo	Mn	Ni	P、S
1	1.58							
2	1.90							
3	2.23	8.0～8.5	0.6～1.12	3.8～4.2	0.6～0.8	0.2～0.4	0.6～0.8	≤0.07
4	2.58							
5	2.82							
6	2.92							

高钒耐磨合金的干滑动磨损试验在 MM-200 型磨损试验机上进行。磨损方式为环-块接触，其接触方式及试样尺寸如图 5-59 所示。环、块试样的材料分别为 40Cr 和高钒耐磨合金，磨损时间为 2h，载荷为 300N，转动速度为 400r/min，磨损量采用称重法测定，用精度为 0.1mg 的分析天平测定磨损前后试样的质量。

图 5-60 为高钒耐磨合金的硬度和磨损量随碳含量的变化曲线。可以看出，随着碳含量的变化高钒耐磨合金硬度的变化很大。当碳含量很低时，其硬度很小，如碳质量分数为 1.58% 的试样 1 的硬度只有 13HRC；当碳含量增加时，其硬度急剧增加，如碳质量分数为 2.58% 时硬度接近 60HRC；随着碳含量的继续增加，硬度增加趋于平缓，当碳质量分数增加为 2.92% 时，试样的硬度达到 60HRC。从磨损量曲线可以看出，磨损量随碳含量的增加而减小。当碳质量分数为 2.58% 时，磨损量最小，耐磨性最好；然后随着碳含量的增加，磨损量增大，耐磨性变差。在测试的试样中试样 6 硬度最高，但试样 4 磨损量最小，耐磨性最佳。

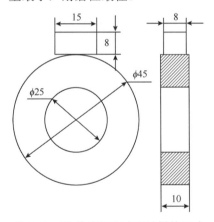

图 5-59　环-块磨损方式和试样的尺寸
（单位：mm）

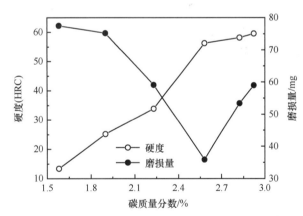

图 5-60　高钒耐磨合金的硬度及磨损量随碳含量的变化曲线

图 5-61 为高钒耐磨合金显微组织形貌。只选取典型的低碳（碳质量分数为 1.58% 和 1.90%）、中碳（碳质量分数为 2.58%，耐磨性最佳）和高碳（碳质量分数为 2.92%）四种成分的试样进行分析，可以看出，高钒耐磨合金的组织中存在大量细小弥散分布的高硬度碳化物。碳质量分数为 1.58% 的试样 1，VC 主要呈晶内分布，其形态多为条状和短杆状，并伴有少量块状，基体为单一铁素体组织，如图 5-61（a）所示。碳质量分数为

2.23%的试样 2 中 VC 多呈块状和球状分布，并伴有少量条状、短杆状和菊花状且分布相对均匀；基体主要由铁素体组成，但有少量的残余奥氏体和回火马氏体组织。试样 4 和试样 6 中 VC 主要为块状、团球状弥散分布在基体组织上，其基体为残余奥氏体＋回火马氏体组织。试样 4 中基体仍保持原马氏体针状形貌特征，并且可以观察到少量细小的碳化物颗粒析出，如图 5-61（c）所示；试样 6 中原马氏体形貌基本消失，但有大量细小碳化物颗粒析出，如图 5-61（d）所示。

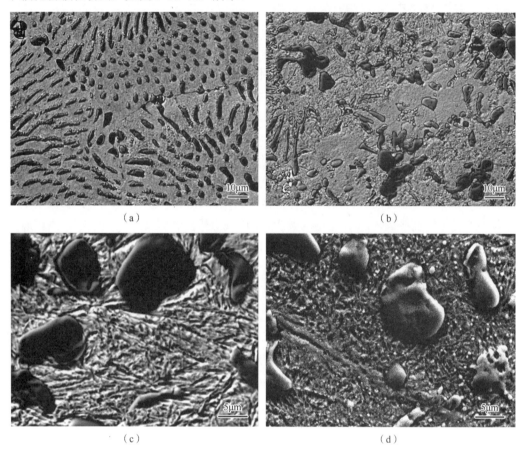

（a）　　　　　　　　　　　　　（b）

（c）　　　　　　　　　　　　　（d）

图 5-61　高钒耐磨合金的显微组织

（a）试样 1；（b）试样 2；（c）试样 4；（d）试样 6

图 5-62 为高钒耐磨合金的滑动磨损表面形貌。可以看出，碳含量最低的试样 1 的磨面存在大量的层片状金属和即将脱落的层片状磨屑；试样 2 磨损表面出现了深且宽的犁沟，且有大块的疲劳脱落物；试样 4 和试样 6 磨损表面存在深浅、宽窄不等的犁沟，这些犁沟具有一定的方向性，大体与磨损方向保持平行，其磨面还可以看到大量黑色凸出物，且试样 6 明显比试样 4 多。图 5-63 为对高钒耐磨合金的表面黑色凸出物的能谱分析，可以看出这些凸出物主要为铁的磨屑和钒的碳化物。

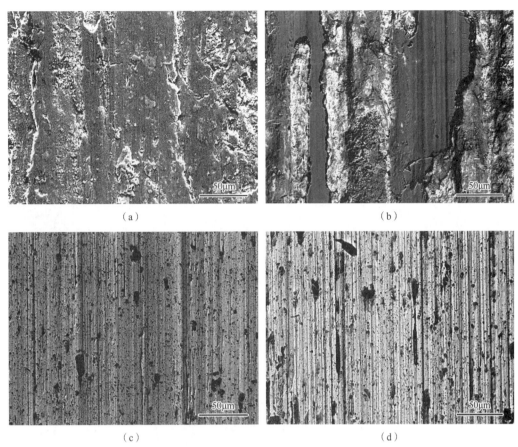

图 5-62　高钒耐磨合金滑动磨损表面形貌

（a）试样 1；（b）试样 2；（c）试样 4；（d）试样 6

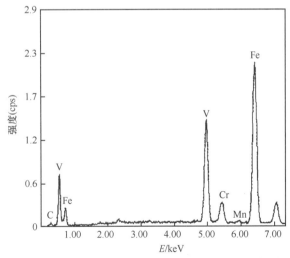

图 5-63　高钒耐磨合金滑动磨损表面凸出物的能谱分析

图 5-64 为高钒耐磨合金干滑动磨损的亚表层形貌。图中磨面位于右侧。可以看出碳含量低的试样 1 和试样 2 表层及次表层组织呈现出明显的塑性变形流线形貌，且碳含量越低塑性变形越严重，如图 5-64（a）和（b）所示。试样 4 和试样 6 磨损面没有明显起伏，坚硬的团块状 VC 多显露在磨面之上，局部区域能看到团块状 VC 剥落，如图 5-64（c）和（d）所示，且试样 6 碳化物相对粗大，并发生碎裂。

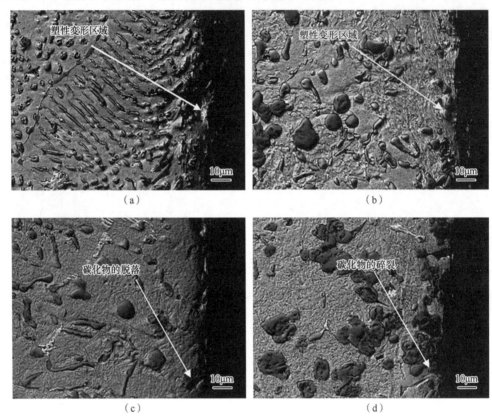

图 5-64　高钒耐磨合金干滑动磨损的亚表层形貌
（a）试样 1；（b）试样 2；（c）试样 4；（d）试样 6

根据平衡碳理论计算式（5-9）[42]计算合金中形成碳化物时所需要的碳含量：

$$w(C)=0.060w(Cr)+0.063w(Mo)+0.235w(V) \tag{5-9}$$

根据式（5-9），当钒质量分数为 8% 时，碳质量分数在 2.0% 以下，钒含量大于形成 VC 的化学比，钒优先和碳结合形成 VC，而后剩余的 V、Cr、Mo 等合金元素一起溶于基体。含 V、Cr、Mo 等合金元素的低碳基体为铁素体组织，经淬火和回火后，铁素体不发生相变，试样 1 为单一铁素体组织，硬度最低，磨损过程中基体发生严重的塑性变形，碳化物嵌在基体中随基体同时剥落，高硬度的碳化物无法起到抵抗磨损的作用，耐磨性最差。

碳质量分数大于 2% 时，碳含量超过了形成碳化物的化学比，多余的碳一部分与 Cr、Mo 形成以 Cr 为主的复合碳化物 $(Cr, Fe)_7C_3$[43]；一部分溶于基体，扩大了奥氏体范围，在凝固过程中，得到奥氏体组织，经淬火回火后，基体组织为回火马氏体 + 残余奥氏体，硬度提高。但试样 2 中仍存在大量的铁素体组织，硬度低于 40HRC，在磨损过程中无法有效地抵御显微切削，碳化物和基体同时剥落，但剥落程度小，耐磨性提高。试样 4 和试样 6 基体组织为回火马氏体 + 残余奥氏体，硬度高，在磨损过程中可以有效固定和支撑碳化物，凸出的高硬度碳化物可以有效抵抗磨损，且碳化钒呈团球状或团块状，均匀分布在基体上对基体割裂更小 [44]，大大提高了材料的耐磨性能。当碳质量分数为 2.58% 时，硬度适中，且碳化物较小，应力集中小，碳化物不易破碎，耐磨性最好。碳含量继续增加，在碳质量分数为 2.92% 的试样中初生 VC 和共晶 VC 均长大，其粗大的 VC 体积分数增加 [43]。随着磨损时间延长，试样温度上升，基体的强韧性下降，在碳化物和基体的界面上产生较大的应力集中，尺寸较大的碳化物在压应力作用下产生碎裂，其尺寸越大，碎裂的可能性越大 [45]，形成疲劳剥落的裂纹，不利于耐磨性的提高。碳化物剥落后成为磨屑，这些硬的磨屑夹在摩擦副之间形成磨料磨损，又会加剧磨损，导致耐磨性下降。且随着碳含量的增加，以铬为主的复合碳化物和溶入基体中的碳含量升高，此时硬度达到最大值，基体的脆性增加，磨损量增加，耐磨性降低。

2. 与高铬铸铁的滚动磨损性能对比

高钒耐磨合金选取测试中耐磨性能最好碳质量分数为 2.58% 的试样 4，浇铸方法及热处理工艺同前。高铬铸铁采用 980℃淬火（空冷）和 300℃一次回火处理。试样的化学成分及热处理后硬度如表 5-25 所示。磨损试验在 MM-200 型磨损试验机无润滑条件下进行干摩擦，磨损方式和试样尺寸同前所述。磨损时间为 20min，载荷分别采用 300N、400N 和 500N，转动速度为 400r/min。用精度为 0.1mg 的分析天平测定试样的磨损量，取 3 次试验结果的算术平均值。

表 5-25　试样化学成分及热处理后硬度

试样	成分质量分数/%							
	C	V	Cr	Mo	Si	Mn	S、P	洛氏硬度 (HRC)
Cr20	3.08		18.9	0.41	0.75	0.78	≤0.07	55.6
高钒耐磨合金	2.58	8.30	4.28	3.43	0.83	0.20	≤0.07	56.3

图 5-65 为高铬铸铁和高钒耐磨合金经 $FeCl_3$ 溶液腐蚀后的 SEM 照片。由图可以看出，高铬铸铁（Cr20）的典型组织为：Cr_7C_3 + 马氏体 + 残余奥氏体。Cr_7C_3 呈块状和板条状分布于基体中，如图 5-65（a）所示。由图 5-65（b）可以看出，高钒耐磨合金的典型组织为钒的碳化物（VC）+ 铬钼复合碳化物 + 马氏体 + 残余奥氏体。碳化物形态多呈块状和团块状，并有少量条状，它们相对均匀细小并弥散地分布在基体上。

图 5-66 显示高钒耐磨合金（V）和高铬铸铁（Cr20）在不同压力下的磨损量。可以看出，在压力比较小的情况下，两种材料的磨损量相差不大，如在压力为 300N 时，高钒耐磨合金的耐磨性仅为高铬铸铁的 1.36 倍。随着压力的增大，两种材料的磨损量均呈现增加趋势。当压力由 300N 增大到 400N 时，两种材料的磨损量出现小幅增加，但当压力由 400N 增加到 500N 时，高铬铸铁的磨损量大幅增加，而高钒耐磨合金的磨损量仍保持小幅增加趋势。在压力为 500N 下，高钒耐磨合金的耐磨性为高铬铸铁的 2.78 倍。

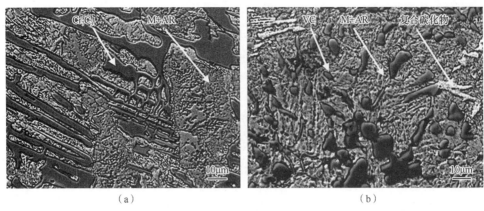

图 5-65　磨损试样的显微组织形貌

（a）高铬铸铁；（b）高钒耐磨合金

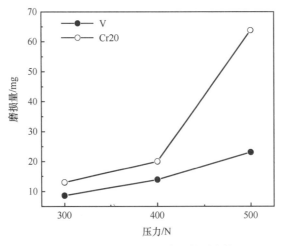

图 5-66　试样在不同压力下的耐磨性

　　图 5-67 为高铬铸铁和高钒耐磨合金在 300N 和 500N 压力下的磨损表面形貌。由图 5-67（a）可以看出，当压力为 300N 时，高铬铸铁磨损表面出现了大量条状铬的碳化物的碎裂，高钒耐磨合金磨损的表面出现了大量的磨屑和细碎碳化物凸出，如图 5-67（b）所示，经能谱分析主要为铁屑和钒的碳化物；当压力增大为 500N 时，高铬铸铁中条状铬的碳化物出现了严重的碎裂，且表面有大块的疲劳剥落物，如图 5-67（c）所示；高钒耐磨合金表面则出现了宽窄深浅不等的犁沟，且与滑动磨损方向保持平行，局部区域出现疲劳剥落物和凹坑，如图 5-67（d）所示。

　　在高钒耐磨合金和高铬铸铁两种材料基体均为马氏体和残余奥氏体的前提下，高钒耐磨合金的耐磨性明显优于高铬铸铁，且随着压力的增大，体现了更加优越的耐磨性能。从磨损面可以看出，高钒耐磨合金和高铬铸铁的主要磨损形式都是疲劳剥落和碳化物的碎裂。高钒耐磨合金试样中的增强相 VC 在硬度和形态上均优于高铬铸铁中的增强相 Cr_7C_3，且均匀弥散分布在基体上，显著提高了材料的耐磨性能。高铬铸铁中的强化相 Cr_7C_3 多以杆状、条状形态存在，与高钒耐磨合金试样中的圆块状 VC 相比，

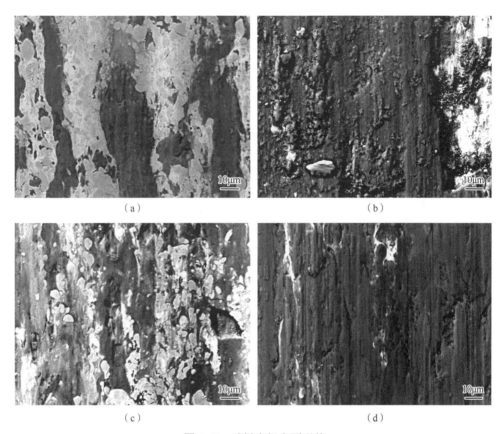

图 5-67　试样磨损表面形貌

（a）高铬铸铁（300N）；（b）高钒耐磨合金（300N）；（c）高铬铸铁（500N）；（d）高钒耐磨合金（500N）

同等应力状态下更容易产生碳化物碎裂。碎裂的碳化物形成裂纹源，疲劳裂纹平行于磨面发展，形成接触疲劳中的浅层剥落，最终成为磨屑。高钒耐磨合金的磨面上还可以看到犁沟出现，可能由于脱落后的 VC 硬度比基体高得多，在较大的压力下 VC 进入试样表面，并在切向应力作用下对材料进行犁削。在磨损过程中，因磨损而逐渐变钝的磨粒将材料推挤至犁沟的两侧形成沟脊，经反复的犁削和挤压，材料因塑性耗尽而脱落。

5.3.3　高钒耐磨合金的滚滑动磨损性能

实际轧钢过程中轧辊与钢材之间的作用方式为滚滑动结合，滑动率为 3%～10%，滚滑动磨损方式更为接近实际轧辊磨损失效。目前，国内并无较成功应用的高应力滚滑动磨损试验机，国内学者研究轧辊磨损多采用单一的滑动磨损或滚动磨损方式[46-48]，与轧辊实际工况差别较大。国外有人采用在一定滑动率的条件下研究轧辊材料的滚滑动磨损[3, 49, 50]，而不同滑动率条件下的滚滑动磨损少见报道。为了模拟轧辊更接近实际的磨损工况，自行开发了滑动率可调的高应力滚滑动摩擦磨损试验机，利用该试验机对高钒耐磨合金的滚滑动摩擦磨损性能进行研究。

1. 高钒耐磨合金的滚滑动磨损试验分析

合金试样的化学成分见表 5-26。配磨试样为铬质量分数约 26% 的高铬铸铁 (Cr26)。

试验机照片及工作原理如图 5-68 所示，试样尺寸如图 5-69 所示。采用的轧制压力为
7000N，此时最大轧制应力为 900MPa，与实际轧制应力接近。磨损试验过程中，每个
试样先用 5000N 载荷预磨 10min，测量被测试样和配磨试样的直径及质量，然后用载荷
7000N 磨损，每个试样磨损 5 次，每次磨损时间为 1h。每次磨损前后测量被测试样和配
磨试样的直径，并称量其质量。

表 5-26　滚滑动磨损试验材料的化学成分（质量分数）　　　　　（单位：%）

试样	编号	C	V	Cr	Mo	Si	Mn	S	P
高钒耐磨合金（HVHSS）	V-A	1.58	8.62	4.12	2.76	0.62	0.22	0.082	0.068
	V-D	2.58	9.30	4.28	3.43	0.83	0.20	0.079	0.068
	V-F	2.92	9.03	4.32	3.00	1.15	0.16	0.089	0.070
高铬铸铁	Cr26	3.52		26.12	1.67	0.55	1.50	0.055	0.062

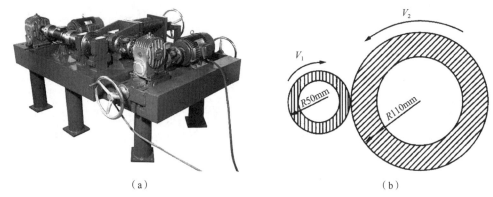

（a）　　　　　　　　　　　　　　　　　（b）

图 5-68　滚滑动摩擦磨损试验机的照片及工作原理

（a）试验机照片；（b）工作原理示意图

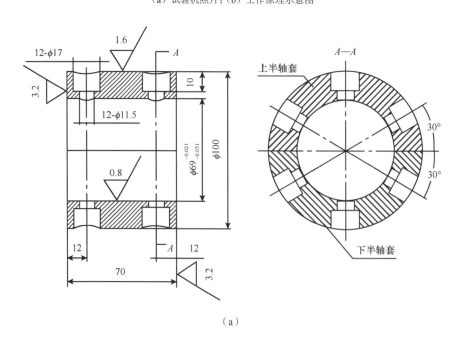

（a）

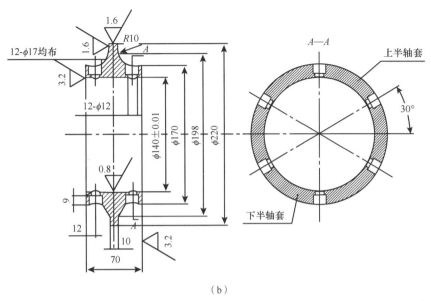

（b）

图 5-69　试样尺寸（单位：mm）

（a）测试试样；（b）配磨试样

通过调整驱动配磨试样的电机转速来改变滑动率，设计 3 种滑动率（R_s），分别为 0.5%、5% 和 10%。滑动率为 5%、10% 时，与实际轧制某些工况相近；滑动率为 0.5% 时，轧制轮速度与被轧轮速度几乎相等，接近两个轮的纯挤压条件，与前述两种有滑动的条件做对比。随着磨损的进行，滑动率一直在变化，实际滑动率 R_s 取试样开始磨损与即将结束磨损时滑动率的平均值。

图 5-70 显示磨损过程中不同滑动率条件下 3 种试样摩擦系数的变化。对于碳含量较低的 V-A 试样，在 3 种滑动率条件下，随着磨损时间延长，摩擦系数在一定范围内波动，无明显升高或下降趋势。对于碳含量较高的 V-D 试样及 V-F 试样，当滑动率较小时（0.5%～0.59%），磨损过程中摩擦系数小于 0.1，随着磨损时间延长，摩擦系数变化不大；当滑动率较大时（4.12%～5.17%），随着磨损时间延长，摩擦系数呈下降趋势。

图 5-71 为 3 种试样的平均摩擦系数与滑动率的关系。对于碳含量较低的 V-A 试样，随着滑动率增大到约 5%，摩擦系数迅速增大，继续增加滑动率到 16.40%，摩擦系数缓

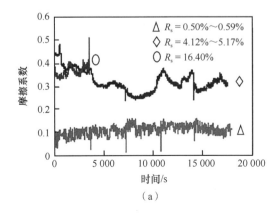

（a）

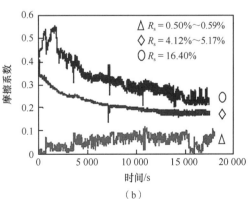

（b）

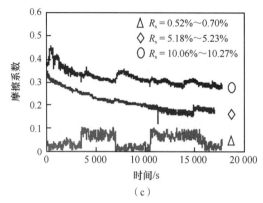

图 5-70　不同滑动率条件下 3 种试样磨损过程中摩擦系数的变化

(a) V-A 试样；(b) V-D 试样；(c) V-F 试样

慢增大。对于碳含量较高的 V-D 试样及 V-F 试样，随着滑动率增加到约 5%，摩擦系数迅速增大到最大值，继续增大滑动率到约 10%，摩擦系数减小。图 5-72 为不同滑动率条件下平均摩擦系数与高钒耐磨合金中碳含量的关系。当滑动率为 4.22%～5.12% 时，随着碳含量的增加，摩擦系数变化不明显；当滑动率较大（R_s=10.11%～16.40%）或较小（R_s=0.54%～0.60%）时，随着碳质量分数从 1.58% 增加到 2.58%，摩擦系数迅速减小，碳质量分数继续增加到 2.92%，摩擦系数基本不变。

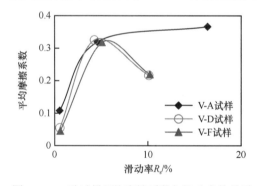

图 5-71　3 种试样平均摩擦系数与滑动率的关系

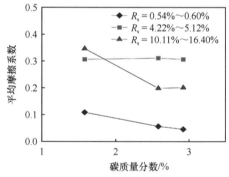

图 5-72　不同滑动率条件下平均摩擦系数与高钒耐磨合金碳含量关系

　　图 5-73 为 3 种试样的磨损量与磨损时间的关系。可以看到，3 种试样在 3 种滑动率条件下随着磨损时间的延长，磨损量均近似直线地增加。其中，V-A 试样在滑动率较大时发生了严重磨损，V-A 试样只测试其 1h 的磨损量。

　　图 5-74 和图 5-75 分别表明碳含量及滑动率对高钒耐磨合金磨损率的影响。当滑动率较小（R_s=0.54%～0.60%）时，随着高钒耐磨合金中碳含量增加，磨损率变化较小；当滑动率为中等值（R_s=4.22%～5.12%）时，随着碳质量分数从 1.58% 增加到 2.58%，磨损率迅速降低到最小时，继续增加碳质量分数到 2.92%，磨损率增加；当滑动率较高（R_s=10.11%～16.40%）时，随着碳质量分数从 1.58% 增加到 2.58%，磨损率迅速降低，继续增加碳质量分数到 2.92%，磨损率继续缓慢降低。

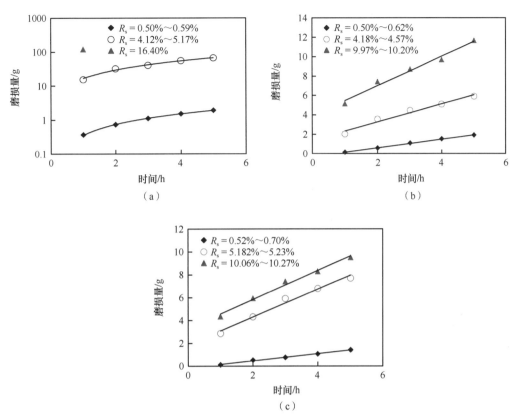

图 5-73　3 种试样磨损量与磨损时间的关系

（a）V-A 试样；（b）V-D 试样；（c）V-F 试样

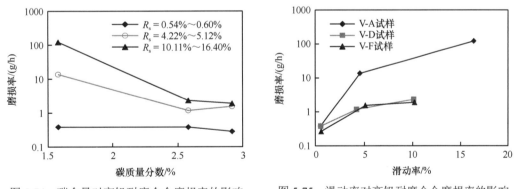

图 5-74　碳含量对高钒耐磨合金磨损率的影响　　图 5-75　滑动率对高钒耐磨合金磨损率的影响

因此，对于 3 种高钒耐磨合金，随着滑动率的增加，磨损率均增加。当碳含量较低（V-A 试样）时，随着滑动率的增加，磨损率迅速增加；当碳含量较高时（V-D 试样、V-F 试样），随着滑动率从约 0.5% 增大到约 5%，磨损率迅速增加，滑动率继续增加到约 10%，磨损率缓慢增加。当滑动率约为 5% 时，碳含量适中的 V-D 试样耐磨性最优，其相对耐磨性为 V-F 试样的 1.3 倍；当滑动率约为 10% 时，碳含量最高的 V-F 试样耐磨性最优，其相对耐磨性为 V-F 试样的 1.2 倍。

图 5-76～图 5-81 分别为 3 种试样在不同滑动率条件下的磨面形貌和磨面正切面形貌。当滑动率较小时（R_s 约为 0.5%），其磨面主要表现为鳞片状剥落的特征，随着滑动率提高，磨面鳞片状剥落明显减少，滑动产生的犁沟明显增加。

对于碳含量较低的 V-A 试样，其基体组织为铁素体。当滑动率较小时，其磨面主要为疲劳产生的鳞片，同时由于试样硬度较低，磨面存在少量的犁沟（图 5-76（a）），但由于铁素体基体韧性较好，磨面亚表层无明显裂纹（图 5-79（a）），其失效主要由疲劳引起，兼有少量的滑动所致；随着滑动率增大到约 4.56%，磨面同时存在大量的鳞片和犁

（a）   （b）

（c）

图 5-76　V-A 试样的磨面形貌

（a）R_s=0.54%；（b）R_s=4.56%；（c）R_s=16.40%

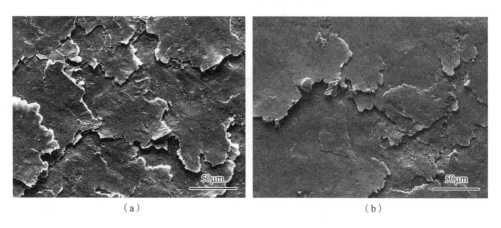

（a）   （b）

图 5-77　V-D 试样的磨面形貌

（a）R_s=0.57%；（b）R_s=4.22%；（c）R_s=10.11%；（d）R_s=10.11%

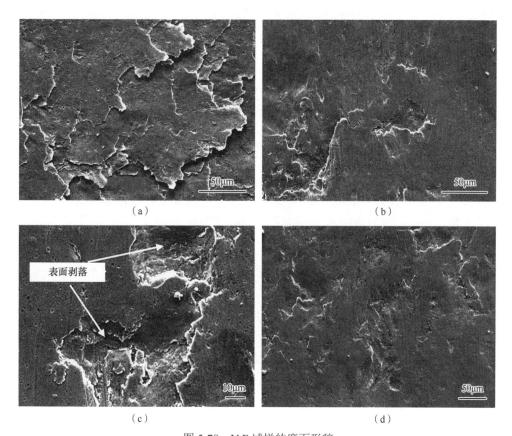

图 5-78　V-F 试样的磨面形貌

（a）R_s=0.60%；（b）R_s=5.12%；（c）R_s=5.12%；（d）R_s=10.21%

沟（图 5-76（b）），磨面亚表层金属发生了明显的塑性变形流动，且亚表层有明显的裂纹（图 5-79（b）），该裂纹由滚动疲劳和滑动产生的剪应力共同作用所致，此时材料的失效由疲劳和滑动复合作用所致；当滑动率增大到 10% 以上时，其磨面主要表现为犁沟（图 5-76（c）），磨面亚表层金属发生了明显的塑性变形流动，且塑性变形流动区的深度明显增加（图 5-79（c）），亚表层出现长裂纹（图 5-79（d）），此时材料的失效主要由滑动所致。

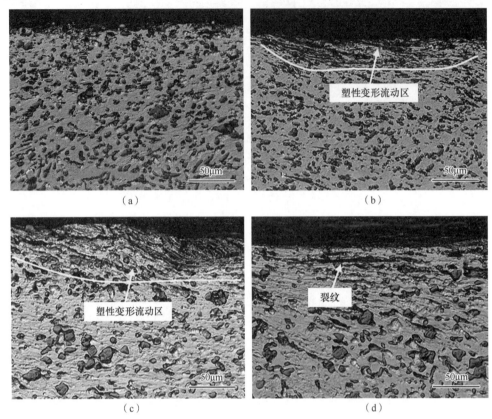

图 5-79　V-A 试样的磨损正切面显微形貌

（a）R_s=0.54%；（b）R_s=4.56%；（c）R_s=16.40%；（d）R_s=16.40%

对于碳含量较高的 V-D 试样，其基体组织为硬度较高的板条状马氏体与残余奥氏体，当滑动率较小时，其磨面表现为疲劳鳞片（图 5-77（a）），磨面亚表层存在大量明显的疲劳裂纹（图 5-80（a）），材料失效主要由疲劳所致。随着滑动率增大到约 5%，磨面的鳞片明显减少，但并未出现较深的明显犁沟（图 5-77（b）），磨面亚表层金属发生了明显的塑性变形流动，且亚表层有明显的裂纹（图 5-80（b）），该裂纹由滚动疲劳和滑动产生的剪应力共同作用所致，此时材料的失效由疲劳和滑动复合作用所致。当滑动率增大到约 10% 时，磨面上疲劳鳞片基本消失，主要为滑动产生的浅犁沟，并有剥落留下的凹坑，磨面亚表层金属发生了明显的塑性变形流动，在磨面亚表层 20μm 以内形成一个塑性变形流动区，且亚表层有明显裂纹（图 5-80（c））和磨面剥落留下的凹坑，由于滑动率较大，表面疲劳鳞片来不及形成即在滑动作用下形成磨屑而剥落，材料的失效主要由滑动磨损所致。

碳含量最高的 V-F 试样的基体组织为硬度高、韧性较差的高碳回火马氏体与残余奥氏体。在 3 种滑动率条件下，其失效形式与 V-D 试样类似。主要差别为：由于 V-F 试样韧性较差，当滑动率达到约 5% 时，其磨面已开始出现大块的疲劳剥落坑（图 5-78

（c）），但由于材料硬度较高，在滑动率较大（R_s=5.12% 和 10.21%）时，其磨面亚表层塑性变形流动程度比 V-D 试样明显减轻（图 5-81（b）~（d））。

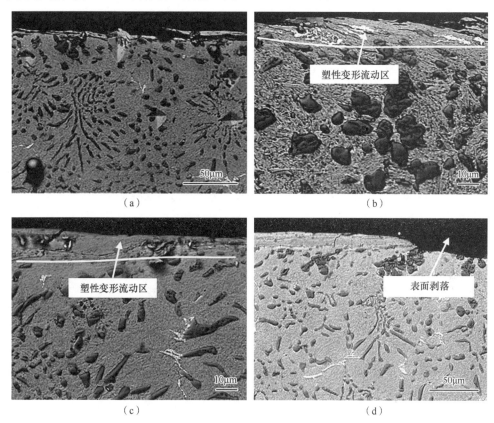

（a）

（b）

（c）

（d）

图 5-80　V-D 试样的磨损正切面显微形貌

（a）R_s=0.57%；（b）R_s=4.22%；（c）R_s=10.11%；（d）R_s=10.11%

　　基于以上分析，在不同滑动率磨损时，高钒耐磨合金的最佳碳含量不同。滑动率越大，合适的碳含量越高。本试验条件下，用于抵抗疲劳和滑动复合作用时（$R_s \approx 5\%$），需要高钒耐磨合金的基体以片状马氏体为主，最佳碳含量为 2.58%（质量分数）；主要用于抵抗滑动磨损时（$R_s \approx 10\%$），需要基体组织为高碳马氏体和残余奥氏体，最佳碳含量为 2.92%（质量分数）。

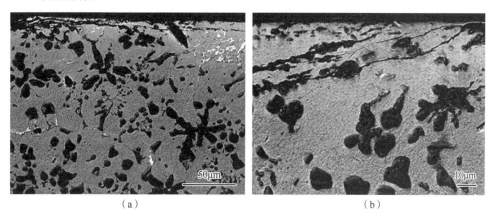

（a）

（b）

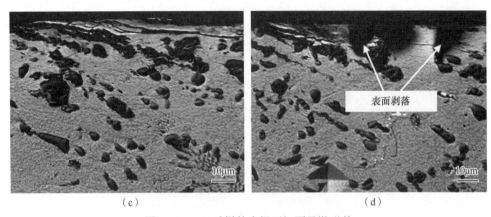

（c）　　　　　　　　　　　　　　（d）

图 5-81　V-F 试样的磨损正切面显微形貌

（a）R_s=0.60%；（b）R_s=5.12%；（c）R_s=10.21%；（d）R_s=10.21%

图 5-82 为 3 种高钒耐磨合金试样磨损前后磨面的 X 射线衍射图谱。V-A 试样磨损前后其组织均为 VC + 马氏体，磨损后磨面的 VC 量减少（图 5-82（a）），表明磨损过程中磨面的 VC 发生了剥落。V-D 试样和 V-F 试样磨损前组织为 VC + 马氏体 + 奥氏体，磨

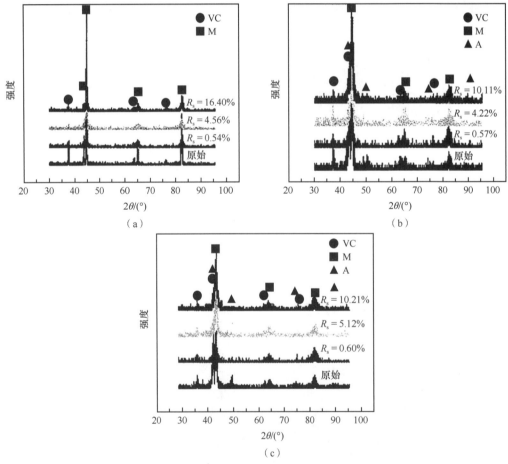

（a）　　　　　　　　　　　　　　（b）

（c）

图 5-82　高钒耐磨合金试样磨损前后磨面的 X 射线衍射图谱

（a）V-A 试样；（b）V-D 试样；（c）V-F 试样

损后磨面残余奥氏体量减少（图 5-82（b）、（c）），表明高应力磨损过程中发生残余奥氏体向马氏体的转变，与形变诱导马氏体相变理论一致。此外，磨损后磨面的 VC 的射线衍射强度减弱，说明磨损过程中磨面的 VC 发生了剥落。

2. 与高铬铸铁的滚滑动磨损性能对比

高钒耐磨合金试样化学成分见表 5-27，配磨材料为 Cr20 铸铁。试样尺寸同前，试验参数见表 5-28。表 5-29 为试样的硬度、冲击韧性、磨损量和相对耐磨性。与高铬铸铁相比，高钒耐磨合金在硬度略高的情况下，冲击韧性稍有提高。在该试验条件下高钒耐磨合金的摩擦系数稍高于高铬铸铁，相对耐磨性为高铬铸铁的 2.07 倍。

表 5-27　滚滑动磨损试验用高钒耐磨合金和高铬铸铁化学成分（质量分数）　（单位：%）

试样	C	V	Cr	Mo	Si	Mn	S	P
V10	3.08	9.86	4.12	2.76	0.62	0.22	0.062	0.058
Cr20	2.92		18.34	1.88	0.58	1.22	0.057	0.063

表 5-28　与高铬铸铁的滚滑动试验参数

压力/N	最大压力/MPa	滑动率 R_s/%	磨损时间/h
10000	1100	10	1

表 5-29　高钒耐磨合金和高铬铸铁试样的硬度、冲击韧性及磨损性能

试样	硬度（HRC）	冲击韧性/(J/cm^2)	摩擦系数	磨损量/g	相对耐磨性
V10	64.6	8.1	0.21	2.97	2.07
Cr20	63.1	6.8	0.20	6.15	1

图 5-83 和图 5-84 分别为高铬铸铁和高钒耐磨合金的磨面形貌及正切面形貌。高铬铸铁（Cr20）磨面有较深的犁沟（图 5-83（a）），而高钒耐磨合金（V10）磨面犁沟较浅（图 5-83（b）），首要原因为 V10 中的 VC 硬度较高，可更有效地抵御滑动切削，这是高钒耐磨合金耐磨性较高的一个重要原因。其次，由于高铬铸铁磨面亚表层的 M_7C_3

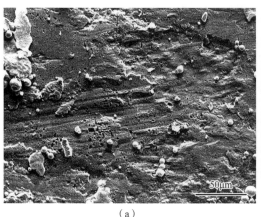
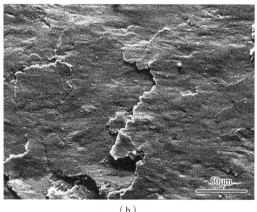

(a)　　　　　　　　　　　　　　(b)

图 5-83　高铬铸铁和高钒耐磨合金磨面形貌

（a）Cr20；（b）V10

型碳化物呈杆状，磨损过程中易发生弯曲而产生严重碎裂，M_7C_3 型碳化物内部产生的大量裂纹迅速扩展并连到一起，进而扩展到磨面产生大块剥落（图 5-84（a）），导致高铬铸铁失效较快，磨损性能较差。而 V10 中的 VC 呈团块状，磨损过程中承受较大应力时不易碎裂，形成的裂纹源较少，在裂纹扩展过程中遇到块状 VC 时，裂纹绕过 VC 继续扩展，VC 的阻碍作用减慢了裂纹扩展速度，从而减慢了材料失效速度，使耐磨性提高。

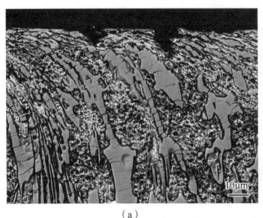
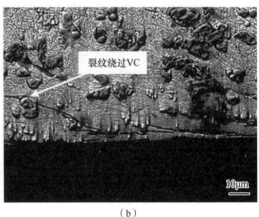

（a） （b）

图 5-84　高铬铸铁和高钒耐磨合金磨损正切面形貌

(a) Cr20；(b) V10

图 5-85 和图 5-86 分别为高铬铸铁和高钒耐磨合金磨面亚表层约 25μm 处的 TEM 照片。从基体的环状衍射花样可知：高应力滚滑动磨损过程中，两种材料的基体组织均发生了碎化。M_7C_3 型碳化物为层错亚结构，在高应力滚滑动磨损条件下，其内部首先出现

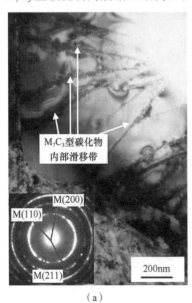
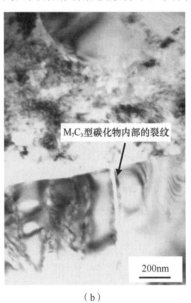

（a） （b）

图 5-85　高铬铸铁磨面下约 25μm 处的 TEM 照片

（a）M_7C_3 型碳化物内部的滑移带和马氏体基体碎化；（b）M_7C_3 型碳化物内部的裂纹

了滑动带（图 5-85（a）），进而形成裂纹（图 5-85（b））。V10 的 VC 内部为大量纳米级 MC 型碳化物，高应力滚滑动磨损条件下，由于纳米级颗粒的钉扎作用，在 VC 内部形成高密度位错（图 5-86（a）），裂纹不易形成。

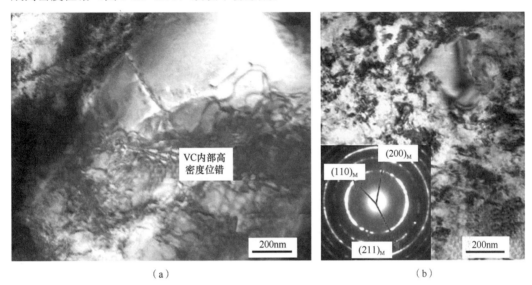

（a）　　　　　　　　　　　　　　　　　（b）

图 5-86　高钒耐磨合金磨面下约 25μm 处的 TEM 照片

（a）VC 内部的高密度位错；（b）马氏体基体碎化

5.3.4　高钒耐磨合金的磨粒磨损性能

下面介绍高钒耐磨合金的磨粒磨损性能。所用试样的化学成分见表 5-30。将浇铸好的试样采用 1050℃淬火（空冷）和 550℃回火处理，然后测试其硬度、冲击韧性，并利用 ML-10 型磨损试验机进行磨粒磨损试验。该组试样的成分与表 5-4 接近，显微组织与之类似。VC 的体积分数及力学性能见表 5-31。随着碳含量增加，VC 体积分数小幅度增加，硬度迅速提高，冲击韧性先提高而后降低。

表 5-30　磨粒磨损试验用高钒耐磨合金的化学成分（质量分数）　　（单位：%）

试样	V	C	Si	Mn	Cr	Mo	Ni	P	S
V-1	10.10	1.56	0.70	0.80	4.15	2.70	0.62	0.56	0.44
V-2	10.05	1.92	0.75	0.78	4.20	2.80	0.64	0.51	0.41
V-3	10.06	2.25	0.88	0.85	4.26	3.01	0.63	0.53	0.46
V-4	10.20	2.52	0.83	0.88	4.15	3.10	0.63	0.54	0.43
V-5	10.04	2.84	0.80	0.92	4.18	2.85	0.62	0.55	0.44
V-6	9.80	3.15	0.72	0.89	4.16	2.78	0.63	0.51	0.45

表 5-31　VC 含量、硬度及冲击韧性

体积分数和力学性能	试样					
	V-1	V-2	V-3	V-4	V-5	V-6
VC 体积分数/%	17.96	18.89	19.36	19.6	19.94	20.34

续表

体积分数和力学性能	试样					
	V-1	V-2	V-3	V-4	V-5	V-6
硬度 (HRC)	23.5	50.6	58	61.6	63.1	64.3
冲击韧性/(J/cm²)	16.2	18	9.1	7.5	8.2	8.4

图 5-87 为合金碳含量与磨损性能的关系。随着碳质量分数增加到 2.52%，磨损量迅速降低，耐磨性迅速提高；继续增加碳质量分数到 2.84%，磨损量继续缓慢降低；继续增加碳质量分数到 3.15%，磨损量基本不变。

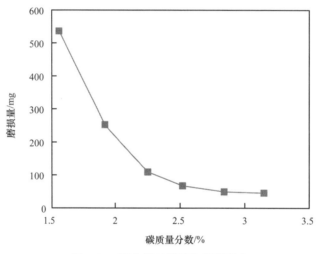

图 5-87 碳含量对磨损性能的影响

图 5-88 为两种典型基体组织高钒耐磨合金的磨面形貌。基体组织为铁素体的 V-2 试样磨面为宽而深的犁沟，主要是因为铁素体基体硬度较低，难以抵抗硬质磨损的划伤，基体迅速磨损，高硬度的 VC 无法发挥抗磨骨架的保护作用，导致合金迅速磨损。当基体为硬度高的高碳马氏体和残余奥氏体时，基体能较为有效地抵抗磨粒的划伤，能保护

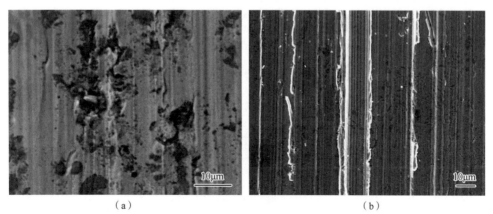

（a）   （b）

图 5-88 合金试样的磨面形貌

（a）V-2 试样；（b）V-6 试样

VC 使其不会早期剥落，VC 抗磨骨架的作用能够充分发挥，从而抵抗磨粒的划伤而有效地保护基体，两者相辅相成，使高钒耐磨合金的耐磨性迅速提高。故磨粒磨损条件下应选用高碳高钒耐磨合金。

以高碳马氏体和残余奥氏体为基体的高钒耐磨合金可获得优良的磨粒磨损性能。在成分相同的情况下，残余奥氏体量及力学性能也会影响其磨粒磨损性能。本部分通过改变热处理工艺获得了不同残余奥氏体含量、硬度及冲击韧性的高碳高钒耐磨合金的试样，研究了残余奥氏体含量、硬度及冲击韧性与磨粒磨损性能之间的关系。

试验用高钒耐磨合金的化学成分见表 5-32，采用的 20 种热处理工艺见表 5-33。

表 5-32 磨粒磨损试验用高钒耐磨合金的化学成分（质量分数） （单位：%）

C	V	Cr	Mo	Si	Mn	S	P
2.98	9.80	4.25	2.95	0.65	0.83	0.05	0.06

表 5-33 磨粒磨损试样热处理工艺

试样编号	热处理工艺（淬火＋回火）	试样编号	热处理工艺（淬火＋回火）
1-1	900℃+250℃	3-3	1000℃+550℃
1-2	900℃+450℃	3-4	1000℃+600℃
1-3	900℃+550℃	4-1	1050℃+250℃
1-4	900℃+600℃	4-2	1050℃+450℃
2-1	950℃+250℃	4-3	1050℃+550℃
2-2	950℃+450℃	4-4	1050℃+600℃
2-3	950℃+550℃	5-1	1100℃+250℃
2-4	950℃+600℃	5-2	1100℃+450℃
3-1	1000℃+250℃	5-3	1100℃+550℃
3-2	1000℃+450℃	5-4	1100℃+600℃

经热处理之后，高钒耐磨合金的典型金相组织为 VC＋马氏体＋奥氏体＋M_7C_3＋M_2C，如图 5-89 所示。图 5-90 为碳化物的能谱分析结果。热处理过程中，碳化物的类型、形态、分布无明显变化。热处理对高钒耐磨合金组织的影响主要体现在基体上，基

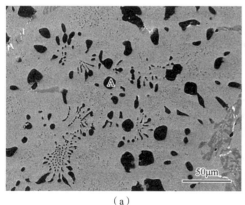

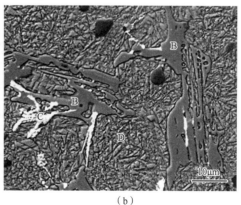

（a）　　　　　　　　　　　　　　　（b）

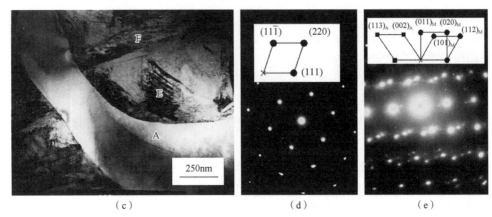

（c）　　　　　　　　　　（d）　　　　　　　　　　（e）

图 5-89　热处理后高钒耐磨合金典型金相组织（1050℃ + 550℃）

（a）VC、M_7C_3、Mo_2C 和基体的 SEM 照片；（b）M_7C_3、Mo_2C、马氏体与残余奥氏体；（c）VC 和基体的 TEM 照片；

（d）VC 衍射花样标定；（e）马氏体与奥氏体标定

（A：VC；B：M_7C_3；C：Mo_2C；D：针状马氏体与残余马氏体；E：孪晶马氏体；F：板条状马氏体）

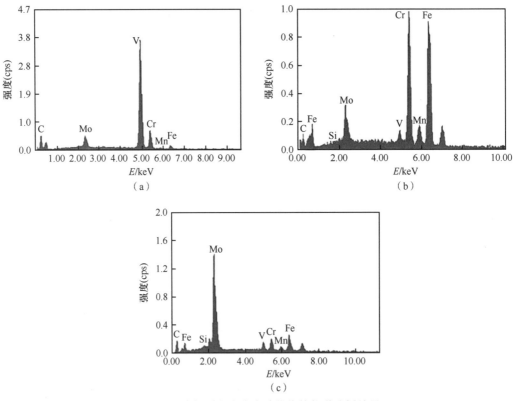

图 5-90　高钒耐磨合金中碳化物的能谱分析结果

（a）图 5-89（a）中区域 A；（b）图 5-89（b）中区域 B；（c）图 5-89（b）中区域 C

体组织的变化主要表现在马氏体、奥氏体相对量不同。利用奥氏体无磁性、马氏体强磁性、碳化物弱磁性的性质，采用铁磁性法对高钒耐磨合金中奥氏体的量进行了测定，测量原理如式（5-10）所示[38]。

$$P_A = \frac{\alpha_0 - \alpha}{\alpha_0} \times 100\% \qquad (5\text{-}10)$$

式中，P_A 为奥氏体体积分数；α_0 为测量标样时检流计的偏转角；α 为测量被测试样时检流计的偏转角。测量结果及试样的硬度、冲击韧性和磨损性能见表 5-34。

表 5-34　试样的残余奥氏体体积分数、硬度、冲击韧性及磨损性能

试样编号	残余奥氏体体积分数/%	硬度 (HRC)	冲击韧性/(J/cm²)	质量损失/mg	相对耐磨性
1-1	31.3	63.4	7.2	43.30	1.96
1-2	29.7	62.5	6.4	48.97	1.73
1-3	6.8	62.8	5.7	47.67	1.78
1-4	2.0	58.5		84.80	1.00
2-1	37.8	63.8	7.0	46.40	1.83
2-2	36.5	62.2	6.9	47.47	1.79
2-3	6.0	61.9	6.8	47.93	1.77
2-4	4.3	59.7	5.4	62.33	1.36
3-1	50.2	62.3	9.5	51.03	1.66
3-2	49.4	60.3	7.7	53.97	1.57
3-3	19.7	65.4	6.8	39.20	2.16
3-4	5.6	58.7	6.2	50.20	1.69
4-1	67.1	59.5	10.6	66.47	1.28
4-2	62.2	57.4	10.1	66.50	1.28
4-3	43.0	62.5	6.4	39.60	2.14
4-4	12.9	61.9	6.3	55.40	1.53
5-1	83.9	54.7	12.6	76.70	1.11
5-2	71.1	52.3	12.1	61.23	1.38
5-3	50.2	63.2	8.3	54.13	1.57
5-4	32.5	58.0	8.1	50.70	1.67

　　根据表 5-34 可分别得到相对耐磨性与硬度、冲击韧性及残余奥氏体体积分数的统计关系，如图 5-91 所示。可以看出，硬度增加，高钒耐磨合金的相对耐磨性提高，但冲击韧性提高，合金的相对耐磨性降低。高钒耐磨合金组织中残余奥氏体含量为 20%～40% 时，耐磨性最佳，残余奥氏体量的增加或减少均导致耐磨性下降。

　　材料力学性能对相对耐磨性有显著影响。本试验条件下，Al_2O_3 磨粒的硬度（2100HV）低于 VC（2600～3000HV），高于基体，磨损过程中磨粒难以切削 VC，以切削基体为主。当基体硬度较低时，磨粒对基体切削严重，基体磨损较快，导致 VC 脱落，难以起到保护基体的作用，材料耐磨性较差。同时，部分脱落的 VC 留在磨面上作为更硬的磨粒参与磨损，这种磨粒不仅可以切削基体，还可划伤试样中的 VC，使磨损加剧。随着基体硬度增加，基体抵抗磨粒切削的能力逐渐增强，同时基体抵抗磨粒划伤能力的增强可对高硬度的 VC 提供强有力的支撑，VC 的早期脱落现象逐渐消失，不易脱落的 VC 又

可起到抗磨骨架作用而保护基体，两者相辅相成使材料耐磨性迅速提高。而冲击韧性的提高却导致耐磨性下降，其原因为冲击韧性的提高主要由高速钢基体中残余奥氏体量增加、高硬度马氏体含量减少所致，结果导致宏观硬度降低。

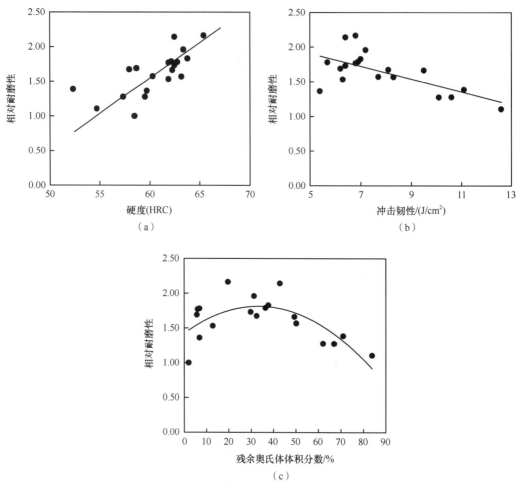

图 5-91　高钒耐磨合金的相对耐磨性与硬度、冲击韧性及残余奥氏体含量的统计关系

（a）相对耐磨性与硬度的关系；（b）相对耐磨性与冲击韧性的关系；（c）相对耐磨性与残余奥氏体含量的关系

该试验条件下，高钒耐磨合金经不同热处理工艺处理后，其显微组织的差别主要体现在残余奥氏体含量上，故硬度及冲击韧性取决于残余奥氏体含量，相对耐磨性也主要与残余奥氏体含量有关。图 5-92 为硬度和冲击韧性与残余奥氏体含量的关系，随着残余奥氏体含量的增加，硬度先提高而后降低，冲击韧性提高。在磨粒磨损过程中，残余奥氏体能有效地抵御裂纹萌生和扩展[51]，合适的残余奥氏体含量有利于提高高钒耐磨合金的耐磨性，残余奥氏体含量过少会导致耐磨性下降。反之，若残余奥氏体含量过多，尽管冲击韧性较高，但硬度降低，也会导致耐磨性下降。因此，存在一个合适的残余奥氏体含量使得高钒耐磨合金的耐磨性达到最佳。该试验条件下，合适的残余奥氏体含量约为 30%，与硬度峰值时的残余奥氏体含量一致。因此，高钒耐磨合金的相对耐磨性本质上取决于残余奥氏体含量。

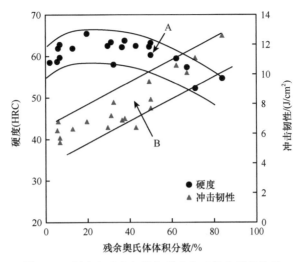

图 5-92　硬度和冲击韧性与残余奥氏体含量的关系

5.4　高钒耐磨合金的应用

作为新一代高耐磨材料，高钒耐磨合金可用于矿山、冶金、建材、钢铁等高耐磨性要求的部件，可以作为高铬铸铁材料的更新换代材料。下面主要介绍高钒耐磨合金在轧钢和水泥行业的典型应用情况。

5.4.1　高钒耐磨合金在轧钢行业的应用

1. 复合轧辊的铸造方法和性能比较

20 世纪中后期，复合轧辊在冷、热带钢轧机上作为工作辊而获得广泛应用。高钒耐磨合金可作为复合轧辊的耐磨层材料，代替高铬铸铁、合金铸铁及合金钢。在冷轧条件下，其使用寿命分别可达高铬铸铁和 9Cr2Mo 的 2～4 倍和 6 倍以上。

高钒耐磨合金复合轧辊可采用传统的离心铸造法生产，也可采用连续浇铸外层成形法、电渣重熔法等方法生产。图 5-93 为半连续浇铸外层成形法生产复合轧辊的示意图，用此方法生产的高钒耐磨合金/35CrMo 复合轧辊产品见图 5-94。

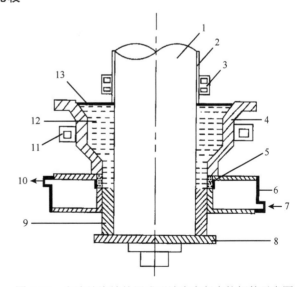

图 5-93　半连续浇铸外层成形法生产复合轧辊的示意图

1-芯轴；2-玻璃保护膜；3-预热感应圈；4-浇口杯；5-石墨；6-中空水冷器；7-冷却水入口；8-托板；9-外层；10-冷却水出口；11-加热感应圈；12-钢液；13-渣层

图 5-94　高钒耐磨合金/35CrMo 复合轧辊照片

目前工业生产中常用的复合轧辊的铸造方法主要有：①离心铸造法（centrifugal foundry，CF）；②连续浇注外层成型法（continuous pouring process for cladding，CPC）；③电渣重熔法（electro-slag remelting，ESR）；④液态金属电渣熔接法（electro-slag surfacing with liquid metal，ESSLM）；⑤喷射成形法（spray forming，SF）。几种铸造方法技术经济性能各不相同，其性能比较见表 5-35。

表 5-35　几种铸造方法比较

技术经济性能	铸造方法				
	CF	CPC	ESR	ESSLM	SF
外层材料成分变化的适应性	差	强	差	强	强
外层材料的洁净度	低	低	高	高	低
外层材料的致密度	低	一般	一般	一般	高
外层金属生产的复杂程度	易	易	难	易	难
芯部材料成分变化的适应性	差	强	强	强	强
内外层结合的强度	低	高	高	高	低
内外层厚度的均匀性	不好	好	不好	好	好
内外层间有无相互渗透	有	无	有	有	无
设备的复杂程度	简单	复杂	复杂	简单	复杂
生产工艺的复杂程度	简单	复杂	复杂	简单	复杂
生产率	最高	低	低	高	低
成本	低	低	高	低	高

表 5-36[52] 列出了不同轧辊材质中碳化物的形态和硬度。其中，MC 型碳化物的硬度最高。Fishmeister[24] 的研究结果表明，高含量的钒和铌（强碳化物形成元素）及高碳对形成 MC 型碳化物是有利的。因此，轧辊用高速钢的成分基础应该是高碳高钒（铌）系高速钢。表 5-37 是研究中性能较好的几种高钒耐磨合金复合轧辊的化学成分。

表 5-36　轧辊材质中碳化物的形态和硬度

轧辊材质	碳化物类型	形态	硬度 (HV)
高镍铬轧辊	Fe$_3$C	网状	840～1100
高铬铸铁轧辊	Cr$_7$C$_3$	菊花状	1200～1600
	M$_{23}$C$_6$	粒状（二次）	1200
高速钢轧辊	MC	粒状	3000
	M$_2$C	棒状和羽毛状	2000
	M$_6$C	鱼骨状和细板条状	1500～1800

表 5-37　高碳、高钒耐磨合金复合轧辊外层材料的化学成分（质量分数）　（单位：%）

C	V	Si	Cr	Mo	W	Nb
2.4～4.0	4.0～6.0		5.0～20.0	2.0～15.0		1.0～2.0
1.9～2.0	5.0～6.0		5.0～7.0	3.0～4.0	3.0～4.0	
1.6～2.0	3.0～5.0	0.3～1.0	4.0～8.0	4.0～6.0	1.5～2.5	0.5～1.5
2.0	8.0		5.0	2.0	5.0	
2.0～2.5	11.0～15.0	0.3～0.8	4.0～8.0	2.8～3.2		

2. 半连续铸造高钒耐磨合金复合轧辊

采用半连续铸造工艺把高钒耐磨合金（轧辊工作层）与锻造合金钢（辊芯）复合在一起，是目前制造轧辊最先进的方法。该电磁半连续复合铸造法是河南省耐磨材料工程技术研究中心在克服了 CPC 生产工艺复杂、成本较高的缺点基础上而研制开发的，并克服了离心铸造成分偏析的缺点。此生产方法不但能实现复合轧辊在凝固过程中的顺序凝固，而且能获得良好的结晶组织。高钒耐磨合金具有非常好的耐磨性，作为工作层可充分利用其高耐磨性，达到延长轧辊寿命的目的；锻造合金钢具有良好的力学性能，作为辊芯可达到提高整体韧性的目的；综合两者的优点可生产出同时具有高耐磨与高韧性的复合轧辊。

这里通过固-液双金属电磁半连续复合铸造工艺来制造轧辊。为使复合轧辊同时具有高耐磨性和高韧性，轧辊表面采用高钒高耐磨合金，内层采用高韧性的碳钢或低合金钢钢芯。设计试验装置原理及设备照片如图 5-95 所示。该装置为河南省耐磨材料工程技术研究中心所研制，主要由三部分组成：预热保温装置、升降机构和铸型。

由耐火材料制成的浇口杯位于铸型的上端，铸型外围是一个电磁感应加热线圈。在铸型底部有一个定位槽，可使复合轧辊的芯轴和铸型同轴。浇铸后轧辊通过升降机构不断下降，退出电磁感应加热线圈的轧辊开始冷却凝固，同时与预热的芯轴形成良好的结合。复合轧辊耐磨层的厚度取决于轧辊芯轴的直径与铸型的内径。

浇铸前通过升降装置把铸型升至最高处，在铸型中放入芯轴，启动电磁感应加热装置预热芯轴，加热到预定温度后，浇入熔炼好的高钒耐磨合金熔液，保温一段时间后，通过升降装置让铸型以一定的速度下降至底部，最后停止加热。

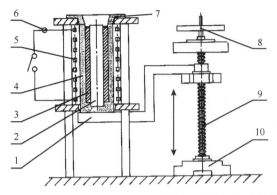

图 5-95　电磁半连续复合铸造装置原理及装置

1-托板；2-轧辊芯轴；3-轧辊耐磨层；4-铸型；5-电磁感应加热线圈；6-电源；7-浇口杯；8-手轮；9-丝杠；10-底座

半连续复合铸造工艺中有六个主要工艺参数：①芯轴预热时的送电功率。在浇铸前，芯轴是通过电磁感应线圈进行预热的，预热时送电功率对芯轴受热情况有较大影响。功率过高，芯轴受热不均匀，表面温度和内部温度相差较大。功率太低时，热量散失很快，加热到预定温度需要的时间较长。②芯轴的预热温度。在试验过程中，预热温度过高会造成芯轴表面氧化，但预热温度也不能过低，如果芯轴温度太低，浇铸时芯轴相当于冷铁，与合金液接触后使接触的合金液温度迅速降低，不利于复合。③合金的浇铸温度。浇铸温度过高，轧辊表面黏砂严重。浇铸温度过低不利于熔渣的上浮，增加夹杂等缺陷。④浇铸后的保温功率。为了使轧辊更好地复合，轧辊浇铸后要进行一定时间的保温。保温时要尽量提高保温功率，功率过低热量散失太快，起不到保温作用。⑤保温时间。保温时间过短，芯轴和外层合金不能形成良好的冶金结合。保温时间过长，芯轴熔化严重，强度降低。⑥轧辊的下降速度。为了使轧辊在凝固过程中实现顺序凝固，轧辊要以一定的速度下降。下降速度过快，轧辊下部复合质量较差；下降速度过慢，轧辊芯轴上部和下部熔化程度差别较大。

为了能够制备出缺陷少、结合好、质量高的复合轧辊，需控制好各工艺参数。在上述六个工艺参数中，影响轧辊结合质量最重要的工艺参数为芯轴预热温度和浇铸后的保温时间。其他四个工艺参数根据试验条件经过分析分别确定为：芯轴的预热功率 30kW，高钒高耐磨合金浇铸温度 1440℃，保温功率 50kW，下降速度随保温时间变化。通过试验主要优化芯轴预热温度和浇铸后的保温时间。具体试验过程为：①将芯轴放入铸型，利用电磁感应加热装置将芯轴预热到设定温度；②浇注高钒耐磨合金液；③保温 30s 后通过升降机构使铸型以一定速度下降，直至整个铸型离开感应加热线圈，下降速度根据总保温时间计算而得，保证匀速下降；④停止感应加热，使铸件自然凝固。

为观察复合轧辊的结合情况，将不同工艺条件下制造的复合轧辊用线切割的方法沿轴向纵剖，测量芯轴直径方向的最大熔化量。试验结果表明，预热温度越高、保温时间越长，芯轴熔化量越多。但预热温度过高或过低均不利于界面结合，芯轴预热温度过低时，合金液受到激冷程度较大，界面难以较好地结合，即使保温时间较长，复合轧辊上部也难以形成良合的冶金结合。芯轴预热温度过高时，芯轴表面易于氧化，也不利于复合轧辊界面形成良好的结合。该试验条件下，预热温度约为 600℃，同时保温时间为

420～480s 时，能得到较好的界面结合，图 5-96 为复合界面的组织形貌。

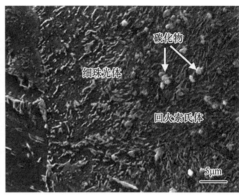

图 5-96　高钒高耐磨合金/45 钢的复合界面组织形貌

在固液复合条件下，双金属复合材料的结合机理一般分为两类。

（1）熔合结合。界面具体形成过程为：①钢液与芯材接触后，界面处钢液瞬时凝固；②接触凝固层重新熔化，并与未凝固钢液混合；③芯材表层熔化，并与外层钢液混合，使熔合线附近外层钢液中的碳及合金元素浓度降低；④外层钢液自外向内凝固。

（2）扩散结合。界面形成过程为：①钢液与芯材相接触；②接触钢液凝固；③接触凝固层中的高浓度元素向芯材一侧扩散；④接触凝固层部分或全部熔化；⑤外层钢液自外向内凝固。

熔合结合的固液作用时间相对较长，提高合金的浇铸温度有利于熔合结合。扩散结合则是通过在双金属复合材料制备过程中的热作用，导致外层材料与芯材原子之间的扩散来获得界面结合的，延长热作用时间有利于扩散结合。该试验条件下，由于浇铸后长时间的保温，芯材表面全部熔化，发生熔合结合。在轧辊凝固刚结束时，由于轧辊温度较高，在高温下外层合金会有少量元素向芯材扩散，发生扩散结合。因此可以认为，电磁半连续复合铸造轧辊的界面结合机理以熔合结合为主，并伴随有扩散结合。界面的抗剪强度为 281MPa，可满足轧辊使用要求。

根据前述的高钒耐磨合金材料及电磁半连续复合铸造工艺研究结果，研制出生产中应用的高钒耐磨合金/35CrMo 复合轧辊，尺寸分别为 ϕ175mm×300mm、ϕ175mm×250mm、ϕ175mm×280mm。试用结果表明：冷轧条件下，高钒耐磨合金复合轧辊使用安全，耐磨性优良，其使用寿命为 9Cr2Mo 锻钢轧辊的 6 倍以上。

复合轧辊的性能与界面结合状况密切相关。试验中所用的复合轧辊芯轴为 45 钢，耐磨层为高铬铸铁，其化学成分如表 5-38 所示，选用工艺参数见表 5-39。为了使复合轧辊具有良好的工作状态，采用 1000℃加热淬火、250℃低温回火，以保持高铬铸铁在回火过程中硬度基本不发生变化。超过这一温度回火将发生回火软化，使得高铬铸铁硬度显著下降。

表 5-38　复合轧辊耐磨层材料的化学成分（质量分数）　　　　（单位：%）

材料	C	Cr	Mo	Si	Mn	Ni	P	S
高铬铸铁	3.00	19.10	0.75	1.07	0.65	0.73	≤0.05	≤0.05

表 5-39　复合轧辊所选的工艺参数

预热功率/kW	预热温度/℃	浇铸温度/℃	保温功率/kW	保温时间/s
30	600	1400	50	180、300、420、540

图 5-97 是高铬铸铁/45 钢的界面处形貌，左侧为 45 钢芯轴，右侧为高铬铸铁耐磨层。试验范围内，把从激冷凝固层到芯轴扩散层的区域定义为界面，界面由扩散层和激冷凝固层两部分组成：①扩散层。新浇入的用于形成耐磨层的高铬铸铁液体与固态的芯轴之间存在较大的温度差，在电磁保温阶段，芯轴温度升高，芯轴表面与液态金属接触，形成熔融及部分熔化状态；耐磨层与固态芯轴之间存在浓度梯度，使 Cr、C 等元素获得一定的扩散迁移驱动力，从耐磨层向芯轴表层扩散。随着 Cr、C 等元素在芯轴接触界面附近扩散，形成了界面扩散层。②激冷凝固层。凝固初期芯轴的激冷作用导致高铬铸铁在芯轴表面快速凝固，形成激冷凝固层；由于芯轴预热后与耐磨合金金属液温差缩小，激冷凝固层的组织不足以形成等轴晶而最终形成柱状晶。在激冷凝固层形成以后，芯轴对外层材料的冷却作用明显减弱，外层材料的凝固组织已没有明显的方向性。采用电磁复合铸造法制备的高铬铸铁复合轧辊，界面组织致密，具有一定的界面宽度，实现了两种金属的结合，使得材料能同时具有两种金属的性能，从而提高了使用价值。

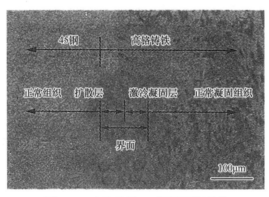

图 5-97　高铬铸铁/45 钢界面处形貌

图 5-98 是放大后界面处的微观形貌。由图可见，高铬铸铁中的 M_7C_3 型碳化物呈菊花状和杆状分布在基体上。在 45 钢和高铬铸铁之间有个明显的过渡层，这个过渡层就是界面。界面组织致密，无微孔，无明显缺陷，证明两者之间实现了良好的冶金结合。此外，保温时间对界面宽度的影响如图 5-99 所示，在该试验范围内，变动的范围为 50～95μm。随着保温时间延长，界面宽度增加缓慢。

元素的扩散是双金属复合材料界面研究的重要内容。随着界面层各元素在一定时间与温度下的扩散，界面将发生一系列物理及化学变化，从而对复合材料的性质产生很大的影响。高铬铸铁/45 钢复合轧辊界面处 Cr、C、Mo 等元素都有不同程度的扩散。由于能谱法测定的碳含量不准确，暂难准确判断其扩散规律。在该试验条件下，Cr 的扩散最为明显。图 5-100 为高铬铸铁/45 钢复合轧辊界面 Cr 元素的线扫描曲线。对比图 5-97 和图 5-100 可以看出：①在激冷层 Cr 元素含量波动较大。这是由于 Cr 多集中在 Cr_7C_3 内，基体中的含量较碳化物低；Cr 元素成分扫描线的波动，反映 Cr_7C_3 与基体 Cr 含量的差异。②在扩散层 Cr 的碳化物消失。Cr 元素由高铬铸铁向 45 钢一侧扩散，Cr 元素含量依次降低；随着保温时间的延长，Cr 的扩散越来越充分。

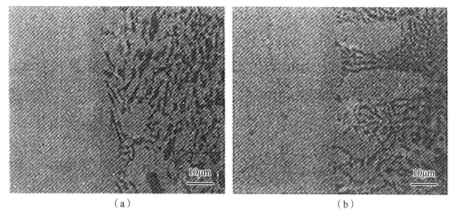

（a）　　　　　　　　　　　　　　　　　（b）

图 5-98　放大后高铬铸铁/45 钢界面处的显微组织

（a）保温 180s；（b）保温 420s

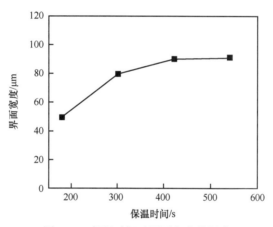

图 5-99　保温时间对界面宽度的影响

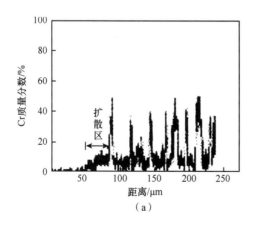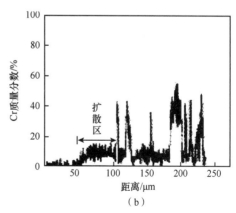

（a）　　　　　　　　　　　　　　　　　（b）

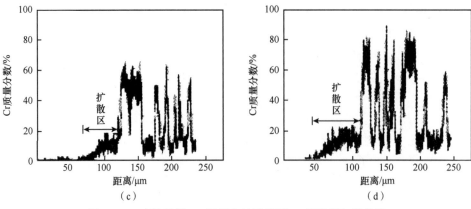

图 5-100　高铬铸铁/45 钢复合轧辊界面 Cr 元素线扫描曲线

（a）180s；（b）300s；（c）420s；（d）540s

　　用 MH-3 数显显微硬度仪检测高铬铸铁/45 钢复合轧辊试样在界面附近的显微硬度分布，载荷为 1.96N，在试样界面及两侧均匀打点，在不同保温时间试样上所得到的显微硬度趋势大体相同。以保温 300s 的复合轧辊试样为例，显微硬度分布见图 5-101。可以看出，在界面的高铬铸铁一侧的显微硬度在 800HV 左右，而 45 钢的显微硬度在 250HV 以下，界面两侧显微硬度差别很大。但在界面处显微硬度由 800HV 逐步降低至 250HV，没有发生突变。界面中心部位的显微硬度在 650HV 左右。界面的显微硬度无突变式地依次降低，有利于改善轧辊使用过程中的受力状态，避免在界面处出现意外损伤。

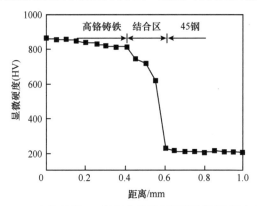

图 5-101　高铬铸铁/45 钢复合轧辊界面附近显微硬度分布

　　在实际生产中，既要求轧辊具有较高的硬度以获得优良的耐磨性，又要求材料有良好的冲击韧性以抵抗工作过程中轧材的冲击作用，防止轧辊发生意外断裂。试验表明，铸造高铬铸铁/45 钢复合轧辊界面的冲击韧性与高铬铸铁耐磨层在断面中所占比例及保温时间有关。该试验条件下，高铬铸铁耐磨层所占比例低于 50% 时试样冲不断；高铬铸铁耐磨层所占比例大于 60% 时试样冲击断裂，并测出相应的冲击韧性。在保温 300s 的条件下，高铬铸铁耐磨层面积在断面中所占比例 K 对界面耐磨层冲击韧性的影响见图 5-102。可以看出，面积比 K 对界面冲击韧性的影响很大。随着 K 的增大，冲击韧性快速下降；但当面积比小于 80% 时，界面冲击韧性仍在 20J/cm^2 以上，具有较高的韧性。在 K 为 65% 的条件下，保温时间对冲击韧性的影响见图 5-103。图 5-103 显示，随着保温时间的延长，冲击韧性先小幅升高后缓慢下降，保温时间 300s 时达到最大值。K 为 65% 时，冲击韧性均在 $80J/cm^2$ 以上。这说明高铬铸铁耐磨层的韧性较差（$5J/cm^2$ 左右），但芯轴韧性较好，在冶金结合良好的条件下，只要根据实际工况条件，合理选定芯轴的尺寸就可满足复合轧辊对冲击性能的要求。

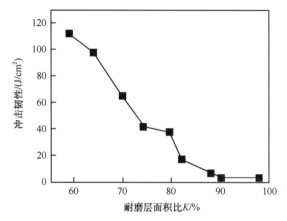

图 5-102　保温 300s 耐磨层面积比对冲击韧性的影响

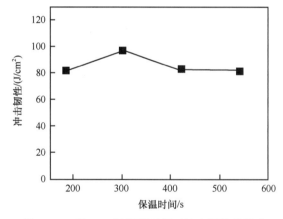

图 5-103　$K=65\%$ 时保温时间对冲击韧性的影响

　　界面的实际结合强度越高，抗剪强度就越高，界面能承受的弯曲应变能力就越强。试验结果如图 5-104 所示，在其他工艺参数相同的情况下，保温时间对界面抗剪强度有明显的影响。随着保温时间的延长，抗剪强度先升高后缓慢下降，当保温时间为 300s 时，抗剪强度最大为 282MPa。这是由于保温时间过短，很难形成良好的冶金结合和得到优良的结合界面。而随着保温时间延长，扩散层内 Cr、C 含量逐步提高，当接近或达到共析钢成分时，抗剪强度达到最大值。此时，保温时间约为 300s。继续延长保温时间，扩散层内 Cr、C 含量达到过共析钢范围，抗剪强度逐步降低。同时，芯轴熔化过多，难以保证复合材料的韧性。

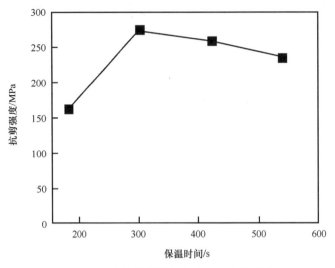

图 5-104 高铬铸铁轧辊复合界面抗剪强度

5.4.2 高钒耐磨合金在水泥行业的应用

自 2001 年高钒耐磨合金开发成功以来，已为全国 20 多个省的 100 多个厂家成功地生产了锤头、颚板、衬板、磨辊等粉磨行业的耐磨件。以水泥厂应用的锤头为例，70 多个厂家的应用情况表明：在破碎水泥熟料时，高钒耐磨合金锤头的使用寿命约为高铬铸铁的 3 倍，部分水泥厂使用情况见表 5-40。

表 5-40 高钒耐磨合金与高铬铸铁锤头使用情况对比

试用厂家	材料	设备型号	服役寿命/天	破碎水泥量/t	相对耐磨性
山东某水泥厂	高铬铸铁	800×600	9	1950	1.0
	高钒耐磨合金		33	6900	3.5
湖北黄石某水泥厂	高铬铸铁	PCL750-2	20	4000	1.0
	高钒耐磨合金		78	16000	3.75
浙江某水泥厂	高铬铸铁	NP 系列			1.0
	高钒耐磨合金				3.2～3.5

高钒耐磨合金可用于生产整体部件，也可用于生产复合件。为了降低生产成本、提高产品的附加值，实际应用时经常将一些产品生产成复合件。图 5-105 为一些典型产品铸造工艺图。图 5-106 为一些高钒耐磨合金的产品照片。

1. 高钒耐磨合金锤头

河南省耐磨材料工程技术研究中心将高钒耐磨合金制作的锤头用于水泥熟料破碎机，将水泥熟料从 60～80mm 破碎成 3～5mm 的小颗粒，使用寿命达到原高铬铸铁锤头的 3 倍以上。高钒耐磨合金材质具体成分和原高铬铸铁锤头的化学成分见表 5-41。

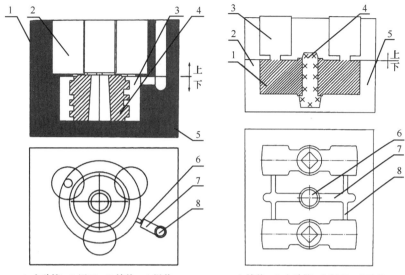

1-上砂箱；2-冒口；3-铸件；4-辊芯；
5-下砂箱；6-内浇道；7-横浇道；8-直浇道

（a）

1-铸件；2-上砂箱；3-冒口；4-砂芯；
5-下砂箱；6-直浇道；7-横浇道；8-内浇道

（b）

图 5-105　典型高钒耐磨合金的产品铸造工艺图

（a）高钒耐磨合金 3R3016 雷蒙机复合磨辊铸铁工艺；（b）NP$_2$180 高钒耐磨合金锤头铸造工艺

（a）　　　　　　　　　　　　　　　　（b）

图 5-106　典型高钒耐磨合金的产品照片

（a）磨辊产品；（b）锤头产品

表 5-41　高钒耐磨合金和高铬铸铁锤头的化学成分（质量分数）　　　（单位：%）

材质	C	Cr	Mn	Si	V	Mo	Cu	P、S
高钒耐磨合金	2.0~2.5	4.0~8.0	0.2~0.5	0.3~0.8	11.0~15.0	2.8~3.2		≤0.07
高铬铸铁	3.15	19.3	0.81	0.56	0.01	1.96	0.98	0.04

　　锤头破碎熟料属于低应力冲击磨损工况。高铬铸铁锤头的金相组织由碳化物（主要是 Cr_7C_3）和金属基体（主要是马氏体）构成。Cr_7C_3 呈六角形杆状及板条状分布，如图 5-107 所示。Cr_7C_3 和马氏体的硬度分别为 1600~1800HV 和 500~1000HV。在用高铬铸铁锤头破碎水泥熟料的磨损失效过程中，由于基体的硬度比碳化物低，先磨损、使碳化

物凸显出来；凸显出来的碳化物被划伤、击碎、脱落，失去对基体的保护作用；基体进一步磨损，如此循环往复。因此，进一步提高锤头耐磨性的主要途径是：①提高碳化物的硬度，减少划伤。②改善碳化物形态，使之由条块状变为球状或近似球状，降低被击碎的可能性。③改善碳化物分布，使之由断续网状变为弥散分布。④提高基体的硬度，以增强其抵抗低应力冲击磨损的能力。

高钒耐磨合金中的碳化物（VC）硬度高达 2600HV，近似呈球形，且高度弥散分布，如图 5-108 所示。高钒耐磨合金中碳化物的这种分布既减少了碳化物被划伤、击碎的可能性，又保护了基体，提高了材料的耐磨性。

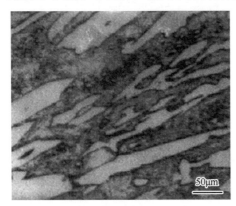 

图 5-107　高铬铸铁的金相组织　　　　图 5-108　高钒耐磨合金的金相组织

将锤头试样在 MLD-10 型动载荷冲击磨损试验机上进行耐磨性试验。冲击频率为 100 次/min，磨料为 50～70 目精制石英砂，流量为 350mL/min，冲击功为 1J。先将试样跑合 10min，然后再称重作为原始质量，接着磨损 1h，第二次称重，两次质量差为磨损失重。试验结果如表 5-42 所示。可以看出，高钒耐磨合金的耐磨性是高铬铸铁的 3.152 倍，证明所选材质是合适的。

冶炼高钒耐磨合金时应注意提高贵重而易烧损的元素钒的吸收率。在熔化过程中应防止铁水过分氧化，加钒铁前预脱氧，钒铁在熔化后期加入。另外，升温过程和高温保持时间不宜过长。钒的吸收率一般在 85% 左右。其他工艺同高铬铸铁。

表 5-42　高钒耐磨合金和高铬铸铁的耐磨性

材质	磨损失重/g			平均失重/g	相对耐磨性
	试样 1	试样 2	试样 3		
高铬铸铁	0.2721	0.2796	0.2766	0.2761	1
高钒耐磨合金	0.0905	0.0853	0.0876	0.0878	3.152

高钒耐磨合金的生产工艺和高铬铸铁相似，木模缩尺一般采用 1.6%。本锤头采用复合铸造工艺，即锤柄部分采用低合金钢，锤头的耐磨部分采用高钒耐磨合金，两种材质同时浇注复合而成为一体。这样既保证了锤头的高耐磨性，又提高了韧性，降低了成本。锤柄的化学成分见表 5-43。

表 5-43　锤柄的化学成分（质量分数）　（单位：%）

C	Cr	Mn	Si	Mo	RE	P、S
0.5～0.6	1.0～1.4	1.4～1.8	1.0～1.4	0.3～0.5	0.2～0.3	≤0.04

高钒耐磨合金的优良耐磨性还要靠正确的热处理工艺来保证。本锤头受力不大，属于低应力磨料磨损，高钒耐磨合金在此工况条件下主要失效方式为碳化物的脱落，其次为疲劳剥落。因为碳化物硬度高，不易划伤，而由于基体的磨损，碳化物失去基体的保护而脱落成为主要的失效方式。因此，应保证有足够数量的 VC 和坚硬的基体，从而保证耐磨性，还要利用高钒耐磨合金的二次硬化能力来提高耐磨性。两种锤头材质的力学性能见表 5-44。

表 5-44　高钒耐磨合金和高铬铸铁锤头材质的力学性能

锤头材质	硬度（HRC）	冲击韧性/(J/cm²)	金相组织
高铬铸铁	62.5	6	M回+M₇C₃+A(少量)
高钒耐磨合金	64.5	12	M回+VC+M₇C₃+A(少量)

装机试验在浙江平湖第一建材机械厂生产的破碎机上进行。试验中高钒耐磨合金锤头和高铬铸铁锤头混装。该机电动机功率为 132kW，主轴转速为 320r/min，进料粒度＜80mm，出料粒度 3～5mm，试验结果见表 5-45。可以看出，高钒耐磨合金锤头的耐磨性是高铬铸铁锤头的 3 倍以上。

表 5-45　锤头装机试验结果

锤头材质	一副锤头破碎的水泥量/万 t	相对耐磨性
高铬铸铁	6.01	1
高钒耐磨合金	20.37	3.39

2. 高钒耐磨合金/碳钢双金属复合锤头

河南省耐磨材料工程技术研究中心经过多年的研究实践，开发出新一代高钒高耐磨合金复合锤头。目前，复合锤头的生产工艺主要是镶铸、双液双金属复合、液固双金属复合。采用多种双金属复合铸造工艺进行对比，选出一种最佳的液固双金属复合工艺，为双金属复合锤头在生产和应用上取得更好的经济效益奠定了基础。

普通高速钢用于刀具时，要保持其红硬性，钼钨元素含量较高；当用于粉磨行业时，对其耐磨性和冲击韧性要求均较高。由于碳化钨的形态呈尖角的块状，显著割裂了基体，严重降低了材料的韧性，因此在成分设计时去除了钨元素。作为新一代耐磨材料，高钒耐磨合金组织中存在大量细小弥散分布的高硬度的 VC，该碳化物的显微硬度为 2600HV 左右，远高于高铬铸铁中铬的碳化物 Cr_7C_3（1800HV 左右）[41] 的显微硬度。VC 既可以有效地保护基体，阻止磨粒的切入，减小切入深度，又能够减少疲劳脱落，在强磨粒磨损条件下，具有很高的耐磨性[53]。在破碎的过程中，锤头既要满足强度和耐磨性能的要求，同时对于锤柄的韧性也有较高的要求，因此锤柄材料一般选用碳钢，常用的碳钢为 ZG230-450、ZG270-500 和 ZG310-570。因此，试验采用高钒耐磨合金作为锤头的外层复合材料，低碳钢作为锤柄材料。两种材料的化学成分如表 5-46 所示。

表 5-46　两种材料的化学成分（质量分数）　　　　（单位：%）

材料	C	Si	Mn	Cr	V	Mo	Cu	P、S
高钒耐磨合金	2.30	0.88	1.32	5.45	8.10	0.96	0.60	<0.05
ZG270-500	0.32~.042	0.20~0.45	0.5~0.8					<0.05

采用液固双金属复合的铸造工艺，浇铸前把锤柄固定在耐磨铸件铸造型腔要求的部位，当液态金属浇铸完毕，液态金属在充满型腔的同时，还紧密包覆在固态锤柄的周围。包覆层在随后的液态降温、凝固和固态冷却过程中，释放出大量的热[54]。这些热量，一部分被铸型吸收并通过铸型散失，另一部分则被锤柄吸收并使之温度升高，在铸件凝固时，金属液的热量使耐磨合金材料和锤柄基体结合在一起。根据经验分析，为了使锤柄能接近固相线温度，该试验是把锤柄预热到一定的温度。锤柄能否与锤头很好地结合在一起，与铸造工艺和材质等因素有很大关系。

试验过程中，锤柄的复合部位采用 3 种不同的处理方法：①用一定浓度的盐酸清洗一段时间；②用机械方法除去表面的氧化皮；③表面不处理。

将以上 3 种不同方法处理的 3 种锤柄分成 3 组进行浇铸试验，将 3 组锤柄同时预热到 300℃左右，放入铸型中相应的位置，如图 5-109 所示。高钒耐磨合金在浇铸前要加入一定量的稀土合金进行变质处理，这样可以改善碳化物的形态，使 VC 趋于球形或近似球形，同时加入适量的铝进行脱氧处理。合箱后立刻快速浇入高钒耐磨合金，浇铸温度 1500~1600℃。

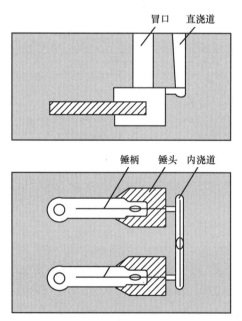

图 5-109　复合锤头造型示意图

待铸件冷却到室温后对锤头进行清理，清理后发现锤头表面完好，没有出现裂纹。用线切割法解剖锤头复合部位，发现第 1 组酸洗的锤头复合很好，整个结合处都形成了良好的冶金结合。第 2 组机械除氧化皮的锤头 90% 复合较好,仅有小部分有明显的缝隙没有结合。第 3 组表面不处理的复合效果最差,仅有小部分复合较好,复合界面不连续,其余部分界面出现很多夹杂。

锤柄生产出来以后,在存放过程中表面不可避免地会被氧化,时间长了甚至会有很深的一层铁锈。在复合的过程中,锤柄表面的氧化皮和铁锈正好处于扩散层的位置,在复合层金属和锤柄之间形成了一层隔层,阻止了两种金属之间的扩散,不利于结合。通过打磨清理后,就可以把氧化皮和铁锈清理掉,但是由于锤柄表面凸凹不平,在机械清理的过程中,会有很小面积的氧化皮或者铁锈清理不掉,甚至会再次被氧化,因此会有小部分结合较差。经过酸洗以后,锤柄上的铁锈和氧化部位会被完全清理掉,提高了界面的洁净度,有利于两种材料的结合。

对复合完好的第 1 组锤头样品进行表征,其铸态组织的显微形貌如图 5-110 所示。其中,图 5-110 (b) 是复合界面,界面左侧是低碳钢,右侧是高钒耐磨合金。可见两种金属结合非常好,在结合区复合界面交界线呈犬牙交错状,界面呈冶金结合状态,界面表面发生了熔融和相互渗透,组织致密。图 5-110 (a) 是碳钢组织,主要由铁素体和珠光体组成。图 5-110 (d) 是高钒耐磨合金的显微组织,在奥氏体基体上弥散分布着大量的团球状、团杆状和团块状的碳化物,该碳化物为 VC。

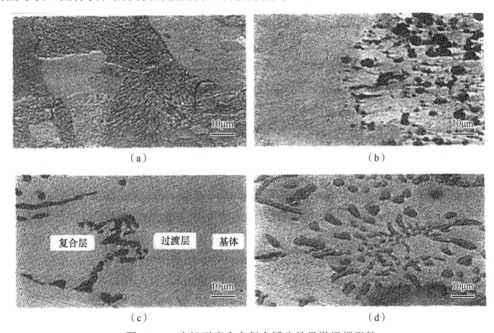

图 5-110　高钒耐磨合金复合锤头的显微组织形貌

(a) 低碳钢;(b) 复合界面 (腐蚀);(c) 复合界面 (未腐蚀);(d) 高钒耐磨合金

对于复合锤头,外材与芯材的结合界面主要由以下部分组成。

(1) 扩散层,位于芯材的最外层。

(2) 激冷凝固层,由于芯材的激冷作用,外层材料将产生快速的凝固。

(3) 方向性生长层,激冷凝固层形成以后,外层材料在凝固时还存在较大的温度梯度,外层材料的凝固组织在温度梯度作用下表现出明显的方向性生长。

（4）正常凝固层，在方向性生长层形成以后，芯材对外层材料的激冷作用明显减弱，外层材料的凝固组织已没有明显的方向性[55]。

因为锤柄经过了预热处理，减小了对外层材料的激冷作用，所以方向性生长不太明显。如果锤柄预热温度过高，产生的氧化皮会降低界面的结合率，因此预热温度不能超过600℃。

高钒耐磨合金与低碳钢复合界面的显微硬度分布如图5-111所示。由图示曲线可以看出，高钒耐磨合金的显微硬度都在1000HV以上，而低碳钢均在350HV以下，结合界面两侧显微硬度差别很大。而在界面处，显微硬度在600HV左右，界面处过渡比较平缓，因此两种材料的结合情况很好。界面区域大约有2mm的宽度，而扩散层约占1mm宽，其显微硬度在600HV左右，因此主要是珠光体组织。

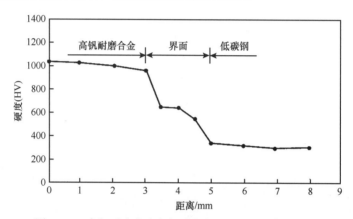

图 5-111　高钒耐磨合金与低碳钢复合界面显微硬度分布

3. 高钒耐磨合金复合磨辊

目前，常用的磨辊材料主要有高锰钢系列、合金系列和复合材料系列等。高锰钢与合金钢系列耐磨性较低，现已逐渐被复合磨辊所代替。追求耐磨性的进一步提高且具有较高性价比的复合工艺与复合材料是当前的研究重点。在适当的工艺条件下，采用高钒耐磨合金复合法制造磨辊，工艺可行，两种金属之间可以实现冶金与机械结合，既可以保障磨损工作面的高耐磨性，又可保障其整体结构上的易加工性，达到高耐磨与易加工性的有机结合。

根据磨辊的服役条件，磨辊表面的磨损形式主要是磨粒磨损和表面疲劳剥落磨损。因此，要提高辊面的耐磨性，特别是当破碎硬度较高的物料时的耐磨性，只有在坚硬的马氏体基体上分布高硬度硬质相的材料才能适应这种磨损条件。高钒耐磨合金具有此特点，其组织为在马氏体基体上分散分布着一定量团球、团块状高硬度的VC[56,57]，其化学成分如表5-47所示。

表 5-47　试验用高钒耐磨合金化学成分范围　　　　　　　（单位：%）

成分	C	V	Cr	Mo	Si	Mn	Cu	S、P
质量分数	2.6～4.0	10.0～15.0	3.0～6.0	0～3.0	0.4～0.8	0.2～0.6	0～1.0	≤0.07

为了使磨辊具有较好的综合性能，工作时能抵抗受到的冲击，辊芯材料应具有良好

的韧性，同时考虑成本因素，辊芯材料选择 ZG35CrMo，经过试验及生产试用，其各项性能指标均可达到使用要求。辊芯的浇铸仍采用传统工艺。但在辊芯的表面要预留一定数量的纵向沟槽和横向沟槽（图 5-112），这些沟槽在表面耐磨层合金浇铸时被充满，在表面耐磨层合金内表面形成键，辊芯和辊外套通过这些键形成机械配合。这种机械的键连接可以弥补磨辊工作期间受到较大的纵向切应力或横向切应力时，辊芯和辊外套结合强度的不足，避免开裂，以增加磨辊使用的安全性。同时辊芯结构的改进使两种金属有较大的接触面积，也可使结合强度有一定的提高。

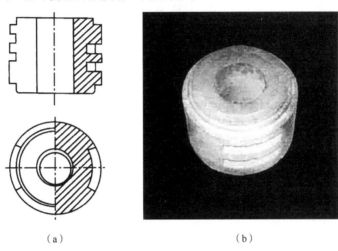

（a）　　　　　　　　　　　　　　（b）

图 5-112　辊芯结构

（a）辊芯结构图；（b）辊芯实物图

构成辊外套耐磨层的高钒耐磨合金可采用电熔炉、无芯感应炉、三相电弧炉熔炼。该试验采用 500kg 无芯中频感应炉熔炼。浇铸时，在包中冲入专用变质剂进行变质处理，以提高高钒耐磨合金的力学性能和耐磨性。高钒耐磨合金凝固后的线收缩比一般铸铁略高。在浇铸温度为 1420℃时，实测线收缩为 1.34%，体收缩为 1.93%，木模一般采用 1.6% 左右的缩尺。

将表面蘸有保护剂的辊芯放入加热炉中预热。预热温度不能太低，一方面避免注入的合金液迅速降温，另一方面能够使辊芯表面迅速升温，达到熔融或局部熔（溶）化温度。预热温度确定为 700～800℃，保温 1～2h，取出放入铸型后，立即合箱浇铸。浇铸温度直接影响磨辊的复合效果。为保证复合磨辊两种材质达到良好的结合，浇铸温度要能够使辊芯表面达到熔融或局部熔（溶）化状态，所以磨辊表面耐磨层合金液的浇铸温度相对其他高钒耐磨合金产品的浇铸温度要高，以保证在两种合金之间形成较好冶金结合。浇铸温度过低时易产生分层、夹杂、浇不足等缺陷。浇铸温度宜为 1480～1550℃。

磨辊表面耐磨层高钒耐磨合金的优良耐磨性必须通过合适的热处理工艺来保证。要使磨辊具有较好的硬度和韧性配合，必须选择合适的淬火温度和回火温度。研究表明：1000℃淬火时，宜采用 450～500℃回火；1050℃淬火时，宜采用 550℃回火。生产时可根据磨辊的大小等情况酌情选择淬火温度和回火温度。

磨辊表层高钒耐磨合金（V10）的金相组织为离散分布的球状、团块状的 VC+ 回火马氏体 + 残余奥氏体（图 5-113）。因为这种团球、团块状的碳化物对基体的割裂小，磨辊耐磨层合金的韧性明显高于一般白口铸铁；同时，由于这种分布于基体上的高硬度耐磨硬质点的特殊作用，磨辊具有高的耐磨性[21]。

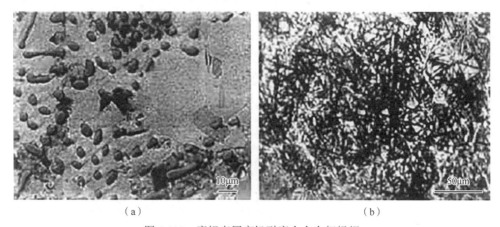

（a）　　　　　　　　　　　　　　（b）

图 5-113　磨辊表层高钒耐磨合金金相组织

（a）V10 未腐蚀 SEM 图像；（b）V10 腐蚀淬火组织光镜图像

磨辊表面高钒耐磨合金耐磨层与辊芯之间形成了冶金与机械混合结合（图 5-114）。表面耐磨层高钒耐磨合金具有很高的淬透性，空冷条件下可形成马氏体基体，使高钒耐磨合金具有较高的硬度。在适当的回火温度下马氏体转变为回火马氏体，残余奥氏体也分解转变为马氏体，加上高碳的 VC 及铬、钼等碳化物的强化作用，使耐磨层高钒耐磨合金具有很高的硬度（表 5-48）[58]。

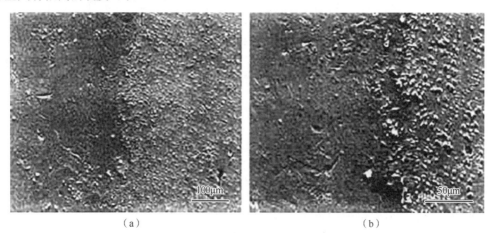

（a）　　　　　　　　　　　　　　（b）

图 5-114　冶金结合区域复合界面金相组织

表 5-48　高钒耐磨合金与 ZG35CrMo 复合试样的硬度（HRC）

材质	第一点	第二点	第三点	平均值
高钒耐磨合金	60.2	59.5	60.5	60.1
界面	41.0	43.0	40.0	41.3
ZG35CrMo	27.2	27.8	27.2	27.4

磨辊表面高钒耐磨合金耐磨层淬火、回火后，由于组织中的碳化物呈团球、团块状

弥散分布,对基体割裂较小,有利于提高材料的冲击韧性。因此,高钒耐磨合金的韧性明显高于一般白口铸铁,也比高铬铸铁高。磨辊表面耐磨层高钒耐磨合金冲击韧性一般为 $7.0 \sim 12.0 \text{J/cm}^2$（表 5-49）[55]。

表 5-49　磨辊表面耐磨层淬火、回火后的冲击韧性

回火温度	不同淬火温度下的冲击韧性/(J/cm^2)		
	900℃	1000℃	1100℃
450℃	7.24	8.06	10.80
550℃	7.89	8.02	9.52

经过多次实验室试验,在确定了高钒耐磨合金复合磨辊的成分及工艺后,进行了试制品的实际使用试验。表 5-50 为 2004 年 2 月在湘潭某公司 250×400 型双辊破碎机上所做的实际使用对比试验数据。可以看出,高钒耐磨合金复合磨辊的寿命是高锰钢磨辊的 4.88 倍,是高铬铸铁复合磨辊的 2.35 倍。高钒耐磨合金复合磨辊的相对价格是高锰钢磨辊的 2.8 倍,是高铬铸铁的 1.45 倍。对比发现,高钒耐磨合金复合磨辊的性价比高,且能够显著提高生产效率。

表 5-50　各种磨辊的使用结果

磨辊种类	使用寿命/d	相对寿命		价格/(元/t)	相对价格	
高锰钢磨辊	25	1.00	0.48	7500	1.00	0.52
高铬铸铁复合磨辊	52	2.35	1.00	14500	1.93	1.00
高钒耐磨合金复合磨辊	122	4.88	2.35	21000	2.80	1.45

图 5-115 为辊式破碎机破碎原理示意图。磨辊在实际使用时,物料开始进入磨辊之间的咬合阶段,物料被磨辊挤压下移,其磨损主要是相对物料而言的三体磨粒磨损,其耐磨性主要取决于磨辊表面耐磨层合金的硬度及组织中硬质相 VC 的硬度、形状和大小。

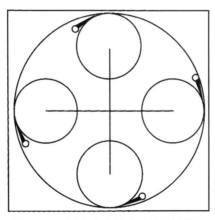

图 5-115　辊式破碎机破碎原理示意图

高钒耐磨合金硬度高（58～65HRC）,其组织中的 VC 硬度达 2600HV,且呈团球

状、团块状分散分布在马氏体基体上，能有效地阻碍磨粒的犁削运动，使犁沟变浅，对咬合区段的磨粒磨损表现出更好的耐磨性能。咬合阶段之后，物料进入压碎阶段，其磨损主要是小的物料颗粒反复压入磨辊表面，这种使磨损表面反复变形的压痕造成表层金属的微观疲劳，在亚表层产生裂纹，最终产生小面积的金属剥落。由于高钒耐磨合金金相组织为在马氏体基体上分散分布一定量团球状、团块状高硬度的 VC，这种耐磨硬质相能有效抵抗物料小颗粒压入磨损金属表面，使磨痕减小，变形的深度变浅，相对的疲劳剥落层变薄，即磨损失重减小，相对耐磨性提高。通过实际生产使用及试验研究发现，当高钒耐磨合金磨辊材料中的 VC 粒度、形状及分布合适时，其作为硬质相的耐磨作用远大于产生微裂纹的有害作用，高钒耐磨合金复合磨辊在辊式破碎中表现出优良的耐磨性。特别是加工物料硬度较高或含有较高硬度的硬质颗粒时，高钒耐磨合金复合磨辊的耐磨性明显优于常用的高锰钢及高铬铸铁磨辊。

参 考 文 献

[1] Yamanoto K, Harakawa T, Ogi K. The role of alloying elements in high speed steel type cast irons[J]. International Journal of Cast Metals Research, 1999, 11(5): 297-301.

[2] Sandberg H. Influence of Ti on microsegregations in high-speed steel ingots[J]. Scandinavian Journal of Metallurgy, 1973, 2(5): 233-241.

[3] Park J W, Lee H C, Lee S. Composition, microstructure, hardness, and wear properties of high-speed steel rolls[J]. Metallurgical and Materials Transactions A: Physical Metallurgy and Materials Science, 1999, 30(2): 399-409.

[4] 市野健司，片冈文弘，汤田浩二. 离心铸造による热延仕上ミル用离耐磨耗ロルの开发[J]. 川崎制铁技报, 1996, (2): 89-94.

[5] 桥木光生，吉日幸一郎，大有清司. ほか CPC プロセスによう高性能ロル开发[J]. 材料とプロセス, 1991, (2): 450-453.

[6] Kang Y J, Oh J C, Lee H C S, et al. Effects of carbon and chromium additions on the wear resistance and surface roughness of cast high-speed steel rolls[J]. Metallurgical and Materials Transactions A: Physical Metallurgy and Materials Science, 2001, 32(10): 2515-2525.

[7] Shi G Q, Ding P D, Zhou S Z. Effect of vanadium on cast carbide in high speed steel[J]. Materials Science and Technology, 1992, 8(5): 449-454.

[8] Caillaud J C, Delaitre L. Metallurgy of HSS roll material[C]//36th MWSP Conference Proceedings. ISS-AIME, Baltimore, 1995.

[9] Goto K, Matsuda Y, Sakamoto K, et al. Basic characteristics and microstructure of high-carbon，high speed steel rolls for hot rolling mills[J]. ISIJ International, 1992, 32(11): 1184-1189.

[10] 宫坂义和，江南和幸，谷川俊宏. 高碳素高速度钢の碳化物形成に及ぼすバナジウム添加の影响[J]. 铸造工学, 1997, 69: 201-206.

[11] 浜田贵成. 高碳素高速钢の凝固[J]. CAMP ISIJ, 1993, (6): 136-142.

[12] Li Y J, Jiang Q C, Zhao Y G, He Z M. Behavior of aluminium in M2 steel[J]. Scripta Materialia, 1997, 37(2): 173-177.

[13] Kheirandish Sh H, Mirdamadi Sh H, Kharrazi Y H K. Effect of titanium on cast structure of high speed

steel[J]. Materials Science and Technology, 1998, 14(4): 312-316.

[14] Okane T, Umeda T. Selection of eutectic carbides in multi-component high speed steel type cast irons[C]//Solidification Processes and Microstructures: A Symposium in Honor of Wilfried Kurz, Charlotte, 2004: 193-204.

[15] Sorano H, Oda N, Zuccarelli J P. History of high speed steel rolls in Japan[J]. Materials Science and Technology, 2004, (1): 379-390.

[16] Lecomte-Beckers J, Pirar E. High-speed steel with optimized carbide composition[J]. Stal', 2003, (2): 88-92.

[17] Okabayashi A, Morikawa H, Tsujimoto Y. Development and characteristics of high speed steel roll by centrifugal casting[J]. SEAISI Quarterly, 1997, 26(4): 30-40.

[18] 横溝雄三, 笹栗信也, 南条潔. 炭素量の異なる多合金系白铸铁の连续冷却变态举动[J]. 铸造工艺, 2002, 74(1): 9-16.

[19] Lee J H, Oh J C, Park J W, et al. Effects of tempering temperature on wear resistance and surface roughness of a high speed steel roll[J]. ISIJ International, 2001, 41(8): 859-865.

[20] 王金国, 周宏, 苏源德, 等. 高碳高钒高速钢的高温硬度及热处理的研究[J]. 金属热处理, 2000, (3): 22-24.

[21] Ogi K. 合金白铸铁の凝固[J]. 铸物, 1994, 66(10): 764-771.

[22] 夏宗宁. 可视化三元相图 [EB/OL]. http://www.xauat.edu.cn/ex/tsinghua/software/07/03/001/01/00001/bjjc/4_3/4_3_02.htm[2005-06-25].

[23] 雍歧龙, 阎生贡, 裴和中. 钒在钢中的物理冶金学基础数据[J]. 钢铁研究学报, 1998, 10(5): 63-66.

[24] Fischmeister H F, Riedl R, Karagöz S. Solidification of high-speed tool steels[J]. Metallurgical Transactions A, 1989, 20(10): 2133-2148.

[25] 王笑天. 金属材料学[M]. 北京: 机械工业出版社, 1987: 11-19.

[26] 倪锋, 胡汉起. Bridgman 法铸铁定向凝固一维传热特性的测试分析[J]. 洛阳工学院学报, 1997, (4): 5.

[27] 周宏, 王金国, 贾树盛, 等. 不同钒、碳含量高速钢的凝固组织及相组成[J]. 金属学报, 1997, 33(8): 838-843.

[28] 周宏, 王金国, 贾树盛, 等. 高 C,V 高速钢的有效分配系与结晶过程[J]. 金属学报, 1998, 34(3): 283-287.

[29] 叶以富, 范同祥, 尚玉侠, 等. 含钒白口铁碳化物团球化的电子理论分析[J]. 科学通报, 1997, 42(2): 208-210.

[30] 王树奇, 崔向红. 改善白口抗磨铸铁中共晶碳化物形态的进展[J]. 机械工程材料, 1995, 19(2): 9211.

[31] 徐祖耀. 马氏体相变与马氏体[M]. 2 版. 北京: 科学出版社, 1999: 124-125.

[32] 符寒光. 钾钠在铸造合金中的作用[J]. 材料开发与应用, 2000, 15(1): 40-45.

[33] 符寒光, 邢建东, 李言祥. K-RE 变质处理改善 Fe-V-W-Mo 合金组织[J]. 稀有金属材料与工程, 2005, 34(7): 1043-1046.

[34] 郭耕三. 高速钢及其热处理[M]. 北京: 机械工业出版社, 1985: 22-23.

[35] 王兆昌. 抗磨白口铸铁的合金化和变质处理的研究[J]. 北京钢铁学院学报, 1982, (1): 23-31.

[36] 徐恒钧, 王兆昌. 稀土变质钒白口铸铁中碳化物球化机理[J]. 北京钢铁学院学报, 1987, 9(S2): 35-44.

[37] 谭延昌. 金属材料物理性能测量及研究方法[M]. 北京: 冶金工业出版社, 1989: 7-8.

[38] 田莳，李秀臣，李邦淑．金属物理性能[M]．北京：国防工业出版社，1985: 137-138.

[39] Morales J, Sandoval I, Murillo G. Influence of process parameters on friction coefficient of high-chromium rolls[J]. AISE Steel Technology(USA), 1999, 76(11): 46-48.

[40] 刘国勋．金属学原理[M]．北京：冶金工业出版社，1979: 391-392.

[41] 中国机械工程学会铸造分会．铸铁手册[M]．2 版．北京：机械工业出版社，2002.

[42] 邓玉昆，陈景榕，王世章．高速工具钢[M]．北京：冶金工业出版社，2002: 27-40.

[43] 王强．轧辊用高钒高速钢滚动磨损性能及机理研究[D]．洛阳：河南科技大学，2006.

[44] 徐流杰．高钒高速钢的组织及磨粒磨损性能[D]．洛阳：河南科技大学，2004.

[45] 魏世忠，朱金华，徐流杰，等．残余奥氏体量对高钒高速钢性能的影响[J]．材料热处理学报，2005, 26(1): 44-47.

[46] 宋亮，张晓丹，孙大乐，等．不同类型碳化物在基体中的分布对高速钢轧辊性能的影响[J]．金属热处理，2006, 31(9): 1-4.

[47] 王强，杨涤心，魏世忠，等．碳对高钒高速钢冷轧辊耐磨性的影响[J]．铸造技术，2006, 27(8): 812-817.

[48] 陈慧敏，陈跃，魏世忠，等．高钒高速钢、高铬铸铁冷轧辊材质的耐磨性研究[J]．铸造技术，2005, 26(7): 571-574.

[49] Molinari A, Tremea A, Pellizzari M, et al. High speed steels for hot rolls with improved impact and thermal fatigue resistance[J]. Materials Science and Technology, 2002, 18(12): 1574-1580.

[50] Hanlon D N, Rainforth W M, Sellars C M. The effect of processing route, composition and hardness on the wear response of chromium bearing steels in a rolling-sliding configuration[J]. Wear, 1997, 203-204: 220-229.

[51] 仝健民，张伟良．高铬铸铁中残余奥氏体对冲击疲劳磨损的影响[J]．机械工程学报，1994, 30(6): 103-107.

[52] 刘海峰，刘耀辉．高速钢复合轧辊的研究现状及进展[J]．钢铁研究学报，1999, 11(5): 67-71.

[53] 葛辽海，刘海峰，刘耀辉，等．高碳高钒系高速钢耐磨性研究[J]．电子显微学报，2000, 19(4): 549-550.

[54] 姚三九，刘卫华．白口铸铁/碳钢液固复合铸造研究[J]．铸造，2001, (8): 485-488.

[55] 刘耀辉，刘海峰，于思荣，等．高速钢/结构钢双金属复合材料界面研究[J]．特种铸造及有色合金，2001, (2): 17-19.

[56] 魏世忠，龙锐．高钒高耐磨合金锤头的研制及使用[J]．水泥，2001, (8): 31-33.

[57] 龙锐，魏世忠，刘亚民，等．高钒高耐磨合金的组织与性能[J]．矿山机械，2001, 29(12): 54-56.

[58] 刘清梅，吴振卿，关绍康．高铬铸铁和中碳钢复合界面结合情况分析[J]．铸造设备研究，2002, (6): 27-29.

第6章

高硼耐磨合金

高硼耐磨合金是继镍硬铸铁和高铬铸铁之后发展起来的新一代耐磨材料，具有良好的淬透性和优异的耐磨性。近年来，国内外开发了新型的高硼低碳耐磨合金，发现在低碳钢中加入一定量的硼，可以获得板条状马氏体基体加高硬度 Fe_2B 的双相组织，具有优异的强韧性、淬硬性、淬透性和耐磨性，可用于制造球磨机衬板、破碎机齿板和锤头等耐磨部件[1-4]。本章介绍在高硼耐磨合金研究方面取得的进展，包括高硼耐磨合金硬质相的热力学计算，改善高硼耐磨合金显微组织、稳定和提高高硼耐磨合金力学性能和耐磨性的各种工艺方法，并提出了推广应用高硼耐磨合金值得重视的若干问题，期待为这一类新材料的推广应用提供参考。

6.1 高硼耐磨合金特点

以硼（B）为主要合金元素的高硼耐磨合金是新发展的一种新型耐磨、耐腐蚀材料，具有合金用量少、熔炼和铸造工艺简单、性能优异且成本低等特点，广泛应用于冶金、采矿、能源、水泥等行业，并因其较高的经济价值而受到广泛关注[5-7]。高硼耐磨合金以B作为钢和铸铁中的硬质相形成元素，其组织主要由马氏体、珠光体、铁素体、残余奥氏体和硼化物组成，以 M_2B 等硼化物作为支撑骨架，具有较高的硬度，优异的耐磨性、耐腐蚀性和抗氧化性能，稳定性高，应用性能显著提高，且生产成本较低[8]。虽然普通高硼铸造合金中数量较多的 Fe_2B 等硼化物硬度很高、热稳定性好，但硼化物易呈连续网状分布，在普通热处理条件下不易分解，而且溶解速度也很缓慢。这种硬而脆的硼化物破坏了基体的连续性，易引发裂纹、孔洞等缺陷，使高硼铸造合金韧性和塑性降低，在高冲击环境中使用时很容易破碎失效，因此高硼耐磨合金的应用受到一定限制。

国内外学者对高硼耐磨合金进行了大量研究，取得了丰硕成果。日本学者[9-12]系统研究了不同硼、碳含量 Fe-15Cr(25Cr)-C-B 合金的显微组织和耐磨性。研究发现，铸态 Fe-15Cr(25Cr)-C-B 合金在高硼低碳条件下的共晶组织大部分是 γ 相 + M_2B 化合物。随着碳含量的增加和硼含量的减少，则出现 γ 相 + $M_3(B,C)$、γ 相 + $M_7(B,C)_3$ 和 γ 相 + $M_{23}(B,C)_6$ 化合物组织。当 B 质量分数>2% 和 C 质量分数<1% 时，铸态下 γ 相部分转变成贝氏体，而 B 质量分数<1% 和 C 质量分数>2% 的合金组织则转变成珠光体，淬火后都转变成了马氏体。低碳高硼合金即使在铸态下也有很高的硬度，接近 60HRC，研究指出，这种合金有可能像镍硬白口铸铁一样不经热处理便可在铸态下直接使用[3]。高硬度硼碳化合物和高耐蚀基体的共同作用，使 Fe-15Cr(25Cr)-C-B 合金具有比传统不含硼高铬铸铁更好的抗腐蚀磨损性能[12]。俄罗斯学者[13]开发了一种高硬度和高耐磨性的铸造高硼合金，其成分（质量分数，下同）为 0.2%～1.5% C，2.1%～6.5% B，0.15%～0.60% Si，1.5%～6.0% Mn，1.0%～4.0% Co，这种材料硬度高、耐磨性好，但含有较多价格昂贵的钴，显著提高了高硼合金生产成本，且硼化物大多呈连续网状分布，材料脆性较大。Egorov 等[14]开发的含 4.90%～5.10% B、2.85%～3.10% Cr、0.85%～1.00% Si 和 0.80%～1.22% C 的高硼铸造合金，经 1000～1100℃油冷淬火后具有高硬度和良好的耐磨性，但硼碳化合物含量太高，存在脆性大、韧度低的不足。文献 [15] 中还介绍了一种具有高强度的高硼钢，主要合金元素含量为 0.03%～0.24% C、0.020%～0.500% B、0.005% N、0.4% Ni、0.9% Cr、0.5% Mo、0.3% V、0.3% Nb、0.3% Ti 和 0.1% Zr。研究发现，高硼钢经钒、铌、钛和锆复合变质处理后，组织明显细化，元素偏析减轻，钢的抗拉强度达到 510～550MPa，但未对铸态下硼化物生长机制进行研究，且材料硬度较低，耐磨性较差。Kukuy 等 [16] 研究了硼对铸钢组织和性能的影响，发现铸钢中含 0.5%～1.0% B 时，铸态显微组织由铁素体和硼化物组成，且硼化物沿晶界分布；当硼含量增至 1.0%～2.5% 时，硼化物体积分数明显增加，并出现树枝状组织；进一步增加硼含量至 2.5%～4.0%，形成含 $Fe_3(C, B)$ 和 Fe_2B 的共晶组织；当硼含量达到或超过 4.0% 时，出现初生 Fe_2B 和共晶复合组织。另外，随着硼含量增加，铸钢硬度明显提高，而韧度降低，并认为硼含量在 4% 以下时，高硼铸钢有望作为耐磨材料实现工业化应用。

国内也有许多学者对高硼耐磨合金进行了研究。宋绪丁等 [17,18] 对 0.5%～3.0% B、0.2%～1.0% C 的高硼耐磨合金铸态及经 950～1100℃奥氏体化淬火 +200℃回火后的热处理态组织和性能进行了研究，并在 ML-10 销盘式磨损试验机和 MLD-10 动载冲击磨损试验机上进行了二体和三体磨损试验。试验结果表明，中碳、硼变化系列合金铸态组织受硼含量影响很大，随着硼含量的增加，共晶硼化物和二次硼碳化合物的体积分数明显增加。当硼含量超过 2% 时，铸态组织中会出现 $\gamma + Fe_2B + Fe_3(B,C)$ 三元包晶组织，而硼含量变化对基体组织和其热处理后的宏观硬度、冲击韧性及断裂韧性有明显的影响；高碳高硼系列的合金铸态组织除了有大量的共晶组织外，还会出现 $\gamma + Fe_2B + Fe_3(B,C)$ 三元包晶组织，随着碳含量增加，三元包晶组织有所增加。在 950～1100℃奥氏体化淬火 +200℃回火后，高碳高硼系列合金的鱼骨状共晶硼化物和菊花状的包晶组织变化不大，部分网状二次硼碳化合物有断网现象，基体组织全部转变为马氏体，合金的硬度明显提高，均在 60HRC 以上，最高达到 65～66HRC，冲击韧性和断裂韧性比较好，在 7.5～10J/cm² 范围变化，断裂韧性大于 26MPa·m$^{1/2}$，而碳含量变化对合金冲击韧性的影响较小。中碳和高碳高硼系列合金的基体主要由混合马氏体组成。碳含量和硼含量对高硼耐磨合金中硼化物和硼碳化合物体积分数的影响为：在硼含量一定的情况下，碳含量的增加使硼碳化合物的体积分数增加，碳含量每增加 0.1%，硼碳化合物的体积分数增加 1% 左右，说明碳含量的变化对硼碳化合物体积分数的影响比较小；在碳含量一定的情况下，硼含量对硼碳化合物的体积分数有十分明显的影响，呈 $y = 7.078e^{0.822x}$ 指数曲线变化。其中，y 为硼碳化合物体积分数，x 为硼含量。X 射线物相分析结果表明：当高硼铁基合金奥氏体化温度超过 1000℃时，合金内部的二次 $Fe_{23}(C, B)_6$ 相消失，有利于消除"硼脆"现象，提高高硼耐磨合金的韧性。在二体磨损试验条件下，中碳、硼变化系列合金的硼含量小于 1.5% 时，高硼耐磨合金的耐磨性与高铬铸铁相当，当硼含量超过 1.5% 时，高硼耐磨合金的耐磨性明显大于高铬铸铁，硼含量越高，高硼耐磨合金的耐磨性越高；无论低载荷还是高载荷，高碳高硼系列合金的耐磨性都明显优于高铬铸铁，耐磨性最高接近高铬铸铁的 3 倍。在三体动载磨损试验条件下，中碳硼变化系列合金硼含量低于 2.0% 的高硼耐磨合金的耐磨性优于高铬铸铁，而硼含量大于 2.0% 的高硼耐磨合金的耐磨性比高铬铸铁差；高碳高硼系列合金的三体磨粒磨损的耐磨性明显低于高铬铸铁，且随着碳含量的增加，耐磨性下降。低碳高硼耐磨合金在球磨机磨球上的工业应用效果表明：低碳高硼耐磨合金磨球比高铬铸铁磨球的耐磨性稍好，但低碳高硼耐磨合金中合金元素加入量少，不含有镍、钼、钴等合金元素，生产成本比高铬铸铁降低 30% 以上，具有很好的经济效益。刘仲礼等[19] 则对 1.5%～2.5% B、0.2%～0.5% C 的高硼耐磨合金组织的变化及其对硬度和冲击韧性的影响进行了系统研究，材料成分见表 6-1，材料性能见表 6-2。高硼耐磨合金的碳含量一定时，随着硼含量的增加，硼化物增多，材料的硬度增加而冲击韧性降低。硼含量一定时，随着碳含量的增加，材料的硬度增加而冲击韧性降低。正交试验分析表明，硼是影响高硼耐磨合金性能的关键元素，对性能的影响是碳的 1.7 倍。作者还在高硼中碳钢中适当提高铬含量，发现铬元素的加入使得 Fe-Cr-B 组织中生成沿晶界分布网状结构的共晶相骨架，且随着硼、铬含量的提高，共晶相数量增加，在共晶相内部明显分为硼化物和碳硼化合物两种物相，见图 6-1。此外，铬元素的加入，促使 Fe-Cr-B 合金的铸态基体组织大多数转变为马氏体，导致其宏观硬度明显提高，达到 65～67HRC[20]。

表 6-1　高硼耐磨合金成分（质量分数）[19]　　　　　　（单位：%）

编号	B	C	Si	Mn	Cr	Cu	Ti	Al	S	P
1	1.5	0.25	1.00	1.04	1.32	0.39	0.016	0.003	0.024	0.018
2	2.0	0.28	0.94	1.24	1.42	0.43	0.071	0.063	0.037	0.034
3	2.5	0.23	0.87	1.06	1.35	0.46	0.078	0.066	0.035	0.040
4	1.5	0.33	0.92	1.20	1.30	0.45	0.028	0.047	0.021	0.038
5	2.0	0.37	0.72	1.22	1.40	0.50	0.030	0.063	0.033	0.035
6	2.5	0.33	0.85	0.75	1.39	0.47	0.036	0.027	0.016	0.027
7	1.5	0.41	0.91	0.92	1.32	0.44	0.036	0.076	0.030	0.031
8	2.0	0.45	0.69	1.30	1.31	0.47	0.063	0.038	0.035	0.036
9	2.5	0.44	0.73	1.28	1.31	0.50	0.078	0.055	0.037	0.042

表 6-2　高硼耐磨合金力学性能[19]

编号	铸态硬度 (HRC)	热处理态硬度 (HRC)	冲击韧性/(J/cm²)	硼化物的体积分数/%
1	35	55	11.5	22.8
2	40	58	9.5	29.4
3	41	59	9.0	33.7
4	37	57	11.0	20.8
5	42	59	8.8	27.1
6	43	60	7.3	36.9
7	38	58	8.5	22.8
8	43	59	7.5	29.6
9	44	61	6.0	37.4

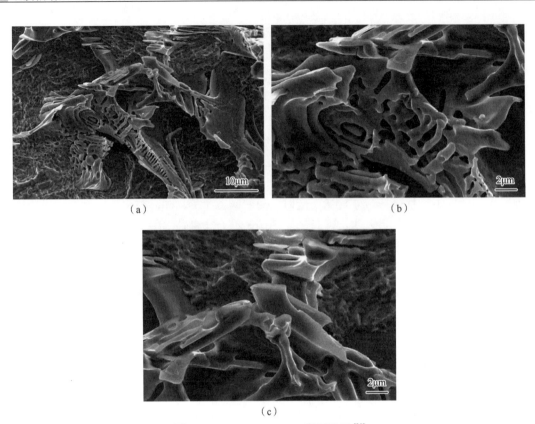

（a） （b）

（c）

图 6-1 Fe-Cr-1.4B-0.35C 凝固组织[20]

（a）共晶相；（b）Fe₂B 相；（c）(Cr, Fe)₇(C, B)₃ 相

6.2 高硼耐磨合金硬质相的热力学计算

6.2.1 晶体结构和计算方法

第一性原理是从原子结构出发，根据原子核和电子间的相互作用，在绝热近似和单电子近似的基础上，利用密度泛函理论求解薛定谔方程，从而计算出材料的性质[21]。利用第一性原理软件包 Materials Studio 中的 Castep 模块[22] 计算了 Fe₂B 和 Fe₃B 的力学稳定性、力学性能、电子结构，以及 Cr 元素对 Fe₂B 和 Fe₃B 的影响。采用超软赝势描述离子核与价电子之间的相互作用，利用 Monkhorst-Pack 方法选择第一布里渊区的 k 点[23]、广义梯度近似中的 PBE（Perdew-Burke-Ernzerh）方法处理交换关联能[24]，BGFS（Broyden-Fletcher-Goldfarb-Shannon）方法对 Fe₂B 和 Fe₃B 晶体结构进行几何优化，以获得平衡的晶体结构。图 6-2（a）和（b）为 Fe₂B 和 Fe₃B 的晶体结构模型，Fe₂B 属于四方晶系，空间群为 I4/mcm（140），晶格常数 $a=b=5.06$ Å，$c=4.23$ Å，$\alpha=\beta=\gamma=90°$，Fe₃B 属于正交晶系，空间群为 Pnma（62），晶格常数 $a=4.36$ Å，$b=5.41$ Å，$c=6.66$ Å，$\alpha=\beta=\gamma=90°$。为了分析 Cr 元素对 Fe₂B 和 Fe₃B 力学性能的影响，利用 Cr 取代不同位置中的 Fe，如图 6-2（c）和（d）所示，分别记为 Fe₂B-Ⅰ、Fe₂B-Ⅱ、Fe₃B-Ⅰ、Fe₃B-Ⅱ、Fe₃B-Ⅲ、Fe₃B-Ⅳ、Fe₃B-Ⅴ、Fe₃B-Ⅵ。在计算过程中，平面波截断能为 400eV，Fe₂B、Fe₂B-Ⅰ 和 Fe₂B-Ⅱ 的 k

点取值为 5×5×6，Fe$_2$B、Fe$_3$B-Ⅰ、Fe$_3$B-Ⅱ、Fe$_3$B-Ⅲ、Fe$_3$B-Ⅳ、Fe$_3$B-Ⅴ 和 Fe$_3$B-Ⅵ 的 k 点取值为 6×5×4。

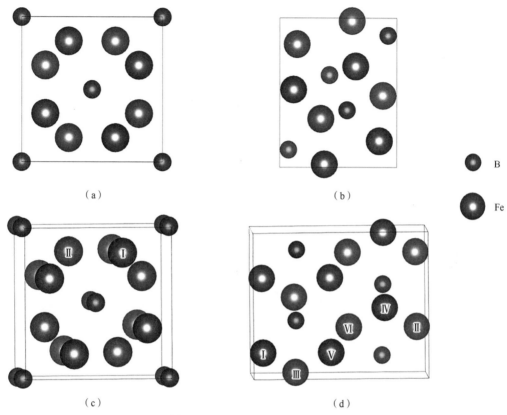

图 6-2　Fe$_2$B 和 Fe$_3$B 的晶体结构

（a）Fe$_2$B；（b）Fe$_3$B；（c）Fe$_2$B 中 Cr 可能取代 Fe 的位置；（d）Fe$_3$B 中 Cr 可能取代 Fe 的位置

6.2.2　弹性常数及力学稳定性

弹性常数用于衡量材料原子间的物理常数，与材料的基本固态特性有关，可以提供材料的键合特性和结构稳定性[25]，并可通过应力-应变的函数关系进行计算，其表达式为[26]

$$\sigma_{ij}=C_{ijkl}\varepsilon_{kl} \tag{6-1}$$

式中，σ_{ij} 为应力变量；C_{ijkl} 为弹性常数；ε_{kl} 为拉格朗日应变张量。由于 Fe$_2$B 属于四方晶系，弹性常数有六个：C_{11}、C_{12}、C_{13}、C_{33}、C_{44} 和 C_{66}，Fe$_3$B 属于正交晶系，弹性常数有九个：C_{11}、C_{12}、C_{13}、C_{22}、C_{23}、C_{33}、C_{44}、C_{55} 和 C_{66}。图 6-3 为 Fe$_2$B、Fe$_3$B 及 Cr 掺杂 Fe$_2$B 和 Fe$_3$B 的弹性常数。通过分析发现，这些化合物的 C_{11} 和 C_{33} 值高于其他弹性常数，说明这些化合物在 x 轴和 z 轴单向条件下不易压缩，当 Cr 元素取代 Fe$_2$B 中不同位置的 Fe 时，C_{11} 和 C_{33} 值均增大。从图 6-3（b）中可以看出，Fe$_3$B 及 Cr 掺杂 Fe$_3$B 后的 C_{11}、C_{22} 和 C_{33} 值高于 C_{44}，说明这些化合物正应力作用下的抗变形能力高于切应力下的抗变形能力。

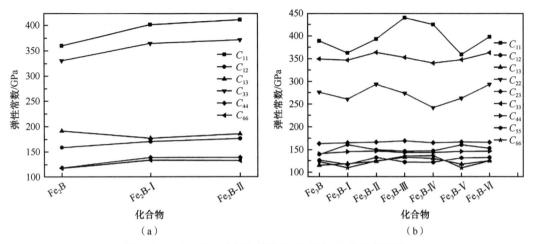

图 6-3　Fe$_2$B、Fe$_3$B 及 Cr 掺杂 Fe$_2$B 和 Fe$_3$B 的弹性常数

（a）Fe$_2$B 及 Cr 掺杂 Fe$_2$B 的弹性常数；（b）Fe$_3$B 及 Cr 掺杂 Fe$_3$B 的弹性常数

对于四方晶系和正交体系，其力学稳定性的判断标准分别如式（6-2）和式（6-3）所示[27]：

$$C_{11}>0,\ C_{33}>0,\ C_{44}>0,\ C_{66}>0,\ C_{11}-C_{12}>0,\ C_{11}+C_{33}-2C_{13}>0,$$
$$2(C_{11}+C_{12})+C_{33}+4C_{13}>0 \tag{6-2}$$

$$C_{11}+C_{12}+C_{33}+2C_{12}+2C_{13}+2C_{23}>0,\ C_{11}+C_{22}-2C_{12}>0,\ C_{11}+C_{33}-2C_{13}>0,\ C_{22}+C_{33}-2C_{23}>0,$$
$$C_{ii}>0\ (i=1,2,3,4,5,6) \tag{6-3}$$

经过计算发现，这些化合物均满足力学稳定性的判断标准，它们均具有力学稳定性。

6.2.3　弹性模量

弹性模量主要包括体模量 B、剪切模量 G 和杨氏模量 E，用于描述材料弹性的物理量。体模量和剪切模量可由 Voigt-Reuss-Hill（VRH）近似得到，是较低值 Voigt 近似和较高值 Reuss 近似的算术平均值，杨氏模量 E 和泊松比 ν 可由体模量和剪切模量计算得到，其表达如下[27]：

$$B=\frac{1}{2}\left(B_V+B_R\right) \tag{6-4}$$

$$G=\frac{1}{2}\left(G_V+G_R\right) \tag{6-5}$$

$$E=\frac{9BG}{3B+G} \tag{6-6}$$

$$\nu=\frac{3B-2G}{2(3B+G)} \tag{6-7}$$

式中，B_V 和 G_V 分别是利用 Voigt 近似得到的体模量和剪切模量；B_R 和 G_R 分别是利用 Reuss 近似得到的体模量和剪切模量。Fe$_2$B 及 Cr 掺杂 Fe$_2$B 后的体模量和剪切模量表达式[27] 为

$$B_V=\frac{2(C_{11}+C_{12})+4C_{13}+C_{33}}{9} \tag{6-8}$$

$$B_R = \frac{C^2}{M} \qquad (6-9)$$

$$G_V = \frac{M - 3C_{11} + 12C_{44} + 6C_{66}}{30} \qquad (6-10)$$

$$G_R = 15\left(\frac{18B_V}{C^2} + \frac{6}{C_{11} - C_{12}} + \frac{6}{C_{44}} + \frac{3}{C_{66}} \right)^{-1} \qquad (6-11)$$

$$M = C_{11} + C_{12} + 2C_{33} - 4C_{13} \qquad (6-12)$$

$$C^2 = C_{11} + C_{12} - C_{33} - 2C_{13}^2 \qquad (6-13)$$

Fe_3B 及 Cr 掺杂 Fe_3B 后的体模量和剪切模量表达式为[28]

$$B_V = \frac{C_{11} + C_{22} + C_{33} + 2(C_{12} + C_{23} + C_{13})}{9} \qquad (6-14)$$

$$B_R = \frac{1}{S_{11} + S_{22} + S_{33} + 2(S_{12} + S_{13} + S_{23})} \qquad (6-15)$$

$$G_V = \frac{C_{11} + C_{22} + C_{33} - (C_{12} + C_{23} + C_{13}) + 3(C_{44} + C_{55} + C_{66})}{15} \qquad (6-16)$$

$$G_R = \frac{15}{4(S_{11} + S_{22} + S_{33}) - 4(S_{12} + S_{13} + S_{23}) + 3(S_{44} + S_{55} + S_{66})} \qquad (6-17)$$

式中，S_{ij} 为柔性常数。Fe_2B、Fe_3B 及 Cr 掺杂 Fe_2B 和 Fe_3B 的弹性模量和泊松比的计算结果如表 6-3 所示。体模量和剪切模量用于表征材料对体积和形状变化的抗力，杨氏模量用于表征单轴拉伸的抗力[29]，从表中可以看出，Fe_2B-Ⅰ 和 Fe_2B-Ⅱ 的体模量、剪切模量和杨氏模量值最大，说明 Fe_2B-Ⅰ 和 Fe_2B-Ⅱ 的力学性能要优于其他化合物，Cr 元素可以改善 Fe_2B 的力学性能。在 Fe_2B-Ⅰ 和 Fe_2B-Ⅱ 的化合物中，它们的体模量分别为 246.95GPa 和 253.19GPa，说明 Fe 3d、Cr 3d 和 B 2p 间存在较强的共价键，并且 Fe_2B-Ⅰ 和 Fe_2B-Ⅱ 中存在高密度的价电子，使得它们在静水压力下特别难以压缩[30]。在 Fe_3B 和 Cr 掺杂 Fe_3B 后的化合物中，Fe_3B-Ⅱ、Fe_3B-Ⅲ 和 Fe_3B-Ⅵ 化合物的力学性能优于其他化合物。

表 6-3　Fe_2B、Fe_3B 及 Cr 掺杂 Fe_2B 和 Fe_3B 后的弹性模量和泊松比的计算结果

晶体结构	B_V/GPa	B_R/GPa	B/GPa	G_V/GPa	G_R/GPa	G/GPa	G/B	v	E/GPa
Fe_2B	236.66	236.62	236.64	104.65	100.28	102.46	0.433	0.311	268.61
Fe_2B-Ⅰ	247.22	246.68	246.95	125.07	122.79	123.93	0.502	0.285	318.51
Fe_2B-Ⅱ	253.55	252.83	253.19	124.82	122.54	123.68	0.488	0.290	319.08
Fe_3B	205.72	204.04	204.88	117.91	110.12	114.01	0.556	0.265	288.51
Fe_3B-Ⅰ	206.66	204.69	205.68	109.52	98.36	103.94	0.505	0.284	266.87
Fe_3B-Ⅱ	214.59	213.3	213.95	121.59	114.61	118.1	0.552	0.267	299.24
Fe_3B-Ⅲ	218.48	212.31	215.39	121.65	111.41	116.53	0.541	0.271	296.18
Fe_3B-Ⅳ	210.51	201.12	205.81	118.21	103.55	110.88	0.539	0.272	282.00

晶体结构	B_V/GPa	B_R/GPa	B/GPa	G_V/GPa	G_R/GPa	G/GPa	G/B	ν	E/GPa
Fe₃B-V	206.72	204.8	205.76	112.54	100.25	106.4	0.517	0.279	272.27
Fe₃B-Ⅵ	216.02	214.59	215.31	121.58	114.49	118.03	0.548	0.268	299.38

根据 Pugh 规则[31]，剪切模量与体模量之比（G/B）可用于预测材料的脆性和韧性，$G/B=0.57$ 是材料脆性/韧性的分界值，当 $G/B<0.57$ 时，材料表现为韧性，此时键长变化比键角变化更困难，当 $G/B>0.57$ 时，材料表现为脆性[32]。从表 6-3 可以看出，这些化合物的 G/B 值均小于 0.57，说明它们均表现为韧性。当 Cr 元素取代 Fe₂B 中的部分 Fe 时，G/B 值增大，说明化合物有转变为脆性的趋势。当 Cr 元素取代 Fe₃B 中的部分 Fe 时，G/B 值均小于 Fe₃B 的 G/B 值，说明 Cr 元素可以提高 Fe₃B 的韧性。泊松比（ν）是横向应变与轴向应变的比值，也可以用来表征化合物的韧性和脆性。当泊松比高于 0.26 时，化合物表现为韧性，否则为脆性。泊松比与 G/B 值的变化趋势相反，泊松比越大，韧性越好[33]。Xiao 等[34]和 Li 等[35]计算出来的 Fe₂B 和 Fe₃B 泊松比分别为 0.345 和 0.26，与我们的计算结果 0.311 和 0.265 较为一致。从表 6-3 中可以看出，Cr 元素提高了 Fe₂B 的脆性和 Fe₃B 的韧性，与 G/B 值的分析结果一致。

6.2.4 各向异性和硬度

材料的各向异性是工程科学和晶体物理中最重要的基本参数之一，它与材料中诱发微裂纹的可能性密切相关[36]，所以研究材料的各向异性非常必要。Ranganathan 等[37]为了克服各向异性测量中忽略的弹性刚度（或柔度）张量，从弹性力学的极值原理出发，提出了通用各向异性指数 A^U。采用各向异性指数 A^U、各向异性参数 A_B 与 A_G 表征化合物的各向异性，其表达式如下[38]：

$$A^U = 5\frac{G_V}{G_R} + \frac{B_V}{B_R} - 6 \geqslant 0 \tag{6-18}$$

$$A_B = \frac{B_V - B_R}{B_V + B_R} \tag{6-19}$$

$$A_G = \frac{G_V - G_R}{G_V + G_R} \tag{6-20}$$

各向异性指数 A^U 是表征化合物各向异性的较好指标，A^U 值越偏离零，各向异性越强，否则各向同性越强。表 6-4 列出了化合物各向异性指数与各向异性参数的计算结果。从表中可以看出，Fe₃B 和 Cr 掺杂 Fe₃B 的各向异性指数 A^U 均高于 Fe₂B 和 Cr 掺杂的 Fe₂B，表明 Fe₃B 和 Cr 掺杂 Fe₃B 后的各向异性较强，这些化合物各向异性大小的可能顺序为：Fe₃B-Ⅳ>Fe₃B-V>Fe₃B-Ⅰ>Fe₃B-Ⅲ>Fe₃B>Fe₃B-Ⅵ>Fe₃B-Ⅱ>Fe₂B>Fe₂B-Ⅱ>Fe₂B-Ⅰ。另外，Fe₂B、Fe₂B-Ⅰ 和 Fe₂B-Ⅱ 的 A_B 接近零，说明通过 Voigt 近似和 Reuss 近似方法计算得到的体模量非常接近，它们在体模量下存在较弱的各向异性。通过对比发现，Voigt 近似和 Reuss 近似方法计算得到的剪切模量差值对于各向异性指数 A^U 的影响更大。

表 6-4　化合物的各向异性指数、各向异性参数的计算结果

物相	A^U	A_B	A_G
Fe$_2$B	0.2181	0.0001	0.0213
Fe$_2$B-I	0.0950	0.0011	0.0092
Fe$_2$B-II	0.0959	0.0014	0.0092
Fe$_3$B	0.3619	0.0041	0.0342
Fe$_3$B-I	0.5769	0.0048	0.0537
Fe$_3$B-II	0.3106	0.0030	0.0296
Fe$_3$B-III	0.4886	0.0143	0.0439
Fe$_3$B-IV	0.7546	0.0228	0.0661
Fe$_3$B-V	0.6223	0.0047	0.0578
Fe$_3$B-VI	0.3163	0.0033	0.0300

　　硬度是材料力学性能的另一个重要参数，是施加力时的固有变形抗力，与材料缺陷和晶粒尺寸有较大关系。一般地，材料的硬度越高，耐磨性越好。目前，对于材料硬度的建模和预测有多种方式，Gilman、Cohen 和 Teter 等一直尝试建立弹性模量与硬度之间的关系[39-41]，Chen 等[42]认为硬度不仅与 Teter 提出的剪切模量有关，还与 Gilman 和 Cohen 提出的体模量相关，其表达式如下：

$$H_v = C(k^2 G)^{0.585} - 3 \quad (6\text{-}21)$$

式中，H_v、G 和 C 分别为硬度、剪切模量和比例系数，比例系数 C 为 2，参数 k 为 Pugh 模量比，$k=G/B$。图 6-3 为 Fe$_2$B、Fe$_3$B 及 Cr 掺杂 Fe$_2$B 和 Fe$_3$B 后的硬度。从图 6-4 中可以看出，Fe$_2$B 硬度最低，为 8.27GPa，Cr 掺杂 Fe$_2$B 后的硬度升高，分别达到 11.97GPa 和 11.49GPa。Fe$_3$B 的硬度为 13.09GPa，除了化合物 Fe$_3$B-II 和 Fe$_3$B-VI，其他化合物的硬度均低于 Fe$_3$B。

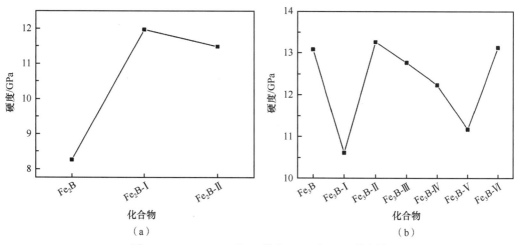

图 6-4　Fe$_2$B、Fe$_3$B 及 Cr 掺杂 Fe$_2$B 和 Fe$_3$B 的硬度

(a) Fe$_2$B；(b) Fe$_3$B

6.2.5 电子性质

为了更深入地了解化合物原子间的成键特征及原子周围电子的得失和转移情况，图 6-5 列出了 Fe_2B、Fe_2B-I、Fe_3B 和 Fe_3B-IV 的电荷密度图和差分电荷密度图。Zhang 等 [43] 认为电荷密度的差异主要由 $\Delta\rho = \rho_{crystal} - \sum\rho_{at}$ 决定。其中，$\rho_{crystal}$ 和 ρ_{at} 分别是价电子密度和对应的自由原子。从图 6-5（a）、（b）和（e）、（f）可以看出，由于离子核轨道，Fe、Cr 和 B 原子核心区的电荷密度较高，另外 Fe 原子、Cr 原子和 B 原子间的电子云相互重叠，说明它们之间存在明显的 Fe—B 和 Cr—B 共价键，且存在于金属费米自由电子气中 [44]。从图 6-5（c）、（d）和（g）、（h）中可以看出，电子具有局域性的特点，红色区域表示电子的损失，蓝色区域表示电子的聚集，Fe 原子周围由红蓝相间、反差较大的区域组成，说明 Fe 原子既有电子的损失，又有电子的聚集。Cr 与 Fe 原子不同，它主要是电子的损失。说明 Fe_2B、Fe_3B 及 Cr 掺杂后的 Fe_2B 和 Fe_3B 均具有金属性和共价性。Wei 等 [45] 利用不同比例的 Cr 掺杂 Fe_2B 时，也发现这些化合物间既存在共价键，又存在金属键。

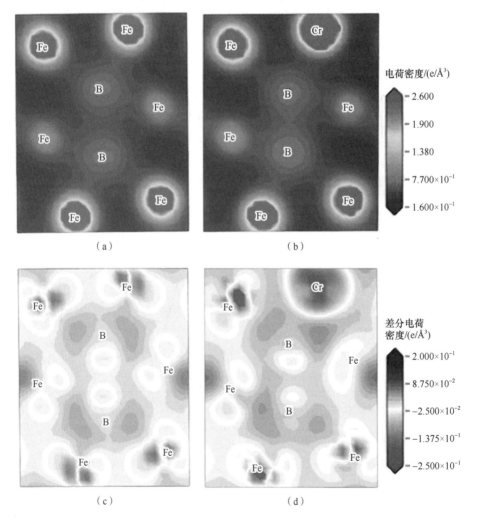

（a）　　　　　　　　　　　　（b）

（c）　　　　　　　　　　　　（d）

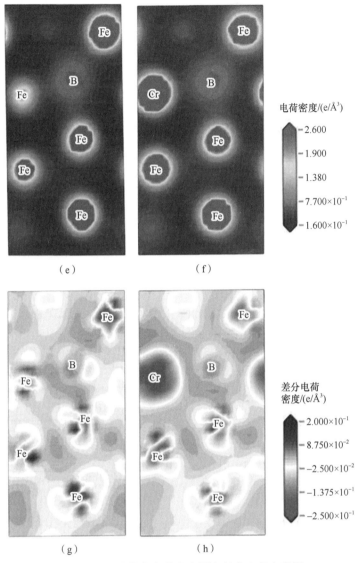

图 6-5 化合物的电荷密度图和差分电荷密度图
(a) (c) Fe$_2$B；(b) (d) Fe$_2$B-Ⅰ；(e) (g) Fe$_3$B；(f) (h) Fe$_3$B-Ⅳ

总态密度（density of states，DOS）和分态密度（partial density of states，PDOS）作为化合物键合的重要理论量，利用这两个理论量可以进一步了解 Fe$_2$B、Fe$_3$B 及 Cr 掺杂后 Fe$_2$B 和 Fe$_3$B 中的电子在不同轨道上的分布情况及原子间的相互作用。图 6-6 为 Fe$_2$B、Fe$_2$B-Ⅰ、Fe$_3$B 和 Fe$_3$B-Ⅳ的总态密度图和分态密度图。可以看出，费米能级处的值均大于 0，且主要由 Fe 和 Cr 原子的 3d 带控制，说明 Fe$_2$B、Fe$_2$B-Ⅰ、Fe$_3$B 和 Fe$_3$B-Ⅳ均具有金属特性。在低价带中，存在 Fe、Cr 和 B 的共振峰，说明化合物间形成了 Fe$_d$—B$_p$、Cr$_d$—B$_p$ 的共价键和 Fe$_d$—Cr$_d$ 的金属键。另外，B 的 2s 和 2p 轨道能量较低，且存在少量共振峰，说明化合物的共价特性主要是由 2p 和 3d 杂化引起的，这些杂化导致费米表面的 DOS 值降低[34]。因此，Fe$_2$B、Fe$_2$B-Ⅰ、Fe$_3$B 和 Fe$_3$B-Ⅳ是金属键/共价键的混合，与电荷密度和差分电荷密度分析结果一致。

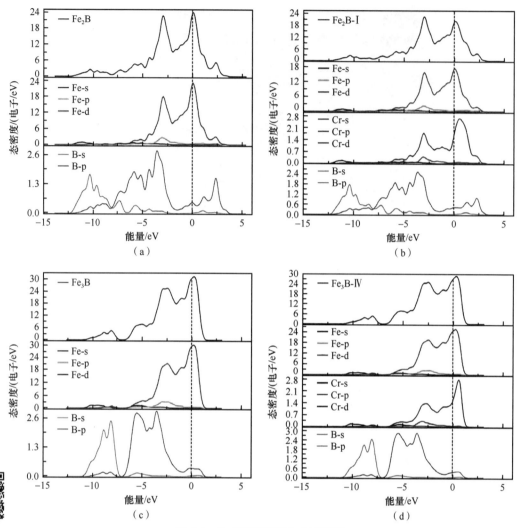

图 6-6　总态密度图和分态密度图

(a) Fe$_2$B; (b) Fe$_2$B-I; (c) Fe$_3$B; (d) Fe$_3$B-IV

通过上述第一性原理计算，可以发现：①化合物均具有力学稳定性，且在 x 轴和 z 轴在单向条件下不易压缩。Fe$_3$B 及 Cr 掺杂后的 Fe$_3$B 在正应力作用下的抗变形能力高于切应力下的抗变形能力。Cr 掺杂 Fe$_2$B 后的力学性能优于其他化合物。②根据 G/B 和泊松比（v）的分析结果，Cr 元素掺杂提高了 Fe$_2$B 的硬度和脆性，但是提高了 Fe$_3$B 的韧性。Fe$_3$B 和 Cr 掺杂 Fe$_3$B 后的各向异性较强。③Fe$_2$B、Fe$_3$B 及 Cr 掺杂 Fe$_2$B 和 Fe$_3$B 后的化合物间既存在共价键，又存在金属键。

6.3　高硼耐磨合金凝固过程及硼化物生长机制与形态调控

6.3.1　高硼耐磨合金的凝固过程研究

1. 低碳高硼耐磨合金冷却凝固过程

作者曾对低碳高硼耐磨合金的凝固过程和凝固组织进行了深入研究[3]，图 6-7 为低碳 Fe-B-C 耐磨合金（1.0% B，0.22% C（质量分数））的凝固过程示意图。合金从液态温度（1550℃）冷却到与液相面相交的温度（1450℃），开始从液态合金析出初晶 γ 相，初晶 γ 相以树枝晶的形式生长。Mn、B 等元素在 γ 相的分配系数小于 1，因此 γ 相一边向液相中排出 Cr、Mn、B 等元素，一边长大，引起合金元素和 B 在 γ 相长大的同时向 γ 相周围的液相富集，当合金的温度下降到 1149℃时，残余液相发生共晶反应 L —→ γ+Fe₂B 生成 γ 相 + Fe₂B 相共晶组织，共晶反应结束后，合金全部转变成固态。

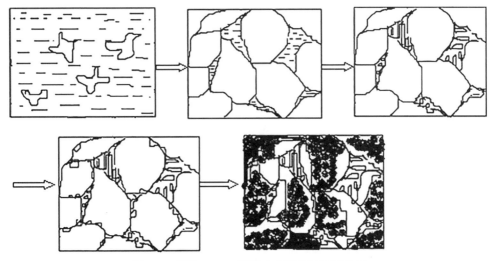

图 6-7　低碳 Fe-B-C 耐磨合金凝固过程示意图

随着温度的下降，初生奥氏体和共晶奥氏体的硼含量和碳含量下降，硼和碳向奥氏体晶界扩散。由于奥氏体的晶界能低，硼、碳在晶界上析出 $Fe_3(C, B)$ 二次硼碳化合物，$Fe_3(C, B)$ 呈颗粒状或块状分布。当温度达到 910℃时，部分奥氏体发生共析反应 γ —→ α+Fe₂B，生成 α-Fe 靠近于晶界。由于 α-Fe 的形成，大量的碳向周围奥氏体内扩散，当周围奥氏体的碳含量达到 0.77%、温度到 727℃时，奥氏体发生共析转变 γ —→ α+Fe₃C，生成珠光体组织，再随着温度的下降，直到室温组织不发生变化，最终凝固组织为铁素体 + 珠光体 + 共晶硼化物 + 二次硼碳化合物。另外，当硼含量接近 3.8% 时，在和 γ 初晶相接的富集 Cr、Mn、B 的残留液相中发生 γ + 硼化物的共晶反应。铸造 Fe-B-C 合金的金相组织是由初生奥氏体和共晶组织组成的。在普通低碳钢中如果不加硼或者硼微量加入，其凝固组织将由大量铁素体和少量珠光体组成。尽管铸造 Fe-B-C 合金的碳含量在低碳钢范围内，在普通铸造条件下却获得了大量的共晶组织。铸造 Fe-B-C 合金的典型凝固组织见图 6-8，铸造 Fe-B-C 合金的共晶组织由共晶奥氏体和硼化物组成，其中硼化物为 Fe₂B，测试其显微硬度达到 1430～1480HV。Fe₂B 不仅具有高硬度，还有良好的热稳定性[14]。初生奥氏体和共晶奥氏体在随后的冷却过程中转变成珠光体和铁素体。

2. 高碳 Fe-B-C 耐磨合金凝固过程

图 6-9 为高碳 Fe-B-C 耐磨合金（2.1% B，0.82% C（质量分数））的凝固过程示意图。合金从液态温度（1550℃）冷却到与液相面相交的温度（约 1420℃），开始从液态合金析出初晶 γ 相，初晶 γ 相以树枝晶的形式生长，随着 γ 相的生长，硼、碳向周围液

体扩散，周围液相的硼含量和碳含量增加，当周围液相的硼含量增加到3.8%、温度达到1149℃时，将发生 L $\longrightarrow$ γ + Fe$_2$B 的共晶反应，生成的共晶组织紧靠初生奥氏体，当合金温度达到1100℃左右时，剩余的液相将发生 L + Fe$_2$B $\longrightarrow$ γ + Fe$_3$(C, B) 的三元包晶反应，包晶反应完后合金全部转变为固态。

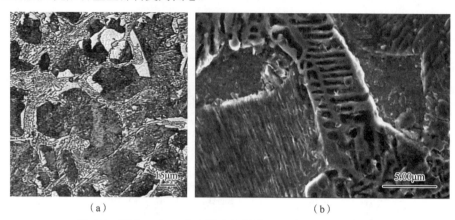

（a）   （b）

图 6-8　铸造 Fe-B-C 合金的金相照片（a）和 SEM 照片（b）

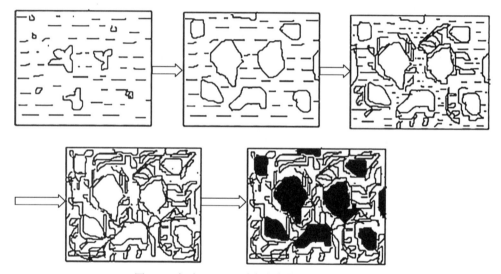

图 6-9　高碳 Fe-B-C 耐磨合金凝固过程示意图

随着温度的下降，奥氏体析出二次 Fe$_3$(C, B) 相。当温度达到727℃时，初生、共晶和包晶奥氏体发生共析转变生成珠光体组织。转变结束后，随着温度的降低，直至室温组织不再发生转变。最终的组织为珠光体基体＋共晶硼化物＋包晶硼碳化合物＋二次硼碳化合物。

图 6-10 所示为 Fe-B-C 耐磨合金中硼化物的立体形貌。可以看出，二次 Fe$_{23}$(B, C)$_6$ 化合物以棱角块状分布在晶界上；共晶硼化物呈鱼骨片状在奥氏体周围的最后凝固区呈连续网状分布，对合金的韧性影响较大。为改善合金的韧性指标，对共晶硼化合物形态进行有效控制将是本研究工作的重点；三元包晶硼碳化合物呈菊花片状。

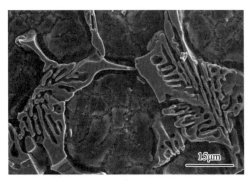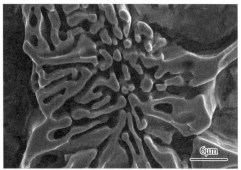

图 6-10 Fe-B-C 耐磨合金中硼化物的立体形貌

6.3.2 Fe-B-C 耐磨合金硼化物生长机制研究

1. 金相组织分析

Fe-B-C 耐磨合金中硬质相主要为 Fe_2B，为了研究 Fe_2B 的生长规律，分别制备了亚共晶 Fe-B-C 合金和过共晶 Fe-B-C 合金，其成分见表 6-5。亚共晶 Fe-B-C 合金金相组织如图 6-11 所示。

表 6-5 亚共晶与过共晶 Fe-B-C 合金成分（质量分数） （单位：%）

元素	C	B	Mn	Si	P	S	Fe
亚共晶合金	0.4	1.0	0.8	0.6	<0.05	<0.05	余量
过共晶合金	0.4	4.0	0.8	0.6	<0.05	<0.05	余量

亚共晶 Fe-B-C 合金主要由初生的奥氏体枝晶和分布于树枝晶之间的鱼骨状硼化物组成（图 6-11（a））。初生奥氏体在随后的冷却过程中转变成铁素体和珠光体，而在液淬试样中初生奥氏体转变为马氏体。为观察 Fe_2B 凝固过程中的生长现象，还制备了液淬试样，金相组织见图 6-11（b）。可以看出，完整的奥氏体树枝晶已经遭到破坏，但共晶硼化物依然以网状形态分布于奥氏体晶粒之间，从液淬试样的高倍照片可以观察到鱼骨状硼化物向网状硼化物过渡的现象。

图 6-12 分别为过共晶 Fe-B-C 合金定向凝固后的横纵截面金相组织。其中，初生 Fe_2B 相呈现正方形杆状形貌，杆状硼化物间隙分布着奥氏体与 Fe_2B 的共晶组织，随后奥氏体转变成由铁素体和珠光体组成的基体。

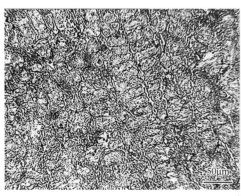

（a）

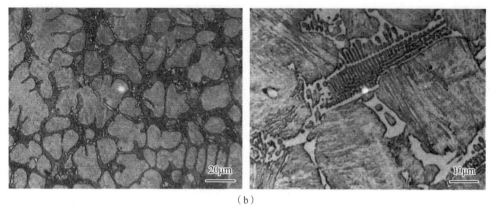

（b）

图 6-11　亚共晶 Fe-B-C 合金金相组织

（a）亚共晶 Fe-B-C 合金正常凝固低倍与高倍金相组织；（b）亚共晶 Fe-B-C 合金液淬试样低倍与高倍金相组织

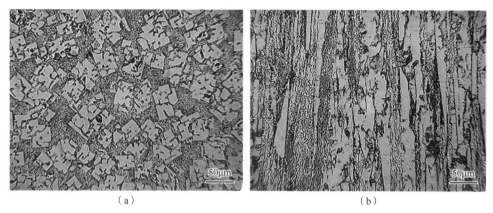

（a）　　　　　　　　　　　　　　（b）

图 6-12　过共晶 Fe-B-C 合金金相组织

（a）横截面；（b）纵截面

2. 物相组成分析

为确定所制备试样的物相组成，采用 XRD 进行分析。图 6-13（a）为亚共晶 Fe-B-C 合金 XRD 图谱，从图谱的标定结果可以发现，该试样主要由 Fe_2B、铁素体和残余奥氏体组成。图 6-13（b）为过共晶 Fe-B-C 合金 XRD 图谱。由于过共晶试样由定向凝固制得，为了确定初生 Fe_2B 的生长位向，试样表层的基体被深腐蚀掉，因此图谱中未出现基体中铁素体和残余奥氏体的衍射峰。对比 Fe_2B 相 XRD 标准衍射谱（图 6-13（c））可知，图 6-13（b）中的最强峰为 (002)，与最强峰相邻的为 (121)，(002) 衍射峰的强度约为 (121) 衍射峰强度的 92 倍。而由 Fe_2B 的 XRD 标准衍射谱可知，(002) 衍射峰的强度仅为 (121) 衍射峰强度的 40%。出现如此大反差的原因主要在于初生 Fe_2B 相的定向排列，同时 X 射线仅对平行于试样表面的晶面产生衍射，因此 (002) 衍射峰出现异常增强，同样由于此原因，垂直于 (002) 位向如 (110)、(130) 等的衍射峰强度基本为 0。由此可以说明初生 Fe_2B 相的择优生长方向为 [002] 位向。

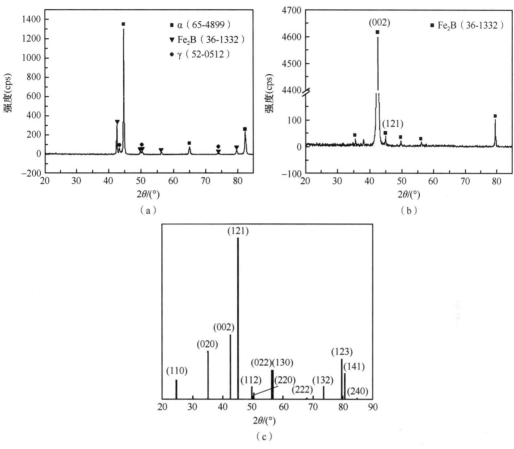

图 6-13 Fe-B-C 合金 XRD 图谱

（a）亚共晶 Fe-B-C 合金 XRD 图谱；（b）深腐蚀过共晶 Fe-B-C 合金 XRD 图谱；（c）Fe₂B 相 XRD 标准图谱

3. Fe₂B 相形貌分析

1）亚共晶 Fe-B-C 合金 Fe₂B 相形貌

图 6-14 为亚共晶 Fe-B-C 合金经深腐蚀后的立体形貌。从图 6-14（a）中可以看出，由奥氏体树枝晶组成的基体已经基本被腐蚀掉，大量的共晶硼化物遗留下来。从高倍照片图 6-14（b）和（c）中可以看出，分布于树枝晶间隙的鱼骨状 Fe₂B 相具有类似于珠光体的片层状形貌特征。研究中观察到奥氏体晶粒的表面经常被一层硼化物包裹，如图 6-14（d）所示，但并不是所有的奥氏体晶粒周围都形成了完整的硼化物包裹层，如图 6-14（b）中的奥氏体枝晶就存在未被包裹的情况。图 6-14（e）和图 6-14（f）为液淬试样的观察结果，当奥氏体枝晶未被硼化物包裹时，Fe₂B 相尖端存在粗化现象，如图 6-14（e）所示。此外，共晶硼化物还存在网状形貌，并且有与鱼骨状硼化物相衔接的情况发生，如图 6-14（f）所示。

2）过共晶 Fe-B-C 合金 Fe₂B 相形貌

为了使 Fe₂B 相暴露出来，便于在 SEM 下观察其立体形貌，将金相试样进行深腐蚀。SEM 观察结果如图 6-15 所示。可以看出，初生 Fe₂B 相呈正方形杆状形貌。从图 6-15（a）

中可以看出，初生 Fe_2B 相定向效果良好。初生 Fe_2B 相在横向为正方形形貌并且硼化物内部并不致密，纵向为杆状，如图 6-15（b）和（c）所示。在初生的 Fe_2B 相上观察到大量裂纹，均垂直于 Fe_2B 择优生长方向 [002] 位向，这主要是由于 Fe_2B 在 [002] 位向的 B—B 键最弱，而 [002] 位向正是 Fe_2B 相生长的择优方向。此外，这些裂纹在凝固过程中就已形成，因为在初生 Fe_2B 相的裂纹上方还可观察到共晶鱼骨状硼化物的存在，而在冷却过程中这些裂纹的扩展还有可能造成附着其上的共晶硼化物断裂，如图 6-15（e）所示。

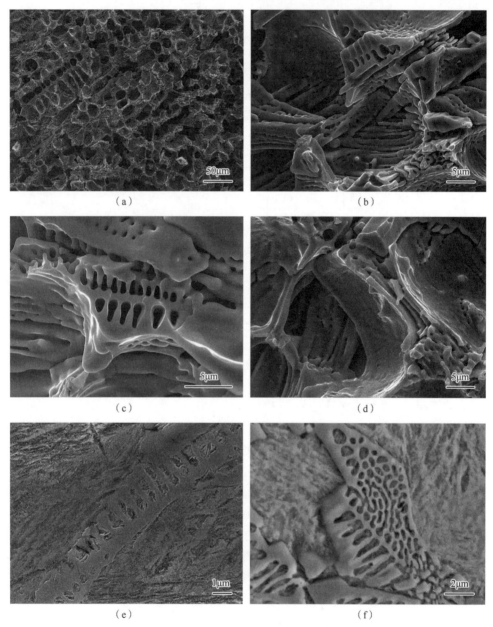

(a)　　　　　　　　　　(b)

(c)　　　　　　　　　　(d)

(e)　　　　　　　　　　(f)

图 6-14　亚共晶 Fe-B-C 合金组织形貌

（a）亚共晶 Fe-B-C 合金深腐蚀宏观形貌；（b）鱼骨状硼化物立体形貌；（c）鱼骨状硼化物立体形貌高倍图像；（d）包裹奥氏体晶粒的硼化物；（e）鱼骨状 Fe_2B 相尖端粗化；（f）鱼骨状与网状 Fe_2B 衔接

图 6-15　过共晶 Fe-B-C 合金中 Fe_2B 相立体形貌

（a）定向排列的初生 Fe_2B 相；（b）初生 Fe_2B 相横截面；（c）初生 Fe_2B 相纵截面；（d）共晶硼化物与初生硼化物的位向关系；（e）初生硼化物的裂纹与共晶硼化物的断裂；（f）初生硼化物断口；（g）共晶硼化物依附于初生硼化物生长

4. 鱼骨状 Fe₂B 相的生长位向

为确定鱼骨状 Fe₂B 相的生长位向，进行了 SEM 分析，对 Fe₂B 相进行形貌观察及选区电子衍射，试验结果如图 6-16 所示。图 6-16（a）为鱼骨状硼化物的明场像，其选区衍射斑点及标定结果如图 6-16（b）所示。由标定结果作出的极射投影见图 6-16（c），图中虚线表示鱼骨状 Fe₂B 相的生长面。可以看出，鱼骨状 Fe₂B 相的"脊柱"方向为 [001]，并排方向为 [010] 或 [100]，[100] 和 [010] 两个晶向等效。此外，鱼骨状硼化物在生长过程中还有可能发生分叉现象，见图 6-16（d）。

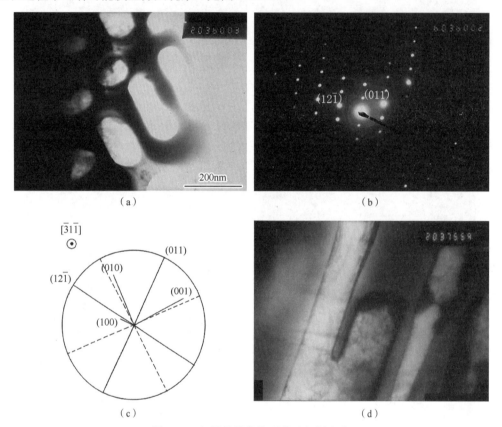

（a）

（b）

（c）

（d）

图 6-16　鱼骨状硼化物形貌及衍射斑点

（a）鱼骨状硼化物的明场像；（b）硼化物选区衍射斑点及标定结果；（c）鱼骨状 Fe₂B 相生长位向极射投影图；（d）鱼骨状硼化物中的分叉现象

5. 鱼骨状硼化物的生长机制探讨

由 Fe-B-C 合金相图可以看出，硼在铁中的溶解度极低，在奥氏体中的最大溶解度为 0.02%（质量分数），而在铁素体中的最大溶解度仅为 0.0021%。因此，在共晶凝固过程中，Fe₂B 相与共晶奥氏体很可能以类似于珠光体的形式协同长大。

首先，共晶奥氏体首先依附于初生奥氏体生长，使得奥氏体树枝晶间隙的硼元素浓度进一步升高而形成 Fe₂B 相，[001] 方向为 Fe₂B 相的择优生长方向，因此 Fe₂B 相纵向生长很快。在接下来的共晶凝固过程中，富硼区很容易依附于已经生成的 Fe₂B 相继续生长，由于 Fe₂B 相生长消耗了大量的 B 元素，B 元素不断向 Fe₂B 相扩散，从而使其旁边形成贫硼区，贫硼区则形成奥氏体，两者之间以协同方式生长为片层状结构。在生长末期，鱼骨状硼化物与包裹奥氏体晶粒的硼化物相接触从而形成共晶硼化物的最终形貌。此外，鱼骨状硼化物也有可能直接形核于已经形成的包裹奥氏体晶粒的硼化物，如图 6-15（d）所示。图 6-17 为这一过程的示意图。图 6-18 给出了一个更为直观的硼化物生长过程。当鱼骨状硼化物生长界面前沿液相中发生紊乱时，硼化物将不会继续向稳定的片层状结构发展，而是生长网状结构，见图 6-14（f）。虽然鱼骨状硼化物的生长过程类似于珠光体组织，但是两者之间存在明显差异。首先，珠光体组织为共析转变产物，而鱼骨状硼化物则形成于共晶凝固过程，在两者的形成过程中元素的扩散速度有很大的差异。此外，珠光体形成过程中存在领先相的问题，一般认为渗碳体和铁素体均有可能成为转变过程的领先相，在过共析钢中通常以渗碳体为领先相，在亚共析钢中通常以铁素体为领先相，而共析钢中渗碳体和铁素体都可以成为领先相，但也有人认为珠光体转变中不存在领先相，两者同时形成，而在鱼骨状硼化物形成过程中领先相肯定为 Fe_2B。尽管鱼骨状硼化物与珠光体组织之间有诸多相异之处，但是两者具有相同的片层状结构，并且本研究认为两者都以协同方式生长。

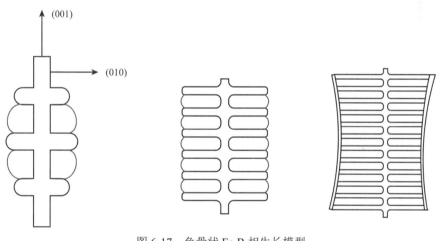

图 6-17 鱼骨状 Fe_2B 相生长模型

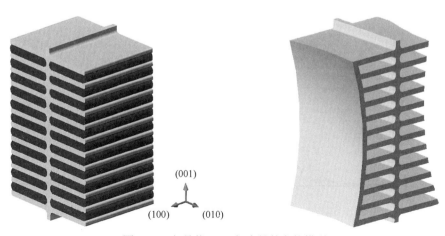

图 6-18 鱼骨状 Fe_2B 相生长的立体模型

6.3.3 Fe-B-C 合金硼化物形态控制研究

1. 变质 Fe-B-C 合金显微组织研究

为了改善 Fe-B-C 合金中硼化物的形态和分布，首先研究钛对 Fe-B-C 合金显微组织的影响，合金成分见表 6-6，结果见图 6-19。普通 Fe-B-C 合金中加入适量钛变质处理后，硼化物依然呈网状分布，凝固组织中出现了少量块状组织，图 6-20 的能谱分析结果表明，块状组织中含有较多的钛，由于设备限制，无法测定块状组织中硼、碳含量，图 6-21 的 XRD 结果显示，块状组织是 TiB_2。试验还发现，也有少量钛分布于基体中，见图 6-22。

表 6-6　变质 Fe-B-C 合金的实际化学成分（质量分数）　（单位：%）

序号	C	B	Mn	Cr	Cu	Si	P	S	Ti	RE	N	Mg
T1	0.25	1.18	1.41	1.27	0.28	0.99	0.039	0.028	0.72			
T2	0.23	1.22	1.37	1.20	0.25	1.21	0.035	0.017	0.71	0.08	0.05	
T3	0.23	1.20	1.45	1.25	0.27	1.15	0.036	0.014	0.68	0.07	0.06	0.06

 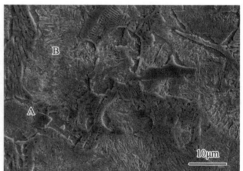

图 6-19　钛变质 Fe-B-C 合金（T1）铸态组织

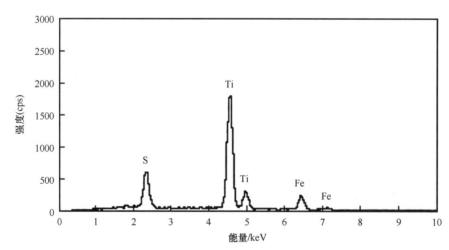

图 6-20　图 6-19 中 A 位置块状组织的能谱分析图

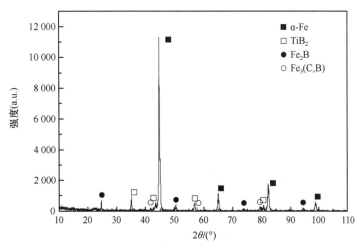

图 6-21　钛变质 Fe-B-C 合金（T1）的 XRD 图谱

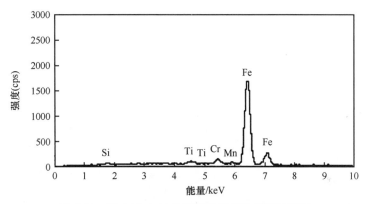

图 6-22　图 6-19 中 B 位置基体组织的能谱分析图

另外，Fe-B-C 合金中加入钛元素后，并没有出现 TiC 和 TiB，只形成了 TiB_2，这与反应的热力学和动力学有关。从反应热力学来看，形成 TiC、TiB 和 TiB_2 的反应关系式如下：

$$Ti+B\!\!=\!\!=\!\!TiB, \qquad \Delta G^{\ominus} = -163200+5.9T \qquad (6\text{-}22)$$

$$Ti+2B\!\!=\!\!=\!\!TiB_2, \qquad \Delta G^{\ominus} = -284500+20.5T \qquad (6\text{-}23)$$

$$Ti+C\!\!=\!\!=\!\!TiC, \qquad \Delta G^{\ominus} = -184800+12.55T \qquad (6\text{-}24)$$

从式（6-22）～式（6-24）可以看出，生成 TiB_2 的反应自由能绝对值最大，在热力学上是最稳定的，也是最容易生成的。从动力学来看，金属熔体中硼含量比碳含量高得多，金属熔体中生成 TiB_2 比生成 TiC 更容易，因此凝固组织中只出现了 TiB_2，而没有出现 TiC 和 TiB。

上述试验结果显示，对于 Fe-B-C 合金，单纯采用钛变质来改善硼化物的形态和分布是极其困难的。为此，在钛变质 Fe-B-C 合金的基础上，进一步研究稀土-钛-氮和稀土-钛-氮-镁复合变质处理对 Fe-B-C 合金铸态组织的影响，其铸态组织分别见图 6-23 和图 6-24，其对应的 XRD 图谱分别见图 6-25。对照图 6-19、图 6-23 和图 6-24 可以明显看出，Fe-B-C 合金经稀土-钛-氮和稀土-钛-氮-镁变质处理后，组织明显细化，硼化物中出现了多处明显颈缩和断网现象，特别是经稀土-钛-氮-镁变质处理后，颈缩和断网现象更为明显。尽管硼化物网状分布特征依然存在，但硼化物大量颈缩和断网的出现，将有利于随后热处理时硼化物形态的进一步改善。图 6-25 的 XRD 分析表明，Fe-B-C 合金经稀土-钛-氮-镁变质处理后，并没有新相出现，其硼化物仍以 Fe_2B 和 TiB_2 为主。

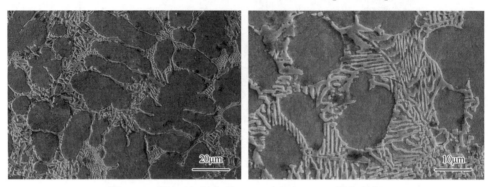

图 6-23　稀土-钛-氮变质 Fe-B-C 合金（T2）铸态组织

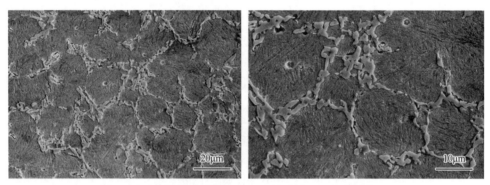

图 6-24　稀土-钛-氮-镁变质 Fe-B-C 合金（T3）铸态组织

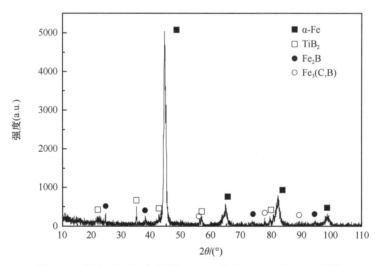

图 6-25　稀土-钛-氮-镁变质 Fe-B-C 合金（T3）的 XRD 图谱

　　稀土、钛和氮改善 Fe-B-C 合金组织的主要原因分析如下：稀土的熔点低，原子半径大，其中 r_{Ce}=0.182nm，在 Fe-B-C 合金凝固过程中是强成分过冷元素，由于其平衡常数 K_0 远小于 1，在凝固过程中将发生严重偏析，通过溶质再分配而富集在初生奥氏体生长前沿的熔体中，造成较大的成分过冷，有利于奥氏体枝晶的多次分枝及枝晶间距的减小，细化奥氏体枝晶。由于奥氏体枝晶的细化，在凝固后期，奥氏体枝晶间由于偏析而形成的共晶液相熔池变小，从而使共晶硼化物细化。稀土还可以明显降低金属熔体中的S、O 含量，增加共晶凝固的过冷度，使共晶组织细化。

另外，在合金熔液冷却过程中，TiN 和稀土的硫氧化合物 Ce_2O_2S 首先从溶液中结晶出来，TiN 和 Ce_2O_2S 具有很高的熔点，TiN 熔点为 2950℃，Ce_2O_2S 的熔点为 1640℃，根据 Turnbull 等提出的错配度理论，高熔点化合物能否成为新结晶相的非自发晶核，可用两相晶格间的错配度来判定，即

$$\delta = \frac{\alpha_C - \alpha_N}{\alpha_N} \tag{6-25}$$

式中，δ 为错配度；α_C 为化合物低指数面的点阵间距；α_N 为新结晶相低指数面的点阵间距。

δ 值越小，两相匹配越好，化合物越易成为非自发晶核。稀土硫氧化物及 TiN 与 γ-Fe 晶格间具有很低的错配度，例如，Ce_2O_2S、TiN 与 γ 相的错配度分别为 5.0% 和 3.9%。一般可认为，当两相错配度小于 12% 时，高熔点的化合物相能作为非自发晶核，促进形核，使铸态组织细化，而且错配度越小，效果越明显。稀土硫氧化物和 TiN 与高温 γ 晶格具有很低的错配度，同时又具有很高的熔点，因此强烈地促进形核，可成为结晶核心，使铸态晶粒细化。另外，稀土是表面活性元素，凝固过程中易富集在硼化物的周围，阻止硼化物沿晶界长大，使硼化物细化，硼化物形态变为不连续网状和小块状。

镁的熔点低且原子半径大，是强成分过冷元素，凝固时在界面前沿的富集会引起晶体分枝，形成颈缩，然后在溶液中熔断、脱落、生长，产生自我增殖，使整个液体内部的晶核数量增加，阻止粗大枝晶组织和柱状晶生长，导致共晶团、初生奥氏体和硼化物均得以细化。

另外，镁还具有较强的活性，脱硫和脱氧能力强，促使形核过冷度增大，减少了 Fe-B-C 合金中的氧化物和硫化物夹杂。Fe-B-C 合金凝固时，首先形成 MgO，它可作为随后凝固的 MgS、MnS 和其他夹杂的核心。MgO 在钢液中特别分散，因此镁可改变 Fe-B-C 合金中夹杂物的类型、数量、大小、形态和分布。适量的镁可使铸钢中夹杂物变得细小、分散。原尺寸大、带棱角的 Al_2O_3 夹杂被尺寸小、呈球形的 MgO 和含 MgO 的复合夹杂所取代；原尺寸大、长条状的 MnS 夹杂被尺寸小、近球形的 MgO，含 MgO 复合夹杂和 MgS-MgO 复合夹杂所取代，从而提高了夹杂物与基体抵抗裂纹形成与扩展的能力，可以改善 Fe-B-C 合金的韧性。

2. 热处理对变质 Fe-B-C 合金组织的影响

不同加热温度下，含钛和稀土-钛-氮 Fe-B-C 合金的水冷淬火组织分别见图 6-26 和图 6-27。高温热处理后硼化物形态均有一定程度改善，加热温度较低时，硼化物变化较小，网状分布趋势仍很明显；加热温度较高时，硼化物断网和团球化趋势明显加快。经稀土-钛-氮复合变质 Fe-B-C 合金的硼化物变化较单一钛元素变质明显。特别是当加热温度达到 1050℃时，硼化物网状特征基本消失，经稀土-钛-氮复合变质硼化物基本上都变

成了团球状、颗粒状和杆棒状分布。

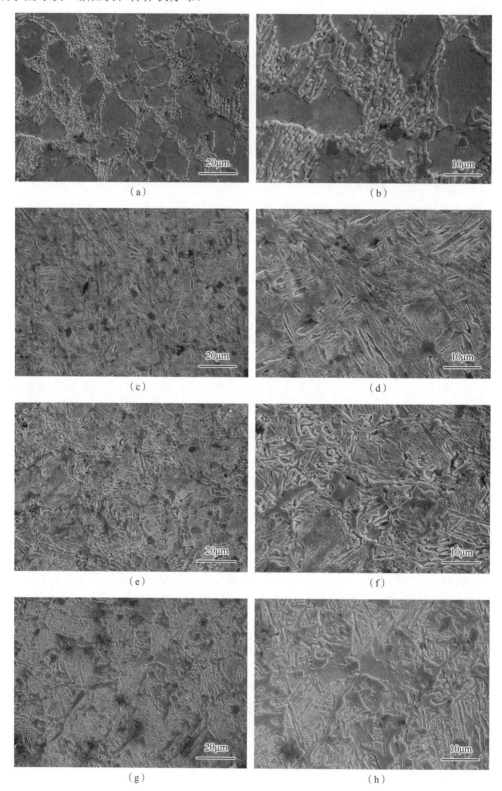

（a）

（b）

（c）

（d）

（e）

（f）

（g）

（h）

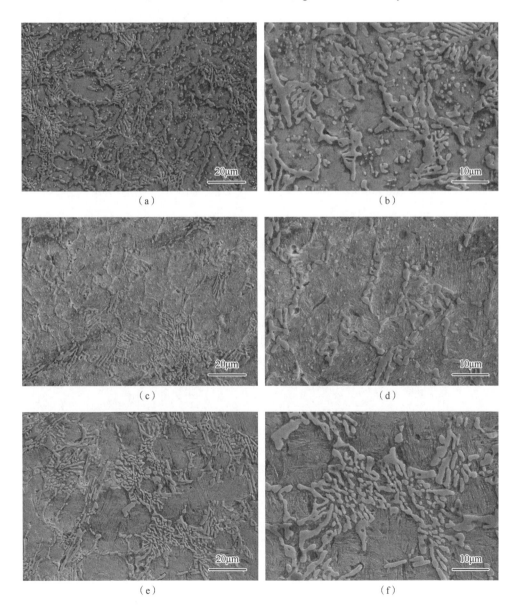

（i）　　　　　　　　　　　　　　（j）

图 6-26　T1 合金在不同淬火加热温度下的组织变化规律

（a）（b）850℃；（c）（d）900℃；（e）（f）950℃；（g）（h）1000℃；（i）（j）1050℃

（a）　　　　　　　　　　　　　　（b）

（c）　　　　　　　　　　　　　　（d）

（e）　　　　　　　　　　　　　　（f）

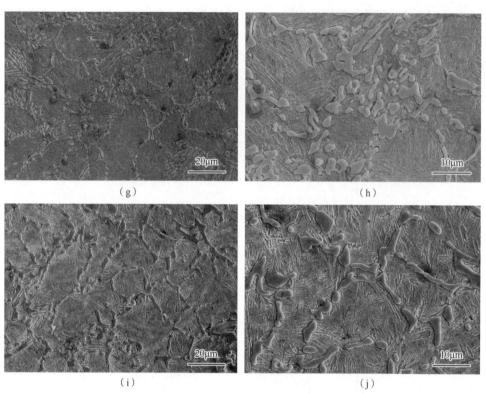

图 6-27　T2 合金在不同淬火加热温度下的组织变化规律

（a）（b）850℃；（c）（d）900℃；（e）（f）950℃；（g）（h）1000℃；（i）（j）1050℃

另外，还研究了稀土-钛-氮-镁变质 Fe-B-C 合金经 1050℃加热后的水冷淬火组织，见图 6-28。结果显示，T3 合金经高温加热后，组织细小，网状硼化物全部消失，均变成了孤立状分布，大部分硼化物均变成了团球状和颗粒状。T1、T2 和 T3 三组 Fe-B-C 合金经 1050℃加热后，尽管硼化物形态和分布发生了明显变化，但硼化物仍是 TiB_2 和 Fe_2B，见图 6-29。

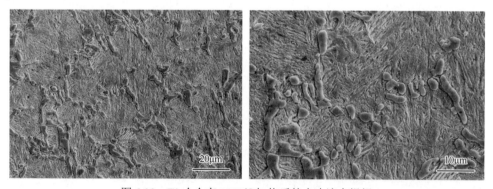

图 6-28　T3 合金在 1050℃加热后的水冷淬火组织

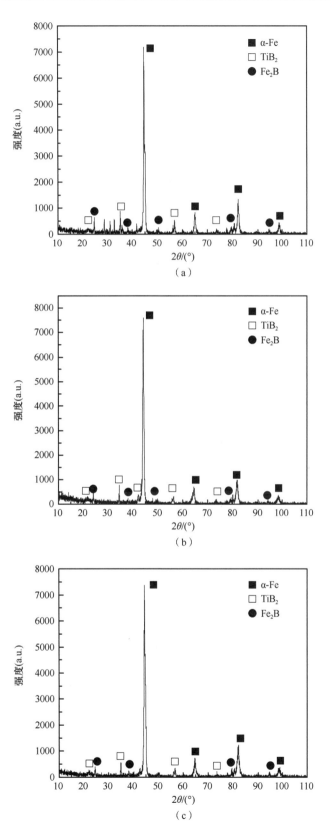

图 6-29　T1 合金（a）、T2 合金（b）和 T3 合金（c）1050℃水淬后的 XRD 图谱

变质 Fe-B-C 合金高温热处理时共晶硼化物由网状向断网状和团球状转化是热力学发展的必然趋势。共晶硼化物在高温分解时是以硼化物的溶解、硼原子的扩散等方式进行的。因为硼化物尖角或细小薄弱处溶解较快，而平面或均匀粗厚处溶解较慢，所以网状硼化物通常在网的薄弱连接处（如颈缩部位等）断开。稀土、钛、氮和镁等变质元素加入后，一方面共晶硼化物网局部出现颈缩连接甚至断开，这就增加了网状硼化物连接中的薄弱部位；另一方面，稀土进入硼化物中引起硼化物的晶格畸变，使晶格畸变能提高，降低了硼化物的稳定性。再者，稀土元素的原子半径较铁原子半径大，稀土元素的加入使稀土元素原子周围基体的畸变增大，空位等缺陷增加，这对共晶硼化物的溶解及硼化物的扩散无疑起着积极作用，导致硼化物团球化。

6.4 提高高硼耐磨合金力学性能

高硼耐磨合金的力学性能与硼化物类型、形态、尺寸和分布有很大关系，且其基体大部分是在中、低碳范围，适当的热处理可以保证基体有很好的强韧性[46]。晶间析出硬脆的网状共晶硼化物相时就会严重割裂基体，导致合金的力学性能和耐磨性降低，限制了高硼耐磨合金在高冲击应力条件下的应用。因此可通过适当的成分设计、变质处理和热处理等方式调节各种类型硼化物的含量、比例、形态、尺寸和分布，尽量使硼化物球粒化，以提高高硼耐磨合金的力学性能和耐磨性。但是，热处理工艺选择不当就会引起材料变脆，并且影响高硼耐磨合金冲击韧性和断裂韧性，因此如何有效提高高硼耐磨合金韧性值得深入研究[18]。为此，应进一步研究热处理、变质处理、冷却速度等方法对硼化物形态和高硼耐磨合金力学性能的影响。

6.4.1 合金化

高硼耐磨合金中的 Fe_2B 相尽管硬度高，具有良好的抵抗磨料磨损的能力，但脆性极大，使用过程中极易开裂和剥落，为了降低 Fe_2B 相的脆性，Huang 等[47]研究了在高硼耐磨合金中加入不同含量的铬元素（质量分数），且分别为 0.5%、1.0%、3.0%、5.0%、7.0%、9.0%、9.5%，得到八组试样。测试结果表明：在单独加入铬元素后，Fe_2B 断裂韧性出现了明显的改善，且当加入 2% 的铬元素时效果相对最佳。主要原因分析如下：由于 Fe_2B 相为体心四方结构，晶格常数为 $a=b=5.11$Å，$c=4.249$Å，经计算得到平行于 $Fe_2B(100)$ 面的同层相邻 Fe 原子间距为 $\sqrt{\left(\dfrac{1}{3}\dfrac{\sqrt{2}a}{2}\right)^2+\left(\dfrac{2}{3}\dfrac{\sqrt{2}a}{2}\right)^2}=\dfrac{\sqrt{10}}{6}\approx 0.26\,\text{nm}$，$c/4$ 与 $3c/4$ 层上两相邻的 Fe 原子之间的最短距离为 $\sqrt{\left(\dfrac{1}{3}\dfrac{\sqrt{2}a}{2}\right)^2+\left(\dfrac{c}{2}\right)^2}=\sqrt{\dfrac{a^2}{18}+\dfrac{c^2}{4}}\approx 0.244\,\text{nm}$。

进一步分析表明，$c/4$ 与 $3c/4$ 层上相邻两 Fe 原子是相切的，因此 Fe 原子在 Fe_2B 晶体中表现出的半径为 1.22Å，而 Fe 的原子半径为 1.72Å，共价半径为 1.17Å，可见在 Fe_2B 中 Fe 原子成键既有金属键也有共价键，由此可推断 Cr 溶到 Fe_2B 晶格中后成键情况可能是类似的，甚至更倾向于共价键，使 Cr 表现出来的半径小于 1.22Å，从而使晶格常数变小，使 [002] 方向上的 B—B 原子距离减小，键能增强。这便是添加 2% Cr 元素后 Fe_2B 相断裂韧性提高且效果最佳的主要原因 [48]。

陈金等 [49] 研究发现，锰含量对高硼耐磨合金的组织和性能有影响。随着锰含量的增加，树枝状基体组织的含量呈下降趋势，硼碳化合物量变化不大，初生奥氏体转变为马氏体的量增多，铁素体量减少，并且低锰含量时有少量珠光体出现，高锰含量时没有珠光体，但有部分残余奥氏体。共晶组织主要以鱼骨状、长条状和板块状存在，高锰含量时会出现菊花状的三元包晶组织。随着锰含量的增加，材料的硬度在 45～65HRC 变化，呈现先上升后下降的趋势；冲击韧性在 1.5～3.0J/cm² 波动，呈现先下降后上升的趋势，与硬度的趋势完全相反；锰质量分数为 4% 时，耐磨性最好。

6.4.2　热处理

热处理能稳定和提高含硼铸钢性能，特别是硼含量偏高，材料韧性大幅度降低时，采用淬火预处理是改善其韧性的重要手段。采用淬火预处理，并适当提高奥氏体化温度，有利于消除硼脆，改善硼钢韧性。另外，高硼耐磨合金中碳硼化合物的形态、数量和尺寸对淬火预处理工艺的选择有重要的影响，有待进行深入研究。

高硼耐磨合金的铸态组织由铁素体、马氏体、残余奥氏体和共晶硼化物组成，硼化物主要为 Fe_2B 和 $Fe_{23}(B,C)_6$。王凯等 [50] 研究发现，相比于 Q&P（奥氏体化＋淬火配分）工艺，由于 Mn、C 元素的影响，高硼耐磨合金经过 I&Q&P（双相区保温＋奥氏体化＋淬火配分）工艺处理后得到的残余奥氏体较多，且块状、鱼骨状、网状的硼化物进一步细化，部分粒状、菊花状、鱼骨状、网状硼化物发生颈缩甚至断开，这有利于改善合金的力学性能。并且残余奥氏体在变形过程中会产生相变诱发塑性（transformation induced plasticity，TRIP）效应，这在一定程度上会提高钢的力学性能。经 I&Q&P 工艺处理后，合金中残余奥氏体的体积分数从 10.0%（铸态）上升到 16.8%，冲击吸收能量从 3.76J（铸态）增加到 6.80J，硬度从 59.3HRC（铸态）下降至 54.0HRC，并生成了新的硼化物 $Fe_3(B, C)$，同时合金的耐磨性也有了明显的提高。合金的宏观硬度是由基体硬度、硼化物硬度和体积分数以及残余奥氏体的体积分数来决定的。铸态组织中，由于碳含量较高，基体中的马氏体碳含量高，故基体硬度较高。又因为硼元素含量较高，高硬度硼化物的体积分数较高，且铸态时残余奥氏体的体积分数较低，故铸态时高硼耐磨合金硬度较高。经 I&Q&P 工艺处理后，基体中的碳元素从马氏体向残余奥氏体扩散，导致基体中马氏体碳含量减少，基体硬度降低，同时有硬度较低的硼化物 $Fe_3(B, C)$ 生成及残余奥氏体体积分数的增加，因此合金的硬度有所降低。合金显微组织由基体和硼化物组成，硼化物是硬而脆的化合物，因此合金的韧性主要由基体提供。铸态组织中，硼化物呈连续网状分布，基体被硼化物分割，同时基体中韧性较差的高碳马氏体较多，残余奥氏体的体积分数较高，故高硼耐磨合金冲击韧性较低。而经 I&Q&P 工艺处理后，硼化物的形貌发生改变，其断网程度增加，网状、鱼骨状硼化物发生颈缩甚至断裂，基体的被分割程度降低，同时基体中的高碳马氏体减少，残余奥氏体体积分数增多，故高硼耐磨合金冲击韧性增加。

段江涛等 [51] 研究发现，B 和 C 的质量比为 5，且碳质量分数小于 0.4% 的 Fe-B-C 合金在980℃油冷淬火后，可以获得细小板条状马氏体基体上分布高硬度断网状硼化物的复合组织，具有良好的综合力学性能，其硬度大于58HRC，冲击韧性大于12J/cm²，断裂韧性大于40MPa·m^(1/2)，抗拉强度大于700MPa，伸长率大于1.0%，用于制造破碎机锤头时，使用寿命比高锰钢提高3～4倍。刘仲礼等[52]研究发现，经1020～1050℃保温2～3h，然后淬火或正火，最后回火，可使砂型铸造高硼耐磨合金的共晶硼化物呈孤立状分布于基体中，标准件的冲击吸收功达到12.5J，冲击韧性明显增强。丁刚等[53]发现，将成分为0.4%C、1.92%B、0.38%Ti、17%Cr、0.75%Cu、0.60%Si、0.4%Mn、0.13%Nb、0.09%Mg、0.14%Ce、0.08%K、0.07%N、0.02%Ga、0.4%Mo、1.1%Ni、0.3%V（均为质量分数）的高硼合金铸件或加工后的工件在1050℃保温2～4h，然后空冷到室温，再将热处理后的工件在150～180℃回火4h，随炉冷却至室温，可获得强韧性和耐磨性较好的耐高温高硼高铬低碳耐磨合金钢。其硬度达到60.2HRC，抗拉强度达到687.9MPa，冲击韧性达到11.2J/cm²，断裂韧性达到27.2J/cm²。刘颖等[54]发明了一种含钒高硼高铬耐磨合金，经200～650℃去应力处理后可直接使用，制备工艺简便、能耗低，强度、硬度、韧性和耐磨性好，并且抗氧化和耐腐蚀。其硬度达到59.8～63.3HRC，冲击韧性达到5.1～7.8J/cm²。宋绪丁等[55]研究发现，高硼铸钢磨球经950～1050℃加热后快速淬火和180～250℃回火处理，具有硬度高、硬度均匀性好和韧性高等特点，用于研磨矿粉和煤粉，磨耗与高铬铸铁球相当，成本降低30%以上，综合效益显著。

6.4.3　变质处理

铸造高硼耐磨合金中硼化物呈连续网状分布在晶界上，增大了材料的脆性，降低了材料的冲击韧性[56]。改善铸造高硼耐磨合金韧性等力学性能的方法有很多，如合金化、热变形等，但合金化将显著增加高硼铸造合金生产成本，而热变形会使生产工序增加，造成生产能耗增加，且热变形仅适用于形状相对简单的工件。采用微合金变质处理措施，结合采用热处理工艺，有利于改善硼化物的形态和分布，细化基体组织，明显提高铸造高硼耐磨合金韧性。采用变质处理工艺，可获得硼化物呈断网状、块状和颗粒状均匀分布的细小组织，改善高硼耐磨合金韧性。

Liu等[56]采用V、Ti和RE-Mg改善高硼耐磨合金中硼化物的形貌，以进一步提高韧性。改性前，高硼耐磨合金铸态组织包含树枝状基体和树枝状共晶硼化物。基体由细珠光体组成，低共熔硼化物具有高硬度M_2B（1425HV）的晶体结构（M代表Fe、Cr或Mn），并以连续网状的形式分布，这不利于高硼耐磨合金的韧性且铸态硬度较低。改性并进行热处理后，基体晶粒尺寸减小了一半，硼化物的尺寸也减小了，而且分布更加均匀。热处理后，硼化物网破裂，导致高硼耐磨合金的韧性进一步提高，达到15.6J/cm²，硬度达到56.9HRC。作者曾研究了稀土、钛、氮、镁变质处理对高硼耐磨合金组织和性能的影响。T1、T2和T3变质Fe-B-C合金经1050℃高温奥氏体化保温1.5h，取出水淬，然后在180℃回火4h后的力学性能见表6-7，为了对比，表6-7中还列出了未变质B1 Fe-B-C合金在相同热处理条件下的力学性能。结果显示，普通Fe-B-C合金硬度高，但强度和韧性较低。经稀土、钛、氮和镁等元素变质处理后，Fe-B-C合金在保持高硬度的前提下，强度和韧性明显提高，尤其是经稀土-钛-氮-镁复合变质处理的Fe-B-C合金，其强度和韧性提高明显，特别是断裂韧性大幅度提高，由 30.77MPa·m$^{1/2}$ 提高至 38.5MPa·m$^{1/2}$。

表 6-7 Fe-B-C 合金力学性能

序号	硬度 (HRC)	抗拉强度/MPa	断裂韧性/(MPa·m$^{1/2}$)
B1	57.2	752	30.77
T1	56.9	873	32.4
T2	57.7	915	36.0
T3	57.4	986	38.5

Fe-2.5B-0.43C 耐磨合金经变质处理后，硼化物有不同程度的断网或颈缩，其中以 1.0%RE-Ce-La 和 2.0%RE-Si 变质效果更佳：合金组织大大细化，尤其是硼化物得到细化，尺寸变小且断网程度高，明显改善了硼化物粗大并以网状沿晶界分布的形态，对基体的割裂性较小，强化了基体之间的联系，微裂纹不容易沿着晶界和硼化物与晶体的接触面萌生，并且改性后硼化物呈弥散分布，能够有效地阻碍裂纹的扩展，所以以冲击韧性大幅度提高，此时材料获得了最优的综合力学性能：抗弯强度为 1238.6～1360.7MPa，硬度为 66.3～70.2HRC，冲击韧性为 6.38～7.12J/cm^2，挠度为 1.70～1.71mm。硬度、冲击韧性和挠度比未变质的合金（抗弯强度 645.3MPa，硬度 52HRC，冲击韧性 3.36J/cm^2，挠度 0.42mm）显著提高 [48, 57]。

在普通低碳钢（碳含量 0.1%～0.2%）中加入 B（2.5%～4.0%），Ti、N（0.20%～0.40%），Si（0.8%～2.0%），Cr、Mn（0.8%～2.0%），S、P（<0.05%）（质量分数），获得了具有大量高硬度硼化物的铸造高硼耐磨合金。研究发现，高硼耐磨合金的铸态组织比较细密，由铁素体 + 珠光体 +Fe$_2$B 组成，Fe$_2$B 呈连续网状沿晶界分布，铁素体呈不规则块状分布在硼化物周围，珠光体呈片层状分布在硼化物和铁素体之间。经 980℃ ×2h 淬火 +250℃ ×4h 回火处理后，铁素体和珠光体全部转变为强韧性较好的板条状马氏体组织，Fe$_2$B 局部出现断网现象，仍呈网状分布；少量 Ti、N 元素的加入形成高熔点的 TiN 化合物，能作为非自发核心，可细化奥氏体晶粒，促进 Fe$_2$B(1400～1500HV) 溶解断网，显著改善 Fe$_2$B 韧性，在不降低硬度的前提条件下，大幅度提高铸造高硼耐磨合金的韧性。经测试，热处理变质铸造高硼耐磨合金硬度≥60.2HRC，冲击韧性≥25.5J/cm^2，耐磨性相对于 40Cr 钢提高了 2.5 倍，性价比优于常用耐磨金属材料 [58]。Yi 等 [59] 研究还发现，高硼耐磨合金经稀土-铝复合处理后，网状硼化物明显断网。经热处理后，出现团球化，见图 6-30，并随着奥氏体化时间的延长，团球化越来越明显。这是因为稀土的熔点低，原子半径较大，r_{Ce}=0.182nm。在中碳高硼耐磨合金凝固的过程中，它们都是强成分过冷元素。由于平衡常数 K_0 远小于 1，在凝固过程中将发生强烈的偏析，通过溶质再分配，大部分稀土将富集于初生奥氏体前沿，这将导致高的成分过冷，从而促进奥氏体枝晶的增多，同时减少枝晶臂间距，因此初生奥氏体被细化。另外，稀土可与钢中的氧和硫反应，达到除氧除硫的目的，这也促进了共晶凝固时的成分过冷，有利于共晶组织细化。在这样的条件下，稀土氧化物和稀土硫化物将作为初生奥氏体的异质结晶核心，促进凝固组织细化。在这种有利条件下，在共晶反应以前大量的奥氏体枝晶将会进入液态金

属的局部区域，共晶硼化物形成时将会被分隔在这些区域。这种情况下，硼化物只能在这些枝晶间的区域形核与生长。并且当发生离异共晶时，由于较高的共格性，共晶奥氏体将会依附于初生奥氏体生长，这种情况限制了硼化物枝晶的生长，也限制了硼化物生长的区域。因此，在凝固过程中稀土可以抑制硼化物的粗化，促进硼化物断网。此外，硼化物中只能溶解少量的铝，在硼化物的形成和生长过程中将会排出多余的铝，这对于抑制硼化物网的形成是有利的。稀土-铝复合处理后硼化物形态明显改善，导致其冲击韧性大幅度提高，见图 6-31。钱旭东等[48]研究发现，Ti-Al 和 Ti-Al-Ce 的添加都能很好地破坏共晶硼化物的连续网状结构，改善硼化物的形貌、尺寸和分布情况。其中，Ce 添加后改善效果更加明显。热处理后合金硬度出现小幅度的降低，但硬度都在 60HRC 以上，改性处理显著提高高硼耐磨合金的冲击韧性和耐磨性能，冲击韧性最高可达 15.2J/cm²。Xu 等[60]的研究还发现，在高硼耐磨合金中加入微量钾/钠元素进行变质处理，有利于促进过共晶高硼耐磨合金中初生硼化物的细化和分布均匀化，从而改善过共晶高硼耐磨合金的力学性能。

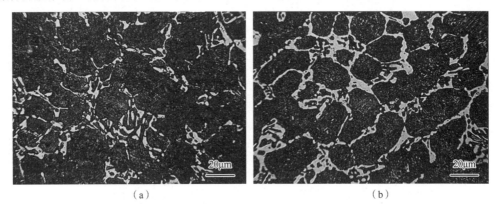

（a）　　　　　　　　　　　　　（b）

图 6-30　高硼耐磨合金在稀土-铝复合处理前（a）后（b）的热处理组织[59]

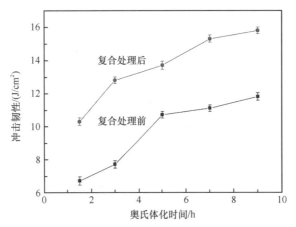

图 6-31　高硼耐磨合金稀土-铝复合处理前后的冲击韧性变化[59]

6.4.4　冷却速率

高硼耐磨合金在熔模壳型和金属铸型中凝固时，铸态组织都是由树枝状基体和共晶硼化物 Fe_2B 组成的。随着熔体冷却速度提高，枝晶晶粒尺寸减小，硼化物形态从熔模壳型时的鱼骨状变为金属铸型时的筛网状，硼化物在组织中分布的均匀性增加，但其化学组成没有改变。经 1030℃保温 2h，水淬，以及 200℃回火 1h 后，两种铸型铸造试样的基体大部分转变为板条状马氏体；熔模壳型铸造试样的硼化物形态基本保持不变，而金属铸型铸造试样的硼化物粒化。热处理后，金属铸型铸造试样的力学性能高于熔模壳型铸造的试样，其硬度提高 5.9%，抗拉强度提高 17.5%，冲击韧性提高 60%[61]。王志胜等[46] 采用添加钛变质剂结合高温热处理、增大冷却速度等方法，细化了奥氏体初晶和硼化物，改善了硼化物形态，使网状结构断开并均匀分布，显著提高了材料的力学性能。硬度和抗拉强度有所提高，冲击韧性大幅提高（相对于熔模铸造，金属型铸造生产的高硼耐磨合金冲击韧性提高约 50%，达到 16.1J/cm²），使变质后的高硼耐磨合金具有良好的硬度和韧性组合。另外，Jiménez 等[62,63] 研究发现，高硼耐磨合金制备中采用快速凝固和粉末冶金技术，可以获得细小的硼化物颗粒，明显提高高硼耐磨合金的力学性能。

6.4.5 机械加工

对高硼耐磨合金进行锻造、轧制等机械加工可改善其组织，有效提高其力学性能。张建军等[64,65] 的研究发现，高硼耐磨合金经锻造加工后，硼化物形态和分布明显改善，导致高硼耐磨合金的力学性能特别是冲击韧性大幅度提高。高硼耐磨合金的化学成分（质量分数）为 0.35%～0.40% C、0.38%～0.42% B、0.50%～0.60% Si、0.70%～0.80% Mn、0.80%～2.0% Cr 和 0.45%～0.50% Mo。锻造工艺如下：1050℃保温 40min，始锻温度为 1050℃，终锻温度为 900℃，总锻造比分别为 4 和 8，空气中冷却，回炉不超过 4 次。采用"两轻一重"的锻造方法，始锻时轻击快打，锻件开坯后增加打击能量，尽可能增大锻造比，终锻时则恢复轻打。锻造后没有出现锻裂现象，成材率较好。铸造高硼耐磨合金采用锻造+热处理复合工艺处理后，宏观硬度略有增加，由 51.4HRC 提高到 54.7HRC，冲击韧性则大幅度提高，由 5J/cm² 提高到 107J/cm²，提高了约 21 倍，冲击断口由脆性断口转变为韧性断口。Liu 等[66] 的研究亦发现，在高硼耐磨合金中加入钛元素，并将钛与硼的原子比提高到 0.5 时，可以得到细小和均匀的组织，使高硼耐磨合金的脆性明显降低（伸长率由 0.6% 增加至 4%）。在此基础上，对高硼耐磨合金进行压力加工（即轧制），可以进一步改善组织，并使其塑性提高 16% 以上。

6.5 提高高硼耐磨合金耐磨性

高硼耐磨合金优异的耐磨性主要取决于其基体和硼化物硬质相的类型、形态、分布和含量及组织的致密程度[67,68]，控制合金的硼化物为有序的断网状是设计高硼耐磨合金耐磨性和耐腐蚀性的关键[6]。大量硼化物相的形成以及受大量硼化物保护支撑的坚硬马氏体基体相对提高高硼耐磨合金耐磨性极为有利，但它们的脆性，也对耐磨性产生了负面影响。而热处理能在对合金冲击韧性影响不大的前提下，显著改善高硼合金的硬度和耐磨性[69]。另外，硬度和韧性是耐磨材料的两个基本性能，在不同的工况条件下，材料的失效形式不一样，对材料硬度和韧性的要求也不同。在低应力磨损条件下，材料表面的磨损是材料失效的主要形式，增加材料的硬度可以提高材料的耐磨性；在高应力磨损条件下，断裂成为材料的主要失效形式，提高材料的冲击韧性可以提高材料的耐磨性[46]。

大量研究表明，高硼耐磨合金的耐磨性不仅与硬度有关（受硼化物等硬质相的硬度和体积分数的影响），还受显微组织成分的形态和分布及它们相互作用的影响。Jian 等[70]定量分析了质量分数 3.0% B 高硼耐磨合金中硼化物（主要为 M_2B）与马氏体基体在销盘磨损试验中的协同作用以及磨损相互作用，并通过数学模型表征硼化物对两体磨料磨损的影响。还详细讨论了添加质量分数 1.0%～2.5% Cr 对两体磨料磨损的影响。研究结果表明，Mn 和 Cr 的加入可以提高 Fe_2B 的韧性，且使基体/第二相的相互作用显著增强，从而有效地提高了高硼耐磨合金的耐磨性；Ling 等[7] 和 Huang 等[47] 的研究表明，由于硼化物的结构变化，Cr 元素可以溶解到 Fe_2B 中，形成 $(Fe, Cr)_2B$，从而提高 Fe_2B 等硼化物的韧性，并表现出较好的耐液锌腐蚀性；Zhuang 等[71] 研究发现高硬度的细化棒状 Fe_2B 是提高高硼耐磨合金耐磨性的关键，其磨损机制主要为微切削和微裂纹。庄明辉发现，不同组织结构高硼耐磨合金的磨料耐磨性不同，过共晶成分合金以粗大的棒状 Fe_2B 为硬质相，以共晶组织为基体，棒状 Fe_2B 硬质相可有效保护共晶基体免受磨粒的损伤，阻断磨粒的切削路径，高显微硬度的共晶组织基体可避免因其过度磨损而引起硬质相脱落，两者良好的配合可表现出优异的磨料耐磨性。并且棒状 Fe_2B 横截面硬度明显高于纵截面硬度，充分利用棒状 Fe_2B 横截面硬度可使高硼耐磨合金耐磨性提高 20%～35%。王凯等[50] 研究发现，高硼耐磨合金的耐磨性不仅和硬度有关，还和残余奥氏体的体积分数、硼化物与基体的相互作用等因素有关。高硼耐磨合金经 I&Q&P 工艺处理后，其硬度略有下降，但合金的残余奥氏体的体积分数和冲击韧性上升较多。冲击磨损的过程中，试样在磨料和冲击力的作用下发生塑性变形，这使得合金中的残余奥氏体在塑性变形作用下诱发马氏体形核，产生了相变强化，提高了其硬度。同时，硼化物形貌的改善，也使得合金的耐磨性提高。热处理后试样的磨损量随时间的延长而减少，同时其耐磨性较铸态时有了明显的提高。Li 等[72] 研究了激光诱导电弧堆焊高硼耐磨合金的组织和性能。研究发现，激光诱导的成核作用增加了硼化物相的成核概率，从而改变了硼化物相的形态，消除了长条硼化物相的孤立分布，从而显著减小了硼碳化合物的尺寸，同时促进了其均匀分布，提高了高硼耐磨合金的韧性和耐磨性。

硼含量和高硬度硼化物的韧性对高硼耐磨合金耐磨性的影响较大。提高高硼耐磨合金硼含量，可以获得较多硬度高、热稳定性好的 Fe_2B 化合物，有利于改善高硼耐磨合金的耐磨性。Yoo 等[73] 研究发现，硼质量分数低于 0.6% 时，高硼耐磨合金具有优异的高温耐磨性。这是因为在接触表面上形成的保护性氧化层很大程度地减少了金属与金属之间的直接接触。并且其高耐磨性也与应变诱发的马氏体相变引起的基体硬化，以及晶粒细化和高共晶相体积分数导致的硬度提高有关。但是，硼质量分数超过 1% 时，不存在应变诱发的马氏体相变，且脆性的 Fe_2B 颗粒容易引发裂纹，因此高硼耐磨合金的耐磨性降低。Wang 等[5] 研究了质量分数 0%～2.0% B 对高硼耐磨合金组织和耐磨性的影响。发现，当硼质量分数大于 1.0% 时，高硼耐磨合金中先析出 M_2B，随后析出 M_7C_3 型碳化物。M_2B 作为支撑骨架的硬质相，其显微硬度为 28.7GPa，显著高于初生 M_7C_3 型碳化物的显微硬度 18.7GPa，对提高高硼耐磨合金的耐磨性起到了积极作用，并且组织中初生的 M_7C_3 型碳化物可以通过 B 元素进行细化。随着硼含量的增加，高硼耐磨合金的硬度从 59.4HRC 增加到 67.5HRC，但合金的耐磨性不会随着硼含量的增加而持续提高。当硼质量分数为 1.0% 时，涂层的耐磨性最高。Zhang 等[74] 系统研究了硼含量和热处理（900℃保温 1h，随后空冷到室温）对高硼耐磨合金微观组织、力学性能和三体磨料耐磨性的影响，揭示了合金的主要磨损机制为磨粒磨损和微动磨损。研究发现，硼化物的形态、含量和分布在提高合金的宏观硬度和耐磨性方面起到重要作用。高硬度的硼化物相和坚韧金属基体相的协同配合使合金获得了优异的耐磨性。高硼耐磨合金的微观组织主要由 α-Fe（贝氏体）、RA（残余奥氏体）、M_3B_2 和 M_2B（M 代表金属原子，这里指的是 Fe、Cr 和 Mn）组成。合金热处理前后的组织见图 6-32～图 6-34。随着硼含量的增加，硼化物体积分数增加，硼化物形貌更加丰富并以鱼骨状为主，合金显微组织细化，硼化物相的微观硬度和合金的宏观硬度增加，耐磨性显著提高。硼质量分数为 2.0% 时，高硼耐磨合金的硬度和耐磨性均是最好的。相比于 0.5%B 试样，2.0%B 试样的宏观硬度提高了 19.5%，超过了 64HRC，硼化物的最大显微硬度达到 1440HV，耐磨性提高了 268%。另外，Yi Y L 等[75] 和 Yi D 等[76] 系统研究了不同载荷条件下，硼含量对高硼耐磨合金耐磨性能影响，见图 6-35。总体而言，随着碳含量及硼含量的增加高硼耐磨合金耐磨性增强。碳质量分数小于 0.3% 时高硼耐磨合金耐磨性提高幅度较大，这是因为硼含量相同的情况下，碳质量分数在小于 0.3% 时基体硬度提高幅度较大，进而耐磨性大幅度提高。而碳质量分数高于 0.3% 时其耐磨性增加幅度相对减小，这与基体在碳质量分数高于 0.3% 时硬度增加幅度较小直接相关。硼质量分数低于 1% 时铁硼合金耐磨性提高幅度较大，而硼质量分数高于 1% 时耐磨性提高幅度减小。另外，他们还发现当硼化物垂直于磨损表面生长时，Fe_2B 的最高硬度面能有效地抵抗磨损。然而，共晶 Fe_2B 脆性较大，可能容易断裂。因此，应尝试提高共晶 Fe_2B 的韧性，以避免开裂。

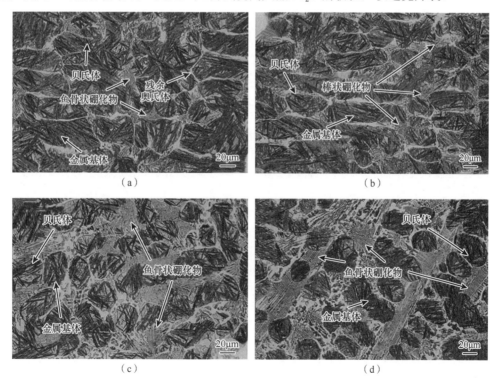

图 6-32　不同 B 元素含量铸态 Fe-Cr-B 合金的金相组织[71]

（a）0.5%；（b）1.0%；（c）1.5%；（d）2.0%

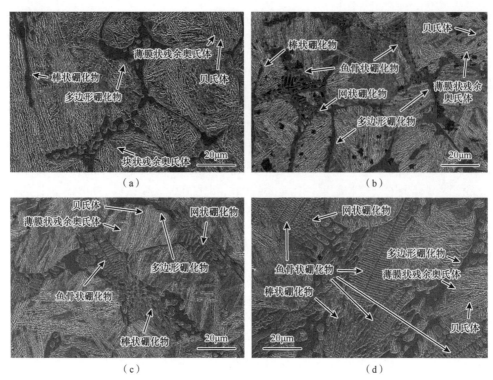

图 6-33 不同 B 元素含量铸态 Fe-Cr-B 合金 SEM 图像[71]

(a) 0.5%；(b) 1.0%；(c) 1.5%；(d) 2.0%

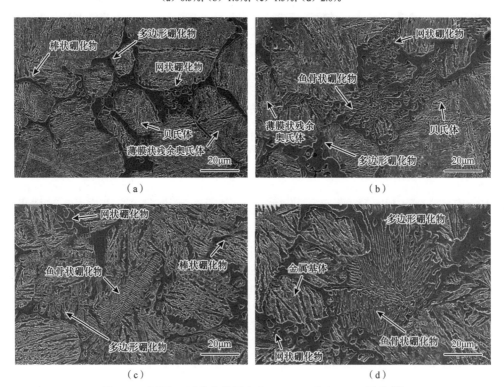

图 6-34 不同 B 元素含量正火态 Fe-Cr-B 合金 SEM 图像[75]

(a) 0.5%；(b) 1.0%；(c) 1.5%；(d) 2.0%

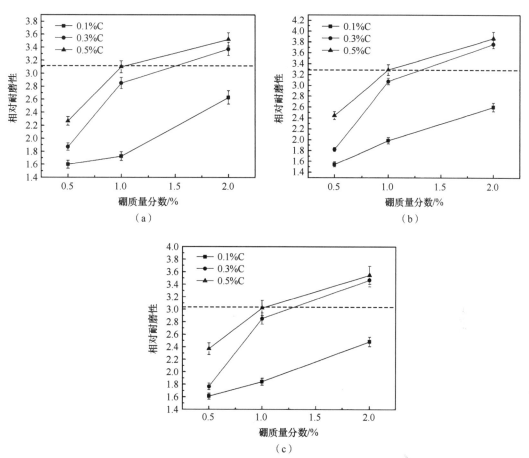

图 6-35　碳含量及硼含量对铁硼合金耐磨性的影响（图中虚线为高铬铸铁相对耐磨性）

（a）20N 相对耐磨性；（b）50N 相对耐磨性；（c）95N 相对耐磨性

高硼耐磨合金是一类新开发的先进耐磨/耐腐蚀材料，具有优异的耐磨性，且其性能可通过控制硼化物的形态和取向进行调控。但是，国内外应用并不多，为了扩大高硼耐磨合金的应用，今后应着重加强以下几方面的研究。

（1）加强高硼耐磨合金成分优化的研究。目前国内外开发成功的高硼耐磨合金有许多种，有高碳、中碳和低碳等类型，高硼耐磨合金中有的还含有较多的其他合金元素，国内外既无行业标准，更无国家标准，连企业标准也很少，因此各高硼耐磨合金的研究、生产和使用单位应紧密合作，开展高硼耐磨合金成分优化的研究，尽快建立高硼耐磨合金标准。

（2）加强高硼耐磨合金热处理技术的研究。目前，高硼耐磨合金的热处理很复杂，有空冷、水冷、风冷和油冷等淬火方式，有时通过提高合金元素加入量，适当改善硼化物的形态和含量，在铸态下获得高硬度，不经淬火，直接回火后便可使用。但是高硼耐磨合金的耐磨性能通过改进热处理工艺，还有进一步提高的潜力，为了扩大这类材料的应用领域，提高这类材料的力学性能，应进一步研究不同淬火工艺对显微组织，特别是硼化物的溶解和析出规律的影响，以及高硼耐磨合金淬火后的内应力变化情况，使高硼耐磨合金通过热处理获得优的性能，且不出现变形和开裂事故。另外，通过热处理、稀土改性和合金化控制硼化物的形貌不能令人满意，因为这些方法不能完全消除沿晶界的硼化物网络。然而，热变形是使高硼耐磨合金中的硼化物网络破裂最有效的方法[6]。

（3）加强高硼耐磨合金中硼化物取向的研究。垂直取向硼化物的高硼耐磨合金可以产生腐蚀界面钉扎效应，显示出比网状硼化物更高的耐腐蚀性。具有界面取向钉扎作用的定向凝固高硼耐磨合金的耐腐蚀机理主要受合金中 Fe_2B/FeB 相变和抗微裂纹剥落的竞争机制影响[6]。

（4）加强高硼耐磨合金使用特性的研究。应对高硼耐磨合金在不同使用条件下其组织性能变化规律及其磨损失效形式进行深入研究，根据不同的磨损工况条件选择不同类型的高硼耐磨合金。与此同时，应加强高硼耐磨合金材料的回收管理，不能与普通钢铁耐磨材料混在一起，否则有可能污染其他钢铁耐磨材料，反而出现意想不到的灾难。

（5）加强高硼耐磨合金生产过程的研究。目前高硼耐磨合金的冶炼，特别是炉前分析还存在不少问题，希望国内标样生产单位尽快生产出高硼耐磨合金标样，使生产企业在现场能实现高硼耐磨合金成分准确分析。另外，高硼耐磨合金冶炼过程中硼铁的加入时机和加入方式也有必要进行深入研究，以稳定硼元素的收得率。

参 考 文 献

[1] 符寒光, 胡开华. 高硼铸造耐磨合金研究的进展[J]. 现代铸铁, 2005, (3): 32-37.

[2] 符寒光. 高硼铸钢衬板的组织和性能[J]. 吉林大学学报（工学版）, 2006, 36(4): 467-471.

[3] 符寒光. 高硼低碳铁基合金凝固组织研究[J]. 材料热处理学报, 2006, 27(2): 63-66, 140-141.

[4] 符寒光. 高硼铸造耐磨合金的研究[R]. 北京：清华大学博士后出站报告, 2006.

[5] Wang J B, Lu J, Xing X L, et al. Effects of B contents on the microstructure and wear resistance of hypereutectic Fe-Cr-C hardfacing alloy coating[J]. Materials Research Express, 2019, 6(10): 1065h2.

[6] Zhang J J, Liu J C, Liao H, et al. A review on relationship between morphology of boride of Fe-B alloys and the wear/corrosion resistant properties and mechanisms[J]. Journal of Materials Research and Technology, 2019, 8(6): 6308-6320.

[7] Ling Z C, Chen W P, Yang X, et al. Interfacial morphologies and corrosion behaviours of novel Fe-Cr-B alloys immersed in molten aluminium[J]. Materials Research Express, 2019, 6(4): 046557.

[8] Lentz J, Rötger A, GroBwendt F, et al. Enhancement of hardness, modulus and fracture toughness of the tetragonal (Fe, Cr)$_2$B and orthorhombic (Cr, Fe)$_2$B phases with addition of Cr[J]. Materials and Design, 2018, 156: 113-124.

[9] Aso S, Goto S, Komatsu Y, et al. Slurry erosion of Fe-15 mass%/25 mass% Cr-C-B eutectic alloys[J]. Wear, 1999, 233-235: 160-167.

[10] Hartono W, Aso S, Goto S, et al. Iron matrix transformations and mechanical properties of Fe-25Cr-C-B eutectic cast alloys[J]. International Journal of the Society of Materials Engineering for Resources, 2002, 10(1): 99-105.

[11] Aso S, Hachisuka M, Goto S. Phase transformation of iron matrix of Fe-15 mass% Cr-C-B alloys[J]. Journal of the Japan Institute of Metals, 1997, 61(7): 567-573.

[12] Hartono W, Goto S, Aso S, et al. Wear characteristics of Fe-25Cr-C-B eutectic cast alloys[J]. International Journal of Cast Metals Research, 2004, 17(4): 206-212.

[13] Nevor N F, Balskii E I. High-boron alloy steel for casting: US 1580771[P]. 1990.

[14] Egorov M D, Sapozhnikov Y L, Shakhnazarov Y V. Effect of carbon content on the structure, hardness, and thermal stability of boron-chromium cast steels[J]. Metal Science and Heat Treatment, 1989, 31(5-6): 387-391.

[15] Matsusaki A, Yamashita T, Takagi S. Structural high-boron steel having high strength and toughness: Japan, JP 10219386[P]. 1998.

[16] Kukuy D, Nevar N, fasevich Y. The effect of boron on the structure and properties of a cast steel[C]// Proceedings of the 65th World Foundry Congress, Gyeongju, 2002: 347-352.

[17] 宋绪丁, 刘海明, 符寒光, 等. 硼含量对高硼铁基合金组织和性能的影响[J]. 铸造, 2008, 57(5): 498-501.

[18] 宋绪丁. 高硼铁基系列铸造耐磨合金研制及其应用研究[D]. 西安: 长安大学, 2008.

[19] 刘仲礼, 李言祥, 陈祥, 等. 硼、碳含量对高硼铁基合金组织和性能的影响[J]. 钢铁, 2007, 42(6): 78-82.

[20] Zhang H, Fu H, Jiang Y, et al. Effect of boron concentration on the solidification microstructure and properties of Fe-Cr-B alloy[J]. Materialwissenschaft und Werkstofftechnik, 2011, 42(8): 765-770.

[21] 李健. SiC$_f$/Ti 基复合材料界面的第一性原理研究[D]. 西安: 西北工业大学, 2014.

[22] Segall M D, Lindan P J D, Probert M J, et al. First-principles simulation: Ideas, illustrations and the CASTEP code[J]. Journal of Physics: Condensed Matter, 2002, 14: 2717-2744.

[23] Monkhorst H J, Pack J D. Special points for Brillouin-zone integrations[J]. Physical Review B, 1976, 13(12): 5188-5192.

[24] Perdew J P, Burke K, Wang Y. Generalized gradient approximation for the exchange-correlation hole of a many-electron system[J]. Physical Review B, 1996, 54(23): 16533-16539.

[25] Kanchana V, Ram S. Electronic structure and mechanical properties of Sc$_3$AC (A = Al, Ga, In, Tl) and Sc$_3$BN(B = Al, In): Ab-initio study[J]. Intermetallics, 2012, 23: 39-48.

[26] 刘洋赈. 高速钢中若干不同化学计量比 M-C 化合物性质研究[D]. 昆明: 昆明理工大学, 2014.

[27] Yuan Z T, Jiang Y H, Li L, et al. First-principles study on the phase stability and mechanical properties of boron carbides in boron-bearing high-speed steel[J]. Science of Advanced Materials, 2018, 10(10): 1475-1483.

[28] Xiao B, Feng J, Zhou C T, et al. Mechanical properties and chemical bonding characteristics of Cr$_7$C$_3$ type multicomponent carbides[J]. Journal of Applied Physics, 2011, 109(2): 023507.

[29] Li C L, Wang Z Q, Wang C Y. Phase stability, mechanical properties and electronic structure of hexagonal and trigonal Ti$_5$Al$_2$C$_3$: An *ab initio* study[J]. Intermetallics, 2013, 33: 105-112.

[30] Deng S Y, Zhao J S, Wei S B, et al. Theoretical study of electronic and mechanical properties of Fe$_2$B[J]. RSC Advances, 2016, 6: 73576-73580.

[31] Pugh S F. Relations between the elastic moduli and the plastic properties of polycrystalline pure metals[J]. The London, Edinburgh, and Dublin Philosophical Magazine and Journal of Science, 1954, 45(367): 823-843.

[32] Liu L L, Xu G, Wang A R, et al. First-principles investigations on structure stability, elastic properties, anisotropy and Debye temperature of tetragonal LiFeAs and NaFeAs under pressure[J]. Journal of Physics and Chemistry of Solids, 2017, 104: 243-251.

[33] Niu H Y, Chen X Q, Liu P T, et al. Extra-electron induced covalent strengthening and generalization of intrinsic ductile-to-brittle criterion[J]. Scientific Reports, 2012, 2: 718.

[34] Xiao B, Xing J D, Ding S F, et al. Stability, electronic and mechanical properties of Fe$_2$B[J]. Physica B: Condensed Matter, 2008, 403(10-11): 1723-1730.

[35] Li L H, Wang W L, Hu L, et al. First-principle calculations of structural, elastic and thermodynamic properties of Fe-B compounds[J]. Intermetallics, 2014, 46: 211-221.

[36] Tvergaard V, Hutchinson J W. Microcracking in Ceramics Induced by Thermal Expansion or Elastic Anisotropy[J]. Journal of the American Ceramic Society, 1988, 71: 157-166.

[37] Ranganathan S I, Ostoja-Starzewski M. Universal elastic anisotropy index[J]. Physical Review Letters, 2008, 101(5): 055504.

[38] Chong X Y, Jiang Y H, Zhou R, et al. Electronic structures mechanical and thermal properties of V-C binary compounds[J]. The Royal Society of Chemistry, 2014, 4(85): 44959-44971.

[39] Gilman J. Why silicon is hard[J]. Science, 1993, 261: 1436.

[40] Liu A Y, Cohen M L. Prediction of new low compressibility solids[J]. Science, 1989, 245(4920): 841-842.

[41] Teter D M. Computational alchemy: The search for new superhard materials[J]. MRS Bulletin, 1998, 23: 22-27.

[42] Chen X Q, Niu H Y, Li D Z, et al. Modeling hardness of polycrystalline materials and bulk metallic glasses[J]. Intermetallics, 2011, 19: 1275-1281.

[43] Zhang W H, Lv Z Q, Shi Z P, et al. Electronic, magnetic and elastic properties of ε phases Fe$_3$X (X=B, C, N) from density-functional theory calculations[J]. Journal of Magnetism and Magnetic Materials, 2012, 324: 2271-2276.

[44] Lv Z Q, Fu W T, Sun S H, et al. Structural, electronic and magnetic properties of cementite-type Fe$_3$X (X=B, C, N) by first-principles calculations[J]. Solid State Sciences, 2010, 12(3): 404-408.

[45] Wei X, Chen Z G, Zhong J, et al. First-principles investigation of Cr-doped Fe$_2$B: Structural, mechanical, electronic and magnetic properties[J]. Journal of Magnetism and Magnetic Materials, 2018, 456: 150-159.

[46] 王志胜, 陈祥, 李言祥. 高硼耐磨合金的变质处理[J]. 铸造, 2017, 66(6): 603-608.

[47] Huang Z F, Xing J D, Guo C. Improving fracture toughness and hardness of Fe$_2$B in high boron white cast iron by chromium addition[J]. Materials & Design, 31 (2010): 3084-3089.

[48] 钱旭东, 李德, 许秉坤, 等. Ti-Al 和 Ti-Al-Ce 复合改性剂对高硼铁基耐磨合金组织和性能的影响[J]. 中国有色金属学报, 2017, 27(8): 1687-1692.

[49] 陈金, 吴润, 徐凯, 等. 锰对高硼铁基合金凝固组织的影响[J]. 铸造技术, 2019, 40(5): 436-440.

[50] 王凯, 吴志方, 吴润, 等. I&Q&P 工艺对高硼铁基耐磨合金组织和性能的影响[J]. 金属热处理, 2020, 45(7): 1-6.

[51] 段江涛, 符寒光, 蒋志强, 等. 抗磨 Fe-B-C 合金材料的研究[J]. 润滑与密封, 2007, 32(3): 165-168.

[52] 刘仲礼, 胡开华. 铸造高硼耐磨合金的韧化方法: 中国, CN200610049096.6[P]. 2006-07-19.

[53] 丁刚, 丁家伟, 耿德英, 等. 耐高温高硼高铬低碳耐磨合金钢及其制备方法: 中国, CN103498107A[P]. 2014-01-08.

[54] 刘颖, 杨浩, 李军, 等. 一种含钒高硼高铬耐磨合金及其制备方法: 中国, CN20130294777.9[P]. 2013-09-25.

[55] 宋绪丁, 蒋志强, 符寒光. 高硼铸钢的制备与应用[J]. 铸造技术, 2006, 27(8): 805-808.

[56] Liu Z L, Chen X, Li Y X, et al. High boron iron-based alloy and its modification[J]. Journal of Iron and Steel Research, International, 2009, 16(3): 37-42, 54.

[57] 黄春燕. 变质处理对高硼铁基 $Fe_{2.5}B_{0.43}C$ 耐磨合金的组织和性能影响的研究[D]. 南宁：广西大学，2012.

[58] 张艳玲，蒋桂芝，王守忠. 高硼低碳钛氮耐磨铸造合金的试验研究[J]. 热加工工艺，2015, 44(11): 43-46.

[59] Yi D, Xing D, Fu H, et al. Effects of RE-Al additions and austenitising time on structural variations of medium carbon Fe–B cast alloy[J]. Materials Science and Technology, 2010, 26(7): 849-857.

[60] Xu L J, Li B Y, Li J W, et al. Effect of K/Na on primary boride of hypereutectic high-boron alloy[J]. Applied Mechanics and Materials, 2011, 117-119: 1406-1409.

[61] 刘仲礼，李言祥，陈祥，等. 高硼铁基合金在不同铸型中凝固的组织与力学性能[J]. 金属学报，2007, 43(5): 477-481.

[62] Jiménez J A, González-Doncel G, Ruano O A. Mechanical properties of ultrahigh boron steels[J]. Advanced Materials, 1995, 7(2): 130-136.

[63] Acosta P, Jiménez J A, Frommeyer G, et al. Superplastic behaviour of powder metallurgy 1.3%C-1.6%Cr-0.8%B steel[J]. Materials Science and Technology, 1997, 13(11): 923-927.

[64] Zhang J J, Gao Y M, Xing J D, et al. Effects of plastic deformation and heat treatment on microstructure and properties of high boron cast steel[J]. Journal of Materials Engineering and Performance, 2011, 20(9): 1658-1664.

[65] 张建军，高义民，邢建东，等. 锻造加热处理对高硼铸造铁基合金组织与性能的影响[J]. 西安交通大学学报，2010, 44(8): 112-116, 121.

[66] Liu Y, Li B H, Li J, et al. Effect of titanium on the ductilization of Fe-B alloys with high boron content [J]. Materials Letters, 2010, 64(11): 1299-1301.

[67] Lentz J, Röttger A, Theisen W. Hardness and modulus of Fe_2B, $Fe_3(C,B)$, and $Fe_{23}(C,B)_6$ borides and carboborides in the Fe-C-B system[J]. Materials Characterization, 2018, 135: 192-202.

[68] 庄明辉. 高硼铁基堆焊合金组织结构形成机理及耐磨性研究[D]. 哈尔滨：哈尔滨工业大学，2017.

[69] 张静，刘海明，宋绪丁，等. 高硼中碳铸造耐磨合金组织和性能的研究[J]. 热加工工艺，2008, 37(5): 40-42, 45.

[70] Jian Y X, Xing J D, Huang Z F, et al. Quantitative characterization of the wear interactions between the boride and metallic matrix in Fe-3.0 wt % B duplex alloy[J]. Wear, 2019, 436-437: 203021.

[71] Zhuang M H, Li M Q, Wang J, et al. Effect of Ti addition on phase constitution and wear resistance of Fe-B-C hypereutectic overlays produced using powder-wire composite arc welding[J]. Materials Transactions, 2017, 58(6): 945-950.

[72] Li H, Yuan G, Guo B, et al. Study on the nucleation mechanism of hard particles in high boron and high carbon alloy by laser-induced arc welding[J]. Optics & Laser Technology, 2020, 121: 105797.

[73] Yoo J W, Lee S H, Yoon C S, et al. The effect of boron on the wear behavior of iron-based hardfacing alloys for nuclear power plants valves[J]. Journal of Nuclear Materials, 2006, 352(1-3): 90-96.

[74] Zhang C L, Li S, Lin Y, et al. Effect of boron on microstructure evolution and properties of wear-resistant cast Fe-Si-Mn-Cr-B alloy[J]. Journal of Materials Research and Technology, 2020, 9(3): 5564-5576.

[75] Yi Y L, Xing J D, Ren X Y, et al. Investigation on abrasive wear behavior of Fe-B alloys containing various molybdenum contents[J]. Tribology International, 2019, 135: 237-245.

[76] Yi D, Xing J, Fu H, et al. Investigations on microstructures and two-body abrasive wear behavior of Fe-B cast alloy[J]. Tribology Letters, 2012, 45: 427-435.

第 7 章
外加颗粒增强耐磨复合材料

工件在接触运动过程中必将产生磨损,磨损的存在造成了材料的损耗和能源的消耗。磨损是金属工件特别是机械工件最主要的失效方式。相关数据表明,目前国内每年消耗的金属耐磨材料高达 700 万 t 以上。耐磨材料的巨大耗损不仅造成材料的浪费,还会对节能环保产生重大影响。因此,为了提高金属材料的耐磨性能、节约材料、降低能耗,颗粒增强金属基复合材料获得快速的发展。

颗粒增强金属基复合材料能够将颗粒的高强度、高硬度及高熔点与金属基体的良好韧性和导热性结合起来,是一种应用广泛的耐磨材料。因为颗粒具有选择范围广、制备工艺简单、各向同性等特点,是最具有发展前景的耐磨复合材料之一。颗粒增强金属基复合材料最初发展主要集中在以镁、铝、钛等相对昂贵的轻金属为基体,随着工业的发展和生产技术的不断更新,对高性能耐磨材料的需求逐渐提升,颗粒增强钢铁基耐磨复合材料逐渐发展起来。

7.1 耐磨陶瓷颗粒

颗粒增强钢铁基耐磨复合材料的耐磨颗粒主要有外加和原位内生两种。原位内生法得到的复合材料中陶瓷颗粒与基体的界面结合力强,但是颗粒一般产率低且形貌不可控;外加耐磨颗粒可以实现颗粒形貌与体积分数的可控,但是与基体的界面结合力小。改善外加耐磨颗粒与钢铁基体的界面结合能力是研究的重点之一。常用的颗粒有 Al_2O_3、WC、TiC、SiC、B_4C、TiN、NbC、TiB_2、ZrO_2 增韧 Al_2O_3(ZTA) 等。表 7-1 列出了相关颗粒的物理性质。可以看出,这些陶瓷颗粒具有高硬度、高强度及高模量。颗粒增强钢铁基耐磨复合材料陶瓷颗粒增强相的选择需要根据其性质及复合材料强化技术来综合考虑。陶瓷颗粒的主要性质包括硬度、密度、抗拉强度、熔点、弹性模量、粒度、形状、热膨胀系数、与基体的相容性和成本等。

表 7-1　陶瓷颗粒物理性质

颗粒	密度/(kg/m³)	熔点/℃	热膨胀系数/ $(10^{-6}$℃$^{-1})$	热导率/ $(W/(m \cdot K))$	显微硬度 (HV)	弹性模量/GPa	耐压强度/GPa
Al_2O_3	4000	2030	8.6	28.89	2070	420	2.5
TiC	4930	3410	7.74	24.28	3170	460	1.38
VC	5360	2810	4.2	24.70	2480	430	0.62
TiN	5200	2950	9.35	19.26	1990	256	
SiC	3500	2600	4.63	6.00	3340	400	2.25
WC	15770	2867	3.84	29.31	2100	810	5.6
ZTA	4.2~4.3		7.5~8.5		1500~1700	240~410	

7.2　耐磨复合材料的制备技术

陶瓷颗粒增强钢铁基耐磨复合材料主要是利用增强颗粒的高模量和高硬度，在磨损过程中对金属基体起到支撑作用，使金属基体不会受到磨料的直接接触，降低磨料对金属基体的磨损。对外加颗粒增强耐磨金属基复合材料制备技术而言，按金属基体的状态，可分为固态、液态及固-液态（半固态）三类，如表 7-2 所示。

表 7-2　颗粒增强金属基复合材料制备方法 [1]

制备工艺	制备方法
固态工艺	粉末冶金法 [2] 原位复合法 [3]
液态工艺	负压铸渗 [4] 无压铸渗 [5] 压力铸渗 [6] 离心铸造法
半固态工艺	搅拌铸造 [7] 流变铸造

铸渗法在外加陶瓷颗粒增强金属基复合材料上具有较好的应用前景。其主要是利用熔融的金属液在高温下良好的流动性，对陶瓷预制体进行浸润和填充，从而实现金属液与陶瓷颗粒复合。该方法具有设备简单、生产周期短、制备成本低等优点，成为外加陶瓷颗粒增强金属基耐磨复合材料的主要制备方法。由表 7-2 可知，铸渗法主要包括无压铸渗、负压铸渗及压力铸渗。无压铸渗是指在无外界压力的作用下，通过金属液自身重力形成浸渗压力完成与陶瓷预制体的复合，该工艺对陶瓷预制体的孔隙率、陶瓷颗粒与金属基体之间的润湿性以及金属液高温流动性有较高要求；压力铸渗是指在外界高压力作用下，将液态或者半固态的金属液以一定的速度填充满陶瓷预制体，获得相应的复合材料，该制备方法优点在于复合材料能够获得良好的组织性能，铸造缺陷较少，缺点在于不适合复杂结构、尺寸大的构件；负压铸渗是指利用抽真空设备在型腔中形成真空吸力以及金属液自身重力的综合作用下，使金属液浸渗陶瓷预制体的制备方法，该制备方法的优点是其能够提供较大的铸渗动力，但其缺点是对设备及制备工艺过程要求较高。综上所述，对于制备大型铸件钢铁基耐磨复合件而言，无压铸渗技术具有明显的优势。

7.3　耐磨复合材料组织形貌

陶瓷颗粒增强金属基复合材料的出现是为了解决单一金属材料较难同时具有耐磨性好和抗冲击性的问题。陶瓷颗粒通常作为增强相外加到金属基体中，这些陶瓷颗粒在金属基体中的分布情况会对复合材料的性能产生较大的影响。

7.3.1　外加 Al_2O_3 颗粒增强耐磨复合材料

Al_2O_3 陶瓷颗粒价格低廉且具有良好的化学稳定性、热稳定性、耐热冲击性，研究者常通过粉末冶金法、熔体铸造法等方式将其作为增强相外加到高锰钢、高铬铸铁等铁基金属材料中[8,9]。Gatti 在 1959 年采用粉末冶金法制备了 Al_2O_3 陶瓷颗粒增强铁基复合材料，其中 Al_2O_3 陶瓷颗粒在基体中弥散均匀分布[10]。

当采用粉末冶金法制备陶瓷颗粒增强铁基复合材料时，成型压力、保压时间、烧结温度均有可能对材料的性能造成影响，图 7-1 是在不同成型压力、保压时间、烧结温度下制备的 Al_2O_3 陶瓷颗粒增强 Fe 基复合材料的显微组织结构[11]。成型压力在 20～60MPa 变化时，试样的显微组织没有明显的变化。而随着保压时间的延长，金属 Fe 有更多的时间向空隙处移动填补空隙，同时铁的熔点是 1535℃，Al_2O_3 的熔点为 2054℃，随着温度的逐渐上升，铁粉开始熔化，逐渐与氧化铝接触并覆盖在上面，当温度达到 1600℃时，铁粉完全熔化，空隙逐渐减少，组织变得更加致密。

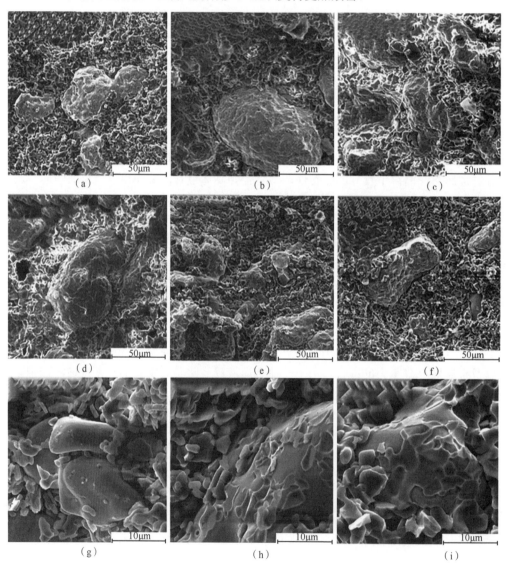

图 7-1 成型压力、保压时间、烧结温度对 Al_2O_3 陶瓷颗粒增强 Fe 基复合材料显微组织的影响[11]

（a）20MPa；（b）40MPa；（c）60MPa；（d）5min；（e）10min；（f）15min；（g）1400℃；（h）1500℃；（i）1600℃

7.3.2　外加 B_4C 颗粒增强耐磨复合材料

B_4C 颗粒具备硬度大、密度小、耐腐蚀性强以及独特的中子屏障能力等特点[12]。对 Fe 基金属材料而言，常使用激光熔覆、氩弧熔覆、等离子熔覆、PVD、CVD 等方法在 Fe 基金属材料表面制备一层 B_4C 涂层，提高 Fe 基金属材料的耐磨性能。图 7-2 为使用等离子熔覆技术将 Fe58 合金粉末和 B_4C 合金粉末熔覆在 16Mn 钢基体表面制得的 Fe 基陶瓷颗粒增强层的微观组织形貌[13]。

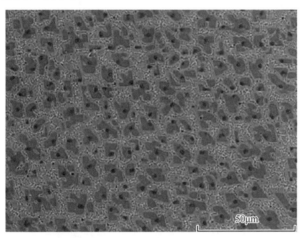

图 7-2　等离子熔覆制备 Fe 基陶瓷颗粒增强层的微观组织形貌[13]

由图 7-2 可以看出，陶瓷颗粒增强层致密、均匀、无气孔、无裂纹，增强相以细小颗粒弥散均匀地分布于熔覆层中，熔覆层中黑色的点状小颗粒为未完全反应的 B_4C，其周围深灰色的部分为铬的碳硼化物（Cr_7BC_4，Cr_7C_3）。B_4C 陶瓷颗粒除用于制备表面耐磨涂层外，马雯远还采用悬浮铸造的方法制备 B_4C 颗粒增强 QT500-7 复合材料[14]，其组织形貌如图 7-3 所示。

图 7-3 中白亮颗粒为 B_4C 增强相，B_4C 增强相分布在基体上，基体上没有或只有少量的鱼骨组织呈块状分布。

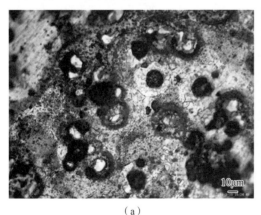

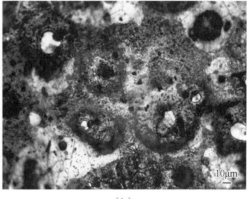

（a）　　　　　　　　　　　　　　　（b）

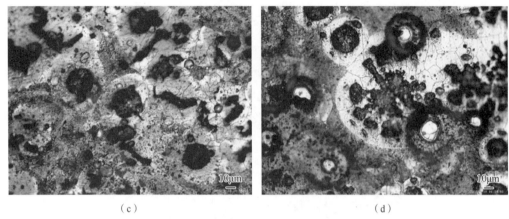

（c）　　　　　　　　　　　　（d）

图 7-3　悬浮铸造制备 Fe 基复合材料[14]

7.3.3　外加 SiC 颗粒增强耐磨复合材料

SiC 材料在 20 世纪 60 年代作为核反应堆等的包壳材料出现，其质量轻、硬度高、耐磨性好，具有很好的抗氧化性和抗热冲击性，是一种非常重要的研磨材料[15]。

图 7-4 为 10%Ti 的高铬铸铁/SiC 陶瓷颗粒复合材料的微观组织形貌。高铬铸铁基体上分布了两种相：A 为 SiC 陶瓷颗粒，B 为 TiC 颗粒。在图 7-4（b）中，微区 A 和金属基体之间存在间隙，同时金属基体中也存在裂纹。因为高铬铸铁冷却时的体积收缩变形量较大，当金属的收缩量大于陶瓷颗粒时，在拉应力的作用下形成裂纹。对于这种裂纹可采用适当的工艺方法进行控制。例如，对工件采用铸渗法浇铸时，对系统保温缓慢冷却的同时提高静压头高度，通过金属液体的补缩，来填充出现的显微裂隙[16]。

	Spectrum 1	
元素	原子分数/%	
C	54.3	
Ti	45.7	

（a）　　　　　　　　　　　　（b）

图 7-4　10%Ti 的高铬铸铁/SiC 陶瓷颗粒复合材料组织形貌[16]

7.3.4　外加 TiC 颗粒增强耐磨复合材料

TiC 陶瓷具有低密度（4.93g/cm³）、高熔点（3140℃）、高弹性模量（460GPa）以及非常好的化学稳定性和金属韧性[17]。TiC 颗粒增强 Fe 基合金时常采用粉末冶金或浸渗法进行制备。王嘉琪采用无压烧结的方法研究了 TiC 颗粒含量对 TiC 颗粒增强 Fe 基复合材料性能的影响[18]，其显微组织如图 7-5 所示。

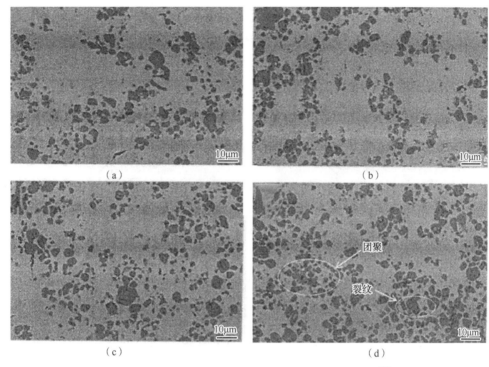

（a）　　　　　　　　　　　　　　（b）

（c）　　　　　　　　　　　　　　（d）

图 7-5　TiC 颗粒增强 Fe 基复合材料试样的表面形貌[18]

（a）30%（质量分数）；（b）40%（质量分数）；（c）50%（质量分数）；（d）60%（质量分数）

　　TiC 增强颗粒在 Fe 基体中较为均匀地分布，但随着 TiC 含量的增加，开始出现团聚现象，当 TiC 体积分数达到 60% 时，出现严重的团聚现象。除均质复合材料外，梯度 TiC 颗粒增强 Fe 基复合材料也受到了较多的研究。梯度 TiC 颗粒增强 Fe 基复合材料的制备常采用浸渗、粉末烧结等方法，其中无压浸渗工艺是通过金属相与陶瓷骨架间的毛细作用力，使液态金属浸渗到陶瓷骨架的空隙中形成复合材料。图 7-6 为采用无压浸渗法制得的双连续相 TiC/Fe 复合材料，包含均质复合材料（图 7-6（a）和（b））和梯度复合材料（图 7-6（c）～（e））[19]。

（a）　　　　　　　　　　　　　　（b）

（c）　　　　　　　　　　（d）　　　　　　　　　　（e）

图 7-6　无压浸渗法制得的双连续相 TiC/Fe 复合材料（a）（b），以及双连续相梯度 TiC/Fe
复合材料（c）～（e）[19]

在均质双连续相 TiC/Fe 复合材料中，多孔陶瓷骨架均匀连续地分布在基体中，但边角存在浸渗不完全。图 7-6（b）中，浅色区域为基体 Fe，深色区域为 TiC 多孔陶瓷相，Fe 基体与 TiC 多孔陶瓷之间保持良好的润湿性。当采用 TiC 多孔陶瓷为梯度结构时，可制备双连续相梯度 TiC/Fe 复合材料。图 7-6（d）中陶瓷骨架轮廓清晰完整，完整地保持了原有的三维网络结构，基体金属在无压浸渗过程中不仅充分渗入多孔陶瓷的开气孔中，还通过多孔陶瓷骨架上的气体通道渗入了骨架当中，使得骨架自身也形成了三维结构的金属陶瓷，由于多孔陶瓷孔径较小，陶瓷含量更高，陶瓷相颗粒之间连接紧密，呈现出更加致密的微观结构。

7.3.5　外加 WC 颗粒增强耐磨复合材料

碳化物陶瓷中 WC 是钢铁材料中一种较为常用的增强体，在制备该类复合材料时对 WC 颗粒的尺寸有较高的要求，WC 颗粒尺寸过大容易导致基体与 WC 颗粒在复合界面处形成微裂纹[20-22]。

单红亮制备了 WC 颗粒增强 40CrNi2Mo 钢基复合材料[22]，其金相显微组织如图 7-7 所示。从图中可知，WC 颗粒在基体中均匀分布，且随着 WC 颗粒质量分数的增加，基体组织逐渐细化，共析组织也增加。其原因在于 WC 颗粒在高温下分解，随着 WC 颗粒质量分数的增加，基体组织中自由态元素（W, C）的含量增加。这些合金元素的存在会阻碍碳原子的扩散，从而起到细化晶粒的作用。

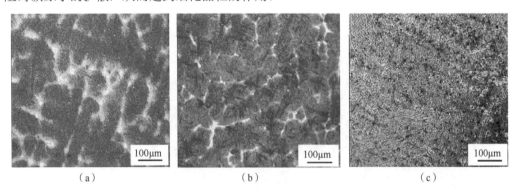

（a）　　　　　　　　　　（b）　　　　　　　　　　（c）

图 7-7　WC 颗粒增强 40CrNi2Mo 钢基复合材料的显微组织图片[22]

（a）2% WC；（b）5% WC；（c）10% WC

7.3.6　外加 ZTA 颗粒增强耐磨复合材料

ZTA 颗粒性能优异、价格低廉、配比灵活，同时其热膨胀系数与钢铁材料的热膨胀系数较接近，适合制备大型工件，是目前国内外常用的钢铁基复合材料颗粒增强体[23,24]。ZTA 陶瓷增韧机理主要源于四方相氧化锆与单斜相氧化锆间的可逆转变，其中包括应力诱导相变增韧和微裂纹增韧。图 7-8 为采用浸渗法对 ZTA 陶瓷颗粒进行浸渗后获得的浸渗层复合材料的显微组织形貌。

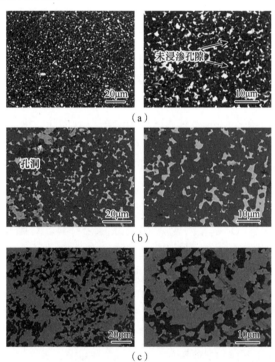

图 7-8　熔融金属浸透 ZTA+Ti 预制体后复合材料显微组织形貌[23]

(a) 10% Ti（质量分数）；(b) 15% Ti（质量分数）；(c) 20% Ti（质量分数）

从图 7-8 中可以看出，白色区域为金属合金，深色区域为陶瓷体，随着 Ti 含量的增加，浸渗区域中的金属合金浸渗量逐渐增加。图 7-8（a）中存在大量未浸渗的空隙而图 7-8（c）中金属合金对陶瓷颗粒呈包围趋势，金属液对预制体浸渗较为充分。

7.4　耐磨复合材料界面结构

陶瓷颗粒增强相中陶瓷颗粒的键合方式大多为共价键和离子键，具有较强的取向性、较高的硬度和弹性模量；铁是典型的金属材料，其键合方式为金属键，呈现出各向同性，具有良好的延展性。陶瓷颗粒与 Fe 基金属材料之间的润湿角通常为 90°～180°，除 WC、TiC 等外，常用陶瓷颗粒几乎不与 Fe 基金属润湿[8,12,17]。同时，因为增强材料与基体材料化学性能相差较大，所以在高温制备和高温使用过程中容易发生界面反应而降低结合强度、增加界面脆性，降低复合材料的性能。为了获得同时具有陶瓷与金属两者优异性能的陶瓷颗粒增强金属基复合材料，常需对两者之间的结合界面进行优化，如添加合金元素、陶瓷增强体表面金属化处理。添加合金元素（Cr、Mo、W、Ni、V、Ti、Cu、Si、Mn 等）主要是为了提高液相的表面活性，降低固/液界面张力或通过参与界面反应来改善陶瓷与金属之间的润湿性，使其各自的性能得到很好的相容；陶瓷增强体表面金属化处理则是通过一系列物理化学反应在陶瓷增强体表面形成一层金属涂层，避免陶瓷与金属直接接触，改善体系的润湿性，常采用的方法有化学镀、化学气相沉积法等 [12, 20, 21]。

7.4.1　外加 Al_2O_3 颗粒增强耐磨复合材料

Al_2O_3 陶瓷颗粒的热膨胀系数为 $8.8×10^{-6}K^{-1}$，相对比较接近金属材料的热膨胀系数，但 Al_2O_3 陶瓷颗粒与金属基体之间的润湿角过大，Al_2O_3 陶瓷颗粒与铁的润湿角大于 $140°$。良好的界面结合是获得高性能陶瓷颗粒增强金属基复合材料的关键，在制备陶瓷颗粒增强金属基复合材料之前常需对 Al_2O_3 陶瓷颗粒表面进行金属化处理或添加活化元素来提高两者之间的润湿性 [25-27]。汪德宁等在 Fe-40Al 与 $α$-Al_2O_3 体系中加入稀土元素 Y 后，该体系的润湿角降低了 $10°$ [28]。相关研究发现，采用化学镀的方法在 Al_2O_3 陶瓷颗粒表面制备一层 Ni 涂层或 Ti 涂层可以有效改善 Al_2O_3 陶瓷颗粒与 Fe 基金属材料之间的润湿性，使 Al_2O_3 颗粒与 Fe 基金属材料之间呈现良好的界面结合 [29-32]。图 7-9 为采用真空消失模铸造法制备的 Al_2O_3 复相陶瓷/高铬铸铁复合材料。对比发现，未进行金属化处理时，宏观上陶瓷/高铬铸铁复合材料结合处有孔洞和间隙存在；经过金属化处理后，金属与陶瓷颗粒之间的润湿性得到了较好的改善。

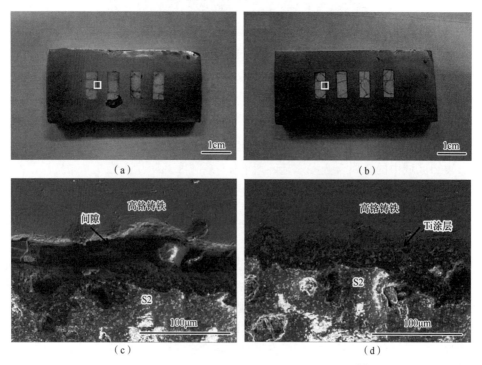

图 7-9　Al_2O_3 复相陶瓷/高铬铸铁复合材料形貌 [31]

（a）（c）S2 未镀 Ti；（b）（d）S2 镀 Ti；S2 为 ZrO_2 增韧 Al_2O_3 陶瓷

7.4.2　外加 B_4C 颗粒增强耐磨复合材料

B_4C 颗粒的热膨胀系数为 $5.8×10^{-6}K^{-1}$，其与 Fe 基金属材料的润湿性较差。当 B_4C 颗粒用于制备高强度、高耐磨 Fe 基陶瓷颗粒增强涂层时，其熔覆层的横截面形貌如图 7-10 所示。熔覆层与基体有很好的相容性，界面呈冶金结合，熔覆层致密、均匀，无气孔、裂纹，增强相以细小颗粒均匀弥散地分布于熔覆层中[13]。当采用悬浮铸造的方法制备 B_4C 颗粒增强 QT500-700 Fe 基复合材料时其显微组织形貌如图 7-11 所示[14]。B_4C 颗粒未镀镍时，其铸态组织中难以分辨出 B_4C 颗粒，这可能是由于 B_4C 在浇铸过程中被熔融。若 B_4C 在浇铸过程中被熔解将会与 Fe 形成 Fe_2B 相，Fe_2B 相将在基体中呈鱼骨组织分布，使得基体的脆性增加；当对 B_4C 进行镀镍处理后，铸态组织中可明显观察到 B_4C 颗粒（图 7-11（b）中白亮颗粒），说明镀镍对 B_4C 颗粒起到了保护作用，使得增强相得以保留。

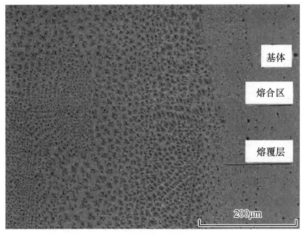

图 7-10　熔覆层断面微观形貌[13]

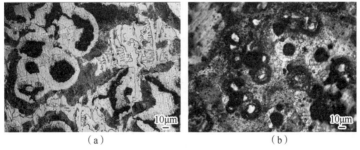

（a）　　　　　　　　　　　　　　（b）

图 7-11　B_4C 颗粒增强 QT500-700 Fe 基复合材料铸态显微组织形貌[14]

（a）未镀镍；（b）镀镍

7.4.3　外加 SiC 颗粒增强耐磨复合材料

SiC 颗粒本身具有低的热膨胀系数（$4.04×10^{-6}$～$4.28×10^{-6}K^{-1}$），同时 SiC 与 Fe 结合时会在高温下产生剧烈的化学反应[33]，生成脆性铁硅化合物和片状石墨组织存在于界面之间，恶化陶瓷-Fe 基金属界面。对 SiC 颗粒表面镀镍可有效地防止 Fe 与 SiC 颗粒之间在界面处直接接触，降低微裂纹形成的风险，从而改善复合材料的性能[31]。景胜等利用化学气相沉积法在 SiC 陶瓷表面沉积 Fe 涂层，在 650℃下保温 30min 获得均匀致密，纯度较高的 Fe 涂层，与高铬铸铁结合时，界面结合状态良好，无明显的孔洞和裂纹等缺陷[34]。

7.4.4 外加 TiC 颗粒增强耐磨复合材料

TiC 陶瓷与铁润湿性较好，两者之间的润湿角大约为 28°。增强颗粒可以选择 TiC 基金属陶瓷或者 TiC 陶瓷颗粒。要得到优良的 TiC 基金属陶瓷首先是选好金属黏结相，Ni 和 Co 是最好的选择，它们能在 TiC 周围形成极薄的金属层，但是它们的抗氧化性不好，强度也不高，为了改善这一方面的性能，常加入另外一些金属，如 Cr、Mo、W 等。20 世纪 60 年代美国福特汽车公司通过添加 Mo 到 Ni 黏结相中来改善 TiC 和其他碳化物的润湿性[17]。殷风仕等通过铸造法制备了由铸态 α-Fe 与 TiC 组成的复合材料。研究发现，加入 Mo 和 Al 可改善 TiC 与 Fe 熔液的润湿性，同时添加微量的稀土元素也可提高复合材料的延展性[35,36]。

7.4.5 外加 WC 颗粒增强耐磨复合材料

WC 颗粒的热膨胀系数（$3.8 \times 10^{-6} \mathrm{K}^{-1}$）与钢铁材料的热膨胀系数（$11 \times 10^{-6} \sim 12 \times 10^{-6} \mathrm{K}^{-1}$）相差较大，但 WC 与 Fe 基体的润湿角较小（接近于 0°），当金属液冷却时，增强颗粒更易于被凝固界面包裹[20, 21]。Kambakas 等[37] 利用铸渗法制备了 WC 颗粒增强高铬白口铸铁表面复合材料，复合层凝固过程中，WC 增强颗粒与基体界面反应，形成很好的冶金结合，避免了冲击韧性下降。部分 WC 熔解后在原 WC 颗粒周围重新形成微小颗粒，一部分发生分解扩散到基体，形成 Fe_3W_3C、Fe_4W_2C、M_7C_3 等化合物。同时碳的扩散增加了复合层的碳含量，在复合层形成共晶基体组织。王恩泽等利用喷射分散法将 WC、Al_2O_3 增强颗粒加入到铸钢中，WC 与钢液发生界面反应，润湿性好，分散均匀[38]。

7.4.6 外加 ZTA 颗粒增强耐磨复合材料

ZTA 颗粒的热膨胀系数与钢铁材料的热膨胀系数较为接近，但外加 ZTA 颗粒增强钢铁基耐磨材料时，ZTA 颗粒与钢铁材料的润湿性差，界面结合强度有待提高。提高两者界面结合强度的方法一般有添加金属黏结剂、ZTA 陶瓷颗粒表面改性处理等。徐方伟[39] 分别以 1Cr18Ni9Ti 和 $Cu_{75}Ti_{25}$ 作为金属黏结剂制备 ZTA 陶瓷/高铬铸铁复合材料。其研究发现，金属黏结剂的含量会对两者结合界面的润湿性有较大的影响。当金属黏结剂含量较少时无法充分包裹陶瓷界面，陶瓷与高铬铸铁直接接触，容易产生缺陷。但金属粉的含量进一步提高，则会导致在预制体制备时成形剂使用量提高，在浇铸过程中成形剂会残留在界面处，形成硬脆相，过多残留反而导致性能下降。

7.5 耐磨复合材料力学性能

硬度是材料的重要力学性能参数之一，它是材料抵抗局部压力而产生变形能力的表征。硬度不是一个单纯的物理量，它是弹性、塑性、强度和韧性等一系列不同物理量的综合性能指标，硬度高、耐磨性好是陶瓷材料的主要优良特性之一，同时硬度与材料的耐磨性密切相关。

7.5.1　外加 Al_2O_3 颗粒增强耐磨复合材料

Al_2O_3 颗粒的显微硬度为 2070HV，将 Al_2O_3 颗粒添加到铁基金属材料中可显著提高复合材料的硬度。经研究发现，当使用粉末冶金法制备 Al_2O_3 颗粒增强铁基复合材料时，采用 80MPa 的成型压力，1600℃的烧结温度同时保压 10min 获得的复合材料的硬度可达 194HV[11]。范守宏[40] 采用喷吹弥散法制备了 Al_2O_3 颗粒增强中锰钢复合材料。随着 Al_2O_3 颗粒的增加，铸态中锰钢的硬度逐渐提高，最大可提高 51%，耐磨性逐渐提高，最大提高 1.93 倍。此外，该研究团队还研究了不同尺寸的 Al_2O_3 颗粒对复合材料力学性能的影响，发现采用小尺寸的 Al_2O_3 颗粒有利于提高复合材料的冲击韧性[32]。

7.5.2　外加 B_4C 颗粒增强耐磨复合材料

B_4C 的维氏硬度为 49GPa，在自然界中，B_4C 的硬度仅次于金刚石和立方氮化硼，具有高硬度、高耐磨等特点[14]。

图 7-12 为采用等离子熔覆技术在铁基合金表面制备的陶瓷颗粒增强层时，熔覆层硬度沿层深方向的变化曲线。从图中可以看出，整个熔覆层的硬度较为均匀地分布在 11.8～12.6GPa，当靠近基体层时，硬度突然降低至 2.7GPa，远离熔合区后，硬度逐渐降低至 1.5GPa 左右，与基体硬度相当。熔覆层显微硬度的显著提高与熔覆层中碳、硼化物硬质相的均匀分布有关，由于熔覆金属中 C、Cr、B 等合金元素的含量相对较多，对铁基合金固溶体有固溶强化的作用。同时，晶内弥散分布的 B_4C、Cr_7BC_4 和 Cr_7C_3 硬质相与沿晶界呈链状析出的 Fe_2B、FeB 硼化物相使熔覆层具有析出相沉淀强化的效果，使得熔覆层的硬度明显提高熔覆层的硬度，远高于基体金属，有利于提高熔覆层的抗磨粒磨损性能[13]。

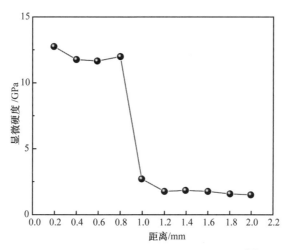

图 7-12　熔覆层硬度沿层深方向变化曲线[13]

7.5.3　外加 SiC 颗粒增强耐磨复合材料

SiC 颗粒本身具有较高的硬度，常采用粉末冶金、热压烧结等方法制备 SiC 颗粒增强 Fe 基复合材料。有研究发现，采用电沉积技术可实现 Ni-W-Co 合金与 SiC 颗粒的共沉积，SiC 颗粒均匀弥散分布在 Ni-W-Co 合金基体中，制备的复合材料的硬度和耐磨性随 SiC 颗粒含量的增多而显著提高，耐磨性较 Ni-W-Co 合金提高 3 倍[41]。采用电流直加热动态热压烧结法制备的 SiC 颗粒增强 Fe 基复合材料的致密度可达 99.9%，布氏硬度为 416HB，抗拉强度为 838MPa[42, 43]。由于 SiC 与 Fe 金属之间的润湿性较差，邵刚采用包裹工艺在 SiC 颗粒表面制备一层 Cu，使用电导直热真空烧结的方法制备了结构均匀，致密度较高的 SiC 颗粒增强 Fe 基复合材料，材料的致密度可达 96%，显微硬度为 420.5HV，抗弯强度为 646MPa[44]。

7.5.4　外加 TiC 颗粒增强耐磨复合材料

热压烧结是制备 TiC 颗粒增强 Fe 基复合材料的一种较为常用的方法，TiC 颗粒的含量会对材料的性能产生较大的影响，通常情况下，TiC 颗粒增强 Fe 基复合材料的硬度会随着 TiC 颗粒含量的增加而增加。有研究发现，当采用无压烧结法，TiC 体积分数为 60% 时，TiC 颗粒增强 Fe 基复合材料的硬度达到最大值 6.2GPa。当采用热压烧结、TiC 质量分数为 40% 时，硬度达到最大值，其值为 4.4GPa[18,45]。然而，采用传统的热压烧结法制备的 TiC 颗粒增强 Fe 基复合材料其 TiC 颗粒常弥散均匀地分布在 Fe 基体中。近年来，双连续相复合材料也得到广泛的研究。冯亦得采用无压烧结工艺将 TiC 多孔陶瓷作为增强相，制备了双连续相 TiC 颗粒增强 Fe 基复合材料，当以 40PPI 模板浸渍 5 次得到的多孔陶瓷为增强相制备的双连续相 TiC 颗粒增强 Fe 复合材料中，TiC 颗粒增强相的体积分数约为 14.4%，抗拉强度最高可达 1260MPa，抗压强度为 1084MPa，抗弯强度为 635MPa，维氏硬度为 4.98GPa，高于相同陶瓷含量的 TiC 颗粒增强 Fe 基复合材料[19]。

7.5.5　外加 WC 颗粒增强耐磨复合材料

1923 年，Schroter 制备了世界上人工制成的第一种硬质合金，研究者选用 10%~20% 的钴作为黏结剂，加入 WC 粉末中，发明了 WC 和钴的新合金，它的硬度仅低于金刚石，纯 WC 的洛氏硬度可以高达 94HRA[21]。

相关研究发现，当采用搅拌铸造的方法将 WC 颗粒加入 40CrNi2Mo 钢制备含不同 WC 质量分数的 WC 颗粒增强 40CrNi2Mo 钢复合材料时，该复合材料的硬度随着 WC 颗粒含量的增加呈上升趋势，其结果如表 7-3 所示[22]。这主要是由于 WC 颗粒含量的增加，复合材料中第二相的数量增加及基体组织中合金元素的固溶强化作用增强，使硬度提高。此外，粉末冶金法也可用于制备 WC 颗粒增强 Fe 基复合材料，赖燕根采用粉末冶金法制备了 WC 颗粒含量为 15%（质量分数），相对密度 99.56% 的 Fe 基复合材料，材料的致密度较高，与基体材料相比，复合材料的硬度、抗弯强度和耐磨性都得到较大的提高，其中耐磨性较基体金属最高可提高 28 倍[46]。

表 7-3 铸态下 WC 颗粒增强 40CrNi2Mo 钢复合材料的硬度 [22]

陶瓷质量分数/%	2.0	5.0	10.0
硬度 (HB)	433	443	456

7.5.6 外加 ZTA 颗粒增强耐磨复合材料

在制备 ZTA 颗粒增强金属基复合材料时，常需添加金属黏结剂改善两者之间的结合界面。研究人员研究了不同金属黏结剂以及黏结剂含量对 ZTA 颗粒增强高铬铸铁基复合材料性能的影响，图 7-13 为该复合材料界面附近的显微硬度。可以看出，总体上金属黏结剂的增加会提高该复合材料的硬度，但质量分数 12% $Cu_{75}Ti_{25}$ 界面处的显微硬度为 332HV，低于 8% $Cu_{75}Ti_{25}$ 界面处的显微硬度，这可能是因为随着黏结剂含量的增加，黏结剂对陶瓷颗粒润湿后有部分进入高铬铸铁基体，从而导致界面处附近的显微硬度下降。同时，与 $Cu_{75}Ti_{25}$ 金属黏结剂相比，加入 1Cr18Ni9Ti 作为金属黏结剂时，界面处的硬度较高 [39]。

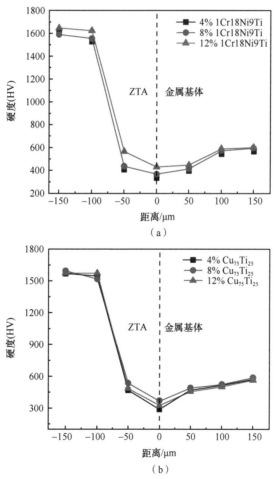

图 7-13 ZTA 颗粒与金属结合界面间的显微硬度 [39]

（a）1Cr18Ni9Ti 黏结剂；（b）$Cu_{75}Ti_{25}$ 黏结剂

7.6　耐磨复合材料耐磨性能

耐磨性能是衡量耐磨材料优劣的关键，直接决定该材料的实际可使用时间。复合材料中的硬质颗粒具有承载属性，软基体在外力作用下被磨损后，硬质颗粒将凸显在试样表面承受载荷，使软基体尽量不参与直接摩擦过程，减少基体的磨损，提高合金的耐磨属性。总体来说，增强相的粒径、增强相的体积分数、制备工艺以及基体属性都会对材料的耐磨性能产生重要影响。

7.6.1　外加 Al_2O_3 颗粒增强耐磨复合材料

在制备 Al_2O_3 颗粒增强 Fe 基复合材料时常对 Al_2O_3 颗粒进行金属化处理以提高两者之间的结合强度。其研究发现，Al_2O_3 颗粒经金属化处理后，复合材料的磨损性能会得到相应的提高。图 7-14 为 Al_2O_3/高铬铸铁复合材料在低应力下的磨损性能。其中，C1 为氧化铝/高铬铸铁复合材料，C2 为氧化锆增韧氧化铝/高铬铸铁复合材料，C1(Ti) 为氧化铝（金属化处理）/高铬铸铁复合材料，C2(Ti) 为氧化锆增韧氧化铝（金属化处理）/高铬铸铁复合材料[31]。

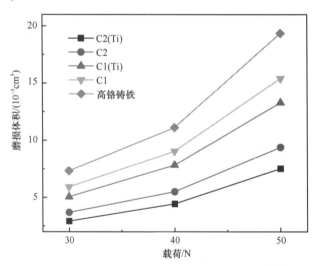

图 7-14　不同试样在不同加载下的体积磨损量 [31]

从图 7-14 中可以看出，在同样的试验条件下，复合材料的耐磨性能均优于高铬铸铁，以氧化铝增强高铬铸铁制备的复合材料较高铬铸铁提高约 25%，以氧化锆增韧氧化铝增强高铬铸铁制备的复合材料较高铬铸铁提高约 55%。对同一种陶瓷增强体的复合材料来说，陶瓷增强体经过表面改性的复合材料耐磨性优于陶瓷增强体表面未改性的复合材料，耐磨性提高幅度大约为 10%。

7.6.2　外加 B_4C 颗粒增强耐磨复合材料

B_4C 广泛用于表面改性技术，其目的是在廉价的低合金结构钢表面生成具有高硬度和耐磨损的硼、碳化合物颗粒增强层，使材料既可保持钢基体较好的韧性和塑性，又可使表面具有陶瓷的高硬度、高耐磨性和优异的耐冲刷性能，提高钢在固态颗粒冲刷等恶劣环境中的服役能力。研究人员采用等离子熔覆技术在 16Mn 钢表面熔覆 Fe58 合金粉和 B_4C 合金粉，成功制备了高硬度、高耐磨的 Fe 基陶瓷颗粒增强层，与基体材料相比，等离子熔覆层的磨损量不到 16Mn 钢基体的 1/7，说明铁基陶瓷颗粒增强层可以明显降低 16Mn 钢基体的磨损量 [13]，对涂层耐磨性能的作用可归因于弥散分布在软基体中的硬质相使熔覆层的整体硬度明显提高，对微切削过程起抑制作用。晶内细小、弥散分布的 B_4C 颗粒，由于具有超高硬度、与基体组织结合牢固且在涂层中分布均匀，在摩擦过程中不仅起到形成非光滑表面、有效地阻止磨粒对基体的犁削、抵抗尖锐磨料颗粒的第一道防护作用，还不断对磨料颗粒进行显微切削 [9,20]，导致其破裂脱落，从而降低了磨料颗粒对涂层进一步磨损的能力。此外，研究者还采用悬浮铸造的方法制备 B_4C 颗粒增强 QT500-7 复合材料。研究表明，复合材料的耐磨性明显优于基体材料。同时，采用化学镀镍处理后的 B_4C 颗粒增强 QT500-7 复合材料的耐磨性能优于颗粒未镀镍的材料 [14]。

7.6.3　外加 SiC 颗粒增强耐磨复合材料

表 7-4 为使用无压浸渗法制备的 SiC 颗粒增强高铬铸铁基复合材料的磨损率，其复合材料和高铬铸铁的耐磨性能差异巨大，复合材料的磨损率极低，而高铬铸铁的磨损率却很高，复合材料的磨损率是同等条件下高铬铸铁的约 1/6，增强颗粒对于基体的强化作用非常明显 [16]。

表 7-4　SiC 颗粒增强高铬铸铁基复合材料与高铬铸铁的磨损率 [16]

材料	复合材料		高铬铸铁	
加载载荷/N	5	10	5	10
磨损率/($10^{-4}m^3/Nm$)	1.27	2.13	8.49	10.32

同时，相关研究发现，SiC 颗粒具有润滑效果，能减少复合材料磨损量，纳米级的 SiC_p 能通过大幅度降低摩擦系数来改善材料的耐磨性能 [47,48]。

7.6.4　外加 TiC 颗粒增强耐磨复合材料

TiC 的硬度为 3200HV，TiC 颗粒常作为增强相添加到 Fe 基合金中，提高基体的耐磨性 [49]。研究人员采用热压烧结技术制备了不同 TiC 含量的 TiC/TRIP 钢复合材料，随着 TiC 含量的增加，复合材料的摩擦系数先减小后增大，当 TiC 质量分数为 30% 时材料摩擦系数和磨损率最小 [45]。Najafabadi 等 [50] 研究了 Ti 含量对高锰钢微观组织和耐磨性的影响，发现高锰钢的耐磨性能随着 TiC 含量的增加而增强。

7.6.5　外加 WC 颗粒增强耐磨复合材料

WC 颗粒增强 Fe 基复合材料中，WC 颗粒含量、颗粒大小均会对材料的耐磨性能造成影响。经研究发现，当采用负压浸渗工艺制备 WC 颗粒增强灰铸铁基复合材料时，WC 的体积分数为 36% 的复合材料耐磨性能最好，是高铬铸铁的 2.9 倍 [51]。Patel 等采用建立理想化空间模型的方法总结出了 WC 颗粒在复合材料基体中分布较细密时，WC 颗

粒之间的距离 S 与颗粒直径 D 以及所占基体体积分数 f_p 之间的关系式[52]：

$$S = D\left[\left(0.525 / f_p \right)^{\frac{1}{3}} - 1 \right]$$

式中，S 与 D 为正比例关系。由此可知，WC 颗粒的直径 D 越小，WC 颗粒在基体内的间距就越小，这种直径小的 WC 颗粒更有助于提高复合材料的耐磨性。当复合材料中添加的增强相 WC 颗粒量增加时，增强相间的间距就越来越小，因而随着 WC 颗粒量含量的增加，WC 颗粒量增强金属基复合材料的耐磨性也增强。但是，复合材料的耐磨性并不是无限度地随着增强相含量的增加而增强。当陶瓷颗粒的添加量过大时，过多的陶瓷相在基体中不能均匀地弥散分布，颗粒之间相互接触，基体材料不能很好地支撑陶瓷颗粒，这些陶瓷相在磨损过程中易于脱落，会造成耐磨材料失效。但粒径较大的 WC 颗粒也有其自身的优点，由 Keshavan 等[53]的研究可知，WC 颗粒直径越大，其断裂韧性越高，较高的断裂韧性更有助于复合材料耐磨性的提高。

7.6.6　外加 ZTA 颗粒增强耐磨复合材料

在制备 ZTA 颗粒增强金属基复合材料时，常需添加金属黏结剂或对 ZTA 陶瓷颗粒进行金属化处理，改善两者之间的结合界面。金属黏结剂或 ZTA 陶瓷颗粒表面金属化处理均会对材料的耐磨性能产生影响。相关研究表明，将镀 Ni 处理的 ZTA 颗粒与适量黏结剂混合制成蜂窝状陶瓷预制体，通过无压熔体浸渗技术制备的 ZTA 颗粒增强铁基复合材料的耐磨性是高铬铸铁 5.9 倍[54]。图 7-15 为采用不同含量 1Cr18Ni9Ti 合金粉黏结剂制备 ZTA 颗粒增强高铬铸铁基复合材料时，试样在不同时间点的质量磨损量[39]。

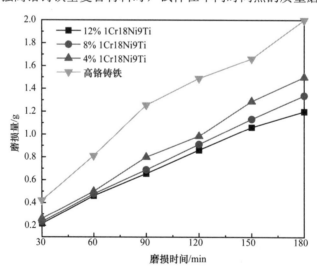

图 7-15　不同含量 1Cr18Ni9Ti 合金粉黏结剂制备的 ZTA 颗粒增强高铬铸铁基
复合材料试样在不同时间点的质量磨损量[54]

ZTA 陶瓷增强高铬铸铁基复合材料的磨损量明显低于高铬铸铁材料的磨损量。随着磨损时间的持续，两者磨损量均不断增加，但各自磨损量的增加速率却有明显差异，高铬铸铁材料的磨损量表现出一定的周期性现象，而复合材料的磨损量呈现出较稳定的线性关系。不同含量的金属黏结剂对材料的耐磨性也有一定影响：相同条件下，相同时间点，随着金属黏结剂含量的增加，材料的磨损量减少。

参 考 文 献

[1] 张国赏, 魏世忠, 韩明儒, 等. 颗粒增强钢铁基复合材料[M]. 北京: 科学出版社. 2003.

[2] 贺娟, 刘俊友, 刘杰. TiC-高锰钢结硬质合金显微组织分析[J]. 热加工工艺, 2009, 38(18): 71-73.

[3] Agote I, Gutiérrez M, Sargsyan A. SHS-produced Fe-(TiMo)C master alloy for reinforcement of manganese steel[J]. International Journal of Self-Propagating High-Temperature Synthesis, 2010, 19(1): 17-22.

[4] 高明星, 郭长庆, 程军. WC 颗粒增强高锰钢基表面复合材料组织和硬度的研究[J]. 内蒙古科技大学学报, 2008, 27(4): 311-315.

[5] 高跃岗, 姚秀荣, 刘兆晶, 等. 国外铁基复合材料的发展及应用[J]. 合肥工业大学学报(自然科学版), 2006, 29(4): 431-436.

[6] 贺小刚, 卢德宏, 陈世敏, 等. 挤压铸造制备 Al_2O_3 颗粒增强钢基复合材料[J]. 特种铸造及有色合金, 2012, 32(12): 1148-1151.

[7] 蔡美, 王双成, 许云华, 等. 硬质合金/钢双金属复合材料的组织与性能研究[J]. 硬质合金, 2008, 4: 203-207.

[8] 田山雪. Al_2O_3 陶瓷增强高锰钢基复合材料耐磨性能的研究[D]. 广州: 暨南大学, 2017.

[9] 马思源, 郭强, 张荻. 纳米 Al_2O_3 增强金属基复合材料的研究进展[J]. 中国材料进展, 2019, 38(6): 577-587.

[10] Gatti A. Iron alumina materials[J]. Transactions AIME, 1959, 215(5): 735-755.

[11] 宋杰光, 王瑞花, 李世斌, 等. Al_2O_3/Fe 金属基复合材料的制备工艺及性能研究[J]. 兵器材料科学与工程, 2016, 39(4): 39-42.

[12] 王子一. 电磁搅拌制备 B_4C_p/ZL104 复合材料组织与性能研究[D]. 石家庄: 河北科技大学, 2019.

[13] 蔡玮玮, 邵帅, 吴来军. 低合金钢表面 Fe 基 B_4C 耐磨涂层组织与性能[J]. 表面技术, 2018, 47(2): 130-135.

[14] 马雯远. FeB-Q235 及 B_4C-QT500-7 复合材料耐磨性研究[D]. 成都: 西华大学, 2011.

[15] 刘阳, 曾令可, 刘明泉. 非氧化物陶瓷及其应用[M]. 北京: 化学工业出版社, 2011: 6-115.

[16] 朱俊璇. SiC 颗粒增强高铬铸铁基耐磨材料的制备及组织性能[D]. 太原: 太原理工大学, 2019.

[17] 张彪. TiC 耐磨复合材料设计及高温摩擦磨损性能研究[D]. 合肥: 合肥工业大学, 2012.

[18] 王嘉琪. TiC/Fe 金属陶瓷及其梯度复合材料的制备与性能研究[D]. 北京: 北京交通大学, 2017.

[19] 冯亦得. 双连续相梯度 TiC/Fe 复合材料的制备工艺研究[D]. 北京: 北京交通大学, 2019.

[20] 姬长波. WC 颗粒增强高铬铸铁复合材料的制备及其性能研究[D]. 济南: 山东大学, 2018.

[21] 赵薇. 粉末冶金法制备 WC 基高耐磨陶瓷复合材料[D]. 大连: 大连理工大学, 2018.

[22] 单红亮. WC_p/40CrNi2Mo 复合材料的显微组织及力学性能[D]. 沈阳: 沈阳工业大学, 2015.

[23] 任强. ZTA 陶瓷/高铬铸铁基复合材料的制备及其组织结构研究[D]. 太原: 太原理工大学, 2017.

[24] Qin Y, Wang Y, Miao W C, et al. Interface modification and impact abrasive wear behavior of ZTA particle-reinforced iron-matrix composite[J]. Wear, 2022, 490: 204205.

[25] León C A, Drew R A L. The influence of nickel coating on the wettability of aluminum on ceramics[J]. Composites A, 2002, 33(10): 1429-1432.

[26] Travitzky N, Kumar P, Sandhage K H, et al. Rapid synthesis of Al_2O_3 Reinforced Fe-Cr-Ni composites[J]. Materials Science and Engineering: A, 2003, 344(1-2): 245-252.

[27] Bahraini M, Schlenther E, Kriegesmann J, et al. Influence of atmosphere and carbon contamination on activated pressureless infiltration of alumina-steel composites[J]. Composites Part A: Applied Science and Manufacturing, 2010, 41(10): 1511-1515.

[28] 汪德宁, 徐颖, 徐东, 等. 金属间化合物 FeAl 与 α-Al_2O_3 的界面润湿行为及合金元素 Y 和 Nb 的作用[J]. 材料科学与工艺, 1996, 4(1): 5-9.

[29] Sanjay S J, Naik S K, Shashishekar C. Effect of artificial ageing on wear behaviour of Al7010/B_4C composite[J]. Materials Today: Proceedings, 2017, 4(10): 11194-11200.

[30] 蒋业华, 周荣, 宋凤祥, 等. 用化学镀获得 Al_2O_3 颗粒表面镍涂层及其在铁基复合材料中的应用[C]// 第十届全国耐磨材料大会, 北京, 2003.

[31] 王若兰. Al_2O_3 复相陶瓷/铁基复合材料磨料磨损性能研究[D]. 西安: 长安大学, 2018.

[32] 周玉成, 魏世忠, 徐流杰, 等. Al_2O_3 颗粒增强钢铁基复合材料的研究进展[J]. 热加工工艺, 2010, 39(20): 87-90.

[33] 曹菊芳, 汤文明, 赵学法, 等. SiC/Fe_3Al 界面的固相反应[J]. 中国有色金属学报, 2008, 18(5): 812-817.

[34] 景胜, 桑可正, 丁一耕, 等. 化学气相沉积铁涂层及其对碳化硅/高铬铸铁复合材料界面的影响[J]. 热加工工艺, 2017, 46(6): 129-131, 139.

[35] 殷凤仕, 薛冰, 徐志峰. 铸造 Fe/TiCp 复合材料的显微组织和力学性能[J]. 热加工工艺, 2007, (10): 8-9.

[36] Raghunath C, Bhat M S, Rohatgi P K. *In situ* technique for synthesizing Fe-TiC composites[J]. Scripta Metallurgica et Materiala, 1995, 32(4): 577-582.

[37] Kambakas K, Tsakiropoulos P. Solidification of high-Cr white cast iron-WC particle reinforced composites[J]. Materials Science and Engineering: A, 2005, 413: 538-544.

[38] 王恩泽, 徐学武, 邢建东. 颗粒增强钢基铸造复合材料研究[J]. 材料科学与工程学报, 1996, 4: 27-30.

[39] 徐方伟. ZTA/高铬铸铁复合材料的制备与耐磨性能研究[D]. 广州: 暨南大学, 2018.

[40] 范守宏. 喷吹弥散法制取钢基/Al_2O_3 复合材料的研究[J]. 中国铸造装备与技术, 2006, (3): 42-44.

[41] 董允, 林晓娉. 电沉积 SiC 颗粒增强抗磨复合材料研究[J]. 河北工业大学学报, 1998, (1): 92-97.

[42] Chen S, Guo L, Zhou X. Technology of Fe-SiC composite plating[J]. Journal of Dalian University of Technology, 1995, 7(35): 170-174.

[43] 杨玉芳, 宗亚平, 王刚, 等. 电流直加热动态热压烧结制备 SiC$_p$/Fe 复合材料[J]. 材料研究学报, 2007, (1): 67-71.

[44] 邵刚. SiC$_p$ 增强 Fe 基复合材料的研究[D]. 郑州: 郑州大学, 2009.

[45] 范国峰. TiC/TRIP 钢复合材料力学性能与耐磨机制研究[D]. 哈尔滨: 哈尔滨理工大学, 2015.

[46] 赖燕根. 放电等离子烧结 WC 颗粒增强铁基粉末冶金材料及其性能研究[D]. 广州: 华南理工大学, 2012.

[47] Faisal N, Kumar K. Mechanical and tribological behaviour of nano scaled silicon carbide reinforced aluminium composites[J]. Journal of Experimental Nanoscience, 2018, 3(S1): S1-S13

[48] Cree D, Pugh M. Dry wear and friction properties of an A356/SiC foam interpenetrating phase composite[J]. Wear, 2011, 272(1): 88-96.

[49] 刘罗锦, 孙新军, 梁小凯, 等. TiC 颗粒增强低合金铁素体钢的耐磨性能[J]. 金属热处理, 2020, 45(2): 56-60.

[50] Najafabadi V N, Amini K, Alamdarlo M B. Investigating the effect of titanium addition on the wear resistance of Hadfield steel[J]. Metallurgical Research & Technology, 2014, 111(6): 375-382.

[51] Zhou R, Jiang Y H, Lu D H. The effect of volume fraction of WC particles on erosion resistance of WC reinforced iron matrix surface composites[J]. Wear, 2003, 255(1-6): 134-138.

[52] Patel M S. Wear resistant alloy coating containing tungsten carbide: US, 4136230[P]. 1979.

[53] Keshavan M K, Underwood L D. Hardfacting materials for milled tooth rock bits[J]. American Society of Mechanical Engineers, 1990, 27: 27-35.

[54] 赵散梅. 陶瓷颗粒增强高铬铸铁基表层复合材料的制备与磨损性能研究[D]. 长沙: 中南大学, 2012.